최신 **복원문제** 수록

식물보호
기사·산업기사

권현준 저

2026 최신개정

실기

명품강의 보러가기
www.kisa.co.kr

실시간 카톡문의
@kisa
1544-8509

PREFACE

Seeds

　식물보호는 식물의 피해를 진단 및 방제하고 농작물의 병, 해충을 분석하여 작물이 적합한 환경에서 자랄 수 있도록 도와주는 전문 지식인을 양성하기 위한 과목입니다. 이전에는 작물재배에 대한 전문 지식이 바탕이었다면 최근에는 농작물 보호 이외에도 도시미화 및 주거환경까지도 그 영역을 넓혀가고 있습니다.

　식물보호를 취득하는 수험자는 농약회사, 관련 연구소 취업을 위해 혹은 식물방역업체나 식물병원과 같은 사업분야, 국가기술직 공무원의 가산점 등 다양하고 개인마다 취득 목적은 다르겠지만 결국 식물이 잘 자랄 수 있도록 노력과 열정이 필요합니다.

　이 책은 깊고 복잡하게 공부를 시작하기보다 쉽게 식물보호를 이해하고 나아가 관련 자격증을 취득하기 위한 **복원문제**를 **수록**하였습니다. 이론의 경우도 이러한 자격증 취득에 좀 더 중점을 두고 반드시 알아야 하는 필수 이론을 좀 더 쉽게 공부하기 위해 **요약 정리**를 해두었습니다.
　식물보호는 다른 대중적인 자격증 과목과는 다르게 관련 서적이 적은 편이며 학습을 위한 자료가 부족한 편입니다. 이에 저자는 수험생들이 좀 더 쉽게 식물보호에 접근하고 자격증 취득을 위해 관련 내용으로 출간을 하였습니다.

　지금부터 이 책을 통해 많은 분들이 자격증 합격 뿐 아니라 본인의 행복한 미래를 위한 밑거름이 되기를 기원합니다.

지은이

Seeds 자격시험안내 **INFORMATION**

01 개요

증산을 위해 새로운 품종이나 집약적인 재배기술을 도입함으로써 병·해충의 발생양상이 복잡해지고, 농약사용에 따른 환경오염문제, 식품에 농약의 잔류독성 문제가 야기됨에 따라 효과적인 식물보호를 위한 전문적인 지식과 기능을 갖춘 고급인력을 양성하고자 자격제도 제정.

02 시행기관 및 원서접수

한국산업인력공단(www.q-net.or.kr)

03 진로 및 전망

- 농촌진흥청, 산림청, 식물검역소, 농업기술연구소, 농약연구소, 농약자재검사소, 농산물검사소, 식물검역소, 작물시험장, 식품연구소, 임업시험장 등 공공기관과 농약회사, 종묘회사, 농약판매상, 종자보급소 등으로 진출하거나 독자적으로 운영할 수 있다.
- 최근 농작물보호 이외 도시미화, 주거환경 개선에 따라 도시의 가로수나 정원수, 화훼 등도 직무대상이 되므로 종사영역이 넓어지고 있다. 최근 응시자수가 급격히 증가 하고 있고, 합격자수도 증가하는 추세이다.

04 시험과목 및 검정방법

구분	식물보호기사	식물보호산업기사
필기	① 식물병리학 ② 농림해충학 ③ 재배원론 ④ 농약학 ⑤ 잡초방제학	① 식물병리학 ② 농림해충학 ③ 농약학 ④ 잡초방제학
실기(필답형)	식물보호실무(기사 2시간 30분, 산업기사 2시간)	

05 합격기준

필기·실기 : 100점 만점에 60점 이상 득점자

06 응시절차

필기원서접수
- Q-net를 통한 인터넷 원수접수
- 필기접수 기간 내 수험원서 인터넷 제출
- 사진(6개월 이내에 촬영한 90×120픽셀 사진파일(JPG)), 수수료 전자결제
- 시험장소 본인 선택(선착순)

필기시험
수험표, 신분증, 필기구(흑색 싸인펜 등) 지참

합격자 발표
- Q-net를 통한 합격확인(마이페이지 등)
- 응시자격(기술사, 기능장, 산업기사, 서비스 분야 일부 종목)
- 제한종목은 합격예정자 발표일부터 8일 이내에(토, 공휴일 제외)
- 반드시 응시자격서류를 제출하여야 되며 단, 실기접수는 4일임.

실기원수 접수
- 실기접수기간 내 수험원서 인터넷(www.q-net.or.kr) 제출
- 사진(6개월 이내에 촬영한 반명함판 사진파일(JPG), 수수료(정액)
- 시험일시, 장소, 본인 선택(선착순)
  단, 기술사 면접시험은 시행 10일 전 공고

실기시험
수험표, 신분증, 필기구, 수험자 지참준비물(작업형 시험한정) 지참

최종합격자 발표
Q-net를 통한 합격 확인(마이페이지 등)

자격증 발급
- (인터넷) 공인인증 등을 통한 발급, 택배 가능
- (방문수령) 여권규격사진 및 신분확인 서류

모두 바르게 빨리 **올배움** 한다.

이러닝교육기관 올배움이 특별한 이유!

01 SINCE 1997 국가기술자격증 이러닝교육기관 올배움

02 고객이 신뢰하는 브랜드대상 수상기관

03 합격생이 인정하는 최고의 명품강의

 올배움 www.kisa.co.kr 📞 1544-8509 TALK 카톡 ID : kisa

07 전국 한국산업인력공단 안내

기관명	주소	연락처
서울지역본부	(02512)서울 동대문구 장안벚꽃로 279(휘경동 49-35)	02-2137-0590
서울서부지사	(03302)서울 은평구 진관3로 36(진관동 산100-23)	02-2024-1700
서울남부지사	(07225)서울시 영등포구 버드나루로 110(당산동)	02-876-8322
서울강남지사	(06193)서울시 강남구 테헤란로 412 알레르망타워 15층(대치동)	02-2161-9100
인천지사	(21634)인천시 남동구 남동서로 209(고잔동)	032-820-8600
경인지역본부	(16626)경기도 수원시 권선구 호매실로 46-68(탑동)	031-249-1201
경기동부지사	(13313)경기 성남시 수정구 성남대로 1214 광우빌딩(1~7층)	031-750-6200
경기서부지사	(14488) 경기도 부천시 길주로 463번길 69(춘의동)	032-719-0800
경기남부지사	(17561)경기 안성시 공도읍 공도로 51-23	031-615-9000
경기북부지사	(11801)경기도 의정부시 바대논길 21 해인프라자 3~5층(고산동)	031-850-9100
강원지사	(24408)강원특별자치도 춘천시 동내면 원창 고개길 135(학곡리)	033-248-8500
강원동부지사	(25440)강원특별자치도 강릉시 사천면 방동길 60(방동리)	033-650-5700
부산지역본부	(46519)부산시 북구 금곡대로 441번길 26(금곡동)	051-330-1910
부산남부지사	(48518)부산시 남구 신선로 454-18(용당동)	051-620-1910
경남지사	(51519)경남 창원시 성산구 두대로 239(중앙동)	055-212-7200
경남서부지사	(52733)경남 진주시 남강로 1689(초전동 260)	055-791-0700
울산지사	(44538)울산광역시 중구 종가로 347(교동)	052-220-3277
대구지역본부	(42704)대구시 달서구 성서공단로 213(갈산동)	053-580-2300
경북지사	(36616)경북 안동시 서후면 학가산 온천길 42(명리)	054-840-3000
경북동부지사	(37580)경북 포항시 북구 법원로 140번길 9(장성동)	054-230-3200
경북서부지사	(39371)경상북도 구미시 산호대로 253(구미첨단의료 기술타워 2층)	054-713-3000
광주지역본부	(61008)광주광역시 북구 첨단벤처로 82(대촌동)	062-970-1700
전북지사	(54852)전북특별자치도 전주시 덕진구 유상로 69(팔복동)	063-210-9200
전북서부지사	(54098)전북특별자치도 군산시 공단대로 197번지 풍산빌딩 2층(수송동)	063-731-5500
전남지사	(57948)전남 순천시 순광로 35-2(조례동)	061-720-8500
전남서부지사	(58604)전남 목포시 영산로 820(대양동)	061-288-3300
대전지역본부	(35000)대전광역시 중구 서문로 25번길 1(문화동)	042-580-9100
충북지사	(28456)충북 청주시 흥덕구 1순환로 394번길 81(신봉동)	043-279-9000
충북북부지사	(27480)충북 충주시 호암수청2로 14 (호암동) 충주농협 호암행복지점 3~4층	043-722-4300
충남지사	(31081)충남 천안시 서북구 상고1길 27(신당동)	041-620-7600
세종지사	(30128)세종특별자치시 한누리대로 296(나성동)	044-410-8000
제주지사	(63220)제주 제주시 복지로 19(도남동)	064-729-0701

08 출제기준

식물보호기사

직무 분야	농림어업	중직무 분야	임업	자격 종목	식물보호기사	적용 기간	2023.1.1. ~2027.12.31.
○ 직무내용 식물보호에 관한 기술이론 및 지식을 가지고 식물 피해의 진단과 방제 등의 업무를 수행할 수 있어야 하며, 식물에 발생하는 생물적(병, 해충, 잡초 등) 및 비생물적(기상, 영양불균형 등) 피해의 발생 원인을 파악하고 적절한 방제 방법을 선정하여 식물 생육의 최적 조건을 만드는 직무이다.							
실기검정방법	필답형	시험시간	2시간 30분				

실기과목명	주요항목	세부항목
식물보호실무	1. 피해의 원인 파악	1. 피해증상 조사하기 2. 피해진단 결과 증명하기
	2. 방제	1. 생태적(경종적) 방제 방법 적용하기 2. 물리적·기계적 방제 방법 적용하기 3. 화학적 방제 방법 적용하기 4. 생물적 방제 방법 적용하기 5. 영양불균형 개선하기
	3. 재배	1. 환경관리하기 2. 재배기술 이해하기 3. 재해관리하기
	4. 식물보호관련법규	1. 식물보호관련법 이해하기

식물보호산업기사

직무분야	농림어업	중직무분야	임업	자격종목	식물보호산업기사	적용기간	2023.1.1.~2027.12.31.
○ 직무내용							
식물보호에 관한 기술이론 및 지식을 가지고 식물 피해의 기초적인 진단과 방제 등의 업무를 수행할 수 있어야 하며, 식물에 발생하는 생물적(병, 해충, 잡초 등) 및 비생물적(기상, 영양불균형 등) 피해의 발생 원인을 파악하고 적절한 방제 방법을 선정하여 식물 생육의 최적 조건을 만드는 직무이다.							
실기검정방법	필답형	시험시간	2시간				

실기과목명	주요항목	세부항목
식물보호실무	1. 피해의 원인 파악	1. 피해증상 조사하기 2. 피해진단 결과 증명하기
	2. 방제	1. 방제 방법 적용하기 2. 물리적·기계적 방제 방법 적용하기 3. 화학적 방제 방법 적용하기 4. 생물적 방제 방법 적용하기
	3. 재배관리	1. 환경관리하기 2. 재해관리하기 3. 재배기술 이해하기

PART 01 필답이론

1. 식물보호필답이론

- 1.1 진단법 종류 2
- 1.2 병징과 표징 7
- 1.3 식물병의 방제 10
- 1.4 식물병 17
- 1.5 식물병 종류 - 벼 병해 23
- 1.6 식물병 종류 - 맥류 및 기타 작물의 병해 30
- 1.7 식물병 종류 - 서류 병해 35
- 1.8 식물병 종류 - 채소 병해 38
- 1.9 식물병 종류 - 과수 병해 43
- 1.10 식물병 종류 - 수목병 47
- 1.11 해충의 방제 55
- 1.12 해충의 방제법 59
- 1.13 곤충의 생리 64
- 1.14 식물작물 해충 66
- 1.15 맥류 및 기타 작물 해충 73
- 1.16 원예작물 해충 - 잎을 가해 76
- 1.17 원예작물 해충 - 흡즙 및 바이러스 매개충 79
- 1.18 원예작물 해충 - 토양 해충 81
- 1.19 원예작물 해충 - 과실 해충 83
- 1.20 과수 해충 84
- 1.21 산림 해충 88
- 1.22 재배환경 - 토양 92
- 1.23 재배환경 - 수분 105
- 1.24 재배환경 - 공기 107
- 1.25 재배환경 - 온도 116
- 1.26 재배환경 - 광 119
- 1.27 상적발육 126
- 1.28 작부체계 131
- 1.29 영양번식 136
- 1.30 육묘 138
- 1.31 정지 139
- 1.32 파종 141
- 1.33 이식 142
- 1.34 생력재배 143

1. 식물보호필답이론	1.35 재배관리 ································· 144
	1.36 냉해 ······································ 148
	1.37 습해, 수해 및 가뭄해 ················ 149
	1.38 동해 및 상해 ··························· 154
	1.39 도복과 풍해 ··························· 157
	1.40 관개 ······································ 160
	1.41 농약의 정의 및 명칭 ················ 163
	1.42 농약의 종류 ··························· 164
	1.43 주요 독성 ······························ 168
	1.44 농약의 잔류와 안전사용 ··········· 170
	1.45 농약의 사용 방법 ···················· 172
	1.46 잡초 ······································ 175
	1.47 잡초의 분류 및 분포 ················ 176
	1.48 잡초방제 ································ 180
	1.49 농약 분류 ······························ 183

PART 02 관련 법령

1. 관련법령[식물방역법]	2.1.1 식물방역법 ···························· 188
	2.1.2 식물방역법 시행령 ················· 222
	2.1.3 식물방역법 시행규칙 ·············· 231
2. 관련법령[농약관리법]	2.2.1 농약관리법 ···························· 266
	2.2.2 농약관리법 시행령 ················· 297
	2.2.3 농약관리법 시행규칙 ·············· 205

PART 03 필답 연습문제

필답예상문제
- 필답 연습문제 1회 ·············· 336
- 필답 연습문제 2회 ·············· 341
- 필답 연습문제 3회 ·············· 346
- 필답 연습문제 4회 ·············· 351
- 필답 연습문제 5회 ·············· 356

PART 04 필답 복원문제

필답복원문제
- 2023년 1회 식물보호기사 실기 ·············· 362
- 2023년 1회 식물보호산업기사 실기 ·············· 368
- 2023년 2회 식물보호기사 실기 ·············· 373
- 2023년 2회 식물보호산업기사 실기 ·············· 379
- 2023년 3회 식물보호기사 실기 ·············· 384
- 2023년 4회 식물보호산업기사 실기 ·············· 390
- 2024년 1회 식물보호기사 실기 ·············· 396
- 2024년 1회 식물보호산업기사 실기 ·············· 402
- 2024년 2회 식물보호기사 실기 ·············· 408
- 2024년 2회 식물보호산업기사 실기 ·············· 414
- 2024년 3회 식물보호기사 실기 ·············· 420
- 2024년 3회 식물보호산업기사 실기 ·············· 426
- 2025년 1회 식물보호기사 실기 ·············· 432
- 2025년 1회 식물보호산업기사 실기 ·············· 438
- 2025년 2회 식물보호기사 실기 ·············· 444
- 2025년 2회 식물보호산업기사 실기 ·············· 450
- 2025년 3회 식물보호기사 실기 ·············· 455
- 2025년 3회 식물보호산업기사 실기 ·············· 460

PART 1

필답 이론

PART 01 식물보호 필답이론

01 진단법 종류

(1) 진단법 개요

① 식물병의 진단은 발병조건, 식물의 품종, 환경 등을 조사하고 식물을 정밀 검사하는 것을 말한다.

② 식물병 진단시 동정은 전염성이 있는 병을 분리, 배양하여 정확한 병명을 파악하는 것이다.

③ 진단법의 종류

육안적 진단	• 병징과 표징을 육안으로 진단
해부학적 진단	• 현미경을 이용 : 현미경을 통한 병원체의 유무 • 그람염색법 : 그람양성을 통한 병원균 판별 • 침지법 : 염색을 통한 관찰 • 초박절편법 : 이병 조직을 얇게 잘라 전자현미경으로 관찰 • 면역전자현미경법 : 혈청반응을 전자현미경으로 관찰
물리, 화학적 진단	• 병든 식물을 물리, 화학적 방법
병원적 진단	• 코흐(Koch)의 4원칙
생물학적 진단	• 지표식물 : 식물의 감수성을 이용 • 최아법 : 싹을 틔워 병징을 발현, 발생유무를 관찰 • 즙액접종법 : 즙액접종 가능한 바이러스를 지표식물을 이용하여 확인
혈청학적 진단	• 병원체의 혈청을 만들어 진단하는 방법

④ 진단에는 육안적 진단방법이 있으며 병징과 표징을 통해 확인 가능하다.

병징	변색, 시들음, 비대, 위축, 괴사, 줄기마름, 부패 등
표징	균사, 균사속, 균사막, 균핵, 자좌, 포자, 자실체 등

⑤ 병원체의 동정은 독일의 세균학자 코흐의 4원칙에 따르며 내용은 아래와 같다.
  ㉠ 병원체는 병든 기주에 존재한다.
  ㉡ 병원체는 병든 기주에서 분리시 배지에서 자라야 한다.
  ㉢ 배양한 병원체는 접종시 같은 병을 나타내야 한다.
  ㉣ 실험적으로 접종하여 감염된 기주에서 같은 병원체를 획득할 수 있다.

> **연습문제**
>
> 생물학적 진단법의 종류 2가지를 적으시오
>
> **해설:**
> 지표식물, 최아법, 즙액접종법

> **연습문제**
>
> 아래 보기에서 병징에 해당하는 항목을 모두 고르시오
> <보기>
> 변색, 균사, 위축, 자좌, 포자, 시들음
>
> **해설:**
> 변색, 위축, 시들음

(2) 수목병의 진단

① 육안관찰
  ㉠ 가장 쉬우나 가장 어려운 방법으로 병징을 가지고 병을 진단하는 육안관찰법이 있다.
  ㉡ 병징에 의한 육안진단은 가장 짧은 시간 안에 가장 정확한 진단을 할 수 있지만 초급자의 경우 어렵고 오진의 확률이 높다.

② 배양적 진단
  ㉠ 여과지 습실처리법
   • 여과지 습실처리법은 병든 식물체에 병징이나 표징이 나타나지 않을 때 사용하는 방법이다.
   • 멸균된 페트리접시에 여과지 2장을 넣고 멸균수를 적신 후 식물체를 페트리접시에 알맞게 잘라 올려 놓고 20~25℃ 항온기에 3~7일 배양하여 병반 부위에 포자를 관찰하여 동정한다.
  ㉡ 영양배지법
   • 병든 식물체 일부를 차아염소산나트륨으로 표면소독하고 물한천배지나 영양배지에 치상하고 병든 부위로부터 병원균이 생장하면서 만든 포자와 배양기에 만들어진 균총을 관찰하여 동정하는 방법이다.
   • 포자형성이 잘되지 않는 경우 근자외선이나 형광등에 사용하여 명암처리를 통해 포자형성을 유도시킨 다음 현미경으로 관찰한다.

③ 생리생화학적 진단
   ㉠ 식물이 병에 걸려 변하는 화학적 성질을 조사하여 병을 진단하는 방법이다.
   ㉡ 바이러스병에 걸린 감자를 진단하는 경우 황산구리법이 있는데 즙액에 황산구리와 수산화칼륨을 첨가하여 즙액의 착색 정도를 진단한다.

④ 해부학적 진단
   ㉠ 해부학적 진단은 현미경이나 육안으로 조직의 내, 외부에 존재하는 병원균의 형태나 변색 등을 관찰하여 진단한다.
   ㉡ 병든 조직체 내에 자실체를 만드는 병원균을 진단할 경우 자실체를 정확히 떼어내거나 조직을 미세절편기로 절편을 만들어 자실체의 형태 및 형성된 포자의 색깔을 고려하여 동정한다.

⑤ 현미경적 진단
   ㉠ 병원체의 동정과 진단을 위해 해부현미경, 광학현미경, 전자현미경 등을 이용한다.
   ㉡ 광학현미경은 해부현미경보다 높은 배율에서 진균과 세균을 관찰할 수 있다.
   ㉢ 전자현미경은 가시광선보다 파장이 짧은 전자빔을 광원으로 활용하여 광학현미경보다 고배율, 고해상도에서 시료를 관찰한다.
   ㉣ 투과전자현미경은 시료를 투과한 전자빔의 투과 정도에 따른 명암 대비로 상을 형성하며 세포내부, 세균의 부속사, 바이러스 입자 등을 관찰할 수 있다.
   ㉤ 주사전자현미경은 전자빔을 시료에 주사하여 반사된 전자빔을 포획하여 상을 형성하며 진균, 세균, 식물의 표면 정보를 얻을 수 있다.

⑥ 면역학적 진단
   ㉠ 항혈청을 이용한 진단법으로 병든 식물에서 분리한 병원균에 대한 항혈청을 만들고 이것을 진단하려는 식물즙액이나 분리한 병원체와 반응시켜 이미 알고 있는 병원체와 동일한지를 조사한다.
   ㉡ 면역학적 진단방법에는 응집과 침강 반응, 면역환산법(한천이중확산법), IF법, 면역효소항체법(ELISA) 등 다양한 방법들이 있다.

⑦ 분자생물학적 진단
   ㉠ 식물병원균의 진단과 동정에 DNA를 이용하는 방법이다.
   ㉡ 병든 식물체에서 병원균을 분리하여 DNA를 추출한 후 PCR를 이용하여 병원균의 특정 유전자 또는 DNA 부위를 증폭한다.
   ㉢ 염기서열 분석을 통해 증폭된 유전자의 염기서열을 DNA 데이터베이스에 등록된 유전자나 DNA 염기서열과 비교하여 병원균을 동정한다.

(3) 바이러스병 진단

① 수목 바이러스의 진단방법에는 외부병징 관찰, 내부병징 관찰, 검정식물 접종, 전자현미경 관찰, 면역학적 방법, PCR방법 등이 있다.

② 외부병징에 의한 방법
  ㉠ 수목 바이러스병의 진단은 1차적으로 나무의 잎, 줄기, 열매 등에 나타난 외부병징의 관찰로부터 시작한다.
  ㉡ 수목이 바이러스가 감염되면 특유의 바이러스 병징이 나타나기 때문에 병징 관찰만으로 진단이 가능한 경우가 있다.

③ 전자현미경에 의한 진단
  ㉠ 전자현미경으로 증상이 나타난 조직의 즙액 내 바이러스입자가 존재하는지를 확인하여 감염 여부를 판별할 수 있다.
  ㉡ 전자현미경 관찰은 일반적으로 DN법(direct negative)이 많이 사용되는데 DN법은 바이러스병으로 의심되는 증상이 나타난 신선한 잎의 작은 조직 절편을 면도칼로 절단해서 그 절단면에서 나오는 즙액을 1~2% 인산텅스텐산 용액으로 염색하여 전자현미경으로 검사하는 방법이다.

④ 내부병징에 의한 방법
  ㉠ 바이러스병으로 의심되는 증상이 나타난 잎의 표피세포를 광학현미경으로 관찰해서 봉입체의 존재가 확인되면 바이러스에 감염되었다는 확실한 증가가 된다.
  ㉡ 모든 바이러스가 광학현미경으로 관찰 가능한 봉입체를 만드는 것이 아니기 때문에 이 방법만으로 판단하기 어려우나 간편한 보조수단으로 진단에 이용할 수 있다.

⑤ 검정식물에 의한 진단
  ㉠ 수목바이러스 중 직접 나무에서 나무로 즙액전염이 잘되지 않아도 초본성 검정식물에 즙액접종이 잘되는 종류가 많다. 그래서 나뭇잎에 바이러스병으로 의심되는 증상이 나타날 경우 잎의 즙액을 명아주, 동부콩, 오이, 호박, 등 바이러스 검정에 가장 널리 사용되는 검정식물을 이용하여 확인할 수 있다.
  ㉡ 수목바이러스 중 검정식물 즙액전염이 되지 않는 것도 있어 검정식물만으로 정확하게 판정하기는 어렵다.
  ㉢ 수목바이러스를 진단할 목적으로 접목접종을 할 경우 병징이 나타날 때까지 보통 수개월~1년이 소요되지만 초본성 검정식물을 즙액접종하면 5~10일 만에 진단이 가능하다.

⑥ 면역학적 진단법
  ㉠ 식물바이러스의 진단법 중 바이러스 특이항체를 이용한 면역학적 진단법이 있으며 여러 방법 중 바이러스 검출감도가 높고 신속한 검정이 가능한 것으로 효소결합항체법(ELISA)이 가장 널리 활용된다.
  ㉡ 나무에 발생한 병이 바이러스병이라는 것이 확인되면 다른 진단법을 생략하고 ELISA 법만으로 어떤 바이러스에 감염되었는지 진단할 수 있다.

02 병징과 표징

① 병징

- ㉠ 병징은 식물의 외형 혹은 조직의 변화, 빛깔 등에 이상이 나타나는 현상을 의미한다.
- ㉡ 병의 진행 정도나 현상의 변화에 따라 1차, 2차 병징으로 분류하기도 한다.
- ㉢ 특정 부위에만 나타나는 경우 국부병징, 수목의 전체에 나타나는 경우를 전신병징이라 한다.

국부병징	점무늬병, 흑병 등
전신병징	오갈병, 바이러스병, 시들음병 등

- ㉣ 세균병에 의한 병징으로 무름병, 잎마름병, 점무늬병, 시들음병 등이 있다.
- ㉤ 바이러스에 의한 병징은 대부분 전신병징은 경우가 많으며 국부병징도 간혹 나타난다.

외부병징	위축, 색소체 이상, 괴저, 기형, 잎말림, 돌기 등
내부병징	세포 내 엽록체 수 감소, 엽록체 크기 감소, 내부조직 괴사 등

- ㉥ 생육장해의 종류
  - 왜화 : 세포의 분화가 잘 이루어지지 않아 기관의 발육 정도가 낮은 것
  - 쇠퇴 : 영향을 받은 잎이나 다른 부분이 조직의 성장과 확산에 관계없이 세포의 분화가 정지하는 것
  - 위축 : 전체 식물의 크기가 작아지는 것
  - 억제 : 기관의 발달이 완성되지 않은 경우
  - 웃자람 : 광량의 부족으로 과다 신장을 하여 누런색으로 가늘고 연약한 상태로 길게 자라는 것
  - 분열조직활성화 : 세포가 비정상적으로 분열하여 변형조직이 만들어지는 것
  - 이상증식 : 세포가 비정상적으로 분열하여 건전한 식물에서는 볼 수 없는 국부적인 융기 또는 암종이 형성되는 것
  - 상편생장 : 잎자루나 잎맥의 윗부분이 아랫부분보다 더 많이 자라게 하여 잎이 아래 쪽으로 처지거나 쭈글쭈글하게 오그라드는 현상
  - 이층형성 : 조기 낙엽의 원인이 되는 현상으로, 잎자루와 가지 사이의 세포들을 분리되기 쉽게 만드는 것
  - 퇴색 : 잎의 엽록소가 일부 또는 전체적으로 파괴되어 녹색이 옅어지는 것
  - 얼룩 : 부분적인 색소의 파괴 또는 결핍으로 인하여 군데군데에 색깔이 변하여 나타나는 것

- 잎맥투명화 : 잎맥이 물에 젖은 듯 투명하게 보이는 것으로서, 주로 바이러스의 감염 시에 나타남

ⓢ 기타 병징의 종류
- 저장물질의 수송장애 : 광합성 산물이 다른 곳으로 잘 이동하지 못하는 현상
- 수분과 무기염류의 장애 : 뿌리에 이상이 생겨 토양 중에 있는 물질을 흡수하지 못하는 현상
- 수분수송장애 : 물이 잘 이동하지 않는 것으로서, 유관속시들음병이 유발될 수도 있음
- 물질이동장애 : 나무 내에서 물질이 제대로 이동하지 못하는 것
- 기능장애 : 황화, 수화작용, 괴저증상, 고무질, 수지즙액분비 등
- 2차대사의 장애 : 안토시아닌의 발달이 지연되어 식물체 색깔에 변화가 나타난 것
- 재생능력의 장애 : 개화 및 착과 장애 등

② 표징
 ㉠ 병이 발생시 병원체 자체가 나타나 식별되는 현상을 의미한다.
 ㉡ 표징은 어느 정도 진행 후 발견이 되기에 조기 진단이 어렵다.
 ㉢ 진균의 경우 표징이 나타나지만 바이러스, 마이코플라스마에 의한 경우 병징만 관찰되고 표징은 나타나지 않는다.
 ㉣ 표징의 종류

영양기관	균사체, 선상균사, 균핵, 자좌, 근상균사속 등
번식기관	포자, 포자낭, 자낭각, 자낭구, 세균점괴, 포자각, 버섯 등

연습문제

병징과 표징의 정의를 적으시오

<보기>
변색, 균사, 위축, 자좌, 포자, 시들음

해설
- 병징 : 병징은 식물의 외형 혹은 조직의 변화, 빛깔 등에 이상이 나타나는 현상을 의미한다.
- 표징 : 병이 발생시 병원체 자체가 나타나 식별되는 현상을 의미한다.

연습문제

아래 식물의 생육장해에 관련된 용어의 정의를 적으시오

◎ 왜화

◎ 이상증식

해설

- 왜화 : 세포의 분화가 잘 이루어지지 않아 기관의 발육 정도가 낮은 것
- 이상증식 : 세포가 비정상적으로 분열하여 건전한 식물에서는 볼 수 없는 국부적인 융기 또는 암종이 형성되는 것

03 식물병의 방제

(1) 생태학적(경종적) 방제법

① 윤작
  ㉠ 윤작은 동일 임지에서 작물을 연이어 재배하지 않고 다른 종류의 작물을 순차적으로 재배하는 것을 의미한다.
  ㉡ 땅속에서 오랜시간 생존이 가능하고 기주 범위가 넓은 병균들의 경우 이러한 윤작을 적용하는 것이 비실용적이다. 감자 더뎅이병균, 무·배추 무사마귀병균은 기주식물의 범위가 좁아 윤작을 위한 작물의 선택 범위가 넓다.

② 파종시기 조절
  ㉠ 파종시기에 파종을 하게 될 경우 병해에 걸리기 쉬운 경우가 있는데 이러할 때에는 시기를 늦추거나 당겨서 병해를 피하기도 한다.
  ㉡ 벼 파종이나 이앙시기가 늦어질 경우 도열병의 발생이 증가하게 되기에 이앙시기가 빨라지면 잎집무늬마름병이 증가하게 된다.

③ 포장위생
  ㉠ 병든 식물의 병든 부위를 제거하는 것으로 병원체의 생활사를 파악하여 제 1차 전염원을 제거 하는 방법이 있다.
  ㉡ 병원체를 전염시키는 중간기주를 제거하여 예방하는 방법이 있다.

병명	중간기주
잣나무 털녹병	송이풀, 까치밥나무
소나무류 잎녹병균	황벽나무, 참취, 잔대
소나무 혹병균	참나무
배나무 붉은별무늬병균	향나무

④ 토양조건
  ㉠ 유주자균류인 모잘록병균, 균핵병균 등은 토양의 수분이 많을 경우 잘 발생된다.
  ㉡ 감자더뎅이병은 알칼리성 토양, 무·배추 무사마귀병은 산성토양에서 잘 발생하는데 이러한 토양의 조건을 개선하기 위해 유기물 및 석회를 사용한다.

⑤ 영양조건
  ㉠ 식물의 영양조건에 의해서 병원체의 침입에 영향을 주게 된다. 식물의 영양상태가 양호할 경우 저항력이 좋으나 영양상태가 좋지 않을 경우 저항력이 약화되기 쉽다.

ⓒ 영양성분 중에서 질소질 비료를 과용할 경우 도장의 우려가 있고 저항력이 약해지기 쉽다. 질소질 비료 과용의 경우 벼 도열병, 벼 잎집무늬마름병, 흰가루병 등이 발생하기도 한다.

⑥ 저항성 품종

저항성 품종을 이용하면 별도 경비나 자재 소비 없이 성과를 달성할 수 있는 가장 이상적인 방법이다.

> **연습문제**
>
> **식물병 방제를 위한 생태학적 방제법 3가지를 적으시오**
>
> **해설:**
> · 윤작을 실시한다.
> · 저항성 품종을 재배한다.
> · 파종시기를 조절한다.

(2) 물리적·기계적 방제법

① 종자 선택 및 소독

㉠ 종자를 통해 병원균이 전파하기에 종자의 선별이 필요하다. 종자는 비중선을 이용하여 병든 종자를 제거하는데 주로 소금물을 이용한다.

㉡ 냉수온탕침지법은 물리적인 방법 중 하나로 종자를 20°C 이하의 냉수에 6~24시간 침지후 다시 50~55°C의 더운물에 담그는 방제법으로 키다리병, 세균성벼알마름병, 잎마름선충병 등의 방제 효과가 있다.

② 토양 소독

토양 소독은 고온, 고압의 증기를 통해 토양을 소독하는 방법이다. 증기를 이용하기에 공해 및 약해에 대한 피해가 없는 것이 장점이다.

(3) 화학적 방제법

① 화학적 방제법은 살충제와 같은 화학물질을 함유한 약제를 이용하는 방법으로 효과가 빠르고 간편한 장점을 가진다.

② 다만 화학적 방제법은 화학물질로 인해 발생되는 부작용으로 인하여 생태계의 교란, 유용생물에 피해를 주기에 사용 시 주의를 요구한다.

(4) 생물학적 방제법

① 교차보호
　㉠ 병원성이 약화된 식물바이러스가 침입한 기주에서 병원성이 더욱 강한 바이러스에 의해 병의 확산이 억제되는 현상을 교차보호라 한다.
　㉡ 교차보호의 예로 토마토의 담배 모자이크바이러스, 박과작물의 오이녹반 바이러스, 감귤 트리스테자바이러스는 등이 있다.

② 근권미생물에 의한 방제
　㉠ 근권미생물은 식물근권에서 살아가는 미생물을 의미하며 이때 근권은 식물이 뿌리를 내리고 그 뿌리가 토양 내에서 영향을 미치는 범위를 근권이라 한다.
　㉡ 근권미생물 종류

근권진균	*Trichodermin, Gliotoxin, Gliovirin*
근권세균	*Bacillus, Pseudomonas, Burkholderia*

③ 길항미생물 이용
　㉠ 병원균의 생육을 억제하거나 저지시키는 능력을 가진 미생물을 길항미생물이라 한다.
　㉡ 길항미생물 종류

세균	*Agrobacterium, Bacillus, Pseudomonas, Streptomyces*
진균	*Ampelomyces, Candida, Coniothyrium, Glicoladum, Trichoderma*

　㉢ 식물병 방제

식물병	길항미생물
흰가루병균	*Paenibacillus polymixa, Ampelomyces quisqualis*
잿빛곰팡이병	*Cladosporium herbarum*
균핵병균	*Bacillus subtilis*

　㉣ 박테리오파지
　　• 박테리오파지는 세균에 기생하여 증식하는 바이러스이다.
　　• 파지는 식물체의 잎, 토양, 관개수 등 자연계에 널리 분포하고 있고 식물병원세균에 각각 대응하는 박테리오파지가 존재한다.
　　• 식물병원세균의 파지형태는 구형, 유미형, 사상 등으로 구분한다.
　　• 파지의 핵산은 일부의 구형 파지를 제외하고 DNA 이며, 그 조성은 파지의 종류에

따라 다르다. RNA 파지는 대부분 지름이 25nm 내외로 작다.

④ 유도저항성
  ㉠ 어떤 미생물을 식물에 접종하였을 때 그 자극에 의하여 식물의 저항성이 강화되어 나중에 침입한 병원체에 대한 저항성을 나타내는 것을 말한다.
  ㉡ 저항성이 어느 한 부위에서만 나타나는 것이 아니라 식물체 전체에 나타나므로 전신유도저항성 또는 전신획득저항성이라고 한다.
  ㉢ 유도저항성은 같은 종류의 병원체가 아니더라도 저항성을 유도하며 미생물이 아닌 salicylic acid 나 dichloroisonicotinic acid 와 같은 화학물질에 의해서도 유도된다.

(5) 수간주입(수간주사)

① 수간주입
  ㉠ 수간주입은 약액을 나무의 줄기에 구멍을 뚫고 직접 넣어주는 것을 말한다.
  ㉡ 수간주입법의 장점은 주입된 약액이 수체 내부로만 전달되어 주변에 환경오염을 일으키지 않으며 소량 주입으로 수개월 이상의 높은 방제효과가 지속되어 지상살포처럼 여러 번 살포하지 않아도 된다.
  ㉢ 수간주입은 약제살포로 치료가 안되고 내과적 주입으로 치료가 가능한 파이토플라스마에 의한 식물병이나 소나무재선충병 등의 치료 및 예방에 효과적이다.
  ㉣ 수간주입시 유의사항은 주입공을 되도록 작게 뚫는 것이다. 주입공을 작게 뚫어주면 주입공이 빨리 아물어 부후나 변색의 우려가 없다. 주입공을 뚫고 수간주입이 끝나면 상처도포제를 발라 병원균의 침입을 방지하고 유합조직의 형성을 촉진시켜 주입공을 빨리 아물게 하는 것이 좋다.
  ㉤ 주입공의 위치는 줄기의 아래쪽으로 가까이 갈수록 약액이 고루 퍼진다.
  ㉥ 주입공은 줄기의 밑동 근처에 드릴로 직경 0.45~0.5cm 구멍을 30~45° 경사지게 세워 뚫는다.
  ㉦ 주입공의 깊이는 수종에 따라 다르지만 수피를 지나 목질부로부터 약 2cm 깊이가 되도록 한다.
  ㉧ 수간주사는 수액이동이 활발한 4월~10월쯤에 실시하는 것이 효과적이다.
  ㉨ 흉고직경 10cm 이하의 소경목이나 관목에는 수간주입을 실시하지 않는다.

② 수간주입 방법
  ㉠ 중력식 수간주입

- 중력식 수간주입법은 중력에 의해 저농도의 약액을 다량으로 주입할 때 사용한다.
- 수간주입용 1L 용량의 플라스틱 통에 약액을 담아 나무 윗부분에 매달아 호스와 주입관을 주입공에 연결하여 중력과 수액의 흐름에 의해 약액이 주입된다.
- 중력식 수간주입은 약액을 많이 주입하는 방법으로 대량주입이라고도 하며 1L를 주입하는데 12~24시간이 소요된다.

ⓒ 압력식 미량수간주입
- 압력식 미량수간주입법은 소형의 플라스틱제 압력식 수간주입 용기를 사용하여 약액을 압력식으로 수간에 주입하는 방법으로 가장 널리 사용되는 방법이다.
- 압력식 미량 수간주입 캡슐을 사용하는데 소량(5~10mL)의 약액이 들어 있는 플라스틱 캡슐을 주입공에 삽입하여 압축된 공기에 의해 약액이 주입된다.
- 약액의 주입 시간은 약 수분~30분 정도로 짧아 단시간에 많은 나무를 처리할 경우 효과적이다.

ⓒ 유입식 수간주입
- 유입식 수간주입법은 중력이나 압력을 이용하지 않고 약액이 유입되도록 하는 방법이다.
- 압력을 가하지 않고 줄기에 비교적 큰 구멍을 뚫고 약액을 가득 채워 넣는 방법이다.
- 보통 유입식 수간주입이 잘되는 활엽수에 주로 활용하는데, 소나무류에 사용할 경우 송진유동이 활발하지 않는 12~2월에 활용이 가능하며 송진유동이 활발한 3~11월에는 수간주입이 어렵다.

연습문제

수간주사의 장점 2가지를 적으시오

해설:
- 주변에 환경오염을 일으키지 않는다.
- 소량 주입으로 수개월 이상의 높은 방제효과가 지속된다.

(6) 가지치기

① 가지치기는 나무의 건강, 미관, 안전 등을 유지하기 위해 필수적인 작업이다.
② 가지치기를 하지 않고 병든 가지나 말라죽은 가지를 남겨 두면 병의 확산을 야기하고 가지가 부러지면서 인명 및 재산의 피해를 줄수도 있다.
③ 가지치기를 하였을 때 가느다란 가지의 상구는 쉽게 아물지만 굵은 가지는 잘못 자르면 상구가 아물지 않고 썩으면서 대부분 공동으로 진행된다.

④ 가지치기의 적기는 수목이 휴면상태에 있는 늦겨울이다. 늦겨울에 가지치기를 해서 봄 일찍부터 상처가 아물도록 하는 것이 좋다
⑤ 추운지방에서는 가을이나 초겨울에 가지치기를 하면 가지가 겨울 동안에 동해를 입을수 있기 때문에 될수 있으면 늦겨울에 실행하는 것이 좋다.
⑥ 지피융기선은 줄기와 가지의 분기점에 있는 주름살 모양의 융기된 부분으로 지피융기선을 경계로 줄기조직과 가지조직이 갈라진다.
⑦ 지륭은 가지밑살이라 하며 가지가 자신의 무게를 지탱하기 위해 가지 밑쪽에 발달시킨 부어오른 듯한 불룩한 조직이다.
⑧ 자연표적가지치기는 지피기선과 지륭을 표적으로 가지나 줄기를 절단하는 것으로 지피융기선과 지륭이 잘려나가지 않도록 지피융기선 상단부의 바로 바깥쪽에서 시작해서 지륭이 끝나는 지점을 향해 가지를 절단하는 것이다. 이를 통해 줄기조직이 상하지 않고 병원균이 줄기조직으로 침입하는 것을 저지하여 줄기가 썩는 것을 막을 수 있다.
⑨ 모든 가지는 줄기와 가지의 결합부위 및 가지와 가지의 결합 부위에서 자르며 가지의 마디사이에서는 자르면 안된다. 가지의 마디와 마디 사이에서 자르면 남겨자르기가 되므로 가지터기가 썩어 들어간다.
⑩ 가지를 자르고 나면 절단면 보호를 위해 락발삼도포제, 티오파네이트메틸 도포제, 테부코나졸 도포제 같은 상처도포제를 발라 노출된 상처를 통해 병원균이 침입하는 것을 방지하고 유합조직 형성을 촉진시킨다.

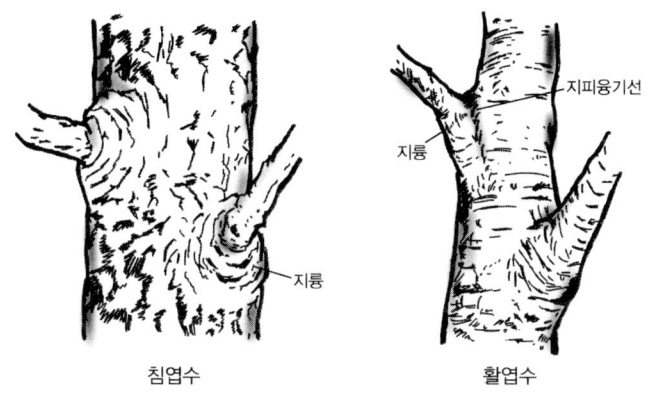

침엽수　　　　　　　활엽수

⑪ 나무는 대부분 지륭 안에 가지보호대라고 하는 화학적 방어층을 갖고 있어 가지치기를 할 때 제거하지 않도록 주의해야 한다. 보호대는 가지를 잘랐을 때 외부에서 부후균이 줄기 내로 침입하는 것을 억제하는 화학물질을 함유하고 있다. 활엽수는 페놀(phenol), 침엽수는 테르펜(terpene)을 주체로 한 물질로 조성되어 있다.

⑫ 밀착절단 방법으로 가지를 자르게 되면 지피융기선 안쪽에 줄기조직과 가지보호대가 들어 있는 지륭이 모두 잘려나가 상처가 잘 아물지 않고 무방비 상태가 되어 줄기조직에 병원균이 침입해서 줄기 조직이 썩고 공동으로 진행된다.

⑬ 가지를 길게 남겨 자르면 가지터기에 가로 막혀 상처유합재가 상구를 감싸지 못하고 가지터기가 썩어 들어가기도 한다. 그래서 가지를 지륭이 잘려나갈 정도로 너무 바짝 자르거나 가지터기를 길게 남기면 안된다.

연습문제

다음은 가지치기에 대한 설명이다. 아래 내용을 보고 빈칸을 채우시오

◎ 가지치기는 나무가 (㉠)일 때 하는 것이 좋다.
◎ (㉡)은 줄기와 가지의 분기점에 있는 주름살 모양

해설
㉠ 휴면상태
㉡ 지피융기선

04 식물병

(1) 수목병해

① 수목에 병이 발생하기 위해서 병원체, 수목, 환경의 세 가지 요소가 필요하며 이들의 상호관계를 병삼각형 혹은 병삼각도라 한다.

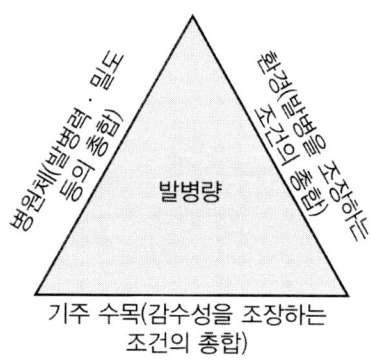

② 병삼각형에 각 요소는 정도에 따라 각 변의 길이가 달라져 모든 요소를 정량화하면 세 변에 의해 형성되는 삼각형의 면적이 발생되는 병의 총량이다.
③ 병원체를 나타내는 변의 길이는 발병력, 밀도에 따라 달라지고 병원균의 병원력이 크거나 밀도가 높으면 변의 길이가 길어진다. 병원력이 작거나 밀도가 낮으면 변의 길이가 줄어든다.
④ 기주인 수목이 병원체에 대해 면역인 경우 변의 길이가 0 이 되고 병원체가 존재하고 환경이 병의 발생에 적합하더라도 병이 발생하지 않게 된다. 즉 세 가지 요인 중 어느 하나라도 수치가 0 이 되는 경우 병은 발생하지 않는다.
⑤ 생물적 요인에 의한 전염성 병에서는 일련의 사건이 연속적으로 발생한다. 이 과정은 병의 발달과 병원체의 증식으로 나타나며 이 과정을 병환이라 한다.
⑥ 병환은 병원체가 기주 수목에 도달하여 접촉, 침입, 기주인식, 감염, 침투, 정착, 병원체의 생장 및 증식, 병징발현, 병원체의 전반 혹은 월동, 재접종 등의 순서로 이루어진다.

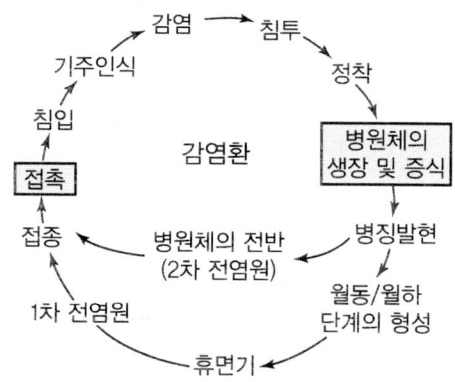

⑦ 병원체가 기주 수목과 접촉하게 되는 것을 접종, 수목에 도달하거나 수목과 접촉한 상태의 병원체 자체 또는 기주 수목을 감염시킬 수 있는 병원체의 특정 세포를 전염원이라 한다.

(2) 전염원
① 수목병해는 다양한 생물적 요인에 의해 발생하고 병의 전반에 중요한 것은 감염부위에 도달하는 전염원의 양과 질이다.
② 전염원은 월동하면서 휴면상태로 생존하였다가 봄이나 가을에 감염을 일으키는 전염원을 1차 전염원이라 하고, 이들에 의한 감염을 1차 감염이라 한다.
③ 1차 감염으로부터 형성되는 전염원을 2차 전염원이라 하고, 이들에 의한 감염을 2차 감염이라 한다.

(3) 곰팡이
① 일부 곰팡이는 기공, 피목, 수공, 밀선과 같은 자연개구를 통해 수목에 침입하지만 다른 종류의 병원체는 직접 기주 수목의 세포 내로 침입하기도 한다. 그러나 대부분의 곰팡이는 상처를 통해서만 수목 내로 침입할 수 있다.
② 동물에서 침입하는 병원균을 모두 죽여야 하는 것과 달리 수목에서는 감염된 조직을 먼저 구획화한다. 구획화는 꽃, 잎, 가지, 줄기, 뿌리 등 수목의 모든 부분에서 일어난다.
③ 곰팡이는 생장하면서 기주 수목에 병을 일으키기 위해 산소와 유기물질을 필요로 한다.
④ 곰팡이 균사는 건조한 조건에 민감하여 어둡고 습기가 많은 곳에서 잘 자란다. 곰팡이의 생장 온도 범위는 넓으며 대부분의 곰팡이는 수목의 생장에 적합한 20~30℃가 최적온도이다.
⑤ 뿌리병해
　㉠ 뿌리병해를 일으키는 주요 병원체는 곰팡이로 대부분 뿌리병원 곰팡이는 임의기생체로 토양에서 부생적으로 생존할 수 있다.
　㉡ 뿌리병해는 수목의 출아전 또는 출아후의 유묘에서부터 큰 성목으로 자라기까지 곰팡이가 뿌리를 감염하는데 수세가 약한 나무의 죽은 뿌리나 지하부 또는 지제부의 상처를 통해 침입한다.
　㉢ 뿌리 진단 시 표징인 병원균은 자실체나 구조체가 있다.
　㉣ 뿌리병해의 종류에는 병원균 우점병과 기점 우점병이 있다.
　㉤ 병원균 우점병의 병원균은 미성숙한 조직에 침입하여 수목이 어릴 때 병을 일으키

거나 생육 후기에 잠복해 있던 병원균이 활동을 시작하여 뿌리의 노화를 촉진하다가 말라 죽게 한다.
ⓑ 기주 우점병은 병원균보다 기주가 병 발생에 더 많은 영향을 미치는 특성을 가지고 있으며 대부분 뿌리썩음병과 시들음병이 여기에 속한다. 병원균 우점병과 달리 감염된 수목은 빨리 죽지 않고 생장이 지연되거나 결실률이 저하된다. 발병은 환경의 영향을 더 많이 받고 기주가 좋지 않은 환경에서 더욱 심하게 나타난다.

(4) 세균

① 세균은 크기가 작아 기주 수목에 생긴 상처나 기공, 피목, 수공, 밀선과 같은 자연개구를 통해 침입할 수 있다.
② 세균은 광학현미경으로 관찰이 가능한 크기로 형태에 따라 간균, 구균, 나선균 등으로 분류한다. 편모를 가지고 있어 스스로 이동이 가능한 것이 특징이다.
③ 균체의 크기는 배양온도, 배지조성, 배양시간, 염색방법 등에 따라 차이가 있다.
④ 균체의 바깥에는 점질층 또는 협막으로 싸여 있고 안쪽은 세포벽, 세포막, 세포질로 구성되어 있다.
⑤ 세균의 편모는 운동기관 역할을 하며 편모의 위치에 따라 단극모, 양극모, 주모, 무모로 구분한다. 다음 식물 병원세균의 편모의 부착 모식도이다.

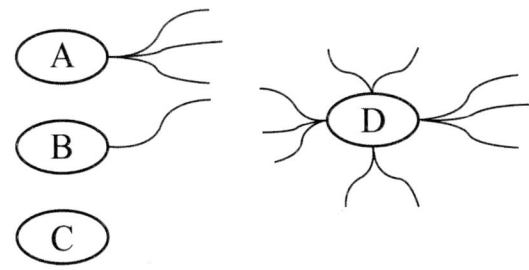

〈편모 모식도〉
A : 속모, B : 단극모, C : 무모, D : 주모

(5) 선충

① 식물에 기생하는 선충은 토양에 서식하면서 뿌리에서 물과 양분을 흡수하는 유근을 가해한다.
② 선충이 뿌리를 가해하면 뿌리가 괴사 부위나 병반, 혹 등이 형성되고 유근의 형성이 불량해진다.
③ 식물기생선충의 구조적 특징인 구침을 통해 바이러스를 건전한 식물체에 옮겨주기도 한다.

(6) 바이러스

① 바이러스
- ㉠ 바이러스 입자의 기본구조는 바이러스 게놈핵산과 이를 보호하는 단백질 외피로 구성된 뉴클레오캡시드이다.
- ㉡ 바이러스 형태는 크게 막대모양~실모양, 공모양, 타원체 모양으로 나누어지며 식물바이러스의 대부분은 곧은 막대모양~실모양이나 공모양이고 일부는 타원체 모양이다.
- ㉢ 감염식물의 외부에 육안적으로 관찰되는 병징을 외부병징, 감염식물의 조직이나 세포의 변성, 괴사, 세포 내 봉입체 등 광학현미경 또는 전자현미경으로만 관찰이 가능한 내생적으로 나타나는 병징을 내부병징이라 한다.
- ㉣ 감염식물의 몸 전체 바이러스가 퍼지는 경우 전신감염이라 하고 전신적으로 나타나는 증상을 전신병징이라 한다.
- ㉤ 특정 바이러스를 검정식물의 잎에 접종했을 경우 바이러스가 다른 곳으로 이동하지 않고 접종엽의 병반부에 머무는 것을 국부감염이라 하고 나타나는 병징을 국부병징이라 한다.
- ㉥ 어떤 바이러스는 식물에 감염을 해도 육안적으로 병징을 유발하지 않는데 이러한 바이러스는 잠복바이러스라 한다.
- ㉦ 식물이 바이러스에 감염되어도 육안적으로 뚜렷한 병징을 나타내지 않는 경우를 무병징 감염이라하고 이러한 식물을 보독식물이라 한다.
- ㉧ 바이러스는 기주의 대사계에 의존해서 기주세포내에서만 증식하기 때문에 살아 있는 세포가 들어 있지 않은 인공배지에서는 배양되지 않는 절대활물기생체이다.
- ㉨ 세계 최초로 발견된 바이러스는 식물바이러스인 담배모자이크바이러스로서 19세기 말 모자이크병에 걸린 담배 잎의 즙액에서 발견되었다.

② 외부병징의 유형
- ㉠ 엽록소가 결핍되어 나타나는 색깔의 변화 : 모자이크, 잎맥투명, 꽃얼룩무늬, 황화 등
- ㉡ 생육이상 : 위축, 왜화
- ㉢ 조직의 변형 : 잎의 기형화
- ㉣ 조직의 괴사 : 괴저병반

③ 내부병징
  ㉠ 감염 세포 내에 나타나는 이상구조를 봉입체라 한다.
  ㉡ 결정상 봉입체는 바이러스 감염 세포 내에 광학현미경으로 관찰되는 다각체 또는 바늘 모양이다.
  ㉢ 과립상 봉입체는 구형 또는 타원형의 부정형 봉입체를 말한다.
  ㉣ 이상 미세 구조는 전자현미경에 의해 발견되었다. 감자 Y 바이러스와 같은 Potyvirus 에 속하는 바이러스에 의한 감염된 세포의 세포질 내 특유의 풍차 모양 봉입체, 다발 모양 봉입체, 층판상 봉입체 등 다양한 모양의 봉입체가 관찰된다.

④ 식물바이러스 전염
  ㉠ 식물바이러스 전염에는 즙액접촉에 의한 전염, 접목 및 영양번식에 의한 전염, 매개생물에 의한 전염, 종자 및 꽃가루에 의한 전염이 있다.
  ㉡ 바이러스를 함유한 식물즙액이 직접 건전 식물의 상처를 통해 감염을 일으키는 것을 즙액전염(기계적 전염)이라 한다.
  ㉢ 포플러, 향나무 등과 같이 꺾꽂이로 영양번식을 하는 식물은 어미식물이 바이러스에 감염되면 어미식물에 있는 바이러스는 모두 삽수를 통해 자손에게 전달된다.
  ㉣ 식물바이러스가 곤충, 응애, 선충, 곰팡이 등 매개생물에 의해 전반된다. 곤충에 의한 바이러스의 전반은 비영속형 전반과 영속형 전반으로 분류된다.

비영속형 전반	• 곤충이 바이러스 감염 식물에 흡즙할 때 구침에 묻은 바이러스가 수초~수분 내에 기계적으로 다른 식물에 전반되는 것으로 이러한 방식으로 전반되는 바이러스를 구침전반형 바이러스라고 한다.
영속형 전반	• 체내에 들어간 바이러스가 체내에 순환하거나 증식하는 등 충체 내에서 일정한 잠복기간이 지난 후에 바이러스가 타액과 함께 배출되어 식물에 전반되는 것을 말한다. • 이때 순환만 하는 바이러스를 순환형 바이러스라 하고 충체 내에서 증식하는 바이러스는 증식형 바이러스라 한다.

  ㉤ 바이러스에 감염된 어미식물의 종자를 통해 차대 식물에 바이러스가 전반되는 것을 종자전염이라 한다. 바이러스가 종자의 배에 들어가는 경로는 2가지가 있다. 하나는 바이러스에 감염된 어미식물로부터 직접 배로 옮겨가는 것이고, 다른 하나는 가루받이(수분) 할 때 바이러스를 지닌 꽃가루가 배에 들어가는 것인데 이를 꽃가루전염(화분전염)이라 한다.

(7) 파이토플라스마

① 파이토플라스마가 감염된 수목의 체관부(사부)에서 발견되며 대부분 사부요소에 존재하면서 당분의 이동을 방해한다.
② 파이토플라스마에 의해 병해는 필수적인 에너지 저장화합물이 잎에서 뿌리로 이동하는 것을 방해하여 수목이 쇠락하거나 말라죽게 만든다.
③ 곤충이 수목에 발생하는 파이토플라스마병의 전반에 주요한 역할을 하며 매미충이 가장 일반적인 매개충이다. 매개충 내에서 약 10~20일 잠복하는데 이들 매개충을 보독충이라 한다.
④ 곤충이 즙액을 취할 때 파이토플라스마가 구침에 묻으면 매개충을 감염시켜 체내에서 증식하며, 매개충의 알에까지 계속 이어져서 경란전염이 되기도 한다.

05 식물병 종류
[식물병 학명]

식물병	학명
가지과 풋마름병	*Ralstonia solanacearum*
감자 둘레썩음병	*Clavibacter michiganense*
감자 잎말림바이러스병	*Potato leaf roll virus*
감자더뎅이병	*Streptomyces scabies*
감자역병	*Phytophthora infestans*
고구마 검은무늬병	*Ceratostomella fimbriata*
고구마 무름병	*Rhizopus stolonifer*
고추 역병	*Phytophthora capsici*
고추, 사과 탄저병	*Glomerella cingulata*
균핵병	*sclerotinia sclerotiorum*
낙엽송 가지끝마름병	*Guignardia laricina*
담배모자이크병	*Pseudomonas tabaci*
담배역병	*Phytophthora parasitica*
맥류 붉은곰팡이병	*Gibberella zeae*
맥류 줄기녹병	*Puccinia graminis*
맥류 흰가루병	*Erysiphe graminis*
무, 배추 노균병	*Peronospora brassicae*
무, 배추 무사마귀병	*Plasmodiophora brassicae*
밤나무 줄기마름병	*Cryphonectria parasitica*
배나무 검은무늬병	*alternaria kikuchiana*
배나무 붉은별무늬병	*gymnosporangium haraeanum*
배나무 화상병	*erwinia amylovora*
벚나무 빗자루병	*Taphrina wiesneri*
벼 검은줄무오갈병	*rice black-streaked dwarf virus*
벼 깨씨무늬병	*Cochliobolus miyabeanus*
벼 모썩음병	*Achlya spp*
벼 세균성알마름병	*Burkholderia glumae*
벼 오갈병	*rice dwarf virus*
벼 이삭누룩병	*Ustilaginoidea virens*
벼 잎집무늬마름병	*Pellicularia sasaki*
벼 줄무늬잎마름병	*Rice stripe virus*
벼 키다리병	*Gibberella fujikuroi*

식물병	학명
벼 흰잎마름병	Xanthomonas oryzae
벼도열병	Pyricularia oryzae
보리 속깜부기병	Ustilago hordei
복숭아나무 세균성구멍병	Xanthomonas campestris
복숭아나무 잎오갈병	Taphrina deformans
뿌리썩이선충병	Pratylenchus penetrans
뿌리혹병	Agrobacterium tumefaciens
사과나무 갈색무늬병	diplocarpon mali
사과나무 부란병	valsa ceratosperma
소나무 잎녹병	Coleosporium phellodendri
소나무 잎떨림병	Lophodermium pinastri
소나무 잎마름병	Pseudocercospora pini-densiflorae
소나무 재선충병	Bursaphelenchus xyophilus
수박 탄저병	Colletotrichum lagenarium
아밀라리아뿌리썩음병	Armillaria mellea
노균병	Pseudoperonospora cubensis
오이류 덩굴쪼김병	Fusarium oxysporum
오이류 풋마름병	Erwinia tracheiphila
오이류 흰가루병	sphaerotheca fuliginea
잿빛곰팡이병	botrytis cinerea
참나무 시들음병	Raffaelea sp
채소 세균성무름병	Erwinia carotovora
콩 세균성점무늬병	Pseudomonas glycinea
콩 자줏빛무늬병	Cercospora kikuchii
콩 탄저병	Colletotrichum truncatum
토마토 시들음병	Fusarium oxysporum
토마토 잎곰팡이병	fulvia fulva
포도나무 새눈무늬병	Elsinoe ampelina
포플러 잎녹병	Melampsora larici-populina
푸사리움 가지마름병	Fusarium circinatum
호두나무 탄저병	Glomerella cingulata
호밀 맥각병	Claviceps purpurea
흰가루병	Phyllactinia corylea

식물병	학명
벼 모잘록병	Pythium debaryanum
	Rhizoctonia solani
	Fusarium spp
보리, 밀 겉깜부기병	Ustilago nuda (보리)
	Ustilago tritici (밀)
사과나무 검은별무늬병	venturia inaequalis(사과)
	venturia nashicola(배)

병명	병원균	전반	월동
벼 도열병	진균(불완전균류)	바람(종자)	균사나 분생포자가 볏짚 혹은 병든 종자에서 월동
벼 잎집무늬마름병	진균(담자균류)	물	균핵 상태로 땅위에서 월동
벼 깨씨무늬병	진균(자낭균류)	바람(종자)	포자나 균사의 형태로 병든 볏짚이나 볍씨에 월동
벼 키다리병	진균(자낭균류)	바람(종자)	분생포자가 종자표면에 월동
벼 이삭누룩병	진균(자낭균류)	바람	균핵이나 후악포자로 토양에서 월동
벼 모썩음병	진균(조균류)	물	난포자로 토양에서월동
벼 흰잎마름병	세균	물	잡초나 벼의 그루터기에서 월동
벼 세균성알마름병	세균	물(종자)	종자에서 월동
벼 줄무늬잎마름병	바이러스	매개충(애멸구)	매개충은 잡초, 밀밭 등에 유충형태로 월동
벼 오갈병	바이러스	매개충(끝동매미충, 번개매미충)	매개충은 잡초, 밀밭 등에 유충형태로 월동
벼검은줄무늬오갈병	바이러스	매개충(애멸구)	매개충은 잡초, 밀밭 등에 유충형태로 월동

(1) 벼 도열병

① 병원은 진균으로 Pyricularia oryzae 이다.
② 분생포자는 2개의 격막이 있고 격막부는 약간 잘록하고 무색을 띠는 것이 특징이다.
③ 갈색의 방추형 병반이 나타난다.
④ 벼 도열병은 비가 자주 내리거나 온도가 낮고 습도가 높을 경우, 바람이 강하게 불 경우, 토양온도가 낮을 경우, 토양수분이 적을 경우, 질소질 비료가 과할 경우, 모내기가 늦을 경우에 발병한다.
⑤ 벼도열병균의 레이스 구분시 12개 판별품종에 접종해 병반형에 따라 T품종(인도), C품종(중국), N품종(일본) 등으로 분류한다.

⑥ 방제법
- 종자를 소독하고 저항성 품종을 재배한다.
- 질소질 비료의 과용을 피한다. 규소질 비료의 경우 도열병균에 저항성이 강하므로 필요시 사용하도록 한다.

> **연습문제**
>
> 벼 도열병의 방제법 3가지를 적으시오
>
> **해설**:
> - 종자를 소독한다.
> - 저항성 품종을 재배한다.
> - 질소질 비료의 과용을 피한다.

(2) 벼 잎집무늬마름병

① 병원은 진균으로 *Pellicularia sasaki* 이다.
② 병원균은 균핵 상태로 땅위에서 월동하고 봄에 물위로 올라와 전염을 시작한다.
③ 분얼기 이후에 고온 다습한 환경에서 주로 발생한다.
④ 식물이 병에 걸릴 경우 잎집의 표면에 암회색의 부정형 점무늬가 발생하여 잎에 퍼지기 시작한다.
⑤ 방제법
- 모내기 전 써레질 후 균핵을 제거한다.
- 밀식을 피하도록 한다.
- 질소질 비료의 과용을 피하고 칼륨질 비료를 사용한다.
- 추비로 볏짚을 사용할 경우 완전히 썩혀 사용하는 것이 좋다.

(3) 벼 깨씨무늬병

① 병원은 진균으로 *Cochliobolus miyabeanus* 이다.
② 포자나 균사의 형태로 병든 볏짚이나 볍씨에 월동하여 다음해 전염된다.
③ 7~8월 장마기에 고온 다습한 환경에서 많이 발생, 양분이 부족하거나 산성토양에서도 심하게 발생한다.
④ 잎에 암갈색 타원형의 작은 병반이 발생한다.
⑤ 방제법
- 종자를 소독하거나 저항성 품종을 재배한다.
- 토양의 상태를 개선하기 위해 질소질 비료를 알거름으로 준다.

(4) 벼 키다리병

① 병원은 진균으로 *Gibberella fujikuroi* 이다.
② 벼 키다리병의 완전세대를 *Gibberella fujikuroi*, 불완전세대를 *Fusarium moniliforme* 이다.
③ 초승달 모양의 분생포자와 자낭각을 만들며 월동은 분생포자 형태로 종자표면에서 이루어져 다음해 1차전염원이 된다.
④ 주로 고온에서 잘 발생해 종자를 통해 감염되며 감염된 종자는 병원균에서 나오는 지베렐린에 의해 도장되거나 심할 경우 발아 시 고사한다.
⑤ 방제법
 • 감염 초기에 발견한 경우 소각하도록 한다.
 • 저항성 품종 및 건전한 종자를 선택한다.
 • 종자를 소독하고 기계 탈곡한 종자는 사용이 어렵다.

(5) 벼 이삭누룩병

① 진균인 *Ustilaginoidea virens* 에 의해 발생한다.
② 이삭누룩병은 일명 풍년병으로 하여 벼의 작황이 좋은 경우 주로 발생한다.
③ 벼 알의 표면에 황록색의 누룩이 형성되는 경우를 말하며 육안으로 관찰이 가능하다.
④ 저온다습, 일조의 부족, 강우일수 등의 환경조건에 의해 발생량에 많은 영향을 준다.
⑤ 방제법
 • 발생된 이삭은 제거하도록 한다.
 • 질소질 비료의 과용을 삼가고 특히 만기 추비는 발병을 조장하기에 주의한다.
 • 발병된 포장의 볍씨는 종자로 사용하지 않는다.

(6) 벼 모썩음병

① 벼 모썩음병은 Pythium spp , Achlya spp 인 진균에 의해 발생한다.
② 병원균은 상처를 볍씨의 상처를 통해 침입하고 난포자 형태로 토양에서 월동한다.
③ 방제법
 • 약제로 종자를 소독한다.
 • 건전한 종자를 사용한다.
 • 지나친 조파를 삼간다.
 • 못자리에서 볍씨가 발아시 기온이 낮을 때 잘 발생하기에 햇빛이 잘 들고 수온이 높은 곳으로 선택한다.

(7) 벼 흰잎마름병

① 세균인 *Xanthomonas oryzae* 에 의해 발생한다.
② 세균이 수공이나 상처를 통해 침입하며 도관에서 증식하는 것이 특징이다.
③ 그람음성 간균으로 배지에서 노란색의 둥글고 매끄러운 콜로이드를 형성한다.
④ 배수가 나쁘고 습한 곳에서 주로 발생하며 강우가 많은 여름철 주로 발생한다.
⑤ 방제법
  • 논둑이나 수로의 잡초를 제거하고 배수로를 정비한다.
  • 상습 발생지의 경우 저항성 품종(겨풀, 줄풀 등)을 심도록 한다.
  • 질소질 비료의 과용을 피하고 칼륨, 규산질 비료를 적정량 사용한다.

(8) 벼 세균성알마름병

① 세균인 *Burkholderia glumae* 에 의해 발생한다.
② 벼알의 기공으로 침입하여 유조직인 세포간극에서 증식하며 종자에서 월동한다.
③ 이삭이 마르거나 썩으며 벼알의 경우 담황갈색이나 청백색으로 변한다.
④ 여름에 비와 폭우 등의 환경에서 많이 발생한다.
⑤ 방제법
  • 7월부터 집중 호우 등으로 발병환경이 조성되면 1주 간격으로 3회 정도로 방제약제를 뿌려준다.
  • 고온다습한 환경을 피하고 질소질 비료의 과용을 삼가한다.

(9) 벼 줄무늬잎마름병

① 병원은 바이러스로 *Rice stripe virus* 이다.
② 매개충은 애멸구에 의해 전염되는데 애멸구는 1년에 4~5회 정도 발생한다.
③ 발병시 병징은 어린 벼가 새 잎이 나올 때 속잎이 노랗게 되어 전개되지 못한다. 전개되더라도 황록색의 세로줄이 나타나며 이삭이 출수되지 않는다.
④ 방제법
  • 발생시 치료하기가 어려워 논두렁의 잡초를 태워 매개충인 애멸구를 제거해야 한다.
  • 저항성 품종을 재배하고 질소질 비료의 과용을 금한다.

(10) 벼 오갈병

① 바이러스인 *rice dwarf virus*에 의해서 발생한다.
② 매개충인 매미충(끝동매미충, 번개매미충)에 의해 전염된다.
③ 바이러스는 매개충 체내에서 월동하며 보독충은 잡초, 밀밭 등 유충 혹은 성충의 형태로 월동한다.
④ 잎은 진녹색으로 변하고 백색의 반점이 나타난다.
⑤ 방제법
 • 논둑의 잡초를 제거하고 못자리 말기에는 살충제를 뿌려 매개충을 구제한다.
 • 질소질 비료의 과용을 피한다.
 • 저항성 품종을 재배하고 병든 식물체는 제거한다.

(11) 벼검은줄무늬오갈병

① 바이러스인 *Rice black streaked dwarf virus*에 의해 발생한다.
② 애멸구에 의해 매개되는데 애멸구는 유충 형태로 월동한다. 보독충은 잡초, 밀밭 등에서 약충의 형태로 월동한다.
③ 방제법
 • 봄에 논에 근접된 잡초를 태워 매개충을 구제한다.
 • 적기보다 늦게 모내기를 하거나 질소질 비료의 과용을 피하도록 한다.
 • 병든 식물체의 경우 제거하도록 한다.

06 식물병 종류 – 맥류 및 기타 작물의 병해

병명	병원균	전반	월동
보리·밀 겉깜부기병	진균(담자균류)	바람	균사 상태로 종자에 월동
보리속깜부기병	진균(담자균류)	바람	균사 상태로 종자에 월동
맥류 줄기녹병	진균(담자균류)	바람	겨울포자로 마른 밀짚에서 월동
맥류 흰가루병	진균(자낭균류)	바람	균사나 자낭각이 병든 잎에서 월동
맥류 붉은곰팡이병	진균(자낭균류)	비, 바람	분생포자, 균사, 자낭포자로 병든 종자나 밀짚에서 월동
호밀 맥각병	진균(자낭균류)	바람	균핵으로 땅위에서 월동
콩 탄저병	진균(자낭균류)	물	균사가 종자에 월동
콩 자줏빛무늬병	진균(불완전균류)	비, 바람	균사가 병든 종자, 식물에 월동
담배역병	진균(조균류)	물, 바람	땅속에 난포자로 월동
콩 세균성점무늬병	세균	비	병든 종자 표면에 월동
담배 불마름병	세균	접촉	병든 식물 잎, 토양, 종자 등 월동
담배 모자이크병	바이러스	접촉	토양 내 병든 잔재, 종자표면에 월동

(1) 보리 · 밀 겉깜부기병

① 병원으로 보리는 *Ustilago nuda*, 밀은 *Ustilago tritici*, 진균인 담자균류이다.
② 공중습도가 높고 기온이 서늘한 환경에서 감염이 잘 된다.
③ 보리의 씨알이 발생하고 초기 엷은 막으로 덮여져 있다가 파열하여 바람으로 암갈색의 가루인 후막포자가 비산한다.
④ 방제법
　· 병든 이삭의 경우 깜부기가 전염되기 전에 소각한다.
　· 약제를 통해 종자를 소독 처리한다.

(2) 보리속깜부기병

① 병원은 진균(담자균류) *Ustilago hordei* 에 의해 발생한다.
② 병원균의 발육과정은 겉깜부기병균과 유사하다.
③ 병징으로 병에 걸린 씨알은 백색 피막에 쌓여 있고 수확할 때 흑색분말이 비산하지 않지만 탈곡할 경우 후막포자가 흩어진다.
④ 방제법
　· 병든 이삭은 깜부기가 퍼지기전 제거하여 소각한다.
　· 탈곡시 병든 이삭은 분류하도록 한다.
　· 저항성 품종을 재배한다.

(3) 맥류 줄기녹병

① 병원은 진균(담자균류)로 *Puccinia graminis* 에 의해 발생한다.
② 맥류 줄기녹병의 중간기주는 매자나무이다.
③ 병원균은 이종기생성으로 매자나무에서 녹병포자와 녹포자를 만들고 맥류에서 여름포자와 겨울포자퇴를 만든다.
④ 방제법
  - 살균제와 같은 전문약제를 살포한다.
  - 저항성 품종을 재배한다.

(4) 맥류 흰가루병

① 진균(자낭균류) *Erysiphe graminis* 에 의해 발생한다.
② 병든 잎에서 균사나 자낭각으로 월동하고 차후 1차 전염원이 된다. 2차 전염원은 바람에 의해 분생포자가 각피로 전반되어 침입한다.
③ 통풍이 불량하고 습도가 높은 환경에 많이 발생하고 특히 여름에 서늘하고 흐릴 경우 발생한다.
④ 방제법
  - 통풍을 좋게 하고 습한 포장은 피하도록 한다.
  - 배수가 원활하게 하고 발병초기 약제를 살포한다.
  - 질소질 비료의 과용을 피한다.

(5) 맥류 붉은곰팡이병

① 진균(자낭균류)인 *Gibberella zeae* 에 의해 발생한다.
② 병든 종자나 밀짚에서 분생포자, 균사, 자낭포자로 월동한다.
③ 따뜻하고 습기가 많은 지대에서 주로 많이 발생한다. 비가 올 때는 분생포자가 빗물에 의해 튀어 확산하다가 바람에 의해 전반된다.
④ 감염된 보리, 밀 등을 섭취한 사람, 동물 등은 심한 중독 증상을 일으키기도 한다.
⑤ 방제법
  ⊙ 무병지에서 채종하고 종자를 소독한다.
  ⓒ 이병주는 제거한다.
  ⓒ 출수 후 14일까지 캡탄 수화제 등과 같은 전문약제를 활용한다.

(6) 호밀 맥각병

① 병원은 진균(자낭균류)인 *Claviceps purpurea* 이다.
② 균핵은 땅에서 월동하고 다음해 자실체를 형성한다.
③ 자낭포자가 바람에 의해 기주식물의 자방을 침해하고 분생포자가 곤충에 의해 다른 꽃으로 전염된다.
④ 방제법
    ㉠ 무병지에서 채종한 종자를 사용한다.
    ㉡ 맥각균은 생존기간이 짧아 윤작을 통해 방제가 가능하다.
    ㉢ 염수선을 통해 종자의 균핵을 제거한다.

(7) 콩 탄저병

① 병원은 진균(자낭균류)의 *Colletotrichum truncatum* 이다.
② 병원균은 균사 형태로 종자에서 월동한다.
③ 습한 조건이 오래되면 많이 발생량이 많아진다.
④ 방제법
    ㉠ 무병지에서 채종한 종자를 활용한다.
    ㉡ 전문약제를 통해 종자를 소독한다.
    ㉢ 이병잔재물을 제거하거나 소각한다.

(8) 콩 자줏비무늬병

① 병원은 진균(불완전균류)인 *Cercospora kikuchii* 이다.
② 병원균은 균사가 병든 종자, 식물 등에서 월동한다.
③ 감염시 만들어진 포자는 바람이나 빗방울에 의해 전염된다.
④ 방제법
    ㉠ 무병지에서 채종한 종자를 활용한다.
    ㉡ 전문약제를 통해 종자를 소독한다.
    ㉢ 이병잔재물을 제거하거나 소각한다.

(9) 담배역병

① 병원은 진균(조균류)인 *Phytophthora parasitica* 이다.
② 병원균은 땅속에서 난포자로 월동하고 차후 분생포자를 형성한다.
③ 포자는 바람에 의해 전염되어 기주에 침입한다.
④ 방제법
   ㉠ 저항성 품종을 활용한다.
   ㉡ 토양을 소독한다.
   ㉢ 병든 식물은 제거하고 토양 깊이 묻어준다.

(10) 콩 세균성점무늬병

① 병원은 세균으로 *Pseudomonas glycinea* 이다.
② 병원균은 식물의 기공을 통해 침입하고 종자전염을 한다.
③ 비가 많은 저온 다습한 환경에서 잘 발생한다.
④ 방제법
   ㉠ 저항성 품종을 선택한다.
   ㉡ 무병지에서 채종한 종자를 활용한다.
   ㉢ 전문약제로 종자를 소독한다.

(11) 담배 불마름병

① 병원은 세균인 *Pseudomonas tobaci* 이다.
② 그람음성 간균으로 배지에서 노란색의 둥글고 매끄러운 콜로이드를 형성한다.
③ 생육말기에 주로 발생하고 장마 등의 환경조건에서 많은 전염이 이루어진다.
④ 종자 및 토양을 소독하고 윤작하여 방제한다.
⑤ 방제법
   ㉠ 저항성 품종을 선택한다.
   ㉡ 종자 및 토양을 소독한다.
   ㉢ 윤작을 통해 방제가 가능하다.

(12) 담배 모자이크병

① 병원은 바이러스인 *Tobacco mosaic virus* 이다.
② 토양의 병든 잔재 혹은 종자의 표면에 월동한다.
③ 감염시 식물의 잎은 진하고 엷은 녹색의 모자이크를 이루며 오그라 들게 된다.
④ 고추, 오이, 담배 등을 포함한 꽃 잡초에서도 모자이크 병이 발생한다.
⑤ 주로 농기구 및 기계적 접촉에 의해 전염된다.
⑥ 방제법
　㉠ 포장의 위생관리를 철저히 한다.
　㉡ 병든 모를 제거한다.
　㉢ 저항성 품종을 선택한다.

07 식물병 종류 – 서류 병해

병명	병원균	전반	월동
감자 역병	진균(조균류)	바람, 관개수, 씨감자	균사가 흙속의 병든 감자, 씨감자에서 월동
고구마 무름병	진균(조균류)	공기, 토양, 씨고구마	공기, 토양 등 존재
고구마 검은무늬병	진균(자낭균류)	씨고구마, 농기구	균사형태로 병든 괴근, 땅속에서 월동
감자더뎅이병	세균	바람, 물, 오염된 흙	병든 씨감자, 흙속에서 월동
감자둘레썩음병	세균	씨감자, 농기구, 곤충	병든 씨감에서 월동
감자 잎말림병	바이러스	복숭아혹진딧물 감자수염진딧물	괴경에서 월동

(1) 감자 역병

① 병원은 진균(조균류)으로 *Phytophthora infestans* 이다.
② 병원균은 균사로 흙속이나 병든 감자, 씨감자에서 월동한다.
③ 병원균은 온도가 낮을 경우 유주자가 형성되고 높을 경우 직접 발아하여 기공이나 각피를 통해 침입한다.
④ 바람, 관개수, 씨감자에 의해 전염된다.
⑤ 20°C 내외의 습기가 많은 냉한 시기에 많이 발생한다.
⑥ 1845년에 아일랜드에 감자역병이 발생하여 100만명이 사망하는 역사적 사건이 있다.
⑦ 방제법
  ㉠ 건전한 씨감자를 선별하여 활용한다.
  ㉡ 저항성 품종을 선택한다.
  ㉢ 윤작을 실시한다.
  ㉣ 수확시 괴경에 상처가 발생하지 않도록 주의한다.

(2) 고구마 무름병

① 병원은 진균으로 *Rhizopus stolonifer* 이다.
② 주로 저장 혹은 수송 중 상처가 발생하고 온도가 낮을 경우 발생한다. 반대로 온도가 높을 경우 고구마의 상처 치유가 빨리 되기에 무름병의 발생이 적어진다.
③ 상처주위로 백색의 균사가 발생하고 그 위에 흑색 포자낭이 생긴다.
④ 방제를 위해 수확시 상처가 발생하지 않도록 하며 수확을 하고 나서 큐어링 처리후 저장한다. 큐어링 조건은 온도 30~33°C, 습도 90% 조건으로 5일간 실시한다.

(3) 고구마 검은무늬병

① 병원은 진균으로 *Ceratostomella fimbriata* 이다.
② 병원균은 균사로 땅속에서 주로 월동한다.
③ 상처를 통해 침입하며 저장고나 기구 등을 통해 전염된다.
④ 저장 중인 씨고구마에서 가장 큰 피해가 나타나며 10℃ 이하, 30℃ 이상에서는 감염되지 않는다.
⑤ 방제 방법으로 윤작을 하고 매개충을 구제하도록 한다.
⑥ 방제법
    ㉠ 저항성 품종을 선택한다.
    ㉡ 건전한 씨고구마를 선택한다.
    ㉢ 윤작을 하고 매개충을 구제한다.

(4) 감자더뎅이병

① 병원은 세균인 *Streptomyces scabies* 이다.
② 병든 씨감자와 흙속에서 월동하고 바람이나 물, 오염된 흙에 의해 전염된다.
③ 전염시 피목, 기공, 상처 등 각피를 뚫고 침입한다.
④ 25℃ 정도의 토양이 건조하고 알칼리성 토양에서 많이 발생한다.
⑤ 방제법
    ㉠ 건전한 씨감자를 선별하고 소독한다.
    ㉡ 토양습도를 높게 유지하고 토양을 산성으로 개량한다.
    ㉢ 윤작을 하고 이병된 잔재물은 제거하도록 한다.

(5) 감자둘레썩음병

① 병원은 세균인 *Clavibacter michiganense* 이다.
② 그람양성 간균으로 편모가 없어 운동성이 없다.
③ 감염된 씨감자에서 월동하며 씨감자 혹은 농기구를 통해 전염된다.
④ 전신병으로 지상부나 괴경에서 병징이 나타난다.
⑤ 방제법
    ㉠ 건전한 씨감자를 선별한다.
    ㉡ 병든감자는 제거하도록 한다.
    ㉢ 농기구의 위생관리를 철저히 한다.

(6) 감자 잎말림병

① 감자 잎말림바이러스병의 병원은 바이러스인 Potato Leaf Roll Virus(PLRV)이다.
② 매개충인 복숭아혹진딧물, 감자수염진딧물에 의해 전염된다.
③ 감자 바이러스병 종류

병명	전염
PVY(Potato virus Y)	충매전염(복숭아혹진딧물), 즙액전염, 접촉전염
PVX(Potato virus X)	즙액전염, 접촉전염
PVM(Potato virus M-mosaic) PVS(Potato virus S-mosaic)	carlavirus 군에 속하는 바이러스병으로 최근 감자 채종지대에서 산발적으로 발생
PMTV(Potato mop-top virus) TRV(Tobacco rattle virus)	곰팡이와 토양선충에 의해 매개되는 두 입자로 구성된 바이러스

④ 방제법
  ㉠ 저항성 품종을 선택한다.
  ㉡ 건전한 씨감자를 활용한다.
  ㉢ 전문약제로 진딧물을 방제한다.

08 식물병 종류 - 채소 병해

병명	병원균	기주	월동
가지 풋마름병	세균	감자, 가지, 토마토, 고추	병든 식물 잔재에 월동
오이 풋마름병	세균	오이, 멜론, 호박	매개충 체내에 월동
채소 세균성무름병	세균	고추, 무, 배추, 마늘	이병식물의 잔재나 토양 등 월동
고추, 사과 탄저병	진균(자낭균류)	고추, 사과, 포도	균사, 분생포자, 자낭각으로 병든 열매나 나뭇가지에 월동
균핵병	진균(자낭균류)	오이, 감자, 배추, 토마토, 콩	균핵으로 병든 식물, 토양에서 월동
오이류 흰가루병	진균(자낭균류)	오이, 호박, 참외, 팥	자낭구가 병든 조직에 월동
수박탄저병	진균(불완전균류)	수박, 참외, 오이, 멜론	균사나 분생포자가 병든부분, 종자에 월동
오이류 덩굴쪼김병	진균(불완전균류)	수박, 오이, 참외, 수세미	균사, 후막포자가 땅속에서 월동
토마토 시들음병	진균(불완전균류)	토마토	균사, 후막포자가 땅속에 월동
잿빛 곰팡이병	진균(불완전균류)	딸기, 오이, 고추, 사과, 포도	균핵, 분생포자가 병든 식물, 흙에서 월동
토마토 잎곰팡이병	진균(불완전균류)	토마토	균사덩이가 종자 표면에 월동
고추 역병	진균(조균류)	고추, 토마토, 가지, 호박	난포자로 토양에 월동
오이 노균병	진균(조균류)	오이, 참외, 호박, 수박	분생포자로 토양에서 월동
무·배추 노균병	진균(조균류)	무, 배추	균사, 난포자가 병든 잎에 월동
무·배추 무사마귀병	진균(끈적균)	무, 배추, 양배추	휴면포자가 토양에서 월동

(1) 가지 풋마름병

① 병원은 세균으로 *Ralstonia solanacearum* 이다.
② 병원균은 병든 식물의 잔재에 월동한다.
③ 식물의 상처 부위를 통해 침입하며 병원균은 농기구, 곤충 등에 의해 전반된다.
④ 고온 다습한 여름철에 주로 발생하며 특히 여름철 산성토양인 경우 더욱 심하다.
⑤ 뿌리에 주로 발생해 전신으로 퍼지는 전신병이다.
⑥ 방제법
  ㉠ 저항성 품종을 선택한다.
  ㉡ 토양을 소독한다.
  ㉢ 윤작을 하거나 배수를 원활하게 한다.

    ㉣ 토양의 산도를 조절한다.

(2) 오이 풋마름병
① 병원은 세균으로 *Erwinia tracheiphila* 이다.
② 오이 풋마름병은 대표 기주로 오이, 멜론, 호박이 있다.
③ 오이 잎벌레가 성충으로 월동하고 이후 식물을 가해하여 상처를 통해 침입한다.
④ 매개충은 딱정벌레류인 오이잎벌레이다.
⑤ 방제를 위해 전문약제를 활용하고 매개충을 구제한다.

(3) 채소 세균성무름병
① 병원은 세균으로 *Erwinia carotavora* 이다.
② 채소 세균성무름병의 대표 기주로 고추, 배추, 토마토, 참외 등이 있다.
③ 습도가 높고 온도가 높은 여름철에 자주 발생한다.
④ 배추에 발생시 흰썩음병이라 하며 발생시 식물의 표면에 반점이 생기면서 병든 부위로 변형이 생기고 악취가 난다.
⑤ 병원균이 토양에서 월동하며 이를 방제하기 위해 토양을 소독한다.
⑥ 방제법
    ㉠ 포장 내 이병잔재물을 제거한다.
    ㉡ 세균을 전반하는 해충을 구제한다.
    ㉢ 무병주에서 채종하고 종자를 소독한다.
    ㉣ 토양속에서 월동하는 월동균을 제거하기 위해 토양을 소독한다.

(4) 고추, 사과 탄저병
① 병원은 진균으로 *Glomerella cingulata* 이다.
② 병원균은 균사, 분생포자, 자낭각이 열매나 가지에 월동한다.
③ 전반은 빗물, 바람, 매개충에 의해 전염된다.
④ 주로 고온다습한 환경에 많이 발생한다.
⑤ 방제법
    ㉠ 무병제에서 채종한 종자를 선택하고 종자를 소독한다.
    ㉡ 병든 식물을 제거한다.
    ㉢ 윤작을 한다.
    ㉣ 전문약제를 살포한다.

(5) 균핵병

① 병원은 진균으로 *Sclerotinia sclerotiorum* 이다.
② 대표기주로 오이, 감자, 배추, 토마토, 콩 등이 있다.
③ 균핵이 식물이나 토양에 월동하고 다음해 자낭반이나 자낭포자를 형성한다. 병원균의 경우 주로 줄기나 가지의 분지점에 침입한다.
④ 감염된 식물은 소각하고 재배시설의 온도를 20℃ 이상으로 유지한다.
⑤ 건전한 종자를 사용하고 연작을 피하도록 한다.

(6) 오이류 흰가루병

① 병원은 진균으로 *Sphaerotheca fuliginea* 이다.
② 대표기주로 오이, 참외, 호박 등이 있다.
③ 병원균은 자낭구가 감염조직에 월동후 자낭포자로 방출한다. 이후 감염된 잎에서 분생포자가 바람에 의해 전반된다.
④ 흰가루병은 생육말기에 자주 발생하며 통풍이 불량하고 다습한 환경에서 발생이 증가한다.
⑤ 저항성 품종을 재배하거나 수확 후 발병 잔재물은 소각한다.
⑥ 질소질 비료의 과용을 피하고 규산질 비료를 공급하여 작물을 튼튼하게 한다.

(7) 수박탄저병

① 병원은 진균으로 *Colletotrichum lagenarium* 이다.
② 대표기주는 수박, 오이, 멜론 등이다.
③ 병원균은 균사, 분생포자가 감염부위나 종자에 월동한다. 바람, 곤충, 빗물에 의해 전반되며 2차 전염을 야기한다.
④ 방제법으로 종자를 소독하거나 감염된 식물을 제거하고 윤작한다.

(8) 오이류 덩굴쪼김병

① 병원은 진균으로 *Fusarium oxysporum* 이다.
② 대표기주는 수박, 오이, 참외 등이다.
③ 병원균은 균사, 후막포자가 땅속에서 월동하며 이후 뿌리의 각피를 뚫고 침입한다.
④ 방제를 위해 종자 및 토양을 소독한다. 감염된 식물은 소각하고 과습을 방지하도록 한다.

(9) 토마토 시들음병

① 병원은 진균으로 *Fusarium oxysporum* 이다.
② 기주는 토마토이다.
③ 재배지에서 주로 발생한다.
④ 방제를 위해 종자 및 토양을 소독한다. 감염된 식물은 소각하고 과습을 방지하도록 한다.

(10) 잿빛 곰팡이병

① 병원은 진균으로 *Botrytis cinerea* 이다.
② 대표기주는 딸기, 토마토, 사과, 포도, 오이 등이다.
③ 병원균은 균핵, 분생포자가 감염식물, 토양에서 월동한다.
④ 15~20℃ 정도에 다습한 조건에 자주 발생한다.
⑤ 방제를 위해 재배지의 경우 습도관리에 유의하고 밀식하거나 과다 시비하지 않는다.

(11) 토마토 잎곰팡이병

① 병원은 진균으로 *Fulvia fulva* 이다.
② 대표기주는 토마토이다.
③ 균사덩이가 종자의 표면에 월동하며 온실내에서 기공을 통해 침입한다.
④ 재배지에서 습도 80% 이상의 다습하고 통풍이 불량할 경우 다량 발생한다.
⑤ 방제를 위해 종자를 소독하고 윤작을 한다. 환기 및 배수를 통해 습도를 유지하고 감염된 식물은 제거하도록 한다.

(12) 고추 역병

① 병원은 진균으로 *Phytophthora capsici* 이다.
② 대표기주로 토마토, 가지, 고추, 수박 등이 있다.
③ 병원균은 난포자가 토양에서 월동하고 물을 통해 전염된다.
④ 장마기간에 기온이 낮고 습도가 높은 조건에서 많이 발생한다.
⑤ 방제법
　㉠ 토양을 소독한다.
　㉡ 저항성 품종을 활용하거나 윤작을 한다.
　㉢ 시설 재배의 경우 습도를 낮추고 온도차가 심하지 않도록 조절한다.
　㉣ 이병주는 제거하며 전문약제를 살포한다.

(13) 오이 노균병

① 병원은 진균으로 *Pseudoperonospora cubensis* 이다.
② 대표기주로 오이, 수박, 참외 등이 있다.
③ 분생포자가 토양에서 월동하고 이후 발아하면 유주자가 형성되어 물에 의해 전반되어 기공으로 침입하며 병반은 수침상을 띤다.
④ 박과작물 재배시 가장 많이 발생되는 병으로 질소질 성분이 부족하고 장마철에 가장 심하게 나타난다.
⑤ 진균에 의해 담황색의 작은 반점이 발생하고 점점 확장되어 담갈색의 병반이 형성된다. 병반 뒷면은 회색 곰팡이인 분생포자가 생성된다.
⑥ 방제법
  ㉠ 저항성 품종을 재배한다.
  ㉡ 윤작하고 병든 잎은 소각한다.
  ㉢ 습도가 높을 경우 잘 발생하기에 시설 재배의 경우 습도를 조절해 준다.
  ㉣ 지표면에 짚을 깔아 아랫잎에 물방울이 튀지 않도록 주의한다.

(14) 무·배추 노균병

① 병원은 진균으로 *Peronospora brassicae* 이다.
② 대표기주는 무, 배추 등이다.
③ 병원균이 분생포자를 만들어 잎에 균사나 난포자로 월동한다.
④ 기온이 낮고 비가 많은 저온다습한 지역에서 많이 발생한다.
⑤ 방제법
  ㉠ 저항성 품종을 재배한다.
  ㉡ 윤작하고 병든 잎은 소각한다.
  ㉢ 습도가 높을 경우 잘 발생하기에 시설 재배의 경우 습도를 조절해 준다.

(15) 무·배추 무사마귀병

① 병원은 점균으로 *Plasmodiophora brassicae* 이다.
② 대표기주로 양배추, 무, 배추 등이 있다.
③ 병원균은 휴면포자로 토양에서 월동한다. 휴면포자가 발아하여 유주자를 형성하고 뿌리에 침입한다.
④ 산성토양이며 다습한 경우 많이 발생하나 보수력이 낮거나 알칼리성 토양에서는 거의 발육하지 않는다. 방제를 위해 알칼리성 토양으로 조절하기도 한다.
⑤ 토양이 과습되지 않도록 주의하고 윤작을 실시한다.

09 식물병 종류 – 과수 병해

병명	병원균	기주	월동
사과나무 갈색무늬병	진균(자낭균류)	사과나무	균사, 자낭포자가 병든잎에서 월동
사과나무 부란병	진균(자낭균류)	사과나무	병포자, 자낭포자가 병든 가지에서 월동
사과나무 검은별무늬병	진균(자낭균류)	사과나무, 배나무	균사나 분생포자가 병든 잎이나 가지에서 월동
복숭아나무잎오갈병	진균(자낭균류)	복숭아나무	분생포자가 나무줄기나 눈위에서 월동
포도나무 새눈무늬병	진균(자낭균류)	포도나무	균사가 병든 덩굴, 열매에서 월동
배나무 붉은별무늬병	진균(담자균류)	사과나무, 배나무	겨울포자퇴로 향나무에서 월동
배나무 검은무늬병	진균(불완전균류)	배나무	균사가 병든 잎이나 가지에 월동
배나무 화상병	세균	배나무, 사과나무	병든 나뭇가지, 줄기에 월동
복숭아나무 세균성구멍병	세균	복숭아	나뭇가지의 병환부에 월동

(1) 사과나무 갈색무늬병

① 병원은 진균으로 *Diplocarpon mali* 이다.

② 대표기주는 사과나무이다.

③ 균사나 자낭포자가 병든 잎에서 월동하고 바람에 의해 전반되어 각피를 뚫고 침입한다.

④ 주로 여름철에 많이 발생하며 감염시 사과나무의 낙엽이 심하게 나타난다.

⑤ 방제법
  ㉠ 병든 잎은 소각한다.
  ㉡ 비배관리를 통해 수세를 왕성하게 한다.
  ㉢ 밀식을 피하도록 한다.
  ㉣ 포자가 비산하는 시기에 전문약제를 살포한다.

(2) 사과나무 부란병

① 병원은 진균이고 *Valsa ceratosperma* 이다.

② 대표기주는 사과나무이다.

③ 병포자, 자낭포자가 병든가지에 월동하고 포자의 경우 빗물, 곤충 등에 의해 전반되어 식물의 상처로 침입한다. 감염 부위는 주로 줄기이며 수침상 병무늬가 생기고 알코올 냄새가 나는 것으로 판별이 가능하다.

④ 방제를 위해 상처난 부위는 도포제를 발라 예방하도록 한다.
⑤ 비배관리를 양호하게 하고 잘라낸 병든 가지는 모아 소각하도록 한다.

(3) 사과나무 검은별무늬병

① 병원은 진균으로 사과의 경우 *Venturia inaequalis*, 배의 경우 *Venturia nashicola* 이다.
② 균사나 분생포자가 병든잎이나 가지에 월동한다.
③ 자낭포자는 빗물과 바람에 의해 전파된다.
④ 포자는 발아시 각피를 통해 침입한다.
⑤ 분생포자는 고온에서는 발아하지 않아 비가 오는 시원한 환경에서 주로 발생되며 5월~6월경이 가장 심하다.
⑥ 방제법
   ㉠ 병든가지 및 낙엽은 소각한다.
   ㉡ 가지가 무성하지 않도록 관리한다.
   ㉢ 봉지를 씌우기 전에 전문약제를 살포한다.

(4) 복숭아나무잎오갈병

① 병원은 진균으로 *Taphrina deformans* 이다.
② 대표기주는 복숭아나무이다.
③ 나무줄기나 눈위에서 월동하고 빗물에 의해 전반된다. 전반시 어린 잎의 각피를 뚫고 침입한다.
④ 발생시 잎이 붉은색을 띠면서 부풀어 오르고 이때 병반이 발생한다. 발생한 병반은 주름지고 오르라는 현상이 나타나고 병든 잎 앞면에는 회백색의 가루인 자낭이 생기고 병든 잎은 흑갈색으로 변한다.
⑤ 방제를 위해 감염된 잎은 소각하고 동해를 피한다.
⑥ 전문약제를 살포하여 월동병균을 없앤다.

(5) 포도나무 새눈무늬병

① 병원은 진균(자낭균류)로 *Elsinoe ampelina* 이다.
② 병원균은 균사의 형태로 덩굴 혹은 열매에 월동한다.
③ 분생포자는 비바람에 의해 전반되고 신초, 꽃밥 등의 각피를 뚫고 침입한다.
④ 6월쯤 기온이 낮고 비가 많이 올 경우 다량 발생한다.
⑤ 방제법
   ㉠ 건전한 묘목이나 저항성 품종으로 재배한다.

ⓒ 질소질 비료의 과용을 삼가한다.
ⓒ 발생 초기에 전문약제를 살포한다.

(6) 배나무 붉은별무늬병
① 병원은 진균으로 *Gymnosporangium haraeanum* 이다.
② 대표기주는 사과나무, 배나무이며 중간기주는 향나무이다.
③ 중간기주인 향나무와 기주교대를 하는 순활물기생균이다.
④ 겨울포자, 소생자, 녹병포자, 녹포자를 형성하나 여름포자는 형성하지 않는다.
⑤ 강우나 바람에 의해 주로 전반된다.
⑥ 방제법
  ㉠ 근처에 향나무 식재를 피한다.
  ㉡ 배나무 및 향나무에 전문약제를 살포한다.

(7) 배나무 검은무늬병
① 병원은 진균으로 *Alternaria kikuchiana* 이다.
② 대표기주는 배나무이다.
③ 균사가 병든 잎이나 가지에 월동하고 봄에 분생포자가 형성된다.
④ 분생포자는 바람, 비에 의해 이동하며 식물의 각피, 피목, 기공을 통해 침입한다.
⑤ 방제법
  ㉠ 저항성 품종으로 재배한다.
  ㉡ 병든가지 및 병든 잎은 소각하도록 한다.
  ㉢ 전문약제를 살포한다.

(8) 배나무 화상병
① 병원은 세균으로 *Erwinia amylovora* 이다.
② 1878년 최초로 발견된 세균성 식물병이다.
③ 습도가 높을 경우 많이 발생하며 바람, 곤충 등에 의해 전반되어 식물의 기공, 상처, 피목을 통해 침입한다.
④ 감염된 가지는 잘라 소각하고 옥시테트라사이클린계 항생제를 이용한다.

(9) 복숭아나무 세균성구멍병

① 병원은 세균으로 *Xanthomonas campestris* 이다.
② 대표기주로 복숭아, 자두, 살구 등이 있다.
③ 가지의 병환부에서 월동하고 비바람에 의해 전반되어 상처나 기공으로 침입한다.
④ 비바람이 심한 여름철에 주로 발생한다.
⑤ 방제법
　㉠ 무병묘목을 심고 비배관리를 철저하게 한다.
　㉡ 전염된 가지를 제거하도록 한다.
　㉢ 질소질 비료의 과용을 삼가한다.
　㉣ 항생제 계통의 전문약제를 살포한다.

10 식물병 종류 - 수목병

분류	병명	병원균	기주	월동
묘포병해	모잘록병	진균	소나무, 낙엽송, 참나무	난포자가 병든조직, 토양에 월동
	뿌리썩이선충병	선충	소나무, 낙엽송, 가문비나무 등	이동성 내부기생선충이 뿌리 조직에 월동
	뿌리혹병	세균	밤나무, 포도나무, 사과나무 등	병환부에 월동하고 땅속에서 생존
침엽수 병해	소나무재선충병	선충	소나무, 잣나무, 해송	매개충이 소나무에서 유충으로 월동
	소나무잎떨림병	진균(자낭균류)	소나무류	자낭포자가 땅 위의 병든 잎에서 월동
	낙엽송 가지끝마름병	진균(자낭균류)	낙엽송류	미숙한 자낭각이 병든 가지에 월동
	소나무잎녹병	진균(담자균류)	소나무류	담자포자가 소나무의 침엽에서 월동
	잣나무털녹병	진균(담자균류)	잣나무	균사가 잣나무의 수피조직내에서 월동
	소나무 잎마름병	진균(불완전균류)	소나무, 해송	균사가 낙엽에 월동
	푸사리움 가지마름병	진균(불완전균류)	리기다소나무, 해송	균사가 가지에 월동
활엽수 병해	밤나무 줄기마름병	진균(자낭균류)	밤나무, 참나무, 단풍나무	균사, 포자가 병환부에 월동
	벚나무 빗자루병	진균(자낭균류)	벚나무	균사가 가지에 월동
	호두나무 탄저병	진균(자낭균류)	호두나무	자낭각이 가지나 낙엽에 월동
	포플러 잎녹병	진균(담자균류)	포플러류	겨울포자가 낙엽에 월동
	참나무시들음병	진균	참나무류	광릉긴나무좀이 5령의 노숙유충으로 월동
	대추나무 빗자루병	파이토플라스마	대추나무, 오동나무	대추나무 빗자루병의 매개충인 마름무늬 매미충은 초본류에서 월동
공통병해	흰가루병	진균(자낭균류)	참나무류, 밤나무, 단풍나무 등	자낭각, 균사가 낙엽 및 가지 월동
	그을음병	진균(자낭균류)	낙엽송, 소나무류, 주목, 버드나무 등	자낭각, 균사가 월동
	아밀라리아 뿌리썩음병	진균(담자균류)	침엽수, 활엽수	낙엽 혹은 다른 감염식물의 부생생활

(1) 묘포병해

① 모잘록병
　㉠ 병원으로 진균과 조균류의 *Pythium debaryanum, Phytophthora cactorum* 과 불완전 균류인 *Rhizoctonia solani, Fusarium oxysporum* 등이 있다.
　㉡ 대표기주로는 소나무류, 낙엽송이 있으며 활엽수에서는 참나무, 자작나무, 가시나무 등이 있다.
　㉢ 병원균은 난포자가 감염조직이나 토양에서 월동한다.
　㉣ 모잘록병의 병원에서 *Rhizoctonia, Pythium* 균은 토양의 습도가 높은 경우 피해속도가 빠르며 *Fusarium* 은 건조한 토양에서 자주 발생한다.
　㉤ 방제법
　　• 묘상의 과도한 과습 및 건조를 피하고 통기성을 좋게 한다.
　　• 토양, 종자를 소독한다.
　　• 질소질 비료의 과용을 피한다.
　　• 병든 묘목은 즉시 소독한다.
　㉥ 모잘록병의 병징으로 파종한 종자가 발아하지 못하고 물러지며 갈변하면서 썩거나 발아하더라도 땅 위로 나오기 전에 죽는 경우(출아 전 모잘록병)와 땅 위로 나온 어린 묘의 줄기부분이 잘록해지며 쓰러지는 경우(출아 후 모잘록병)이 있다.

② 뿌리썩이선충병
　㉠ 병원은 선충으로 *Pratylenchus penetrans* 이다.
　㉡ 대표기주는 소나무류, 낙엽송, 가문비나무 등이 있다.
　㉢ 이동성 내부기생선충이 뿌리 조직 내에서 월동하고 이후 묘목으로 이동하여 전반한다.
　㉣ 선충이 유근을 통해 침입하여 조직을 파괴한다.
　㉤ 방제법
　　• 한 임지에 동일 수종을 연작하지 않는다.
　　• 토양을 소독한다.

③ 뿌리혹병
　㉠ 병원은 세균인 *Agrobacterium tumefaciens* 이다.
　㉡ 대표기주는 포플러류, 밤나무, 감나무, 포도나무 등이다.
　㉢ 접목부위, 뿌리 절단면 등 상처를 통해 침입하며 토양에 서식하는 병원균이다.
　㉣ 고온 다습한 알칼리성 토양에서 주로 발생한다.

ⓜ 방제법
- 감염식물은 소각한다.
- 비기주식물인 화본과작물을 3년이상 윤작한다.
- 밤나무, 감나무 등 지표식물을 먼저 식재하고 뿌리혹병이 없다고 판단되는 곳에 식재한다.

(2) 침엽수 병해

① 소나무재선충병
ⓘ 병원은 선충으로 *Bursaphelenchus xylophilus* 이다.
ⓛ 대표기주로 소나무, 잣나무, 해송, 낙엽송 등이 있다.
ⓒ 소나무재선충은 이동능력이 없어 매개충에 의해 전반되는데 주로 솔수염하늘소에 의해 전파된다. 잣나무림의 경우 북방수염하늘소에 의해 전파된다.
ⓔ 솔수염하늘소는 유충으로 월동, 성충으로 우화한다.
ⓜ 소나무재선충은 소나무의 AIDS 이라 불리우며 급격히 시들다가 말라 죽는다.
ⓗ 소나무재선충에 의해 소나무의 송진 분비가 멈추면 알코올이나 테르펜과 같은 휘발성 물질이 분비되는 특징이 있다.
ⓢ 방제법
- 고사목은 벌채하여 소각한다.
- 무육관리를 통해 매개충의 전파를 예방한다.
- 솔수염하늘소를 막기 위해 먹이나무로 유인하고 소각하도록 한다.
- 피해 확산을 막기 위해 6월 전후 메프유제 50%, 치아클로프리드액상수화제 10%를 항공살포한다.
- 재선충에 의해 고사된 나무는 메탐소디움액제를 뿌리고 훈증하도록 한다.

② 소나무잎떨림병
ⓘ 병원은 진균(자낭균류)으로 *Lophodermium pinastri* 이다.
ⓛ 대표기주는 소나무이다.
ⓒ 잎의 기공으로 침입하고 잎이 갈색으로 변해 떨어지게 된다.
ⓔ 방제법
- 병든 낙엽은 소각하거나 매장한다.
- 피해가 심한 경우 보르도액과 캡탄제를 살포한다.
- 조림지의 경우 활엽수를 하목으로 심을 경우 피해가 경감된다.

③ 낙엽송 가지끝마름병
　㉠ 병원은 진균(자낭균류)로 *Guignardia laricina* 이다.
　㉡ 대표기주는 낙엽송이다.
　㉢ 10년생 정도의 유령림에서 주로 발생하며 새순 혹은 잎을 침해하여 피해를 준다. 죽은가지의 경우 발생하지 않는다.
　㉣ 침입한 가지는 휘거나 꼿꼿하게 서는 두 가지 현상을 나타낸다.
　㉤ 방제법
　　• 병든 묘목은 소각한다.
　　• 활엽수 방풍림을 조성한다.
　　• 맞바람이 부는 곳은 조림을 하지 않는다.
　　• 면적이 큰 지역은 베노밀수화제를 이용하여 항공방제한다.

④ 소나무잎녹병
　㉠ 병원은 진균(담자균류)으로 *Coleosporium phellodendri* 이다.
　㉡ 대표기주는 소나무이고 중간기주로 황벽나무, 참취, 잔대가 있다.
　㉢ 소나무 기생시 녹병포자와 녹포자를 형성해 중간기주에 기생시 여름포자와 겨울포자를 형성한다. 형성된 여름포자는 다른 중간기주에 전염되어 다시 여름포자를 만드는 과정을 반복한다. 8월쯤에는 중간기주 잎에서 겨울포자퇴를 형성, 겨울포자가 발아해 만든 담자포자가 소나무에 침입하여 월동한다.
　㉣ 방제법
　　• 중간기주 제거한다.
　　• 만코지수화제 약제를 9월에 살포한다.

⑤ 잣나무털녹병
　㉠ 병원은 진균(담자균류)으로 *Cronarium ribicola* 이다.
　㉡ 대표기주는 잣나무, 스트로브잣나무이며 중간기주는 송이풀, 까치밥나무이다.
　㉢ 병든 가지나 줄기가 황색으로 변하고 부풀어 오르다가 터진 후 황색의 가루가 비산한다.
　㉣ 감염 순서는 아래와 같이 진행 된다.
　　• 녹포자 형성
　　• 녹포자가 중간기주에서 여름포자 형성
　　• 겨울포자 형성 후 발아하여 소생자(담자포자) 발생
　　• 바람에 의해 소생자(담자포자)가 잎의 기공으로 침입

ⓜ 방제법
- 감염된 나무, 중간기주는 제거 한다.
- 조기에 가지치기를 실시한다.
- 묘목은 다른 지역으로 반출하지 않는다.
- 8월에 보르도액을 살포하여 소생자의 침입을 막는다.

⑥ 소나무 잎마름병
ⓘ 병원은 진균(불완전균류)로 *Pseudocercospora pini-densiflorae* 이다.
ⓛ 대표기주로 소나무, 해송 등이 있다.
ⓒ 균사가 낙엽에 월동하고 다음해 봄에 분생포자를 형성하여 전염된다.
ⓡ 여름철 고온 다습한 환경에서 주로 발생한다.
ⓜ 띠모양의 황색반점이 교대로 형성되어 갈변하다가 반점들이 합쳐지게 된다. 병든 낙엽에서 월동하고 건전부와 이병부의 경계가 뚜렷하지 않다.
ⓗ 방제법
- 감염된 묘목은 소각한다.
- 묘목을 이식할 때는 약제를 살포한다.

⑦ 푸사리움 가지마름병
ⓘ 병원은 진균(불완전균류)로 *Fusarium circinatum* 이다.
ⓛ 대표기주는 리기다소나무, 테다소나무, 해송 등이다.
ⓒ 균사가 가지에 월동한다. 나무의 상처를 통해 침입한다.
ⓡ 병원균 포자가 바람, 매개충을 통해 전파된다.
ⓜ 방제법
- 종자를 소독하고 질소질 비료의 과용을 피한다.
- 매개충인 나무좀류, 바구미류 등을 구제한다.
- 피해가 심한 임지는 조기벌채 한다.

(3) 활엽수 병해

① 밤나무 줄기마름병
ⓘ 병원은 진균(자낭균류)으로 *Cryphonectria parasitica* 이다.
ⓛ 대표기주는 밤나무, 참나무, 단풍나무이다.
ⓒ 감염 초기에 수피가 적갈색으로 변색되며 비가 내리면 황갈색의 포자각이 분출된다.
ⓡ 병원균은 균사 혹은 포자형으로 월동한다.

⑩ 1900년경 동양에서 미국 동부, 유럽으로 전파되어 밤나무림을 황폐화시킨 전례가 있다.
　　ⓑ 방제법
　　　• 상처부위로 감염되기에 상처에 주의하고 병든 부위는 도려내 도포제로 처리한다.
　　　• 상처가 발생되지 않게 백색페인트로 처리한다.
　　　• 바람이나 매개충에 의해 전반되므로 매개충은 사전에 예방한다.

② 벚나무 빗자루병
　　㉠ 병원은 진균(자낭균류)로 *Taphrina wiesneri* 이다.
　　㉡ 대표기주는 벚나무류이다.
　　㉢ 균사가 가지에 월동하고 다음해 봄에 포자를 형성하여 전반된다.
　　㉣ 초기 가지에 혹모양이 발생하다가 이후 잔가지가 빗자루 모양으로 총생한다.
　　㉤ 방제법
　　　• 감염된 가지를 잘라 소각하고 절단면에 도포제를 바른다.
　　　• 이른 봄에 보르도액 혹은 만코제브 수화제를 살포한다.

③ 호두나무 탄저병
　　㉠ 병원은 진균(자낭균류)로 *Glomerella cingulata* 이다.
　　㉡ 대표기주는 호두나무이다.
　　㉢ 자낭각이 가지나 낙엽에 월동하고 호두나무의 잎과 과실에 많이 발생한다.
　　㉣ 토양이 과습하거나 배수가 불량한 점질토양의 경우 자주 발생한다.
　　㉤ 방제법
　　　• 병든 열매나 잎은 잘라 소각한다.
　　　• 곤충이 식해한 상처부위에 발병하기 쉬우므로 해충을 구제하도록 한다.
　　　• 베노밀수화제 2000배액, 지오판수화제 1000배액을 10일간격으로 4~5회 살포한다.

④ 포플러 잎녹병
　　㉠ 병원은 진균(담자균류)으로 *Melampsora larici-populina* 이다.
　　㉡ 대표기주는 포플러이고 중간기주는 낙엽송, 현호색, 줄꽃주머니 이다.
　　㉢ 병징으로 잎 뒷부분에 황색의 돌기가 발생하고 확산되면 잎 전면에 덮히게 된다. 중간기주인 낙엽송 잎에는 5월쯤 노란점이 발생된다.
　　㉣ 방제법
　　　• 떨어진 감염된 낙엽을 소각한다.
　　　• 저항성 수종을 식재한다.

• 보르도액이나 만코지수화제를 여름철에 2주간격으로 살포한다.

⑤ 참나무시들음병
  ㉠ 병원은 진균으로 *Raffaelea quercus mangolicae* 이다.
  ㉡ 대표기주는 참나무류, 서어나무 등이 있다.
  ㉢ 병원균은 레펠리아속의 신종 곰팡이로 매개충은 광릉긴나무좀이다. 매개충은 5령의 노숙유충으로 월동한다.
  ㉣ 감염시 변재부에 곰팡이를 감염시키고 곰팡이가 도관을 막아 수분과 양분의 이동을 방해하여 결국 시들어 죽게 된다.
  ㉤ 방제법
    • 매개충은 줄기와 가지에 피해를 주기에 피해부위의 경우 소각하고 매개충을 구제한다.
    • 침입한 경우 구멍에 페니트로티온 유제 50~100배액을 주입한다.
    • 피해목을 벌목하여 메탐소듐 액제로 훈증한다.
    • 딱따구리 및 해충을 잡아먹는 조류를 보호한다.

⑥ 대추나무 빗자루병
  ㉠ 병원은 파이토마플라스마이다.
  ㉡ 대표기주는 대추나무, 오동나무, 뽕나무 등이 있다.
  ㉢ 대추나무 빗자루병, 뽕나무 오갈병, 붉나무 빗자루병은 마름무늬 매미충, 오동나무 빗자루병은 담배장님노린재에 의해 매개된다.
  ㉣ 감염시 1~2년이내 전체로 퍼져 수년이내에 말라죽게 된다.
  ㉤ 방제법
    • 매개충 발생시기 6~9월에 아세타미프리드 수화제를 2000배액, 2주간격으로 살포한다.
    • 피해가 많이 진행된 경우 제거하도록 한다.
    • 발병 초기의 경우 옥시테트라싸이클린 수화제를 200배액으로 하여 수간주사한다.

(4) 공통병해

① 흰가루병
  ㉠ 병원은 진균(자낭균류)으로 *Phyllactinia corylea* 이다.
  ㉡ 대표기주는 참나무류, 단풍나무류, 밤나무, 오리나무 등이 있다.
  ㉢ 병원균은 자낭각이나 균사가 낙엽이나 가지에 월동하고 이후 분생포자를 형성해

가을에 전염된다.
② 여름에 장마철 이후 잎표면, 뒷면에 백색의 반점이 발생하고 가을철 잎을 덮는다. 가을에 잎 표면에 흑색의 알갱이는 자낭구이다.
⑩ 방제법
- 감염된 낙엽은 소각하고 가지의 경우도 제거한다.
- 장마철 이후 약제를 살포하여 예방한다.

② 그을음병
㉠ 병원은 진균(자낭균류)로 *Meliolaceae, Asterinaceae, Parodiellinaceae* 등이 있다.
㉡ 대표기주로 낙엽송, 소나무류, 주목, 버드나무 등이 있다.
㉢ 깍지벌레, 진딧물 등의 해충에 의해 발생하며 잎에 그을음과 같은 균총이 발생한다.
㉣ 통풍이 불량하고 습하고 그늘진 곳에서 자주 발생한다.
㉤ 방제법
- 감염시 만코지수화제, 지오판수화제 등의 약제를 살포한다.
- 질소질 비료의 과용을 피하고 통풍 및 습도의 환경을 개선해준다.

③ 아밀라리아뿌리썩음병
㉠ 병원은 진균(담자균류)으로 *Armillaria mellea* 이다.
㉡ 대표 기주로 소나무류, 잣나무류, 낙엽송, 참나무류, 오동나무, 오리나무 등 침엽수 및 활엽수이다.
㉢ 낙엽 혹은 감염식물에 부생생활을 하며 이후 균사가 상처로 침입한다.
㉣ 산성토양에서 잘 발생하나 알칼리 토양에서는 잘 발생하지 않는다.
㉤ 방제법
- 병든 뿌리는 뽑아 소각한다.
- 병든 식물의 주위에 도랑을 파서 균사의 전파를 방지한다.
- 석회를 이용하여 토양을 알칼리성으로 개량한다.

11 해충의 방제

(1) 해충방제

① 해충의 방제
해충의 방제는 인류의 경제적 문제에 직접적인 피해를 주는 곤충을 억제하는 것으로 이를 위해 해충의 밀도, 면적, 방법, 횟수 등을 고려해야 한다. 또한 피해의 관점에 따라 방제의 목적이 달라지기도 한다.
② 경제적 피해수준은 경제적 피해가 나타나는 최소밀도로 해충에 의한 피해비용과 방제비용이 같은 수준의 밀도를 말한다.
③ 경제적 피해 허용수준은 경제적 피해수준에 도달하는 것을 억제하고자 직접 방제수단을 써야 하는 밀도 수준으로 경제적 가해수준보다 낮아야 한다.
④ 방제를 위해 환경조건을 해충의 서식과 번식에 불리하도록 살충제나 천적을 이용하여 일반평형밀도를 낮추는 방법이 있다.
⑤ 해충의 밀도는 그대로 두고 내충성의 해충에 대한 수목의 감수성을 낮추어 경제적 피해 허용 수준을 높이는 방법이 있다.

> **연습문제**
>
> 해충의 방제에서 말하는 '경제적 피해수준'의 정의를 적으시오
>
> **해설**
> 경제적 피해가 나타나는 최소밀도로 해충에 의한 피해비용과 방제비용이 같은 수준의 밀도를 말한다.

(2) 해충의 분류

① 경제적, 생태적 분류

구분	내용
주요해충	매년 지속적인 피해를 주는 경우
돌발해충	평소 문제가 되지 않다고 환경의 변화나 먹이사슬의 변화등으로 인해 갑작스럽게 다량 발생하는 경우
2차해충	특정 해충 방제로 먹이사슬이 파괴되어 새로운 해충이 피해를 주는 해충이 되는 경우
비경제해충	피해가 경미하거나 주지 않는 경우

> **연습문제**
>
> 돌발해충에 대해 설명하시오.
>
> **해설**
> 돌발해충은 평소 문제가 되지 않다고 환경의 변화나 먹이사슬의 변화등으로 인해 갑작스럽게 다량 발생하는 경우를 말한다.

② 가해형태에 따른 분류
　㉠ 식엽성 해충 : 수목의 잎을 갉아 먹는 해충으로 입틀이 씹는형이고 식물체를 먹이로 이용한다.
　㉡ 흡즙성 해충 : 즙액을 빨아 먹는 해충으로 빠는형 입틀을 가지고 있어 수목의 조직 내에 빨대 형태의 입틀을 찔러 넣고 즙액을 빨아 먹는다.
　㉢ 종실 및 구과 해충 : 열매나 구과, 종자를 가해하는 해충이다.
　㉣ 충영형성 해충 : 가해를 받는 식물체 조직이 이상비대를 일으켜 벌레혹(충영)이 생기면 그 안에서 머물면서 즙액을 흡즙하는 해충이다.
　㉤ 천공성 해충 : 수목의 줄기나 가지에 산란된 알에서 부화한 유충이 수목의 목질부를 가해하거나 성충이 줄기나 가지에 구멍을 뚫고 들어가 가해하는 해충이다.

③ 기주범위에 따른 분류
　㉠ 단식성 해충 : 한종의 수목만 가해하거나 같은 속의 일부 종만 기주로 하는 해충이다.
　㉡ 협식성 해충 : 기주수목이 1~2개 과로 한정된 경우이다.
　㉢ 광식성 해충 : 여러 과의 수목을 가해하는 해충이다.

(3) 해충조사

① 해충조사를 통해 해충의 밀도를 조사하고 방제를 위한 기초자료로 활용한다.
② 해충의 조사방법에 따라 크게 정성적 조사와 정량적 조사가 있다.

정성적 조사	해충의 종류에 대한 조사로 전체 해충, 잠재해충, 주요해충, 천적 등 특정 범주에 속하는 해충에 대한 조사를 말한다.
정량적 조사	• 절대밀도 : 가지나 잎과 같이 일정 단위를 정하고 그에 대한 해충의 수나 면적당 해충의 수로 조사하는데 솔잎혹파리의 월동 유충, 굼벵이, 거세미는 면적으로 깍지벌레는 먹이의 양으로 솔나방은 인위적 단위로 구한다. • 상대밀도 : 포살장치를 이용하여 단위시간당 수를 조사하는데 이는 경제적 변동이나 지역적 차이를 알기 위한 방법으로 해충 실제 밀도보다 변동 상황을 비교한다.

③ 전수조사는 대상지 내 서식하는 해충이나 해충의 흔적을 전부 조사하는 방법이다. 정확한 정보수집은 가능하나 시간과 비용이 많이 든다.
④ 표본조사는 전수조사가 불가능한 경우 일부를 조사하여 통계분석을 통해 전체 집단을 유추하는 방법으로 다양한 수종과 환경보다는 단일재배작물이 광범위할 경우 효과적인 방법이다.

> **연습문제**
>
> 해충 조사에서 '표본조사'에 대해 설명하시오
>
> **해설**
> 표본조사는 전수조사가 불가능한 경우 일부를 조사하여 통계분석을 통해 전체 집단을 유추하는 방법이다.

(4) 해충 발생 예찰

① 해충의 효과적인 방제를 위해서는 매년 변화하는 발생량을 예측하여 효율적인 방제방법을 세워야한다. 이를 위해 특정 지역에 어느정도 발생하였는지를 조사하는 행위를 발생예찰이라 한다.
② 예찰의 경우 발생시기를 통해 방제시기를 결정하고, 발생량은 방제 여부와 약제의 살포량, 횟수 등에 참고를 하게 된다.
③ 해충조사는 해충의 지역적 분포상황과 밀도를 조사하는 것으로 밀도의 표현방법, 조사시기, 조사대상, 표본 단위 등을 고려한다.
④ 축차조사는 해충의 밀도조사를 순차적으로 누적하면서 방제여부를 결정하는 방법으로 표본의 크기가 정해져 있지 않고 관측치의 합계가 미리 구분된 계급에 속할 때까지 표본추출을 계속하는 방법이다.
⑤ 항공조사는 해충의 발생과 피해를 평가할 때 항공기를 이용하는 방법으로 단시간 내에 넓은 면적을 조사할 수 있어 피해의 조기발견이 가능하다.
⑥ 원격탐사는 주로 산림지역에서 위성영상이나 유무인항공기를 촬영한 항공사진 등을 이용하여 해충의 발생과 피해를 평가하는 방법이다.

> **연습문제**
>
> 해충의 발생예찰 방법 중 축차조사와 항공조사에 대해 설명하시오.
>
> **해설**
> · 축차조사는 해충의 밀도조사를 순차적으로 누적하면서 방제여부를 결정하는 방법이다.
> · 항공조사는 해충의 발생과 피해를 평가할 때 항공기를 이용하는 방법이다.

(5) 간접조사

유아등	주광성이 있고 활동성이 높은 성충을 대상으로 야간에 광원을 사용하여 해충을 유인하여 채집하는 방법이다.
황색수반트랩	물이 들어 있는 황색 수반에 날아드는 해충을 채집하여 조사하는 방법이다.
페로몬트랩	동종 간 발산되는 화학물질을 인위적으로 합성하여 해충을 유인 채집하는 방법이다.
먹이트랩	미끼를 이용하여 해충을 유인 채집하는 방법이다.
우화상	해충이 약충이나 번데기에서 탈피하여 성충으로 우화하는 것을 조사하기 위한 장치로 예찰 조사에 주로 사용된다.
흡충기	공기 흡입력을 이용하여 해충을 빨아들이는 방법이다.
쓸어잡기	곤충을 채집하기 위해 만든 포충망을 이용하여 잡관목이나 지피식생의 주변을 휘둘러 해충을 채집하는 방법이다.
말레이즈트랩	곤충이 날아다니다 텐트 형태의 벽에 부딪히면 위로 올라가는 습성을 이용하여 높은 지점에 수집용기를 부착하여 곤충을 채집하는 방법이다.
털어잡기	지면에 일정 크기의 천이나 끈끈이판을 두고 수목을 쳐서 떨어지는 해충을 조사하는 방법이다.
끈끈이트랩	포면에 끈끈한 물질을 발라 해충을 조사하는 방법이다.

연습문제

해충의 간접조사 방법 중 '황색수반트랩'에 대해 설명하시오

물이 들어 있는 황색 수반에 날아드는 해충을 채집하여 조사하는 방법이다.

12 해충의 방제법

(1) 법적 방제법

법적 방제법은 법령에 의해 실시되는 방제법으로 식물방역법에 의해 국제 혹은 국내간의 검역을 통해 발생을 줄이는 제도적 방법이다

(2) 생태학적(경종적, 재배적) 방제법

① 윤작
  ㉠ 윤작은 한 경작지에 여러 작물을 돌려가면서 짓는 방법으로 이 방법을 사용하면 같은 작물을 연작하여 발생하는 해충을 어느정도 완화할 수 있다.
  ㉡ 윤작의 경우 이전 작물에 대한 해충이 다음 작물에 영향을 주는지에 대한 관계에 대해서도 충분히 파악하고 다음 작물을 선택해야 한다.
  ㉢ 다른 작물을 재배하면서 지력유지 및 토양의 양분 균형을 유지하는데 도움이 되며 해충의 방제와 작물에서 배출되는 일종의 독소물질의 축적도 막을 수 있다.
  ㉣ 다른 작물로 인해 뿌리의 분포나 잔사의 조직 등이 달라 토양의 투수성, 통기성 등이 달라 토양의 물리성이 개선되기도 한다.

② 경운
  ㉠ 경운은 토양을 부드럽게 할 목적으로 흙을 파 뒤집는 작업이다.
  ㉡ 이러한 토양 뒤집기 작업을 통해 해충의 증식을 막을수 있고 토양 속의 작물의 잔해물을 제거하여 해충의 양분을 줄일 수 있다. 또한 잡초도 함께 제거되기에 관련 해충들도 방제가 가능하다.

③ 혼작
  ㉠ 혼작은 서로 다른 작물 혹은 식물을 심는 방법이다. 식물들은 저마다 자신을 지키기 위한 저항성 물질을 가지고 있기에 혼작을 통해 서로간에 피해를 주는 해충을 방제할수 있다.
  ㉡ 한 예로 결명자의 뿌리에는 탄닌 성분이 다량 배출되어 선충의 접근을 막아주기도 한다.
  ㉢ 그러나 상호간에 나쁜 작용을 하는 식물들도 있기에 이에 대한 충분한 준비와 지식이 필요하다.

④ 저항성, 내충성 품종
  ㉠ 저항성, 내충성 품종의 경우 해충의 방제하는 방법 중 하나로서 저항성을 가지게

되면 장기간에 걸쳐 방제가 가능한 장점을 가진다.
ⓒ 생태계에 대한 피해가 없으나 이러한 저항성을 가지기 위한 시간과 노력이 많이 필요하며 해충의 돌연변이 등에 대한 변수가 있어 해충의 변화를 따라가지 못하는 경우도 있다.

⑤ 재배관리
㉠ 자체적으로 토양을 개선할 수 있는 시비, 객토 등의 작업을 한다.
㉡ 해충이 다량 발생하는 시기를 피하여 재배하기도 한다.
㉢ 재식 거리를 조절하여 해충의 피해를 완화할 수 있다.

(3) 기계적 방제법

① 포살법
알이나 유충 등을 손이나 기구를 이용하여 직접 죽이는 방법으로 포살 역시 곤충의 특징에 따라 처리 방법이 다르다.

직접 잡는 방법	손, 기구 등을 이용해 직접 잡는 것으로 주로 어스렝이나방, 짚시나방, 미국흰불나방 등에 적용된다.
찌르는 방법	하늘소, 굴레나방등 목질부 내부를 가해하는 해충을 철사를 이용해 찔러 제거하는 방법이다.
터는 방법	잎벌레, 바구미류 등 강한 진동으로 나무에서 떨어뜨리는 방법이다.

② 유살법
곤충을 유인하여 죽이는 방법으로 곤충의 특징에 따라 유인 방법을 선택한다.

식이유살	먹이를 이용하는 방법
번식처 유살	통나무와 같이 번식처를 이용하는 방법
잠복처 유살	월동장소 등의 잠복처를 이용하는 방법
등화 유살	빛을 이용하는 방법

③ 차단
㉠ 주로 이동을 하는 곤충의 습성을 이용하는 방법이다.
㉡ 대표적인 예로 솔잎혹파리의 경우 임지에 비닐을 덮어 땅에서 우화하여 나무로 이동하는것을 막아 피해를 막을 수 있다.

ⓒ 다른 방법의 예로 수간에 접착성이 강한 끈끈이를 발라 이동하는 해충이 붙을 경우 제거하는 방법으로 솔나방, 집시나방 등에 적용한다.

④ 기타 방제법
  ㉠ 소각법은 해충의 피해확산을 막기 위해 해충이 침입한 수목조직을 소각하여 방제한다.
  ㉡ 매몰법은 해충이 들어 있는 목재를 땅속에 묻어서 죽이거나 성충이 우화하더라도 탈출하지 못하게 하는 방법이다.
  ㉢ 박피법은 목재의 수피를 제거하여 목재산란 해충의 산란을 저지하고 수피아래 서식하는 해충을 방제한다.
  ㉣ 파쇄·제재법은 피해목을 두께 1.5cm 이하로 파쇄, 제재하여 매개충이 살지 못하도록 하는 방법이다.
  ㉤ 진동법은 해충이 가해하는 나무에 진동을 가하여 나무에서 떨어지는 습성을 이용하여 지표면에 천 등을 깔아 막대기 등으로 나무를 흔들어 떨어진 곤충을 채집하여 죽이는 방법이다.

(4) 물리적 방제법

① 해충이 살기 어려운 조건을 만들어주는 것으로 방사선, 고주파를 이용하는 방법과 환경조건을 달리하도록 온도 및 습도를 조절하는 방법이 있다.
② 온도에 영향을 받는 해충을 가루나무좀, 나무좀, 하늘소, 바구미류 등이 있다.
③ 습도의 경우 목재를 수중에 넣어 오랜시간 방치하는 방법으로 나무좀, 하늘소, 바구미류 등에 적합한 방법이다.
④ 방사선법은 해충을 불임화 시켜 산란을 방해하는 방법이다.
⑤ 감마선이나, x-선, 전자빔과 같은 이온화에너지를 일정량 이상 조사하면 해충을 죽이거나 불임화 시킬 수 있고, 조사 후 잔류가 전혀 남지 않아 이를 해충방제에 적용할 수 있다. 이온화에너지는 해충을 죽이기도 하지만 낮은 선량을 조사하면 세포조직의 기능이 변하거나 저하되는데 생식세포에 먼저 영향을 주면서 해충의 불임을 유발한다.

(5) 화학적 방제법

① 화학적 방제법은 화학물질이 함유된 약품을 이용하며 효과가 빠르고 사용이 용이하지만 해충뿐 아니라 다른 생물에도 피해를 주어 생태계에 영향을 준다. 또한 원하던 해충을 처리하여도 저항성 해충이나 2차 해충등이 출현하는 부작용이 있기도 하다.
② 화학적 방제법 약제로 주로 농약이 사용되며 살균제, 살충제, 제초제 등이 있다.
③ 살충제의 종류 및 특징

소화중독제	해충이 약제를 먹어 소화관에서 흡수되어 처리하며 주로 저작구형을 가진 해충에 적용하면 유리하다.
침투성살충제	식물에 약제를 투입시키며 흡즙성 해충 처리에 유리하며 다른 곤충이나 천적 등에 피해가 적다.
훈증제	약제를 가스화 하여 처리하여 별도의 밀폐처리가 필요하다.
접촉제	해충에 직접 약제를 접촉시켜 처리한다.
불임제	해충의 생식능력에 방해를 주어 번식을 막는다.
보조제	해충 처리 효율을 높이는 보조물질로 용제, 유화제, 전착제, 증량제 등이 있다.

④ 살균제는 식물에 침입 전 예방을 위한 약품과 침입한 경우 등 용도에 따라 구분된다

보호살균제	보르도액, 석회화합제
직접살균제	시스테인, 티포라탄
토양살균제	클로로피크린, 브로민화메틸
종자소독제	베노람수화제, 지오람수화제

(6) 생물학적 방제법

① 해충에 천적이 되는 생물을 이용하는 방법으로 산림생태계에도 영향이 적은 장점을 가지지만 대량으로 생산이 어려운 단점을 가지며 해충밀도에 의해 효율에 영향을 받는다.

장점	단점
• 생태계의 균형 유지 • 방제 효과의 반영구적 혹은 영구적 • 다른 식물 혹은 생태계에 대한 피해가 없음	• 대량 사육이 어려움 • 해충밀도가 높을 경우 효과가 낮음 • 시간 및 경비가 많이 요구됨

② 대표적으로 솔잎혹파리의 방제를 위해 사용되는 천적으로 솔잎혹파리먹좀벌, 혹파리살이먹좀벌, 혹파리등뿔먹좀벌, 혹파리반뿔먹좀벌 이 있다.
③ 생물적 방제법을 사용하기 위해서는 아래와 같은 조건을 갖추는 것이 유리하다.
  ㉠ 성의비가 커야 한다.
  ㉡ 증식력이 좋아야 한다.
  ㉢ 다루기 용이하고 대량 생산이 가능해야 한다.
  ㉣ 준비하는 천적에 피해를 주는 생물이 없어야 한다.
④ 포식성 천적
  ㉠ 풀잠자리류 : 진딧물류, 깍지벌레류, 응애류 등을 잡아 먹는다.

ⓒ 딱정벌레류 : 무당벌레과는 진딧물류, 깍지벌레류 등을 잡아 먹는다.
ⓒ 노린재류 : 일부 침노린재과, 장님노린재과가 포식성이다.

(7) 임업적 방제법
① 임업적 방제는 임지의 조건을 해충에게 불리한 조건으로 만드는 방법이다.
② 내충성 품종의 이용하여 해충의 침입을 예방한다.
③ 간벌을 통해 임목밀도를 조절하여 피해를 줄인다.
④ 인산질비료와 같이 비배를 통해 전염의 피해를 줄인다. 반대로 질소질비료의 경우 많이 사용하면 오히려 병이 확산되기도 하기에 주의하도록 한다.
⑤ 조림용 종자의 경우 가능하면 유사 환경에 작업을 하도록 한다.

(8) 종합적 관리
① 병해충종합관리는 Integrated Pest Management(IPM) 이라 하며 환경 친화적이고 지속 가능한 방법으로 병해충을 관리하여 농약으로 인한 사회, 보건학적 위험을 줄이는 것을 목적으로 하는 방법이다.
② 병해충 종합관리는 생태학적인 시각에서 관리를 요구하며 병해충의 박멸이 아닌 농작물에 피해를 입히지 않는 수준의 유지를 목적으로 한다.

연습문제

해충의 경종적 방제법의 종류 2가지를 적으시오

해설
- 윤작을 실시한다.
- 저항성 품종을 재배한다.

연습문제

아래 설명을 보고 해충의 방제법의 종류를 적으시오
◎ (㉠) : 알이나 유충 등을 손이나 기구를 이용하여 직접 죽이는 방법
◎ (㉡) : 목재의 수피를 제거하여 목재산란 해충의 산란을 저지하고 수피아래 서식하는 해충을 방제한다.

해설
㉠ 포살법
㉡ 박피법

13 곤충의 생리

(1) 곤충의 발생
① 곤충이 알에서 유충, 번데기, 성충의 과정을 거쳐 다음 세대를 낳게 될 경우까지를 세대 혹은 생활사라고 한다.
② 곤충이 1년에 1세대를 경과 하는 것을 1화성, 1년에 많은 세대를 경과 하는 것을 다화성이라 한다.
③ 암컷이 알을 낳게 되는 것을 산란이라 하며 알을 낳게 될 때까지의 기간을 산란전기라 한다.
④ 알이 부화할 때까지의 기간을 난기간이라 하고 곤충에 따라 기간이 다르다.
⑤ 알에서 부화한 유충이 번데기가 될 때까지의 기간을 말하며 환경에 따라 기간이 다르다.
⑥ 번데기가 되어 부화할 때까지의 기간을 용기라 한다.

(2) 곤충의 변태
① 알에서 부화한 유충이 여러 번 탈피를 거쳐 성충으로 변화하는 과정을 '변태'라 한다.
② 유충이 번데기를 거쳐 성충이 되는 것을 완전변태, 알에서 부화하여 바로 성충이 되는 것은 불완전변태로 분류한다.
③ 유충은 완전변태를 한 어린 벌레이며 약충은 불완전변태를 한 경우를 말한다.
④ 변태의 분류

종류	과정	벌레
완전변태	알→유충→번데기→성충	나비목, 파리목, 벌목, 딱정벌레목 등
불완전변태	알→유충→성충	바퀴목, 메뚜기목, 대벌레목, 총채벌레목, 노린재목 등
과변태	알→유충→의용→용→성충	딱정벌레목 가뢰과

(3) 발육과정
① 완전히 발육 후 알껍질을 깨고 나오는 것을 부화라 한다.
② 알에서 부화한 유충이 성장 과정에서 탈피를 하게 되며 이때 탈피 횟수에 따라 령충이 결정된다. 1회 탈피할 때까지 1령충, 1회 탈피할 경우 2령충, 2회 탈피할 경우 3령충이다. 이때 진행되는 탈피는 유충의 표면에 묶은 표피를 벗는 현상을 말하고 부화유충이

탈피 할 때까지의 기간을 '영'이라 한다.
③ 용화는 일종의 번데기가 되는 현상으로 이때 번데기의 형태에 의해 나용, 피용, 위용, 전용 등으로 분류한다.

나용	• 곤충의 번데기형으로 부속지가 몸에서 떨어져 있으며 촉각, 날개, 다리는 경화하지 않으며 피부전체의 경화의 정도가 낮은편이다. • 벼룩목, 부채벌레목, 대부분의 딱정벌레목과 벌목, 파리목의 일부에서 그 예를 볼 수 있다.
피용	• 전체의 체표가 심하게 경화하고 촉각, 다리, 날개가 체부에 밀착되어 있는 것을 말한다. • 대부분의 나비목, 파리목의 사각류(모기, 각다귀) 및 단각류의 번데기는 이 형에 속한다.
위용	• 유충이 번데기가 된 이후 피부가 경화되어 그 속에서 나용이 만들어진 형태 • 파리목의 일부
전용	• 유충의 탈피각 내부에 있는 번데기를 말한다.

④ 번데기가 탈피하여 성충이 되는 것을 우화라 한다.
⑤ 암컷의 생식기 속에 수컷의 정액을 주입하는 것을 '교미'라 한다.
⑥ 암수의 교미 및 수정 작용 이후 곤충이 알을 낳는 현상을 산란이라 한다.
⑦ 곤충은 종류에 따라 생식 방법이 다양하며 양성생식, 단위생식, 다배생식, 유생생식, 자웅동체 등이 있다.

양성생식	단성생식의 반대로 수정에 의한 생식을 말하는데 대부분의 곤충이 해당된다.
단위생식	• 수정 없이 또는 영양번식에 의해 유전적으로 동일한 후손이 생산되는 생식으로 암컷만으로 생식을 하기에 처녀생식이라고도 한다. • 넓은 의미에서는 무배생식이나 무포자생식을 포함한다.
다배생식	• 수정된 난핵이 분열하여 각각 개체로 발육하는 것으로 1개의 알에서 2개 이상의 곤충이 생기는 것을 말한다. • 벼룩좀벌과나 고치벌과 등이 있다.
유생생식	유생의 시기에 생식세포가 성숙하여 단위생식이 일어나 체내에 새 개체가 생긴다.

14 식물작물 해충

[해충 학명]

해충	학명
감자나방	*Phthorimaea operculella*
고자리파리	*Delia antiqua*
꼬마배나무이	*Psylla pyricola Foerster*
꽃노랑총채벌레	*Frankliniella occidentalis*
끝동매미충	*Nephotettix cincticeps*
담배가루이	*Bemisia tabaci*
담배거세미나방	*Spodoptera litura*
담배나방	*Helicoverpa assulta*
도둑나방	*Mamestra brassicae*
도토리거위벌레	*Mecorhis ursulus*
땅강아지	*Gryllotalpa orientalis*
매미나방	*Lymantria dispar*
먹노린재	*Scotinophara lurida*
멸강나방	*Mythimma separata*
목화진딧물	*Aphis gossypii*
무잎벌레	*Phaedon brassicae*
미국흰불나방	*Hyphantria cunea*
박쥐나방	*Endoclyta excrescens*
밤나무혹벌	*Dryocosmus kuriphilus*
밤바구미	*Curculio sikkimensis*
방아벌레	*Melanotus fortunei*
벼룩잎벌레	*Phyllotreta striolata*
배추좀나방	*Plutella xylostella*
배추흰나비	*Pieris(Artogeia)rapae*
버즘나무방패벌레	*Corythucha ciliata*
벼멸구	*Nilaparvata lugens*
벼물바구미	*Lissorhoptrus oryzophilus*
벼애잎굴파리	*Hydrellia griseola*
벼잎벌레	*Oulema oryzae*
벼줄기굴파리	*Chlorops oryzae*
보리굴파리	*Agromyza albipennis*

해충	학명
보리수염진딧물	*Sitobion avenae*
복숭아굴나방	*Lyonetia clerkella*
복숭아명나방	*Conogethes punctiferalis*
복숭아순나방	*Grapholita molesta*
복숭아심식나방	*Carposina sasakii Matsumura*
복숭아혹진딧물	*Myzus persicae*
뽕나무하늘소	*Apriona germari*
뿌리응애	*Rhizoglyphus robini Claparede*
사과굴나방	*Phyllonorycter ringoniella*
사과순나방	*Spilonota lechriaspis*
사과응애	*Panonychus ulmi*
사과잎말이나방	*Hoshinoa longicellana*
사과하늘소	*Oberea inclusa*
사과혹진딧물	*Ovatus malisuctus*
소나무좀	*Tomicus piniperda*
솔거품벌레	*Aphrophora flavipes*
솔껍질깍지벌레	*Matsucoccus thunbergianae*
솔나방	*Dendrolimus spectabilis*
솔알락명나방	*Dioryctria abietella*
솔잎혹파리	*Thecodiplosis japonensis*
아메리카잎굴파리	*Liriomyza trifolii*
애멸구	*Laodelphax striatellus*
오리나무잎벌레	*Agelastica coerulea*
오이잎벌레	*Aulacophora indica*
온실가루이	*Trialeurodes vaporariorum*
왕뒷박벌레	*Henosepilachna vigintiomaculate*
왕바구미	*Sipalinus gigas gigas*
이화명나방	*Chilo supressalis*
작은뿌리파리	*Bradysia agrestis Sasakawa*
잣나무넓적잎벌	*Acantholyda parki Shinohara & Byun*
점박이응애	*Tetranychus urticae Koch*
조명나방	*Ostrinia furnacalis*
진달래방패벌레	*Stephanitis pyrioides*
천막벌레나방	*Malacosoma neustria*
콩나방	*Leguminivora glycinivorella*

해충	학명
콩시스트선충	*Heterodera glycines*
콩잎말이명나방	*Pleuroptya ruralis*
파밤나방	*Spodoptera exigua*
포도호랑하늘소	*Xylotrechus pyrrhoderus*
향나무하늘소	*Semanotus bifasciatus*
혹명나방	*Cnaphalocrocis medinalis*
호두나무잎벌레	*Gastrolina depressa*
호랑나비	*Papilio xuthus*
흰등멸구	*Sogotella furcifera*

해충	가해 부위	발생횟수
이화명나방	줄기	1년 2회
멸강나방	잎	1년 수회
혹명나방	잎	1년 수회
벼잎벌레	잎	1년 1회
벼물바구미	잎(성충) 뿌리(유충)	1년 1회
벼멸구	줄기	1년 수회
흰등멸구	줄기	1년 수회
애멸구	줄기	1년 5회
끝동매미충	줄기	1년 4~5회
벼줄기굴파리	잎	1년 3회
벼애잎굴파리	잎	1년 7~8회
먹노린재	줄기	1년 1회

(1) 이화명나방

① 나비목의 명나방과로 기주는 벼, 기장, 사탕수수 등 이다.

② 1년에 2회 발생하고 노숙유충으로 월동하며 5월에 우화하여 무리를 지어 살다가 바람 등의 외부 조건에 의해 분산된다. 2회 성충은 노숙유충이 줄기 하단부로 내려와 번데기가 되며 8월쯤 우화가 시작된다. 단 추운지방의 함경도의 경우 1년에 1회 발생하기도 한다.

③ 월동은 볏짚 줄기 속에 대부분 월동하고 벼 그루터기에도 일부 월동한다.

④ 1세대는 잎 뒷면에서 부화한 유충이 잎집으로 이동해 볏대 속에 구멍을 뚫고 피해를 주는데 한 마리의 유충이 여러 잎을 가해하여 피해가 큰편이다. 2세대는 유충이 줄기 속을 가해하여 이삭줄기 전체가 하얗게 말라 죽는 백수 현상이 일어난다.

⑤ 성충은 길이가 약 12mm 이며 황회백색의 나방으로 외연에 7개의 흑색 점이 있으며 뒷날개는 백색인 것이 특징이다.
⑥ 방제를 위해서는 유아등에 잡히는 예찰 정보를 참고하며 1화기, 2화기에 약제를 살포한다.

(2) 멸강나방

① 나비목의 밤나방과로 기주는 벼, 보리, 밀, 조 등의 화본과 식물이다.
② 유충이 식물의 잎과 줄기를 가해하는데 6월쯤 부화하여 낮에는 토양이나 대취층에 숨고 야간에 식해한다. 또한 유충이 벼의 잎을 엽초만 남기고 폭식하는 다식성 해충이다.
③ 성충은 15~20mm 정도이고 앞날개는 회갈색, 중앙에 1개의 흰 얼룩무늬 사선이 있으며 뒷날개는 회색빛에 광택이 있다.
④ 방제를 위해 주로 약제를 살포하며 오후 늦게나 저녁에 살포하는 것이 효과적이다.

(3) 혹명나방

① 나비목의 명나방과로 기주는 벼, 밀, 보리 등이 있다.
② 1년에 3회 발생하며 유충이나 번데기로 벼잎, 벼줄기, 잡초 사이에 고치속에서 월동한다.
③ 유충이 한 개의 잎을 세로로 말아 몇 군데를 철하고 그 속에서 식해를 하여 출수가 고르지 못하고 등숙도 늦어지는 피해가 발생한다.
④ 어린유충을 대상으로 즉시 전용약제를 살포하는 것이 효과적이며 매년 비래시기나 횟수에 따라 달라 예찰정보에 따라 방제가 이루어진다. 예를 들어 발생이 적고 비래시기가 늦은 경우 1회 방제로 충분하나 비래시기가 빠르고 비래량이 많은 경우 7~10일 간격으로 2~3회 방제를 한다.
⑤ 머리는 황백색이고 몸은 담황갈색이다. 앞날개의 바탕색은 황색이고 앞가두리는 갈색 비늘가루로 덮여 있으며 앞가두리 중간에 암갈색의 털융기가 있다.

(4) 벼잎벌레

① 딱정벌레목의 잎벌레과로 대표기주는 벼이며 줄풀도 기주가 된다.
② 1년에 1회 발생하고 논부근이나 숲의 잡초사이에서 성충으로 월동을 한다.
③ 어른벌레, 애벌레가 잎을 식해하고 애벌레의 피해가 더 심한 편이며 피해를 받게 되면 초기생육이 불량해진다.
④ 성충의 크기는 암컷이 4.8mm, 수컷이 4.2mm 정도이며 청담색의 잎벌레로 앞가슴의 황갈색을 띤다. 노숙유충은 등에 배설물을 얹고 있어 작은 흙덩이처럼 보인다.
⑤ 전문약제를 사용하며 부화최성기나 산란초성기에 살포하는 것이 효과적이다.

(5) 벼물바구미

① 딱정벌레목의 바구미과로 대표기주는 벼, 돌피 등이 있다.
② 1년에 1회 발생하는 것으로 추정되며 성충으로 논둑 잡초나 산기슭 나뭇잎 아래에서 월동한다.
③ 월동이 끝난 성충이 5월쯤 물속잎집에 1개씩 알을 산란하고 알에서 깨어난 유충은 3번의 허물을 벗고 7월쯤 흙집을 만들어 뿌리에 붙어 번데기가 된다.
④ 성충이 잎에 피해를 주면 흰색으로 나타나고 유충은 흙속으로 파고들어가 기생을 한다. 유충이 성충보다 섭식량이 많아 더 큰 피해를 주게 된다.
⑤ 모내는 시기와 비슷하게 성충이 피해를 주고 산란을 하기에 육묘상자에 약제를 처리하는 것이 효과적이다. 육묘상 처리는 이앙 당일이나 하루전에 처리하도록 한다.
⑥ 성충은 암회색을 바탕으로 등 중앙에 부정형의 큰 흑색무늬가 있다. 주둥이는 길게 신장되어 있으며 더듬이의 끝은 곤봉형을 하고 있다.

(6) 벼멸구

① 매미목의 멸구과로 대표기주는 벼, 옥수수, 바랭이 등이 있다.
② 동남아 지역의 경우 년 10회 발생하나 국내의 경우 월동이 안되고 6~7월 저기압 통과시 비래하여 3~4세대를 경과하는데 성충의 수명이 22~30일, 난기간은 6~10일, 약충기간은 18~23일이 소요되며 한 마리가 약 200~300개 정도의 알을 산란한다. 국내에서는 장마가 빨리 시작되면 비래되는 시기도 빨라진다.
③ 벼를 직접 가해 흡즙하며 벼의 광합성량이 저하되어 피해를 주게 된다.
④ 벼멸구는 해외에서 비래하는 해충으로 매년 발생량 및 피해의 정도가 상이하다. 그래서 매년 비래시기, 발생량 등을 파악하여 전문약제의 살포량과 시기를 결정하는데 주로 1차 방제는 7~8월, 2차 방제는 8월 하순에 실시한다.
⑤ 온몸이 연한 갈색이거나 어두운 갈색으로 약간의 광택이 있다. 머리의 융기는 뚜렷하지 않으며 발목의 마디와 종아리 마디 사이에 커다란 돌기가 있다.

(7) 흰등멸구

① 매미목의 멸구과로 대표기주로 벼, 밀, 보리, 옥수수, 사탕수수, 조와 벼과 잡초 등이 있다. 대체적으로 벼멸구와 같은 지역에 분포한다.
② 국내에서는 월동하지 못하며 벼멸구와 같이 장마에 외국에서 비래하여 발생한다.
③ 비래시기에 따라 발생횟수가 상이하여 대체로 수회 발생한다.
④ 성충 및 약충이 볏대를 흡즙하면 누렇게 변색되어 생육에 지장을 받아 심하면 고사하기

도 한다.
⑤ 벼멸구와 마찬가지로 7~8월 예찰정보를 통해 약제시기와 살포량을 결정하며 대체적으로 8월에 약제를 살포하며 해안지역이나 남부지방의 경우 멸구의 증식이 빠른 지역은 8~9월에 한번 더 약제처리를 하기도 한다.
⑥ 몸은 검은 갈색으로 암컷이 수컷보다 엷은 빛을 띤다. 허리가운데 누런 회색의 긴 무늬가 있다.

(8) 애멸구

① 매미목의 멸구과로 대표기주는 벼, 밀, 보리, 조, 옥수수 이외에도 바랭이, 새풀, 줄풀 등의 벼과잡초로 기주 범위가 매우 넓은 편이다.
② 담황색의 검은반점이 있으며 수컷의 배면은 흑색이다. 머리의 돌출부는 장방형이고 날개는 연한 황갈색을 띠고 있다.
③ 1년에 5회 정도 발생하며 4월, 6월, 7월, 8월, 9월에 각각한번씩 발생하고 4령 약충이 논둑의 잡초 사이에 월동한다.
④ 벼를 직접 흡즙가해하나 큰 피해를 주지 않는다. 그러나 출수기에 이삭을 흡즙하여 임실율이 떨어지고 그을음병을 유발한다. 이러한 피해 이외에도 줄무늬잎마름병, 검은줄오갈병 등의 바이러스병을 매개한다.
⑤ 방제를 위해 자주 발생하는 곳은 내병, 내충성품종을 재배하고 약제는 2회 성충 및 약충때 처리하는 것이 효율적이다.

(9) 끝동매미충

① 매미목 매미충과로 대표기주는 벼, 독새풀, 보리, 밀, 조와 기타 벼과 잡초 등이 있다.
② 1년에 4회 발생하고 4령 약충이 남향의 휴반 잡초나 산기슭 등지에 월동한다. 주로 4월, 5~6월, 7월, 8월에 각각 한번씩 발생한다. 난기간은 16~20일 정도고 성충 산란기간은 평균 30일 정도이다.
③ 국내 남부지방에서는 오갈병을 매개하는 매개충이며 출수기에 직접 이삭을 가해하여 임실율이 저하되고 그을음병을 유발한다.
④ 방제를 위해 2세대 약충때는 바이러스를 전반시키기에 약제처리를 하며, 3세대 에는 이삭을 가해하기에 약제처리를 실시한다.
⑤ 암컷이 수컷보다 약간 더 크며 암수에 따라 체색의 형태가 다르다. 몸의 등면은 연두색이거나 초록색을 띠며 광택이 있다. 아랫면은 수컷은 흑갈색을 띠고 암컷은 얼굴만 검다.

(10) 벼줄기굴파리

① 파리목 노랑굴파리과로서 대표기주로 벼, 보리 등이 있다.
② 1년에 3회 발생하며 1회 발생최성기는 5월, 2회 성충은 7월, 3회 성충은 9월쯤이다.
③ 성충의 수명은 1회때 15일, 2회때 8일, 3회때 22일 정도 생존하며 온도가 높을수록 수명이 짧아진다.
④ 부화된 유충이 생장점 부근으로 이동하여 어린잎을 식해하고 피해를 받을 경우 황색으로 변색되어 말라죽거나 위축된다.
⑤ 주로 벼의 조기재배로 인하여 발생하게 된다.
⑥ 방제를 위해 전문약제를 이용하여 1화기인 5월이나 2화기인 7월쯤에 처리하도록 한다.
⑦ 몸전체가 황색이고 가슴 등판에 흙색의 굵은 줄이 세로로 3개가 있다. 유충은 유백색으로 원통형이다.

(11) 벼애잎굴파리

① 파리목의 애잎굴파리과로 대표기주는 벼, 둑새풀 등이 있다.
② 1년에 7~8회 정도 발생하며 벼과잡초의 잎 속에 번데기 형태로 월동한다.
③ 주로 물위에 늘어진 잎에 알을 산란하며 유충은 5~6월쯤 1회 발생하고 유충이 늘어진 잎을 굴을 파는듯한 형태의 피해를 준다.
④ 방제를 위해서는 이앙 후 늘어진 잎에 산란하는 습성을 이용하여 발병 초기 전문약제를 살포하도록 한다.

(12) 먹노린재

① 노린재목 노린재과로 대표기주는 벼, 맥류, 옥수수 등이 있다.
② 1년에 1회 발생하고 성충이 양지바른 산지의 돌아래, 낙엽아래 등에서 월동한다.
③ 노린재는 성충과 약충은 주둥이를 벼줄기에 꽂고 흡즙하기에 벼의 하엽부터 적색으로 변색되면서 고사한다.
④ 유령충에 내성이 약한편이라 이시기에 약제를 살포하여 방제한다.
⑤ 몸전체가 흑색이나 암갈색을 띤다. 표면은 거친편이며 머리는 앞쪽으로 돌출하여 있고 중엽과 측엽의 길이가 같다. 앞가슴등판의 앞가장자리의 양 끝은 옆쪽으로 향하는 뚜렷한 가시돌기가 있다.

15 맥류 및 기타 작물 해충

해충	가해 부위	발생횟수
보리굴파리	잎	1년 2~3회
보리수염진딧물	잎	1년 수회
조명나방	줄기	1년 2~3회
콩잎말이명나방	잎	1년 2~3회
콩나방	꼬투리, 종실	1년 1회
감자나방	잎, 괴경	1년 6~8회
콩시스트선충	뿌리	콩과 생육기간 3~4세대 경과
왕뒷박벌레붙이	잎	1년 3회
방아벌레	괴경	1세대 경과하는데 3년

(1) 보리굴파리

① 파리목의 잎굴파리과로 대표기주는 보리, 밀, 조 벼과 잡초 등이 있다.
② 1년에 2~3회 정도 발생하며 땅 속에서 번데기로 월동해 5월경 우화한다. 우화 성충은 잎 조직표면에 상처를 내어 알을 산란한다.
③ 부화 유충은 잎 끝에서 아래쪽으로 식해하며 표피만 남기며 피해부는 백색에서 갈색으로 변색된다.
④ 방제를 위해 성충이 발생 최성기 때 약제를 살포한다.
⑤ 몸은 검은색에 광택이 있으며 가슴 등쪽은 회갈색의 가루로 덮여 있다.

(2) 보리수염진딧물

① 노린재목 진딧물과로서 대표기주는 보리, 벼, 호밀, 밀, 바랭이, 으름덩굴 등이 있다.
② 알 형태로 월동하며 성충과 유충이 잎의 뒷면에서 즙액을 빨아먹고 이삭이 나오면 밀도가 높아져 종자가 잘 여물지 못하고 고사하기도 한다.
③ 1년에 수회 발생하고 보리의 밑부분에서 알로 월동한다.
④ 몸은 갈색이나 적갈색의 무늬가 있고 머리는 흑갈색 눈은 붉은색을 띤다. 배는 흑록색에 뿔관은 검은색에 광택이 있다.

(3) 조명나방

① 나비목의 명나방과로 대표 기주는 옥수수, 조, 수수 등 기주 범위가 넓은편이다.
② 1년에 2~3회 발생하며 기주식물의 줄기 속에 유충으로 월동한다. 6월쯤 1회 성충이 발생하고 7~8월에 2회~3회 성충이 발생한다.
③ 6월쯤 성충이 알을 산란하고 부화한 유충은 잎을 가해한다. 잡식성 해충이나 주로

옥수수를 가해하는 편이다.

④ 방제를 위해 성충이 최대로 발생하는 시점 일주일 후 약제를 살포하고 성충의 밀도가 높다고 판단될 경우 3일후, 10일후 2번 살포한다.

⑤ 대체로 머리, 가슴, 앞날개는 황갈색이며 배는 암갈색을 띤다. 날개는 30mm 정도이며 암수에 따라 무늬의 차이가 있다.

(4) 콩잎말이명나방

① 나비목 명나방과로 대표기주는 콩, 강낭콩, 까치콩 등이 있다.
② 1년에 2~3회 정도 발생하며 1회 발생은 6월, 7~8월에 2회, 9월에 3회째 발생한다.
③ 유충은 권엽속에서 잎을 식해하며 그 속에서 번데기가 된다.
④ 유충 형태로 야산이나 수확 후 남은 콩잎 속에서 월동을 한다.
⑤ 알이 부화하는 시기에 약제를 살포하는 것이 효과적이기에 부화 최성기인 7~8월쯤 한다.
⑥ 머리는 황백색에 앞이마가 둥글고 아랫잎술수염이 위쪽으로 뻗어 있다. 가슴과 배의 등쪽면은 황백색에 약간의 갈색을 띠고 있으며 날개의 길이는 25~36mm 정도이다.

(5) 콩나방

① 나비목의 잎말이나방과로 기주로는 콩, 칡 등이 있다.
② 1년에 1회 발생하고 땅속의 고치안에서 성장한 유충으로 월동하여 8월경 우화한다.
③ 유충은 콩의 어린 꼬투리를 가해하여 종실까지 피해를 주는데 가해초기에는 발견이 어렵다.
④ 방제를 위해 8월쯤 약제를 사용하거나 3년 이상 이어짓기를 피하고 돌려짓기의 방법을 적용한다.
⑤ 성충은 암회색의 작은 나방으로 머리와 가슴은 회황색, 배와 다리는 농회색을 띤다. 앞날개와 뒷날개의 표면은 황갈색을 띠고 불규칙한 반점들이 있다.

(6) 감자나방

① 나비목의 뿔나방과로 감자, 담배, 가지, 토마토 등의 가지과 식물에 피해를 준다.
② 1년에 6~8회 정도 발생하며 유충형태로 월동하고 때로는 번데기로도 월동을 한다.
③ 유충이 잎과 줄기를 가해하고 덩이줄기를 가해할 경우 배설물을 외부로 내보내기에 발견이 쉬운 편이다.
④ 수확전에 약제를 뿌려 산란을 막고 피해잎은 섞이지 않도록 주의한다.
⑤ 몸은 연한 회갈색에 흑갈색의 비늘이 섞여 있으며 앞날개는 회갈색 바탕이고 뒷날개는 흑갈색을 띤다. 유충은 머리, 가슴, 등쪽이 검고 다른 부분은 황백색을 띠는 편이다.

(7) 콩시스트선충

① 선충류의 혹선충과로 기주는 콩, 팥 등이다.
② 알이나 유충형태로 월동한다.
③ 부화한 2기 유충은 어린뿌리를 가해하고 뿌리 내에서 3회 탈피한 후 성충이 된다.
④ 암컷 성충은 뿌리 조직내에서 양분을 섭취하며 수컷 성충은 처음에 뿌리에서 탈출하나 이후 암컷이 분비하는 성페로몬에 유인되게 된다.
⑤ 콩시스트선충에 의해 뿌리에 피해를 받아 잎이 황변하고 잔뿌리의 발육이 불량해진다.
⑥ 콩과 이외의 작물을 3-4년 단위로 윤작하거나 저항성 품종을 이용한다. 약제의 경우 토양훈증제를 이용하나 처리 비용이 많이 드는 단점이 있다.

(8) 왕됫박벌레붙이

① 딱정벌레목의 무당벌레과로 감자, 가지, 고추 등을 기주로 삼는다.
② 성충과 유충이 감자나 가지과 식물의 잎을 가해하며 차후 잎맥만 그물형태로 남게 된다.
③ 1년에 3회 발생하고 성충으로 월동한다. 월동중에는 이른봄 낮에 감자의 잎에 피해를 주고 밤에는 다시 월동장소로 숨는다.

(9) 방아벌레

① 딱정벌레목의 방아벌레과로 주로 감자와 고구마 등에 피해를 준다.
② 유충이 땅속에서 식물의 줄기나 뿌리에 피해를 준다. 유충은 감자를 가해하여 구멍을 만들며 파종한 씨감자는 생육이 불량해진다.
③ 성충은 5월경 교미를 통해 산란을 하고 유충은 땅속에서 2~3년 정도의 활동 기간을 가진다. 이후 식물을 가해하고 유충은 번데기가 되어 가을에 성충이 된 후 월동하고 다음해 탈출하여 활동을 한다.

16 원예작물 해충 - 잎을 가해

해충	가해 부위	발생횟수	월동 형태
배추흰나비	잎	1년 4~5회	번데기
도둑나방		1년 2회	번데기
배추좀나방		1년 수회	성충, 유충, 번데기
배추순나방		1년 2~3회	번데기
무잎벌레		1년 2~3회	성충
담배거세미나방		1년 4~5회	유충, 번데기
아메리카잎굴파리		1년 15회이상 (시설 내 기준)	번데기
배추벼룩잎벌레	잎, 뿌리	1년 4~5회	성충
오이잎벌레		1년 1회	성충

(1) 배추흰나비

① 나비목의 흰나비과로 대표기주는 무, 배추, 양배추 등이 있다.
② 1년에 4~5회 정도 발생하며 채소의 잎을 가해하며 피해를 받을 경우 잎이 둥글게 말리는 결구를 하지 못하게 된다.
③ 기주에서 번데기로 월동하고 이른봄 기주의 잎 뒷면에서 산란하여 부화유충으로 잎을 가해하게 된다.
④ 주로 봄, 가을 시기에 피해가 심하게 나타나며 여름에는 장마 등으로 발생량이 적어진다.
⑤ 배추흰나비는 주광성은 없으며 주로 주화성의 성질을 가진다.
⑥ 암컷과 수컷에 따라 모양은 다르지만 백색을 띠며 앞날개 앞쪽에 검은 반점 2개, 뒷날개 1개가 있다. 수컷은 암컷보다는 몸이 가늘고 더 희다.

(2) 도둑나방

① 나비목의 밤나방과로 대표기주는 오이, 당근, 양파 등으로 기주범위가 넓은 편이다.
② 1년에 2회 발생하고 번데기가 땅속에서 월동하고 차후 성충은 잎 뒷면에 알을 산란한다.
③ 유충이 기주의 잎을 옆맥만 남기고 식해하며 잡식성이라 기주범위가 넓다.
④ 날개의 길이는 약 20mm 정도이며 앞날개는 회갈색에 흑색의 인편이 산포되어 있다. 뒷날개는 암갈색 연모는 담황색을 띤다.

(3) 배추좀나방

① 나비목의 좀나방과로 대표기주는 무, 배추, 양배추 등이 있다.
② 1년에 수회 발생하고 성충, 유충, 번데기로 월동한다.

③ 유충이 채소의 잎을 가해하고 부화유충은 엽육만 식해하는데 특히 여름과 가을에 피해가 심하게 나타난다.
④ 성충의 앞날개가 담회갈색을 띠고 날개를 접었을 때 등쪽의 중앙에 유황백색의 다이아몬드형태의 무늬를 가지고 있다.

(4) 배추순나방

① 나비목의 명나방과로 대표기주는 무, 배추, 담배 등이 있다.
② 1년에 2~3회 정도 발생하고 번데기로 월동한다. 성충이 기주의 어린줄기에 주로 산란한다.
③ 부화유충이 잎의 표면을 가해하고 생장점까지 피해가 확산된다.
④ 회색의 작은 나방으로 앞날개는 황색, 중앙은 흑색의 콩팥무늬를 하고 있다. 뒷날개는 회백색이고 끝은 약간 갈색을 띠고 있다.

(5) 무잎벌레

① 딱정벌레목의 잎벌레과로 대표기주는 무, 배추 등이 있다.
② 1년에 2~3회 정도 발생하고 성충이 잡초에서 월동한다.
③ 성충은 날개가 있으나 날지 못하는 특징이 있으며 성충과 유충은 기주식물의 잎을 가해한다. 심할 경우 생육에 지장을 받게 된다.
④ 남흑색에 광택을 띤다. 몸은 타원형이고 옆에서 보면 반달모양을 하고 있다. 앞가슴등판에 솟아오른 부분이 있고 뚜렷한 점무늬가 촘촘하게 있다. 날개에 점으로 된 12줄이 특징이다.

(6) 담배거세미나방

① 나비목의 밤나방과로 대표기주는 무, 배추, 고추, 토마토, 양파 등으로 기주범위가 넓다.
② 1년에 4~5회 정도 발생하고 유충이나 번데기로 월동한다. 발생시 특히 8월에 4화기의 경우 성충의 수가 가장 많다.
③ 유충은 기주식물의 줄기, 잎을 가해하고 반점이 발생한다.
④ 성충의 앞날개는 갈색을 띠고 복잡한 무늬를 가지고 있다. 뒷날개는 회백색으로 투명하며 가장자리는 회색을 띤다.

(7) 아메리카잎굴파리

① 파리목의 굴파리과로 대표기주는 수박, 참외, 오이, 토마토 등이 있다.
② 시설내에서는 1년에 15회 이상 자주 발생하고 번데기로 월동한다. 성충은 300개정도의 알을 잎 뒷면에 산란한다.
③ 유충은 잎을 식해하는데 피해부위에 흰색의 줄 모양이 생기고 피해가 심할 경우 고사한다. 성충은 산란관으로 잎에 상처를 내어 즙액을 빨아먹으며 흰색의 작은반점이 발생한다.
④ 성충은 몸길이 약 2mm 정도로 머리, 가슴판, 다리는 황색을 띠며 그 외는 광택을 가진 검은색이다. 암컷 성충은 수컷보다 약간 크다.

(8) 배추벼룩잎벌레

① 딱정벌레목의 잎벌레과로 대표기주는 무, 배추, 오이 등이 있다.
② 1년에 4~5회 정도 발생하고 성충이 잡초나 땅속에서 월동한다.
③ 주로 땅속에 산란하고 부화유충도 땅속으로 들어가 뿌리를 가해한다. 성충은 잎을 가해한다.
④ 성충은 약 2mm 정도의 알모양에 흑색이며 날개 딱지에 굽은 모양의 황색세로띠무늬가 있다. 다 자란 유충이 약 8mm 정도이며 긴 유백색의 머리는 갈색이다.

(9) 오이잎벌레

① 딱정벌레목 잎벌레과로 대표기주는 오이, 참외, 호박, 수박 등이 있다.
② 1년에 1회 발생하고 성충으로 뿌리, 흙속 및 따듯한 곳에서 월동한다. 성충은 5월쯤 땅속에 산란한다.
③ 부화한 유충은 잔뿌리를 가해하다가 점차 굵은 뿌리를 가해하여 성충은 잎을 가해하여 생육에 지장을 주게 된다.
④ 몸길이 약 6mm 정도에 더듬이가 적갈색이며 암색인 것도 있다. 등판과 머리는 적갈색 중간가슴과 뒷가슴을 흑색을 띤다.

17 원예작물 해충 – 흡즙 및 바이러스 매개충

(1) 복숭아혹진딧물
① 매미목의 진딧물과로 여름 대표기주는 무, 배추, 오이, 수박 등이며 겨울 대표기주는 복숭아나무, 자두나무, 벚나무 등이 있다.
② 무시충은 암컷이 난형이고 담록색, 담홍색의 형이 있으며 기온이 낮을 경우 담홍색의 개체가 다량 발생한다.
③ 유시충은 암컷의 머리와 가슴이 흑색이고 배의 등쪽에 흑색 반점이 있다.
④ 1년에 수회(9~23회) 발생하고 복숭아나무 겨울눈 기부에서 알로 월동한다.
⑤ 부화한 약충은 겨울기주 어린 잎의 즙액을 흡즙하고 신초에 피해를 준다. 5월쯤부터는 유시충이 나와 여름기주에 피해를 준다.
⑥ 감자 잎말이병 및 각종 바이러스의 매개충이기도 하다.

(2) 목화진딧물
① 매미목의 진딧물과로 여름기주는 고추, 오이, 수박, 토마토 등, 겨울기주는 무궁화나무, 석류 나무 등이 있다.
② 성충과 약충이 이른봄에 잎과 어린 가지에 기생해 수액을 빨아 먹어 수세가 약화된다.
③ 1년에 수회(7회~30회) 발생하고 알로 월동하고 늦봄에 유시충으로 나와 여름기주로 이동한다.
④ 무시충은 머리와 눈이 검고 몸의 색은 계절에 따라 변한다. 유시충은 머리와 눈이 흑색으로 가슴이 흑록색이다.

(3) 온실가루이
① 매미목 가루이과로 기주는 오이, 토마토, 딸기 등이 있다.
② 1년에 10회 이상 발생하며 보통은 월동이 어려우나 시설 내에서는 간간히 월동을 한다.
③ 성충이 어린잎에 알을 낳으며 150~300개 정도 산란한다.
④ 약충과 성충이 기주식물의 잎에서 즙액을 빨아 먹어 생장을 방해해 심하면 고사한다.
⑤ 성충은 1.4mm 정도이며 수컷은 암컷보다 다소 작다. 색은 옅은 황색이며 몸 표면에 밀가루 모양의 흰 왁스가루가 덮여 있어 흰색을 띠는 편이다.

(4) 담배가루이

① 매미목 가루이과로 기주는 토마토, 파프리카, 가지 등이 있다.
② 1년에 3~4회 정도 발생하는데 시설 내에서는 10회 이상도 발생한다.
③ 약충과 성충이 식물의 잎의 즙액을 빨아 먹고 배설물에 의해 그을음병이 발생하기도 하며 토마토황화잎말림바이러스와 같은 바이러스의 매개충이 된다.
④ 성충은 약 0.8mm 정도로 짙은 황색을 띤다.

18 원예작물 해충 - 토양 해충

해충	가해 부위	발생횟수
숯검은밤나방	지제부	1년 1회
거세미나방	지제부	1년 2회
땅강아지	뿌리	1년 1회
고자리파리	뿌리, 줄기	1년 3회
작은뿌리파리	뿌리, 지제부	1년 수회 (시설내 기준)
뿌리응애	뿌리	1년 10회
뿌리혹선충류	뿌리	환경영향에 따름

(1) 숯검은밤나방

① 나비목의 밤나방과로 기주는 고추, 토마토, 가지, 담배 등이 있다.
② 1년에 1회 발생하고 최성기는 9월이며 유충으로 월동한다.
③ 땅속에 유충이 식물의 지제부를 가해하여 피해를 입힌다. 부화유충은 지상부를 식해하나 3령 이후에는 땅속에 숨어 있다가 밤에만 가해를 한다.

(2) 거세미나방

① 나비목 밤나방과로 기주는 무, 배추, 당근, 담배 등 기주범위가 넓은 편이다.
② 1년에 2회 발생하고 유충으로 땅속에 월동한다.
③ 3~4령기 월동유충은 지표에 가까운 줄기와 잎을 식해하는데 4령기 이후 밤에 주로 가해하며 주광성이나 주화성이 강한 편이다.
④ 몸은 회갈색에 사마귀 모양의 털받침은 흑갈색을 띤다.

(3) 땅강아지

① 메뚜기목 땅강아지과로 기주는 채소류, 맥류, 파류 등이 있다.
② 1년에 1회 발생하고 성충으로 땅 속에서 월동한다.
③ 유충은 4번의 탈피를 통해 성충이 되고 그사이에 식물의 뿌리부를 가해한다.
④ 황갈색을 띠며 짧고 부드러운 털을 가진다. 머리는 원뿔형에 검은색을 띤다. 앞날개는 배 중앙에 달하고 뒷날개는 꼬리모양에 길이가 길어 배 끝을 지나친다.

(4) 고자리파리

① 파리목의 꽃파리과로 기주는 양파, 파, 마늘 부추 등이 있다.
② 1년에 3회 가을에 발생한 번데기로 월동하고 4월쯤 우화한다.
③ 유충이 뿌리 부분을 가해하고 이후 줄기까지 가해하여 식물을 고사시킨다. 유충이 가해한 뿌리부분은 부패하는 피해가 발생하기도 한다.
④ 성충은 약 6mm 정도로 담색의 작은 파리이다. 가슴 등판 중앙부의 센털 배열이 성기고 불규칙적이다.

(5) 작은뿌리파리

① 파리목 검정날개버섯파리과로 기주는 오이, 고추, 파프리카 등이 있다.
② 시설내에서 수회 발생하며 1달에 2회 정도 가능하며 유충은 4령까지 있다.
③ 유충이 식물의 지제부와 뿌리를 가해하여 시들음 증상이 나타난다.
④ 성충은 1~2.5mm 정도로 머리는 흑갈색에 몸은 검은색을 띤다.

(6) 뿌리응애

① 응매목 가루응애과로 기주는 마늘, 양파, 백합 등이 있다.
② 1년에 수회(10회 정도) 발생하며 성충이나 약충으로 땅속에 주로 월동한다.
③ 고온다습한 환경에 다량 번식하고 성충이나 약충이 식물의 뿌리 혹은 지하부를 가해한다. 또한 가해 부위로 토양병원균이 침입하기도 한다.
④ 성충은 0.7mm 정도로 몸은 유백색으로 서양배 모양을 한다.

(7) 뿌리혹선충류

① 뿌리혹선충과로 기주는 배추, 상추, 오이, 고추, 딸기 등이 있다.
② 알에서 깨어난 2령 유충이 기주에 침입하고 3번의 탈피를 거친 후 성충이 된다.
③ 뿌리속의 양분을 흡즙하여 그 주위 세포가 비대해져 혹을 형성하게 된다.
④ 국내에 많이 분포하는 당근뿌리혹선충은 작고 둥근혹을 생성하며 그 혹에서 잔뿌리가 발생한다. 고구마뿌리혹선충은 길고 큰 염주모양의 혹을 만든다.

19 원예작물 해충 - 과실 해충

(1) 담배나방

① 나비목 밤나방과로 기주는 고추, 담배, 토마토 등이 있다.
② 1년에 3회 발생하고 시설내에서는 연중 발생하며 번데기로 땅속에 월동한다.
③ 알기간은 3~5일, 유충기간은 20~30일 정도이며 피해는 8~9월에 가장 많이 발생한다.
④ 고추에 가장 큰 피해를 주는 해충이며 부화유충이 어린 과실이나 새 잎을 가해한다. 유충이 성장하여 과실을 파고 들어 피해를 준다.
⑤ 성충은 황갈색을 띠고 앞날개는 갈색의 파장무늬를 가진다. 날개 편 길이는 35mm 정도이다.

(2) 파밤나방

① 나비목의 밤나방과로 기주는 파, 양파, 참외, 수박, 토마토, 고추 등이 있다.
② 1년에 4~5회 발생하고 시설내에서는 연중 발생한다.
③ 부화유충이 표피를 가해하고 과실을 구멍을 뚫는다.
④ 성충의 앞날개가 폭이 좁고 황갈색을 띤다. 날개 중앙에 청백색이나 황색점이 있고 옆에 콩팥무늬가 관찰된다. 몸길이는 15~20mm 정도이다.

20 과수 해충

(1) 잎 가해 해충

① 사과잎말이나방
  ㉠ 나비목 잎말이나방과로 사과나무, 배나무, 자두나무 등이 기주이다.
  ㉡ 1년에 3회 발생하고 어린 유충이 잎이나 나무껍질 속에서 월동한다.
  ㉢ 1화기 유충이 식물의 잎을 말아 엽육을 가해하고 2화기 유충은 잎과 과실의 표면도 가해한다.
  ㉣ 수컷은 배가 작고 가늘며 색이 진하고 끝에 털다발이 있다. 앞날개는 황갈색이며 전연은 큰 굴곡이 있다.

② 사과순나방
  ㉠ 나비목 잎말이나방과 기주는 사과나무, 배나무 등이다.
  ㉡ 성충이 1년 2회 발생하고 유충으로 월동한다.
  ㉢ 유충은 주로 기주의 잎을 가해한다.
  ㉣ 몸이나 더듬이는 회색을 띠고 더듬이의 각 마디에는 흑색의 테가 있다. 앞날개의 후각 안쪽에 삼각형의 반점이 있다.

③ 사과굴나방
  ㉠ 나비목 가는나방과로 기주는 사과나무, 자두나무, 벚나무, 배나무, 복숭아나무 등이 있다.
  ㉡ 유충이 잎의 엽육 안으로 식해를 하는 잠엽성 해충에 속하고 식해가 심할 경우 잎의 뒷면으로 말려 낙엽된다.
  ㉢ 1년에 5~6회 발생하고 번데기로 잎에 월동한다.
  ㉣ 앞날개의 바탕색은 금색 광택이 있으며 앞가두리 중간에 있는 백색의 경사진 줄무늬는 긴 삼각형이다.

④ 복숭아굴나방
  ㉠ 나비목의 굴나방과로 기주는 복숭아나무, 벚나무 등이 있다.
  ㉡ 1년에 7회 발생하고 성충이 지피물의 아래 월동한다.
  ㉢ 유충이 잎의 잎살을 가해하고 잠입한 흔적이 마치 소용돌이와 같이 남는다.
  ㉣ 여름형과 가을형에 빛깔 및 무늬의 차이가 있다. 여름형은 몸 전체가 광택이 있고 백색을 띠며 날개 끝부분은 황색을 띤다. 가을형은 전체적으로 갈색이 섞여 있다.

(2) 흡즙성 해충

① 사과혹진딧물
   ㉠ 매미목의 진딧물과로 기주는 사과나무가 있다.
   ㉡ 어린잎 가해서 잎이 앞뒤로 말리나 전개된 잎을 가해할 때는 뒤쪽을 향해 세로로 말려 그 속에서 무리를 만들어 가해한다.
   ㉢ 1년에 10회 정도 발생하고 겨울눈 기부나 가지에서 알로 월동한다.
   ㉣ 날개가 없는 것은 진한 녹색 혹은 갈색을 띠고 날개가 있는 것은 검은색을 띤다. 몸길이는 날개가 없는 성충이 1.3~1.7mm, 날개가 있는 성충은 1.5~1.7mm 정도이다.

② 사과응애
   ㉠ 응애목 응애과로 기주는 사과나무, 배나무 등이다.
   ㉡ 1년에 7~8회 발생하고 알로 겨울눈, 수간에서 월동한다.
   ㉢ 잎을 흡즙 가해하고 가해시 회색반점이 나타나며 조기낙엽되기도 한다. 이동시에는 실을 만들어 바람을 이용하여 이동한다.
   ㉣ 암컷 성충은 몸길이 약 0.4mm 정도이고 긴 편이다. 암적색의 몸통에 흰 반문이 있으며 몸의 등면에 횡산이 있고 등면에 털은 길고 굵다. 수컷은 암컷보다 작은 0.3mm 정도이다.

③ 점박이응애
   ㉠ 응애목에 응애과로 기주는 사과나무, 복숭아나무, 토마토 등 범위가 넓은 편이다.
   ㉡ 1년에 10회 발생하고 성충이 낙엽, 잡초 아래에서 월동을 한다.
   ㉢ 성충이나 약충이 잎에 기생하여 즙액을 빨아 먹으며 흡즙한 곳은 바늘 자국과 같은 흰 점이 발생한다.
   ㉣ 여름형은 담황록색에 몸통 좌우로 검은 점이 있고 월동형은 귤색에 검은점이 없다. 암컷성충은 0.4mm, 수컷 성충은 0.3mm 정도이다.

④ 꼬마배나무이
   ㉠ 매미목의 나무이과로 기주는 배나무 사과나무 등이 있다.
   ㉡ 1년에 1회 발생하고 주로 과수원 부근의 잡초에서 성충으로 월동한다.
   ㉢ 약충과 성충이 모두 신초, 과실, 어린 잎 등을 흡즙하여 성장에 방해를 주거나 심할 경우 잎이 마르며 배설물로 인하여 그을음병이 발생하기도 한다.

(3) 줄기, 가지 가해 해충

① 사과하늘소
  ㉠ 딱정벌레목의 하늘소과로 기주는 사과나무, 복숭아나무, 배나무 등이 있다.
  ㉡ 2년에 1회 발생하고 유충으로 산란한 부위 근처에서 월동한다.
  ㉢ 유충은 목질부를 가해하여 갱도를 만들고 그곳에 배설물을 배출한다.
  ㉣ 앞가슴과 몸의 아랫면, 다리는 황갈색을 띠며 딱지날개의 기부는 오렌지색을 띤다. 딱지날개의 다른 부분에는 검은 반점이 다량 있고 머리와 더듬이는 검은색을 띤다.

② 포도호랑하늘소
  ㉠ 딱정벌레목의 하늘소과로 기주는 포도나무이다
  ㉡ 1년에 1회 발생하고 포도나무 가지 아래의 얕은 곳에 유충으로 월동한다.
  ㉢ 유충이 목질부를 가해하고 배설물을 외부로 배출하지 않아 외관상 발견이 어렵다.
  ㉣ 검은색을 띠며 머리는 붉은빛을 띤 갈색이다. 앞가슴등판과 작은방패판은 홍적색이며 딱지날개의 2개에 노란색 띠가 뚜렷하게 있다.

(4) 과실 가해 해충

① 복숭아심식나방
  ㉠ 나비목의 심식나방과로 기주는 사과나무, 복숭아나무, 자두나무, 살구나무 등이다.
  ㉡ 1년에 2회 발생하고 일부는 3회 발생하기도 한다. 노숙유충이 겨울고치를 짓고 그 속에서 월동을 한다.
  ㉢ 과실을 직접 가해하여 피해를 주며 내부를 무분별하게 가해하기에 과실이 다소 기형의 형태를 띠기도 한다.
  ㉣ 성충의 앞날개는 회백색으로 날개를 편 길이는 12~15mm 정도이다. 앞 가장자리 구름모양의 흑갈색 무늬와 중앙보다 아래에 광택이 있는 흑갈색의 삼각형 무늬가 있다.

② 복숭아순나방
  ㉠ 나비목의 잎말이나방과로 기주는 사과나무, 복숭아나무, 배나무, 살구나무 등이다
  ㉡ 1년에 4~5회 정도 발생하고 노숙유충이 조피의 틈이나 남아있는 봉지 등에 고치를 만들어 월동한다.
  ㉢ 유충은 신초의 선단부를 가해하고 과실까지 피해를 주며 배설물을 남기기에 유관상 식별이 가능하다.

ⓛ 성충은 암회색이나 암색을 띠고 앞날개는 암회갈색이다. 앞가두리에 13~14개의 회백색 줄이 있으며 날개의 바깥가두리에 7개 검은 점이 있다.

③ 복숭아명나방
　　㉠ 나비목의 명나방과로 기주로는 사과나무, 복숭아나무, 자두나무, 살구나무 등이 있다.
　　㉡ 1년에 2회 발생하고 성숙한 유충은 고치속에서 월동한다.
　　㉢ 유충이 과실을 가해하여 큰 구멍을 만들고 적갈색의 굵은 똥과 즙액을 배출하여 유관상 식별이 가능하다.
　　ⓛ 성충은 날개를 편 길이 24~30mm 이며 등황색을 띤다. 앞날개는 투명한 등황색 바탕의 검은 점무늬가 있다.

④ 콩가루벌레
　　㉠ 매미목 뿌리혹벌레과로 기주는 배나무이다.
　　㉡ 1년에 6~10회 발생하고 알로 껍질 아래에서 월동한다.
　　㉢ 약충과 성충이 봉지를 씌운 과실을 가해하고 가해한 과실을 면이 콩가루를 뿌려 놓은 듯한 형상을 하고 있다. 가해한 부위로 검은무늬병이 침입하여 과실을 썩게 한다.

⑤ 가루깍지벌레
　　㉠ 매미목의 가루깍지벌레과로 기주는 사과나무, 배나무, 감나무, 복숭아나무 등이다.
　　㉡ 1년에 3회 발생하고 알로 나무껍질 아래 등에서 월동한다.
　　㉢ 부화약충이 과실의 즙액을 흡즙하고 가해한 부위는 골과 같이 파고 들어가 기형의 과실형태를 가지게 된다. 배설물로 인하여 그을음병이 유발되기도 한다.

⑥ 꽃노랑총채벌레
　　㉠ 총채벌레목의 총채벌레과로 기주는 복숭아나무, 감귤나무, 딸기 등이다.
　　㉡ 1년에 5~6회 발생하고 성충이 지표면이나 나무껍질의 속에서 월동한다.
　　㉢ 기주의 잎과 꽃을 가해하며 피해를 입은 잎은 은백색 반점이 다량 발생하게 된다. 꽃에는 얼룩 반점이 생긴다.
　　ⓛ 암컷의 성충은 1.4~1.7mm, 수컷은 1.0~1.2mm 정도이다. 암컷의 몸색은 밝은 황색이나 갈색으로 변이가 크고 배의 각 마디마다 갈색 반점이 있다. 수컷은 암컷보다 작고 가는편이며 색은 연한 황색이다.

21 산림 해충

(1) 솔잎혹파리
① 주로 소나무, 해송에 피해를 주며 유충이 벌레혹을 만들고 즙액을 빨아 먹는다.
② 1년에 1회 발생하고 유충형태로 지피물 아래 혹은 땅속에서 월동한다.
③ 5월~7월 우화하여 성충이 되며 6월상순에 우화최성기이다. 성충의 경우 우화 당일 산란하고 수명이 1~2일로 짧은 편이다.
④ 방제를 위해 임지를 건조, 성충 우화기에 약제 살포, 생물적 방제법으로 기생벌 등을 이용한다. 기생벌의 종류로 솔잎혹파리먹좀벌, 혹파리살이먹좀벌, 혹파리등뿔먹좀벌 등이 있다.
⑤ 암컷 성충은 2~2.5mm, 수컷성충은 1.5~1.9mm 정도이며 몸의 색은 등황색으로 모기와 비슷하다.

(2) 솔나방
① 소나무, 해송 등에 피해를 주며 유충이 잎을 갉아 먹고 심할 경우 고사한다.
② 1년에 1회 발생하고 5령충이 지피물 혹은 나무껍질 사이에 월동하며 8령충이 번데기가 되어 이후 나방이 된다.
③ 방제를 위해 약제를 살포하며 미생물 농약 BT 제를 사용하기도 하거나 주광성이 있어 등불을 이용하여 유살한다.
④ 솔나방은 전년도 여름(8월)에 호우가 내리면 다음해는 피해가 적어진다.
⑤ 솔나방 알의 천적인 송충알좀벌이 혹은 유충의 천적인 고치벌, 맵시벌을 이용한다.
⑥ 수컷의 더듬이 빗살은 길고 암컷은 짧다. 빛깔의 변이가 심하나 대부분 다갈색 혹은 흑갈색을 띠며 무늬는 암컷이 더 선명하다. 앞날개의 무늬는 중실내의 작은 백색점, 중실의 끝 및 중앙을 가로지르는 2개의 가로선이 있다.

(3) 소나무좀
① 소나무, 해송, 잣나무 등에 피해를 주며 유충이 수피 아래에 구멍을 뚫고 들어가 식해한다.
② 6월에 우화하여 성충의 형태로 신초를 가해하며 성충이 형성층 목질부에 구멍을 뚫고 들어가 아래에서 위로 갱도를 만들어 알을 산란한다.
③ 1년에 1회 발생하고 성충은 뿌리 부근의 수피 틈에서 월동 한다.
④ 방제를 위해 쇠약목, 고사목 등은 벌채하고 4월쯤에는 수피를 제거하여 번식처를

없애거나 2~3월에는 먹이나무를 설치, 유인하여 먹이나무를 소각하도록 한다.
⑤ 성충은 광택이 있고 암갈색이나 흑색을 띠며 회색의 털이 있다. 앞가슴은 앞쪽이 좁고 등쪽에 점각이 있고 중앙은 매끈하며 광택이 있다. 앞날개에 작은 점각이 있다.

(4) 밤나무혹벌

① 주로 밤나무에 피해를 주며 잎눈에 기생하여 작은 벌레혹을 만들어 잎에 새가지가 자라지 못하게 한다.
② 1년에 1회 발생하고 유충으로 월동한다.
③ 암컷만으로 단성생식을 한다.
④ 방제를 위해 내충성 품종으로 조성하거나 중국긴꼬리좀벌 등 천적을 이용한다.
⑤ 피해가 심하면 내충성 품종으로 교체하는 방법이 효과적이다.
⑥ 성충은 약 3mm 정도로 흑갈색에 광택이 있고 날개는 투명하다.

(5) 솔알락명나방

① 잣나무, 소나무 등의 구과에 피해를 준다.
② 1년에 1회 발생하고 땅속이나 구과에서 유충형태로 월동한다.
③ 방제를 위해 우화기 혹은 산란기에 약제를 수관에 살포한다.
④ 성충의 앞날개는 약 12mm 정도로 황갈색 혹은 적갈색의 띠가 있다. 앞날개는 좁고 길며 회갈색 바탕에 흑색 비늘가루로 덮여 있다.

(6) 미국흰불나방

① 주로 포플러, 벚나무 등에 피해를 주는데 활엽수 200 여종 정도로 피해 범위가 넓다.
② 1년에 2회 발생하며 나무껍질 혹은 지피물 밑에서 번데기 형태로 월동한다.
③ 부화한 유충은 4령기까지 실을 만들어 잎을 둘러싸고 그 속에서 집단생활을 하며 엽맥만 남기고 잎을 식엽한다.
④ 방제를 위해 피해를 받은 낙엽은 소각하고 나방살이납작맵시벌, 송충알벌 등의 천적을 이용한다. 방제 약제로는 주로 트리클로르폰수화제 혹은 BT 수화제를 살포한다.
⑤ 성충은 날개 편 길이 28~37mm 정도로 몸과 날개는 흰색을 띠며 1화기 성충의 날개에만 검은 점이 있다.

(7) 오리나무잎벌레

① 오리나무, 박달나무, 밤나무 등에 피해를 주는데 성충과 유충이 동시에 잎을 식해한다.
② 1년에 1회 발생하며 성충형태로 지피물 혹은 흙속에 월동한다.

③ 방제법으로 성충일 경우 포살하고 유충일 경우 디프수화제를 이용한다. 생물학적 방제법으로 무당벌레 등의 천적을 이용한다.
④ 몸은 긴 달걀모양으로 어두운 남색이나 자색을 띠며 광택이 있다. 더듬이는 검은색의 실모양이며 앞가슴등판에 작은 점무늬가 있다

(8) 복숭아명나방

① 밤나무, 복숭아나무, 감나무 등의 종실에 피해를 준다.
② 1년에 2회 발생하고 수피에서 유충형태로 월동한다.
③ 방제를 위해 복숭아의 경우 5월경 봉지를 씌워 피해를 막거나 7월경 디프유제 등 약제를 살포한다.
④ 성충은 등황색을 띠고 앞날개는 투명한 등황색 바탕에 검은 점무늬가 있다.

(9) 박쥐나방

① 버드나무, 단풍나무, 밤나무 등에 피해를 준다.
② 유충은 초본의 줄기에 구멍을 뚫고 피해를 주다가 나무로 이동하여 환상으로 가지에 피해를 준다.
③ 1년에 1회 발생하고 알형태로 월동한다.
④ 방제법으로 천공이 발생한 곳에 약제를 주입하거나 유충이 발생되는 초본류를 제거한다.
⑤ 암갈색의 나방으로 더듬이는 짧고 잎은 퇴화되어 있다. 앞날개에 시수가 있으며 몸과 날개는 갈색이고 몸은 가늘며 앞날개 중실 아래와 끝에 황백색의 반문이 있다. 뒷날개는 암갈색이며 뒷면은 회갈색이다

(10) 집시나방

① 주로 낙엽송, 참나무, 밤나무 등을 가해하며 기주범위가 넓은 편이다.
② 1년에 1회 발생하고 알로 나무줄기에 월동한다.
③ 잡식성 해충으로 유충은 침엽수와 활엽수의 잎을 식해하며 식해 범위가 넓어 피해가 큰 편이다.
④ 암수는 크기와 색깔이 전혀 다르며 수컷의 몸과 날개는 대체로 암갈색이나 흑갈색이며 개체에 따라 날개 중앙부가 연한 담색도 있다. 암컷은 몸과 날개가 유백색이며 중실의 중앙 및 가로맥에 흑갈색의 점과 무늬가 있다.

(11) 텐트나방

① 참나무류, 살구나무, 포플러류 등의 다수의 활엽수를 가해한다.
② 1년에 1회 발생하고 알로 월동하며 4월쯤 부화한다.
③ 부화유충은 실을 만들어 천막모양의 집을 짓는 것이 특징이고 4령까지 집단생활을 하다고 5령부터 흩어져 생활한다.

(12) 버즘나무방패벌레

① 버즘나무류, 물푸레나무류 등을 가해한다.
② 1년에 2~3회 발생하며 9월쯤 성충이 수피 틈에서 월동한다.
③ 외래해충이며 약충이 기주 잎에 모여 흡즙 및 가해한다.
④ 주로 장마철에 피해가 심하며 조기낙엽이 발생하기도 한다.
⑤ 성충의 배는 흑갈색이고 가슴과 날개는 반투명의 유백색이다.

(13) 도토리거위벌레

① 참나무류의 구과를 가해한다.
② 1년에 1~2회 발생하고 노숙유충으로 땅속에서 월동한다.
③ 주로 도토리에 구멍을 뚫어 산란하고 열매를 연결부를 잘라 땅으로 떨어뜨린다. 이후 부화한 유충이 과육을 식해한다.
④ 성충은 흑색 혹은 암갈색으로 광택이 난다. 날개는 털이 밀생해 있고 흑색의 털이 드문드문 있으며 날개의 길이와 비슷한 긴 주둥이를 가진다.

(14) 밤바구미

① 밤나무, 참나물의 종실을 가해한다.
② 1년 1회 발생하고 노숙유충이 땅속 깊은 곳에서 월동한다.
③ 유충이 배설물을 외부로 배출하지 않아 피해 식별이 어렵다.
④ 성충은 진한 갈색의 바탕에 회황색의 인모가 밀생되어 있다. 날개는 크고 작은 담갈색 무늬가 있으며 중앙에 회황색의 가로 띠 무늬가 있다.

22 재배환경 – 토양

(1) 지력

① 지력은 식물을 길러내는 땅의 힘을 의미한다. 농작물의 경우 같은 자리에 지속적으로 작물을 길러낼 경우 흙속의 양분이 고갈되어 이후의 작물들은 제대로 자라지 못한다.
② 지력이 떨어질 경우에는 비료를 이용하거나 농사를 쉬어주는 휴경, 다른 곳의 흙을 가져오는 객토 등의 작업을 통해 지력을 보충한다.

> **연습문제**
>
> 토양의 지력을 높이기 위한 방법 2가지를 적으시오
>
> **해설**:
> · 비료를 공급한다.
> · 휴경을 실시한다.

(2) 토성

① 토양은 고상, 기상, 액상으로 구성되어 있으며 고상의 대부분은 무기물과 약간의 유기물이, 기상은 토양공기, 액상은 토양수분을 의미하며 고상:액상:기상=50:25:25 비율로 구성되어 있는 것이 작물이 크기에 가장 이상적인 구조이다.

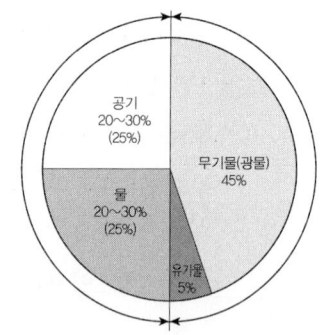

② 토성은 점토 함량을 기준으로 분류하기도 하며 사토, 식토, 양토, 사양토, 식양토 등이 있다.

토양	진흙정도(%)
사토	12.5 ↓
사양토	12.5 ~ 25.0
양토	25.0 ~ 37.5
식양토	37.5 ~ 50.0
식토	50.0 ↑

③ 자갈이나 모래가 많은 토양의 경우 빈공극이 많아 통기성이 좋으나 보수력이나 보비력이 낮아 작물의 생육에는 오히려 불리하다. 점토함량이 많은 토양의 경우 보수력과 보비력은 좋으나 공극이 작아 통기성이 불량하여 이 역시도 작물의 생육에는 불리하다.

> **연습문제**
>
> 토양의 점토 함량이 15%의 경우 아래 보기에서 해당되는 토성을 고르시오
>
> < 보기 >
>
> 사토 / 사양토 / 양토 / 식양토 / 식토
>
> **해설**
> 사양토

(3) 토양구조 및 토층

① 토양 구조는 토양입자의 배열상태를 말하며 토양입자가 개별적으로 있는 경우 단립구조, 서로 결합되어 무리를 이루는 경우를 입단구조라 정의한다.

단립구조(홑알구조)	입단구조(떼알구조)
• 토양에서 각각 독립적으로 존재하는 구조로서 큰공극이 많아 수분 및 비료의 함량이 적은 편이다. • 대표적으로 모래와 미사가 단립구조를 가진다.	• 여러 입자들이 하나의 단체를 만들고 단체끼리 모여 입단을 만드는 구조로 통기성이 좋고 적정량의 수분을 보유한다. • 식물이 생육하기에 수분 및 공기의 유동에 적합한 구조이다.

② 입단을 조성하기 위해서는 입단구조가 만들어지기 위한 요소인 점토, 유기물 등을 첨가하거나 콩과식물의 재배, 토양의 피복 등의 통한 구조를 개선해야 한다.

③ 입단의 분해 혹은 파괴가 일어나는 경우는 과도한 경운작업과 같은 물리적 충격을 주거나 환경 및 기상에 의한 입단의 수축, 팽윤의 반복 혹은 입단구조에 반발력을 이온(나트륨이온 등)이 과다할 때 발생한다.

④ 토양구조는 모양에 따라 구상구조(입상구조), 괴상구조, 주상구조, 판상구조 등이 있다.

구상구조	• 구상구조는 입상구조라 하며 주로 유기물이 많은 표층토에서 발달하고 입단이 구상을 나타낸다. • 외관은 거의 구상이고 유기물이 많은 건조한 곳에서 생성된다. 모양은 둥글고 직경은 1cm 이하의 작은 입단으로 되어 있다.
괴상구조	• 배수와 통기성이 양호하고 뿌리의 발달이 원활한 심토층에 주로 발달된다. • 입단의 모양은 불규칙하나 대게 6면체로 되어 있으며 덩어리의 외면 특성에 따라 각이 있으면 각괴라고 하며 각이 없으면 아각괴라 한다.
주상구조	• 각주상, 원주상인 것이 있으며 토양입자가 세로로 배열되어 때로는 길고 큰 구조를 만든다.
└각주상 구조	• 건조 또는 반건조지역의 심층토에 주로 지표면과 수직한 형태로 발달한다. • 단위구조의 수직길이가 수평길이보다 긴 기둥모양이며 수평면이 평탄하고 각진 모서리 구조를 가진다. • 습윤지역의 배수가 불량한 토양이나 팽창 특성을 지닌 점토가 많은 토양에 주로 발달한다.
└원주상 구조	• 기둥모양의 주상 구조이지만 각주상 구조와 달리 수평면이 둥글게 발달한다. • Na 이온이 많은 B층의 토양에서 많이 관찰된다.
판상구조	• 접시와 같은 모양이거나 수평배열의 토괴로 구성된 구조로 토양생성과정 중에 발달하는 편이다. • 우리나라의 논토양에서 많이 발견되며 용적밀도가 크고 공극률이 낮으며 대공극이 없다. • 수분의 하향이동이 어렵고 뿌리가 밑으로 자랄 수 없다.

연습문제

다음 설명을 보고 토양 구조의 적합한 명칭을 적으시오

◎ (㉠) : 토양에서 각각 독립적으로 존재하는 구조
◎ (㉡) : 여러 입자들이 하나의 단체를 만들고 단체끼리 모여 입단을 만드는 구조

해설
㉠ 단립구조
㉡ 입단구조

연습문제

다음 보기의 설명을 보고 토양 구조의 명칭을 적으시오

< 보기 >
접시와 같은 모양이거나 수평배열의 토괴로 구성된 구조로 토양생성과정 중에 발달하는 편이다.

해설
판상구조

(4) 토양 중의 무기성분

① 무기염류는 작물의 생육에 필요한 필수원소 16가지가 있으며 이러한 원소들이 많이 필요한 것들을 다량원소, 소량 필요할 경우를 미량원소라 한다.

구분		흡수 형태	상대량(%)
다량원소	탄소(C)	CO_2	45
	산소(O)	O_2, H_2O	45
	수소(H)	H_2O	6
	질소(N)	NO_3^-, NH_4^+	1.5
	칼륨(K)	K^+	1.0
	칼슘(Ca)	Ca^{2+}	0.5
	마그네슘(Mg)	Mg^{2+}	0.2
	인(P)	$H_2PO_4^-$, HPO_4^{2-}	0.2
	황(S)	SO_4^{2-}	0.1
미량원소	염소(Cl)	Cl^-	0.01
	철(Fe)	Fe^{3+}, Fe^{2+}	0.01
	망간(Mn)	Mn^{2+}	0.005
	붕소(B)	$H_3BO_3^-$	0.002
	아연(Zn)	Zn^{2+}	0.002
	구리(Cu)	Cu^+, Cu^{2+}	0.0006
	몰리브덴(Mo)	MoO_4^{3-}	0.00001

② 작물의 생육시 초기에는 성장을 위해 질소의 흡수량이 가장 많으나 이후에는 칼륨의 흡수량이 더 많아지게 된다.

(5) 토양유기물

① 유기물의 분해를 통해 작물의 양분을 공급하는 등의 순환과정에 관여한다.
② 유기물 분해시 다양한 생장촉진물질이 만들어 진다.
③ 토양의 입단구조 형성을 통해 토양의 성질을 개선해 준다.
④ 부식콜로이드생성으로 양분의 흡착력이 강해져 입단구조 형성에 도움을 준다.
⑤ 산성토양을 개선할 수 있고 지온상승등으로 유용미생물의 생육환경을 만들어준다.
⑥ 토양을 보호해주고 침식을 막아준다.

(6) 토양수분

① 수분 포텐셜
  ㉠ 토양수분장력은 Potential Force 의 약자를 따서 pF 로 표기한다. 토양에 수분이

어느정도의 힘으로 있는가를 수주 높이로 표시한 것이다.

ⓒ pF = log H (H : 수주 높이, 단위 : cm)

ⓒ 토양의 수분함량에 따라 아래와 같이 정의한다.

용어	pF	특징
최대용수량	0	토양내에 모든 공극에 물이 찬 상태의 수분함량
포장용수량	1.7~2.7	최대용수량에 중력수가 제거 되고 모세관의 수분 함량 기준
위조점	4.2	식물이 수분을 흡수하지 못하고 영구히 시들어버리는 시점, 이때의 수분함량은 위조계수라 한다.
흡습계수	4.5	마른 토양의 수분함량
수분당량	2.7~3.0	물을 포화시킨 토양에 원심력 적용후 토양에 남아 있는 수분

ⓒ 유효수분은 포장용수량~영구위조점까지 pF 2.7~4.2 정도이다.

ⓒ 수목의 생육에 적합한 최적함수량은 최대용수량의 60~80% 정도이다.

ⓒ 토양 수분의 종류는 아래와 같이 분류된다. 결합수와 흡습수는 식물이 사용할 수 없는 수분이고 주로 모관수가 작물에 이용된다.

종류	pF	특징
결합수	7.0↑	토양이나 생체 속 등에서 강하게 결합되어서 쉽게 제거할 수 없는 물
흡습수	4.5~7	토양입자 표면에 피막 상을 흡착된 수분
모관수	2.7~4.5	모관 인력에 의하여 토양 내의 작은 공극을 상승하는 수분
중력수	2.5↓	중력의 영향으로 토양에서 배수되는 물

ⓒ 지하수는 지하에 정체하여 모관수의 근원이 되는 물을 말한다.

ⓒ 초기위조점은 생육이 정지하고 하엽이 위조하기 시작하는 토양의 수분 상태를 말하며 pF 약 3.9 정도이다.

② 수분 스트레스

ⓒ 수목의 함수량이 저하되면 시들기 시작하는데 이를 위조현상이라 한다.

ⓒ 이러한 시드는 과정은 정도에 따라 초기위조, 일시적위조, 영구위조로 구분된다.

초기위조	• 수목의 지상부가 시들기 시작하는 상태이다. • 식물 생육억제의 초기 단계, pF 3.9 정도이다.
일시적 위조	• 초기 위조 이후 진행된 상태, 그러나 관수에 의하지 않아도 회복이 가능한 단계이다. • 보통 작물의 증산이 흡수보다 클 때 일어난다.
영구위조	• 수목의 뿌리 흡수조차 불가능한 상태로 회복할 수 없는 시점이다. • pF 는 통상 4.2 정도이다.

③ 증산 작용
　㉠ 잎의 기공에서 수목의 수분이 대기로 배출되는 것을 증산작용이라 한다.
　㉡ 증산작용의 조건은 광도가 강할 때, 습도가 낮을 때, 온도가 높을 때, 기공이 크고 밀도가 높을 때, 기공 개폐가 빈번할 때 많이 일어난다.
　㉢ 잎의 증산작용은 수목의 온도 조절과 무기염 흡수를 촉진시키는 역할을 한다.

연습문제

다음 내용을 보고 적합한 용어를 적으시오
◎ (㉠) : 최대용수량에 중력수가 제거 되고 모세관의 수분 함량 기준
◎ (㉡) : 토양내에 모든 공극에 물이 찬 상태의 수분함량

해설
㉠ 포장용수량
㉡ 최대용수량

연습문제

다음 보기의 설명을 보고 토양수분의 종류를 적으시오
< 보기 >
◎ 모관 인력에 의하여 토양 내의 작은 공극을 상승하는 수분이다.
◎ pF 2.7~4.5 정도로 작물이 주로 이용하는 수분이다.

해설
모관수

(7) 토양공기

① 토양에 빈공간에 공기로 차 있는 공극부분을 용기량이라 하며 일반적으로 모관공극에는 수분이 차지하고 있으며 비모관 공극에 공기가 분포되어 있다.
② 토양공기의 분포는 산소는 10~21%, 이산화탄소는 0.1~10%, 질소는 75~80% 정도이다.
③ 작물이 생육하기 위한 가장 적합한 최적용기량은 10~25% 정도이며 작물에 따라 최적용기량은 달라진다.
④ 토양에 공기는 미생물의 호흡 및 환경에 의해 주로 산소는 적은편이고 이산화탄소의 경우 일반 대기의 이산화탄소 농도보다 높은 편이다.
⑤ 토양도 깊이에 따라 공기의 차이가 있는데 아래로 내려갈수록 산소의 농도는 낮아지고 이산화탄소의 농도는 높아진다.

⑥ 식물이 살아가는데 토양의 통기성을 양호하게 하는 방법으로 유기물, 토양개량제 등을 이용한 입단조성, 배수 시설의 조성, 객토 등을 통한 물리적 방법등이 있다.

> **연습문제**
>
> 토양의 통기성을 높이는 방법 2가지를 적으시오
>
> **해설**
> · 토양에 유기물을 공급한다.
> · 토양 개량제를 공급한다.

(8) 산성토양

① 토양이 산성화가 되면 작물의 뿌리에 피해를 주게 되는데 주로 이온성물질에 의한 피해나 미생물등에 영향을 준다.
② 토양이 산성화가 되면 질소고정균이나 근류균 등의 이로운 미생물들이 생활하기 어려운 환경 조건이 되어 활동에 지장을 받거나 줄어들게 된다.
③ 또한 산성화로 인하여 작물에 이로운 이온들이 용출되면서 결핍증상이 발생하는데 주로 인, 칼슘, 마그네슘 등의 필수미량원소들이 산성조건에서 용해도가 줄어 결핍되게 된다.
④ 또한 미생물 활동 및 이온성분들의 결핍으로 입단조성에 지장을 받게 되면서 통기성이 불량해지는 문제가 발생된다.
⑤ 산성토양은 석회물질이나 유기물을 공급하여 개선할 수 있다.
⑥ 산성토양에 저항성이 강한 작물로는 벼, 귀리, 조, 옥수수, 감자 등이 대표적이며 약한 작물로는 보리, 콩, 양파, 파, 고추, 가지 등이 있다.
⑦ 활산성과 잠산성
  ㉠ 토양용액에 들어 있는 H^+에 따른 것을 활산성, 토양교질물에 흡착된 H^+과 Al 이온에 따라 나타나는 것을 잠산성이라 한다.
  ㉡ 활산성은 토양에서 침출된 물에 대하여 산도를 측정하고, 잠산성은 토양에 따라 KCl, $CaCl_2$ 으로 침출한 액에 대하여 산도를 측정한다.
  ㉢ 식초산석회와 같은 약산염의 용액으로 침출한액에 용출된 수소이온에 기인된 산성을 가수산성이라고 하여 구분하기도 한다. 강산성 토양에서 Al 이온은 산도를 높인다.

(9) 논토양과 밭토양

① 논토양
   ㉠ 논토양은 물에 잠겨 있는 담수상태이기에 밭토양과 현저한 차이를 보인다.
   ㉡ 논토양은 화합물의 용해도가 크게 변한다.
   ㉢ 토양의 환원은 부패, 발효와 같은 유기물 분해로 뿌리부의 환경을 불량하게 한다.
   ㉣ 논토양은 담수상태일 때 토양의 pH는 평균 6.5~7.5 정도이다. 담수를 통해 토양의 염류를 제거하는데 도움이 된다.
   ㉤ 토양의 환원정도는 0 이상의 정수이며 산화상태이고 이보다 작으면 (-) 값을 띠게 되면서 환원상태가 된다.
   ㉥ 담수상태에서 토양에 산소가 호기성미생물에 의해 소모되고 대부분 소모되고 나면 호기성미생물의 활동이 정지하고 혐기성미생물의 활동이 활발해진다.
   ㉦ 논토양은 적갈색의 산화층과 청회색의 환원층이 있다.
   ㉧ 논토양은 환원물(N_2, H_2S)이 존재하며 탈질 작용이 일어난다.
   ㉨ 논토양의 지력증진을 위해 지온을 상승시키거나 수산화칼슘처리, 토양을 건조시킨 후 가수를 하는 방법 등이 있다. 이러한 방법은 유기태질소의 무기화를 촉진시켜 암모니아가 생성된다.
   ㉩ 논의 담수를 통해 온도 조절, 비료분 분해조절, 양분의 천연공급, 토양의 침식방지, 수분의 공급, 유해물질의 제거, 잡초발생의 억제 등의 효과가 있다.

> **연습문제**
>
> **논토양의 담수상태일 경우 나타나는 효과 3가지를 적으시오**
>
> **해설**
> · 온도 조절이 용이하다.
> · 양분의 천연공급이 가능하다.
> · 잡초 발생이 억제된다.

② 논토양의 유형
   ㉠ 보통논 : 일반적 재배법으로 일정 수준 이상의 수량을 말한다.
   ㉡ 사질논 : 모래가 많은 논을 말한다.
   ㉢ 미숙논 : 새로 만들어 이용기간이 짧은 논을 말한다.
   ㉣ 습논 : 지하수위가 높아 항상 담수상태에 있는 논을 말한다.
   ㉤ 염해논 : 바닷물의 영향을 받아 염분이 있는 논을 말한다.

ⓑ 특이산성논 : 토양에 황(S) 성분이 많아 담수상태에서 항상 산성인 논을 말한다.

③ 밭토양
  ㉠ 경사지에 조성되어 침식의 우려가 있다.
  ㉡ 유효토심이 얕으며 양분의 천연공급량이 낮다.
  ㉢ 강우에 의한 염기의 용탈이 심한편이다.
  ㉣ 유해 생물과 토양의 산성화, 입단구조의 파괴 등 연작 장해가 많다.

④ 노후답
  ㉠ 노후답은 노후화 현상이 발생한 논토양으로 철분, 망간, 칼슘, 마그네슘 등의 주요 양분이 용탈하여 영양장애 등을 유발하는 것을 말한다.
  ㉡ 여름철에는 환원층에서 황화수소가 발생하는데 철분이 부족할 경우 황화수소가 철과 반응하여 황화철로 침전되지 못해 벼의 뿌리를 상하게 한다.
  ㉢ 노후답에서는 깨씨무늬병 등의 식물병이 발생하여 수확량이 감소하기도 한다.
  ㉣ 노후답의 재배 대책으로 저항성 품종을 심거나, 조기재배를 통해 수확이 빠르도록 하여 추락을 완화한다. 무황산근 비료를 시비하여 황화수소의 발생을 줄이도록 한다. 또한 덧거름 중점의 시비나 엽면시비를 하기도 한다.
  ㉤ 노후답은 객토, 심경, 함철자재의 사용, 규산질 비료의 사용을 통해 개량이 가능하다.

⑤ 논토양과 밭토양의 차이
  ㉠ 논토양은 관개수에 의한 양분의 공급으로 지력을 유지하지만 밭토양은 빗물에 의해 양분의 유실 및 유기물의 분해로 지력이 상대적으로 떨어진다.
  ㉡ 논토양은 담수상태라 산소의 공급이 원활하지 않고 미생물의 호흡으로 산소가 부족하여 환원상태가 된다. 밭은 산화조건에 있어 양분이 소모적으로 분해되어 비료에 대한 작물의 반응이 높은 편이다.
  ㉢ 논이 환원상태가 되면 밭토양보다 인산의 유효도가 증가하여 작물이 이용하기 용이하다.
  ㉣ 논토양은 환원상태에서 원소의 형태가 다음과 같다.

탄소	질소	망간	철	황
CH_4, CO	N_2, NH_4^+	Mn^{2+}	Fe^{2+}	H_2S, S^{2-}

  ㉤ 밭토양은 산화상태에서 원소의 형태가 다음과 같다.

탄소	질소	망간	철	황
CO_2	NO_3	Mn^{4+}, Mn^{3+}	Fe^{3+}	SO_4^{2-}

ⓑ 논토양에서는 환원물이 존재하나 밭토양에서는 산화물이 존재한다.
ⓢ NO_3는 밭토양과는 달리 논토양에서는 흡착되지 않고 침투수를 따라 하부 환원층으로 용탈되어 탈질작용을 일으킨다.
ⓞ 논의 pH 는 담수상태에서도 낮과 밤에 따라 차이가 있고 담수기간과 낙수기간에 따라서도 차이가 있으나 밭토양은 그렇지 않다.
ⓩ 논토양에서는 산화환원전위(Eh)가 여름에 환원이 심할수록 작아지고, 가을부터 이듬해 봄까지 산화가 심할수록 커진다. 토양이 산화될수록 Eh 는 높아지고 환원될수록 Eh 는 낮아진다.

⑥ 논토양의 탈질현상
㉠ 암모니아태질소를 산화층에 주면 질화균이 질화작용을 일으켜 질산으로 된다.
$$<NH_4^+ \to NO_2^- \to NO_3^->$$
㉡ 질산은 토양입자에 흡착되지 않고 아래의 환원층으로 씻겨 내려가면 탈질균의 작용으로 환원되어 가스태질소로 바뀌어 대기 중으로 나가는데 이를 탈질현상이라 한다.
$$<NO_3^- \to NO_2^- \to NO \to N_2O \to N_2>$$
㉢ 암모니아태질소를 환원층에 주면 절대적 호기균인 질화균의 작용을 받지 않으며 암모니아는 토양에 잘 흡착되어 비효가 오래 지속된다.
㉣ 암모니아태질소를 논토양의 심부환원층에 주어 비효의 증진을 꾀하는 것을 심층시비라 한다.
㉤ 심층시비의 실제적 방법으로 암모니아태질소를 논을 갈기 전에 논 전면에 미리 뿌리고 작토의 전층에 섞이도록 하는 것을 전층시비라 한다.
㉥ 질산태질소를 논에 주면 탈질현상과 용탈이 심해 비효가 암모니아태질소보다 떨어져 논에서는 질산태질소를 사용하지 않는다.

⑦ 유기태질소의 무기화
㉠ 건토효과
• 토양이 건조하면 토양유기물은 성질이 변하여 미생물이 분해하기 쉬운 상태가 된다. 여기에 가수하면 미생물의 활동이 촉진되어 다량의 암모니아가 생성되는데 이를 건토효과라 한다.
• 토양이 얼 때에도 건조와 같은 탈수효과로 담수 후 암모니아가 생성된다.
• 건토효과는 유기물 함량이 많을수록 건조가 충분할수록 효과가 크다.
• 건토효과로 생성되는 암모니아는 벼에 일시에 과다하게 흡수되지 않고 뿌리의 발육에 따라 서서히 이용되어 비효가 크다.

- 벼 재배기간 중 심한 가뭄으로 논에 균열이 졌다가 비가 와서 담수상태가 되면 건토효과가 나타난다.
  ⓒ 지온상승효과
  - 한여름 논토양의 지온이 높아지면 유기태질소의 무기화가 촉진되어 암모니아가 생성되는데 이를 지온상승효과라 한다.
  - 26℃ 보다 40℃ 일 때 암모니아생성량이 더 많다.
  - 지온상승에 의한 암모니아생성량 증가는 습토와 풍건토 사이에 큰 차이는 없다.
  ⓒ 알칼리효과
  - 토양에 알칼리나 산을 첨가하면 토양반응을 바꾼 다음에 담수하면 유기태질소의 무기화가 촉진된다. 이는 난분해성 유기물을 분해할 수 있는 미생물의 종이 활동하기 때문이다.

⑧ 질소의 고정
  ㉠ 논에는 질소의 천연공급량이 많을 뿐만 아니라 조류의 대기질소고정작용도 나타난다.
  ㉡ 표면산화층에 질소고정남조가 번식하면 햇볕을 받아 대기 중의 질소를 고정하여 질소를 공급한다.
  ㉢ 석회, 인산을 시용하면 남조의 번식이 왕성하여 질소고정량도 증대한다.

⑨ 인산의 유효화
  ㉠ 논토양이 담수 후 환원상태가 되면 밭상태에서 난용성인 인산알루미늄, 인산철 등이 유효화한다.
  ㉡ 논에는 어느 정도 인산의 천연공급량이 있어 논토양에서는 인산비료의 요구량이 적다.
  ㉢ 한랭지에서 저온으로 인하여 생육초기에 미생물의 활동이 부진하여 논의 환원상태가 발달하지 못하므로 인산시용의 효과가 크게 나타난다.

연습문제

다음은 밭토양의 산화상태에서의 원소 형태이다. 빈칸을 채우시오

탄소	질소	망간	철	황
CO_2	NO_3	Mn^{4+}, Mn^{3+}	㉠	㉡

해설
㉠ Fe^{3+}
㉡ SO_4^{2-}

연습문제

아래의 설명을 보고 빈칸을 채우시오
◎ ( ) : 토양이 건조하면 토양유기물은 성질이 변하여 미생물이 분해하기 쉬운 상태가 된다. 여기에 가수하면 미생물의 활동이 촉진되어 다량의 암모니아가 생성된다.

해설
건토효과

연습문제

다음은 논토양의 산화층에서 나타나는 질화작용의 과정이다. 빈칸을 채우시오

<보기>
$NH_4^+ \rightarrow NO_2^- \rightarrow ($ ）

해설
NO_3^-

⑩ 풍식과 대책
  ㉠ 풍식은 토양이 가볍거나 건조할 때 강한 바람에 의해 발생한다.
  ㉡ 풍식의 대책은 다음과 같다.
    • 방풍림 및 방풍울타리를 설치하여 풍속을 약하게 한다.
    • 피복작물을 재배하여 토사의 이동을 방지한다.
    • 관개를 하여 토양이 젖어 있게 해준다.
    • 이랑을 풍향과 직각으로 낸다.
    • 겨울이 건조하고 강한 바람이 자주 부는 지대는 작물을 수확할 때 높이베기를 하여 그루터기의 키를 높게 남겨 풍속을 약하게 한다.

(10) 토양오염

① 토양오염
  ㉠ 토양오염은 토양속에 오염물질이 함유되어 있는 경우를 말한다.
  ㉡ 토양오염의 원인으로 농약, 생활하수, 비료, 폐수, 폐기물 등이 있으며 오염원에는 가축사육장, 폐기물매립지, 공장 등이 있다.
  ㉢ 토양의 점오염원은 오염원이 배출되는 급원이나 위치를 정확하게 확인할 수 있는 경우를 말하며 배출된 오염원이 직접적으로 환경을 오염시킨다. 예를 들어 폐기물

매립지, 대단위 가축사육장, 건설지역, 송유관, 산업지역 등이 해당된다.
ㄹ. 토양의 비점오염원은 오염원의 배출급원이나 위치를 확인하기 불가능한 경우로 농약 및 화학비료, 산성비, 방사성물질 등이 있다.

② 토양오염 물질 및 특징

ㄱ. 토양오염에 영향을 주는 무기원소로 비소(As), 카드뮴(Cd), 코발트(Co), 크롬(Cr), 구리(Cu), 수은(Hg), 납(Pb), 망간(Mn) 등이 있다.

ㄴ. 토양오염의 원인이 되는 중금속은 pH가 낮을수록 용출이 되면서 토양에서의 양이 줄어들게 된다. 반대로 pH가 높은 토양은 중금속 흡착으로 중금속의 양이 많아지게 된다.

ㄷ. 비소는 직물이나 피혁공장의 폐기수에 함유되어 있어 토양을 오염시키기도 하는데 논이나 밭에 피해를 많이 주며 특히 논에 더 큰 피해를 준다. 논은 담수상태라 환원되면서 독성이 높아지게 된다.

ㄹ. 토양오염물질 중 질소, 인산, 칼륨 등의 화학비료에 의하여 하천이나 호수에서 부영양화를 일으킨다. 화학비료를 과다 사용할 경우 토양오염을 유발하게 된다.

ㅁ. 카드뮴은 이타이이타이병을 발생시키는데 등뼈, 손발, 관절이 아프고 뼈가 잘 부러지는 증상이 나타난다.

23 재배환경 - 수분

(1) 작물의 흡수
① 수분의 흡수를 담당하는 뿌리는 뿌리골무, 생장점, 신장부, 근모부로 분류되며 근모부에서 수분의 흡수가 가장 활발하게 이루어진다.
② 나무에서 수분의 이동통로는 목부부분이 담당하며 양분의 이동통로는 사부에서 이루어진다. 수종에 따라 침엽수의 경우 가도관이 대부분이며 도관이 없고 활엽수는 목부에 도관이 발달한 것이 특징이다.
③ 작물에서의 수분 흡수는 뿌리와 뿌리의 선단부의 뿌리털에 의해 토양의 수분을 흡수하며 뿌리가 자라나 토양, 수분과의 접촉면적을 확대하려는 것이 특징이다.
④ 수분 흡수 과정에서 세포에 작용되는 삼투압은 세포 내로 수분이 들어가는 압력을 의미하고 막압은 세포 외로 수분이 배출되는 압력을 의미한다.
⑤ 뿌리의 수분 흡수는 세포의 삼투압이 토양의 삼투압보다 높아 물이 흡수되는 것이다. 이러한 뿌리의 흡수력에 의한 것을 능동적 흡수라고 한다.
⑥ 작물의 흡수압은 평균적으로 약 5~14기압, pF 3.5 ~ 4.1 정도이다.

(2) 작물의 요수량
① 요수량의 정의는 건물 1g을 생산하는데 소요되는 수분량으로 요수량은 가뭄에 대한 저항성의 척도가 되기도 한다. 보통 요수량이 작은 식물은 건조에 대한 저항성이 강한 편이다.
② 작물의 요수량은 명아주, 호박, 앨펄퍼, 클로버, 완두, 아마, 오이 등이 큰 편에 속하고 감자, 호밀, 귀리, 메밀, 보리, 밀 등이 중간정도 수준이며 옥수수, 수수, 기장 등은 적은 편에 속한다. 그중에서도 명아수의 요수량이 가장 크다.
③ 요수량은 환경에 영향을 받으며 햇빛이 부족할 경우, 바람이 강할 경우, 습도가 낮을 경우, 토양이 척박할 경우 요수량이 커진다.

(3) 작물생육에 대한 수분의 기본역할
① 식물체 구성물질의 성분이 된다.
② 원형질의 생활상태를 유지한다.
③ 필요물질을 흡수할 때 용매가 된다.
④ 식물체 내의 물질분포를 고르게 하는 매개체가 된다.
⑤ 필요물질의 합성, 분해의 매개체가 된다.

⑥ 세포의 긴장상태를 유지하여 식물의 체제유지를 가능하게 한다.

> **연습문제**
>
> **작물의 요수량의 정의를 적으시오**
>
> **해설**
> 건물 1g 을 생산하는데 소요되는 수분량

> **연습문제**
>
> **작물에 있어 수분의 기본역할 3가지를 적으시오**
>
> **해설**
> · 식물체 구성물질의 성분이 된다.
> · 원형질의 생활상태를 유지한다.
> · 필요물질을 흡수할 때 용매가 된다.

24 재배환경 – 공기

(1) 대기의 조성과 작물생육

① 대기의 조성은 질소 78%, 산소 21%, 이산화탄소 0.03% 및 기타로 구성되어 있다.
② 식물의 경우 이러한 질소를 질소동화작용에 의해 암모늄염이온(NH_4^+), 질산이온(NO_3^-) 형태로 흡수하여 이용한다.
③ 살아있는 생물이 죽을 경우 미생물이나 세균에 의해 분해되어 암모늄이온, 질산이온으로 변화하여 흡수되며 토양미생물인 탈질균은 이러한 질산염을 가스의 형태로 대기로 돌아간다.
④ 이산화탄소 농도에 관여 요인
　㉠ 계절 : 식물의 잎이 무성한 공기층에 광합성이 왕성하여 이산화탄소 농도가 낮고 가을철에는 다시 높아진다.
　㉡ 지면과의 거리 : 지면으로부터 멀어짐에 따라 이산화탄소 농도는 낮아지는 경향이 있다.
　㉢ 식생 : 식생이 무성하면 뿌리의 호흡이 왕성하고 바람을 막아 지면에 가까운 공기층의 이산화탄소 농도를 높게 하나 지표에서 떨어진 공기층은 잎의 왕성한 광합성 때문에 이산화탄소 농도가 낮아진다.
　㉣ 바람 : 바람은 공기 중의 이산화탄소 농도의 불균형 상태를 완화한다.
　㉤ 미숙유기물 사용 : 미숙퇴비, 낙엽, 녹비를 시용하면 이산화탄소의 발생이 많아져 작물 주변 공기층의 이산화탄소 농도가 높아진다.
⑤ 대기 중 이산화탄소와 작물의 생리작용
　㉠ 호흡작용
　　• 대기 중 이산화탄소 농도가 높아지면 일반적으로 호흡속도는 감소한다.
　　• 이산화탄소 농도가 20% 이상 될 때 호흡속도의 변화는 조직에 따라 다르다. 정상적 상태에서 호흡이 낮은 기관인 감자의 덩이줄기나 튤립과 양파의 비늘줄기에서 오히려 호흡이 증가한다.
　㉡ 광합성
　　• 이산화탄소 농도가 높아지면 어느 한계까지 광합성의 속도가 증대한다.
　　• 광합성에 의한 유기물의 생성속도와 호흡에 의한 유기물의 소모속도가 같아지는 이산화탄소 농도를 이산화탄소 보상점이라 한다.
　　• 작물이 생장을 계속하기 위해 이산화탄소보상점 이상의 이산화탄소 농도가 필요

- 하다.
- 대체로 작물의 이산화탄소보상점은 대기 중 농도의 1/10 ~ 1/3(0.003 ~ 0.01%) 정도이다.
- 이산화탄소농도가 어느 한계까지 높아지면 그 이상 높아져도 광합성속도는 그 이상 증대하지 않는 상태에 도달하게 되는데 이 한계점의 이산화탄소 농도를 이산화탄소포화점이라 한다.
- 광합성 속도에서 이산화탄소 농도 뿐만 아니라 광의 강도도 관계한다. 광이 약할 경우 이산화탄소보상점이 높아지고 이산화탄소포화점은 낮아지며 반대로 광이 강할 때에는 이산화탄소보상점이 낮아지고 이산화탄소포화점은 높아진다.
- 광합성은 어느 한계까지는 온도, 광도, 이산화탄소 농도의 증대에 따라 증가하게 된다.
- C4 식물은 C3 식물보다 이산화탄소보상점이 낮아서 낮은 농도의 이산화탄소 조건에서도 적응할 수 있으며, 보통 이산화탄소포화점은 C4식물이 C3식물보다 높다.

ⓒ 이산화탄소의 영향
- 밀, 완두, 해바라기 등에서 이산화탄소의 농도 증대로 암중 발아를 촉진시킨다.
- 강낭콩, 옥수수, 귀리 등은 흡수과정에서 산소는 과도한 흡수작용을 일으켜 파괴작용을 하지만 이산화탄소는 과도한 수분흡수를 억제하여 오히려 보호작용을 한다.
- 이산화탄소는 셀레늄(Se)염 및 2,4-D 의 해를 줄여주고 옥수수의 저온저항성을 높여준다.
- 과실 및 채소 등을 이산화탄소 중에 저장하면 대사기능이 억제되어 품질이 비교적 양호하게 유지하고 장기간 저장이 가능하다.

ⓔ 이산화탄소 시비
- 시설재배에서 시설 내 이산화탄소 농도를 인위적으로 높여주는 것을 이산화탄소시비, 탄산시비, 탄산비료라고 한다.
- 이산화탄소시비는 보통 이산화탄소 농도를 0.15~0.3% 조절하며, 이산화탄소의 효과는 각종 환경요소의 변화, 작물의 종류, 품종, 재배형 등에 따라 달라진다.

> **연습문제**
>
> **다음은 대기조성의 비율이다. 빈칸을 채우시오**
> ◎ (㉠) 78%
> ◎ 산소 21%
> ◎ (㉡) 0.03%
>
> **해설**
> ㉠ 질소
> ㉡ 이산화탄소

> **연습문제**
>
> **다음은 이산화탄소 농도에 관여하는 요인에 대한 내용이다. 적합한 것을 고르시오**
> ◎ 식물의 잎이 무성한 공기층에 광합성이 왕성하여 이산화탄소 농도가 ㉠(낮고/높고) 가을철에는 다시 ㉡(낮아진다/높아진다)
> ◎ 지면으로부터 멀어짐에 따라 이산화탄소 농도는 ㉢(낮아진다/높아진다)
>
> **해설**
> ㉠ 낮고
> ㉡ 높아진다.
> ㉢ 낮아진다.

(2) 바람

① 바람은 보퍼트 풍력계급표에 의거하여 식물에 영향을 많이 주는 바람을 연풍이라 하며 연풍은 계급표에서 2~6급 정도의 약한 바람을 말한다. 연풍은 바람의 세기는 풍속 4~6km/h 정도로 작물에 이로운 영향을 준다.

② 가벼운 바람으로 인해 대기오염물질이 확산되어 피해를 줄여주며 바람에 의해 잎이 움직여 그늘에 가려지는 잎들까지 채광이 충분히 공급되어 광합성량을 높여준다.

③ 바람이 너무 강할 경우 기공이 닫히지만 연풍조건의 경우 기공이 열려 증산이 활발하게 이루어지며 이산화탄소 흡수량 역시 증가한다.

④ 연풍의 특징

㉠ 증산 및 양분흡수를 촉진
연풍으로 작물 주위 습기가 줄고 증산이 촉진되어 양분의 흡수를 좋게 한다.

㉡ 병해 경감

바람으로 규산의 흡수가 많아지고 작물군락 내의 과습상태가 경감되어 병해가 적어진다.
ⓒ 광합성 촉진
바람에 의해 작물의 잎이 흔들려 군락 내부의 잎이 골고루 햇볕을 받게 된다.
ⓔ 수정 및 결실 촉진
연풍으로 풍매화의 수정과 결실을 좋게 한다.
ⓜ 기타
- 바람으로 여름의 기온과 지온을 낮추어준다.
- 봄, 가을에 서리를 막아준다.
- 수확물의 건조를 촉진한다.
ⓗ 연풍의 단점
- 잡초의 씨나 병균을 전파한다.
- 건조할 경우 건조를 더욱 조장한다.
- 냉풍은 냉해를 유발한다.

연습문제

연풍의 정의를 적고 장점 2가지를 적으시오

해설
- 정의 : 바람의 세기는 풍속 4~6km/h 정도의 식물에 영향을 많이 주는 바람이다.
- 장점
  - 증산 및 양분흡수를 촉진한다.
  - 수정 및 결실 촉진한다.

(3) 대기오염

① 대기의 오염으로 인하여 식물의 생육을 방해하거나 심할 경우 고사를 유발하기도 한다. 이러한 피해현상을 이용하여 특정한 식물은 대기오염의 지표로 사용하기도 한다.
② 지표식물은 특정 병에 대한 감수성을 의미하며 병이 잘 발생한다는 것은 감수성이 높다는 것을 의미한다.
③ 대기오염 물질에 따른 지표식물

아황산가스	알팔파, 보리, 튤립
이산화질소	토마토, 상추
PAN	시금치, 상추, 샐러리
오존	무, 토마토, 담배, 콩
염소	알팔파, 무

④ 작물에 질소질 비료를 과다하게 공급하면 대기오염에 취약하게 되고 칼륨, 칼슘을 사용할 경우 오염물질에 대한 피해가 줄어든다.
⑤ 작물의 수분이 많을 경우 기공이 열리는 횟수 및 크기가 커지기 때문에 작물이 입는 피해가 커진다.
⑥ 대기오염 피해는 봄, 여름에 많이 발생하고 온도가 떨어지는 가을, 겨울에는 경감된다.
⑦ 식물의 광합성 및 동화작용이 활발한 낮에는 기공의 개폐가 활발하여 대기오염의 피해가 크게 나타나며 특히 낮 11시 ~ 2시 사이에 가장 크다.
⑧ 대기오염물질은 발생근원에 따라 점발생원에 의한 것과 확산형 오염물질로 분류한다.
⑨ 점발생원은 공장 굴뚝이나 소각장 등 고정되어 있는 비교적 작은 면적의 발생원을 말한다.
⑩ 확산형 오염물질은 대기 중 햇빛에 의한 산화환원반응의 결과 발생하고 대기 중 광범위한 면적에서 발생하기에 광화학적 산화제라고도 한다.

산화적 장해제	오존, PAN 등
환원적 장해제	아황산, 일산화탄소 등
산성 장해제	불화수소, 염소 등
염기성 장해제	암모늄이온 등
유기계 가스	에틸렌 등
고체입자	분진, 그을음

(4) 대기오염물질

① 아황산가스(SO_2)
  ㉠ 공장 등 인위적인 요소에 의해 발생되는 아황산가스는 독성이 매우 강한 편이다
  ㉡ 아황산가스의 피해는 대기 중 농도에 고농도의 경우 급성피해와, 저농도의 경우 만성피해로 분류 할 수 있다.

급성피해	엽록소 파괴의 가속, 세포의 붕괴 및 괴사 발생
만성피해	엽록소가 서서히 붕괴, 황화현상의 발생

  ㉢ 아황산가스의 저항성 영향인자

온도	0℃ 에 가까운 저온의 경우 저항성 증가(감수성 감소)
습도	습도가 높을 경우 저항성 감소(감수성 증가)
광도	광도가 낮을수록 저항성 증가(감수성 감소)
계절	봄에는 저항성 감소(감수성 증가)

  ㉣ 아황산가스는 화력발전소, 황산 제조공장, 중유를 원료로 사용하는 공장 및 자동차 등에서 배출된다.
  ㉤ 아황산가스 농도가 높을수록 피해시간은 짧아지는데 보통 3ppm 이면 10분, 0.01ppm 이면 1년 정도로 나타났다.
  ㉥ 아황산가스의 피해 대책으로 저항성 품종을 선택하며 칼리와 규산질 비료를 공급한다.
  ㉦ 저항성 품종의 경우 벼, 밀, 감자, 수박, 포도 등이 있다.

② 이산화질소(NO_2)
  ㉠ 차량 엔진 연소 및 공장 등의 인위적 요인에 의해 발생된다.
  ㉡ 산성비의 원인 물질이 되기도 하며 식물세포 파괴 및 갈변현상을 일으킨다.
  ㉢ 이산화질소는 식물의 조직괴사 및 낙과현상을 일으킨다.
  ㉣ 담배는 2ppm에서 8시간 정도면 피해가 발생한다.
  ㉤ 엽맥 사이 백색이나 황백색의 불규칙한 형상을 한 괴사 부위가 나타난다.

③ 질산과산화 아세틸(PAN)
  ㉠ PAN 은 햇빛이 있는 조건에서 피해가 나타난다.
  ㉡ 질소산화물과 탄화수소가 광화학반응에 의해 생성되는 2차 오염물질이다.
  ㉢ 식물의 세포막이나 소기관을 파괴하여 기능을 상실시키며 광합성을 저하시킨다.

② 담배, 피튜니아의 경우 10ppm에서 5시간 접촉시 피해증상이 나타나는데 잎의 뒷면에 백색 반점이 엽맥 사이에 나타난다.

④ 오존
  ㉠ 오존층은 대기권 중 성층권에 분포하는 오존의 밀도가 높은 층으로 태양에서 오는 자외선을 막아 지구 생태계를 보호해주는 역할을 하고 있다.
  ㉡ 오존층을 파괴하는 대표 물질로 프레온가스가 있으며 오존층 파괴에 의한 피해는 아래와 같다.
    • 식물 엽록소의 감소 및 광합성의 저하
    • 식물의 생장 감소
    • 고사 식물의 증가
    • 산림 파괴에 의한 온난화현상의 가속
  ㉢ 오존은 NO_2가 자외선 하에서 광산화되어 생성된다.
  ㉣ 0.15ppm의 농도에서 1시간이면 피해가 발생한다.
  ㉤ 어린잎보다는 자란 잎에서 피해가 더 크며 피해를 줄이기 위해 저항성 작물 및 품종을 선택한다.

⑤ 불화수소(HF)
  ㉠ 독성이 매우 강한편이며 미량으로도 식물에 피해를 주며 피해 현상은 아래와 같다.
    • 엽록소 및 세포의 파괴
    • 광합성의 억제
    • 엽소현상의 발생
    • 잎의 가장자리 백변
  ㉡ 불화수소의 경우 외부적 요인에도 영향을 받으며 습도가 높을 경우 그리고 기공이 열려 있는 밤에 피해가 심하다.
  ㉢ 알루미늄의 정연, 인산비료 제조, 요엽 등의 경우와 제출을 할 때 철광석에서 배출된다.
  ㉣ 10ppb 농도에서 10~20시간 정도면 식물이 피해를 받게 된다.
  ㉤ 피해를 줄이기 위해 소석회액에 요소, 황산아연, 황산망간 및 미량요소 등을 첨가하여 살포한다.

⑥ 염소계가스(Cl_2)
  ㉠ 염산 및 가성소다 제조공장, 펄프공장, 화학공장 등에서 발생한다.
  ㉡ 세포 내 유기물질들을 산화상태로 만들어 세포가 괴사하고 세포 내 엽록소가 파괴된다.
  ㉢ 저항성이 낮고 감수성이 높은 무, 앨펄퍼는 0.1ppm에서 1시간이면 피해가 나타나고 양파, 옥수수, 해바라기 등은 0.1ppm에서 2시간이면 피해를 받는다.
  ㉣ 회백색의 작은 반점이 잎 표면에 다수 나타나고 가스 접촉시 햇볕이 강하면 피해가 더 크게 나타난다.
  ㉤ 저항성 품종을 선택하거나 석회물질을 시용한다.

⑦ 연무
연무는 먼지, 증기, 연기, 과산화물, 알데히드, 유기산, 아황산가스, 질소화합물 등이 관여하여 생성된 것을 말한다.

⑧ 산성비
  ㉠ 산성비는 대기 중 SO_2, NO_2, HF, HCl가스 등에 의해 pH가 5.5 이하의 강우를 말한다.
  ㉡ 산성비로 인해 식물체의 엽록소가 파괴되고 양분이 일탈하며 개화 및 결실 장해가 발생한다. 또한 광합성 저하나 식물의 저항성 감소 현상도 나타난다.
  ㉢ 침엽수보다는 활엽수에서 많이 나타난다.

연습문제

다음은 대기오염에 관련된 내용이다. 빈칸을 채우시오

◎ (㉠) : 대기 중 SO_2, NO_2, HF, HCl가스 등에 의해 pH가 5.5 이하의 강우를 말한다.
◎ (㉡) : NO_2가 자외선 하에서 광산화되어 생성된다

해설
㉠ 산성비
㉡ 오존

(5) 대기오염 피해발생 양상

① 일반적으로 봄부터 여름까지 많이 나타난다.
② 밤보다는 동화작용이 왕성한 낮에 피해가 심하다. 아황산가스 피해는 오전 11시, 불화수소 피해는 오후 2시에 가장 심하다.
③ 대기 및 토양 습도가 높을 때 피해가 늘어난다. 그러나 아주 높은 습도에서는 오히려 피해가 줄어든다.
④ 바람이 없고 상대습도가 높은 날에 기온역전층이 잘 만들어지기 때문에 피해가 크다.
⑤ 강한 강우나 우박 등, 식물체가 상처를 입었을 때 오염물질에 접촉되면 피해가 커진다.
⑥ 바람의 방향에 따라 다르며 오염물질의 발생원에서 바람 부는 쪽으로 피해가 가장 심하게 나타난다.

25 재배환경 – 온도

(1) 주요온도

① 작물의 생육 가능한 온도의 범위를 유효온도라 하며 그중에서 작물의 생육이 가장 왕성한 온도를 최적온도라 한다. 작물 중에서 최적온도가 가장 높은 종류는 멜론, 오이, 옥수수, 벼 등이 대표적이다.

② 적산온도는 작물이 생존하는 기간동안 소요되는 총온량으로 작물의 발아로부터 성숙하는데 까지의 0°C 이상의 일평균기온을 합산한 것을 말한다. 작물별로 적산온도의 경우 감자는 1300~3000°C, 추파맥류는 1700~2300°C, 완두는 2100~2800°C, 콩은 2500~3000°C, 담배는 3200~3600°C 벼는 3500~4500°C 정도이다.

③ 온도계수는 온도가 10°C 상승할 경우 작물의 생리작용, 이화학적 반응 등이 높아지는 정도를 나타내는 것으로 Q_{10} 이라고 표시하기도 한다. 작물의 경우 일반적으로 2~4 정도의 온도계수를 가진다.

④ 적산온도를 산출하기 위한 공식은 아래와 같다.
유효적산온도 = (일평균온도 - 생육최저온도) × 경과일수

⑤ 온도의 변화에 의해 작물의 생육에도 아래와 같은 영향을 미치게 된다.
- 동화물질의 축적이 증가한다.
- 발아 및 결실이 조장된다.
- 덩이뿌리, 줄기가 발달한다.
- 출수 및 개화가 촉진된다.

⑥ 변온이 효과적인 작물로 호박, 참외, 토마토, 가지 등이 있다.

연습문제

유효온도의 정의를 적으시오

작물의 생육 가능한 온도의 범위를 말한다.

연습문제

온도계수에서 Q_{10} 표기가 의미하는 것을 설명하시오

온도가 10°C 상승할 경우 작물의 생리작용, 이화학적 반응 등이 높아지는 정도를 의미한다.

(2) 온도와 작물 생리작용

① 광합성
- 이산화탄소 농도, 광의 강도, 수분 등이 제한요소로 작용하지 않는 한 30~35℃에 이르기까지 광합성의 Q_{10}은 2 내외이고, 광합성의 Q_{10}은 고온보다 저온에서 크다.
- 광합성속도는 온도상승에 따라 증가하나, 적온보다 높으면 광합성은 둔화되는 반면 호흡은 급격히 증가한다.
- 외견상광합성은 진정광합성보다 온도상승에 따른 속도증가가 고온까지 계속되기 힘들며, 외견상광합성은 적온 이상에서 급격히 감소하고, 온도상승에 따라 생장속도는 적온까지 증가한다.

② 호흡
- 호흡작용의 Q_{10}은 일반적으로 30℃정도까지 2~3이고, 32~35℃에 이르면 감소하기 시작하여 50℃ 부근에서 호흡이 정지한다.
- 적온을 넘어 고온이 되면 체내의 효소계가 파괴되어 호흡속도가 오히려 감소한다.

③ 동화물질 전류
- 동화물질이 잎에서 생장점 또는 곡실로 전류되는 속도는 적온까지는 온도가 높을수록 빠르고, 그보다 저온이나 고온이면 그 차이만큼 느려진다.
- 저온에서 뿌리의 당류농도가 높아지기 때문에 잎으로부터 전류가 억제되고 고온에서 호흡작용이 왕성해져 뿌리나 잎에서 당류가 급격히 소모되므로 전류물질이 줄어든다.
- 동화물질이 곡립으로 전류하는 양은 조생종에서 많고 만생종에서 적다.

④ 수분 및 양분의 흡수 이행
- 온도상승에 따라 세포의 투과성과 호흡에너지의 방출, 증산작용이 증대하고 수분의 점성도 감소하여 수분흡수가 증대한다.
- 온도의 상승과 함께 양분의 흡수와 이동도 증가하지만 적온 이상으로 온도가 상승하게 되면 호흡작용에 필요한 산소의 공급량이 줄어들어 탄수화물의 소모가 많아짐에 따라 오히려 양분의 흡수가 감퇴한다.

⑤ 증산
- 온도가 상승하면 수분의 흡수와 이동이 증대되고 엽내 수증기압이 상대적으로 증가하며 공기 중 포화부족량도 증가하게 되므로 온도가 과도하게 높아져서 식물체에 이상이 생기지 않는 한 증산량도 증가한다.

(3) 유효적산온도

① 작물생육에서 저온의 한계, 즉 생육은 멈추지만 죽지않는 온도를 그 작물의 기본온도라 한다.
② 고온의 한계, 즉 어떤 온도 이상으로 올라가도 생육효과가 나타나지 않는 온도를 유효고온한계온도라 한다. 그 범위 내의 온도를 작물생육의 유효온도라고 한다.
③ 유효온도를 작물의 발아 이후 일정한 생육단계까지 적산한 것을 유효적산온도라고 한다.
④ 작물의 생육이 가능한 가장 낮은 온도를 최저온도, 작물의 생육이 가능한 가장 높은 온도를 최고 온도라 한다.

연습문제

다음은 온도와 작물의 생리작용에 대한 내용이다. 적합한 것을 고르시오
◎ 동화물질이 잎에서 생장점으로 전류되는 속도는 적온까지는 온도가 높을수록 ㉠(빠르다/느리다)
◎ 적온을 넘어 고온이 되면 체내의 호흡속도가 ㉡(감소한다/증가한다)

해설
㉠ 빠르다.
㉡ 감소한다.

연습문제

유효적산온도의 정의를 적으시오

해설
유효온도를 작물의 발아 이후 일정한 생육단계까지 적산한 것

26 재배환경 – 광

(1) 광과 작물의 생리작용

① 햇빛에 의해 발생되는 광의 경우 파장에 의해 적외선, 가시광선, 자외선으로 분류하며 작물에는 가시광선이 가장 큰 영향을 주며 파장의 범위는 아래와 같다.

자외선	400nm 이하
가시광선	400~700 nm
적외선	700nm 이상

② 식물이 빛에너지를 이용하여 엽록체에서 CO_2와 물로부터 유기물을 합성하는 동화작용으로 반응식은 아래와 같다.

$$6CO_2 + 12H_2O \rightarrow C_6H_{12}O_6(포도당) + 6H_2O + 6O_2$$

③ 식물은 광합성을 하는 동안 유기물의 합성과 호흡이 동시에 일어난다.
④ 엽록소의 형성에 가장 효과적인 광파장은 청색파장(450nm), 적색파장(650nm) 이며 광을 잘 받게 되면 작물의 착색이 좋아지게 된다. 반대로 광을 잘 못받게 될 경우 엽록소 형성이 잘 되지 않아 담황색 색소가 형성되어 황백화 현상이 발생한다.
⑤ 일반적으로 광의 강도가 약하면 작물의 생장이 느려지고 수확량도 감소한다.

연습문제

다음은 식물의 동화작용에 대한 반응식이다. 빈칸에 적합한 분자식을 적으시오

< 보기 >
$6CO_2 + 12H_2O \rightarrow ($ $) + 6H_2O + 6O_2$

해설:
$C_6H_{12}O_6$

(2) 보상점과 광포화점

① 보상점은 광도 곡선 상에서 광합성 속도가 호흡 속도와 같아지는 지점에서의 빛의 세기를 말한다.
② 광포화점은 광도가 높아짐에 따라 광합성이 증가하다가 어느 한계점에 이후 더 이상 광합성이 증대되지 않는 점을 말한다. 결국 광포화점에서는 광합성량이 최대가 되는 시점을 말한다.

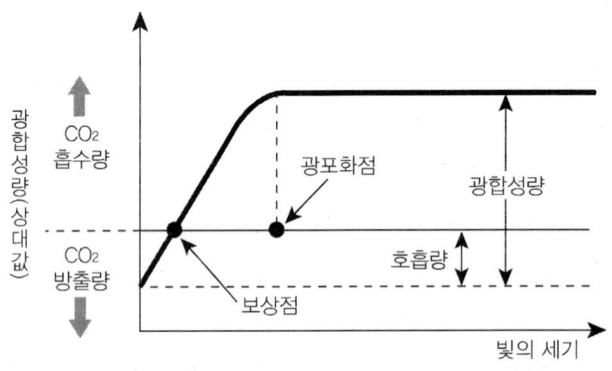

③ 식물은 보상점 이상의 광을 받아야 지속적인 생육이 가능하다. 보상점이 낮은 식물은 그늘에 견딜 수 있어 내음성이 강하다 보상점이 낮아 그늘에 적응하고 광을 강하게 받으면 도리어 해를 받는 식물을 음생식물(음지식물)이라 한다.
④ 보상점이 높아 그늘에 적응하지 못하고 햇볕 쪼이는 곳에서 잘 자라는 식물을 양생식물(양지식물)이라 한다.
⑤ 교목, 관목, 초본식물 등 음생식물처럼 그늘에서 잎이 전개되는 것을 음엽이라 하고 이와는 반대로 햇볕에서 잎이 전개되는 것을 양엽이라 한다.
⑥ 쌍떡잎식물의 양엽은 잎이 좁고 두꺼우며, 음엽은 잎이 얇고 넓은 편이다.
⑦ 호흡을 무시하고 본 절대적인 광합성을 진정광합성이라 하며, 호흡으로 소모된 유기물을 빼고 외견상으로 나타난 광합성을 외견상광합성이라 한다.

> **연습문제**
>
> **식물의 보상점과 광포화점의 정의를 적으시오**
>
> **해설**
> · 보상점은 광도 곡선 상에서 광합성 속도가 호흡 속도와 같아지는 지점에서의 빛의 세기를 말한다.
> · 광포화점은 광도가 높아짐에 따라 광합성이 증가하다가 어느 한계점에 이후 더 이상 광합성이 증대되지 않는 점을 말한다.

(3) 군락과 수광

① 포장동화능력은 포장군락의 단위면적당 광합성의 능력을 말하며 아래와 같이 산출한다.

포장동화능력 = 총엽면적×수광능률×평균동화능력

② 최적엽면적은 건물생산이 최대로 되는 단위 면적당의 군락엽면적이며 군락의 엽면적을 토지면적에 대한 배수치로 표현한 것을 엽면적지수라 한다. 최적엽면적지수는 작물의 종류에 따라 상이하고 일사량이 클수록, 균형시비 할수록 증가한다.

③ 이러한 군락의 수광을 이용하기 위한 작물의 위치, 방향 등의 자세가 중요하며 이것을 수광태세라 한다. 수광태세를 좋게 하기 위해서는 각 작물에 따른 이상적인 태세가 있는데 벼의 경우 규산과 칼륨을 충분히 공급해주고 무효분얼기에는 질소를 적게 시비한다. 벼나 콩의 경우 밀식을 할 때는 심는 줄간격을 넓히고 포기 사이는 좁혀주는 방법을 이용하면 개선이 가능하다.

④ 특정한 몇 개의 잎이나 한 개체가 고립되어 있는 경우와 같이 실험대상이 되는 각각의 잎이 직사광을 받는 경우를 고립상태라 한다.

⑤ 포장에서 작물이 밀생하고 크게 자라며 잎이 서로 포개져서 많은 수의 잎이 직사광을 받지 못하고 그늘에 있는 상태를 군락상태라 한다.

⑥ 군락의 수광태세

㉠ 벼의 초형
- 잎이 과히 얇지 않고 약간 좁으며 상위엽이 직립한다.
- 키가 너무 크거나 작지 않다.
- 분얼이 조금 개산형인 것이 좋다.
- 각 잎이 공간적으로 되도록 균일하게 분포한다.

㉡ 옥수수 초형
- 상위엽이 직립하고 아래로 갈수록 약간 기울어 하위엽은 수평이 된다.
- 수이삭이 작고 잎혀가 없다.
- 암이삭은 1개인 것보다 2개인 것이 더욱 밀식에 적응한다.

㉢ 콩의 초형
- 키가 크고, 도복이 안되며 가지를 적게치고 가지가 짧다.
- 꼬투리가 원줄기에 많이 달리고 밑에까지 착생한다.
- 잎자루가 짧고 일어선다.
- 잎이 작고 가늘다.

⑦ 재배법에 의한 수광태세 개선
  ㉠ 벼에서 규산, 칼리를 충분히 주면 잎이 꼿꼿이 선다. 무효분얼기에 질소를 적게 주면 상위엽이 꼿꼿이 선다. 질소를 과하게 주면 과번무하고 잎이 늘어진다.
  ㉡ 벼나 콩에서 밀식시 줄사이를 넓히고 포기사이를 좁히는 것이 파상군락을 형성하게 하여 군락 하부로의 광투사를 좋게 한다.
  ㉢ 맥류에 광파재배보다 드릴파재배를 하는 것이 잎이 조기에 포장 전면을 덮어 수광상태가 좋아지고 포장의 지면증발량도 적어진다.
  ㉣ 비배관리 및 재식밀도 관리를 적절히 한다.

> **연습문제**
>
> 포장동화능력의 정의를 적고 포장동화능력의 산출공식에 빈칸을 채우시오
>
> < 보기 >
>
> 포장동화능력 = 총엽면적 × (㉠) × 평균동화능력
>
> **해설**
> · 정의 : 포장군락의 단위면적당 광합성의 능력
> · (㉠) : 수광능률

(4) 호흡작용

① 벼, 담배 등의 C3 식물에서는 광합성 과정에서 호흡이 일어나는 광호흡이 있으나, 옥수수 등의 C4 식물에서는 이 호흡과정이 거의 없다.
② 광호흡은 광합성 과정에서만 CO_2를 방출하는 현상으로 세포 내의 엽록소, 미토콘드리아, 페록시좀 등의 협동작용으로 이루어지며 광합성률을 떨어뜨리는 원인으로 본다.
③ C4 식물과 CAM(crassulacean acid metabolism)식물은 광호흡이 거의 없다.
④ C3 식물은 광합성 과정에 들어온 전체 이산화탄소의 30~50%를 광호흡으로 재방출하기에 CO_2 고정이 낮아 광합성률이 C4 식물의 1/1.5 ~ 1/2 정도이다.
⑤ 강광이고 고온이며 이산화탄소 농도가 낮고 산소농도가 높을 경우 광호흡이 높다.
⑥ 아래 표는 C3, C4, CAM 식물의 광합성 특성 및 생리적, 생태적, 형태적 특성을 비교한 것이다.

특성	C3식물	C4식물	CAM식물
CO_2 고정계	칼빈회로	C4회로+칼빈회로	C4회로+칼빈회로
최대광합성능력 ($mgCO_2/cm^2$/시간)	15~40	35~80	1~4
CO_2보상점(ppm)	30~70	0~10	0~5(암중)
21% O_2에 의한 광합성 억제	있음	없음	있음
광호흡	있음	유관속초세포에만 있음	정오 후 측정 불가
광포화점	최대일사의 1/4~1/2	최대일사 이상으로 강광조건에서 높은 광합성률을 보임	부정
내건성	약	강	극강
광합성산물 전류속도	소	대	-
최대건물생장률 (g/m^2/일)	19.5±1.9	30.3±13.8	-
건물생장량 (ton/ha/년)	22±3.3	38±16.9	낮고 변화가 심함
증산율(g H_2O/g 건물량증가)	450~950	250~350	18~125

⑦ 잎조직 구조의 특징

　㉠ C3 식물 : 엽육세포로 분화하거나 내용이 같은 엽록유세포에 엽록체가 많이 포함되어 광합성이 이곳에서 이루어지며 유관속초세포는 발달하지 않고 발달하여도 엽록체를 거의 포함하지 않는다.

　㉡ C4 식물 : 유관속초세포가 매우 발달하여 다량의 엽록체를 포함하고, 유관속초세포의 주변에 엽육세포가 방사상으로 배열되어 크랜즈(Kranz)구조를 보인다.

　㉢ CAM 식물 : 엽육세포는 해면상이고 균일하게 발달하여 엽록체도 균일하게 분포한다. 유관속초세포는 발달하지 않으며 두꺼운 잎조직의 안쪽에는 저수조직을 가지고 있다.

> **연습문제**
>
> 다음 표는 C3, C4 식물의 특성을 비교한 표이다. 적합한 것을 고르시오
>
> | 특성 | C3식물 | C4식물 |
> |---|---|---|
> | 21% O_2에 의한 광합성 억제 | ㉠ (있음/없음) | ㉡ (있음/없음) |
> | 내건성 | ㉢ (강/약) | ㉣ (강/약) |
>
> **해설**
> ㉠ 있음
> ㉡ 없음
> ㉢ 약
> ㉣ 강

(5) 굴광현상

① 식물의 한쪽에 광을 조사하면 조사된 쪽에 옥신 농도가 낮아지고 반대쪽의 옥신농도가 높아진다.
② 줄기나 초엽에서 광이 조사된 옥신의 농도가 낮은 쪽의 생장속도가 반대쪽보다 낮아져서 광을 향하여 구부러지는 향광성(굴광성)을 나타내지만 뿌리에서는 그 반대로 배광성(굴지성)을 나타낸다.
③ 식물이 광조사의 방향에 반응하여 굴곡반응을 나타내는 것을 굴광현상이라 한다.
④ 굴광현상은 400~500nm, 특히 440~480nm 청색광이 가장 유효하다.

> **연습문제**
>
> 다음 내용을 보고 빈칸을 채우고 적합한 것을 선택하시오
>
> (㉠)은 식물이 광조사의 방향에 반응하여 굴곡반응을 나타내는 것으로 ㉡(자색광/청색광)에 가장 유효하게 반응한다.
>
> **해설**
> ㉠ 굴광현상
> ㉡ 청색광

(6) 착색

① 광이 없을 경우 엽록소의 형성이 저해되고 에티올린(etiolin)이란 담황색 색소가 형성되어 황백화현상이 나타난다.
② 엽록소의 형성은 450nm를 중심으로 한 430~470nm 의 청색광역과 650nm를 중심으로 한 620~670nm 의 적색광역이 가장 효과적이다.
③ 사과, 포도, 딸기 등의 착색에 관여하는 안토시안(anthocyan)의 생성은 비교적 저온에서 촉진되고 또 자외선이나 자색광 파장이 안토시안의 생성을 촉진하며 볕이 좋을 경우 착색이 좋아진다.

27 상적발육

(1) 상적발육의 개념

① 상적발육은 식물이 발아하여 성숙하는데까지의 단계적 과정을 상적 발육이라 한다.
② 생장은 시간이 지남에 따라 식물의 크기가 증가하는 것으로 영양생장이라고도 한다.
③ 발육은 식물이 시간에 따라 점점 성숙되는 것을 말하며 생식생장이라고도 한다.
④ 종자의 발아에서 줄기가 커지고 잎이 증가하는 과정을 거쳐 꽃눈이 형성될 때까지를 생장 혹은 영양생장이라 하며 꽃눈이 형성되는 시점에서 개화, 결실의 단계를 발육 혹은 생식생장이라 한다.
⑤ 식물의 다양한 유전자 발현, 생리작용에 영향을 주는 색소로 피토크롬(파이토크롬)이 있다.

> **연습문제**
>
> 상적발육의 정의를 적으시오
>
> **해설**
> 식물이 발아하여 성숙하는데까지의 단계적 과정

(2) 버널리제이션

① 춘화처리라고도 하는 버널리제이션은 식물에 인위적인 저온 처리를 통해 화성을 유도하는 것을 의미한다. 일정 저온조건에서 식물의 감온상을 경과하도록 하는 것이라 할 수 있다.
② 버널리제이션의 영향 인자.

온도	겨울작물은 저온조건, 여름작물은 고온 조건이 효과적이다.
산소	처리도중 산소가 부족할 경우 효과가 감소한다.
종자	처리도중 종자가 건조할 경우 효과가 줄어든다.

③ 버널리제이션은 맥류의 추파성을 소거하는 방법으로도 적합하다. 저온처리를 하면 추파성을 춘파성으로 변화시킬 수 있다.
④ 춘화처리시 저온의 조건은 0~10℃, 고온 처리조건은 10~30℃ 정도를 기준으로 한다.
⑤ 춘화처리 효과로 화성 유도 외에도 채종상 이용, 육종상 이용, 재배법의 개선 등이 있다.
⑥ 맥류, 채소류, 튤립, 히아신스 등의 작물을 인공교배하기 위해 개화기를 조절하는데

저온의 춘화처리를 이용한다.
⑦ 춘화처리에 감응하는 식물의 부위는 생장점이다.

> **연습문제**
>
> **춘화처리의 정의를 적으시오.**
>
> 해설:
> 식물에 인위적인 저온 처리를 통해 화성을 유도하는 처리를 말한다.

> **연습문제**
>
> **다음은 춘화처리에 대한 내용이다. 옳은 것을 모두 고르시오**
> ㉠ 춘화처리를 하면 춘파성을 추파성으로 변화시킬 수 있다.
> ㉡ 춘화처리에 감응하는 식물의 부위는 잎이다.
> ㉢ 처리 도중 산소가 부족할 경우 효과가 감소한다.
> ㉣ 처리도중 종자가 건조할 경우 효과가 줄어든다.
>
> 해설:
> ㉢, ㉣

(3) 일장효과

① 식물이 일장에 의해 생육, 개화 등에 영향을 받는 현상을 일장효과, 광주반응(광주율)이라고 한다.

장일식물	• 낮이 길게 되어 화아가 유발되는 식물로 14시간 이상의 일장 조건 • 보리, 시금치, 양파, 양배추, 아마, 감자 등
단일식물	• 낮이 밤 길이보다 짧은 조건에서 화아가 유발되어 식물로 12시간 이하의 일장 조건 • 콩, 옥수수, 벼, 딸기, 국화, 코스모스, 들깨, 샐비어, 담배 등
중성식물	• 일장에 관계 없이 화아하는 식물(=중일식물) • 토마토, 고추, 오이, 호박, 당근 등
정일식물 (정일성식물)	• 단일, 장일에서 개화하지 않고 특정한 일장에서만 개화하는 식물(=중간식물) • 사탕수수
장단일식물	처음에 장일이고 뒤에 단일이 되면 화성이 유도되나 계속 일정한 일장에만 두면 장일이나 단일에 개화하지 못한다.
단장일식물	처음에 단일, 뒤에 장일이면 화성이 유도된다.

② 일장효과를 이용하여 특정 작물의 개화를 촉진하거나 억제할 수 있다. 이를 이용하면 작물의 개화시기를 조절하여 원하는 시기에 재배가 가능하다.
③ 식물의 일장형은 화아분화 전, 후가 다를 수 있어 다음과 같이 구분되며 장일성은 L, 단일성은 S, 중일성은 I 로 표기된다.

명칭	분화전	분화후	작물
LL식물	장일성	장일성	시금치
LI식물	장일성	중일성	사탕무
LS식물	장일성	단일성	볼토니아
IL식물	중일성	장일성	밀(적피적)
II식물	중일성	중일성	고추, 벼(조생종), 메밀, 토마토
IS식물	중일성	단일성	소빈국
SL식물	단일성	장일성	딸기, 시네라리아
SI식물	단일성	중일성	벼(만생종), 도꼬마리
SS식물	단일성	단일성	코스모스, 나팔꽃

연습문제

장일식물, 단일식물의 정의를 적으시오

해설:
- 장일식물은 낮이 길게 되어 화아가 유발되는 식물이다.
- 단일식물은 낮이 밤 길이보다 짧은 조건에서 화아가 유발되어 식물이다.

연습문제

식물의 일장형이 분화전은 장일성, 분화후 장일성인 작물을 아래 보기에서 고르시오

< 보기 >
시금치 / 벼 / 코스모스 / 나팔꽃

해설:
시금치

④ 일장효과에 관련된 용어는 다음과 같다.
　㉠ 식물의 화성을 유도할 수 있는 일장을 유도일장이라 하고, 화성을 유도할 수 없는 일장을 비유도일장이라 한다.

ⓛ 유도일장과 비유도일장의 경계가 되는 일장, 즉 화성유도의 한계가 되는 일장을 한계일장이라 한다.
ⓒ 화성을 가장 일찍 유도하는 일장을 최적일장이라 한다.
ⓔ 온도처리나 일장처리의 후작용으로 화성이 유도되는 현상을 온도유도 혹은 일장유도라 한다.
ⓜ 화성유도에 필요한 온도나 일장의 처리기간을 유도기간이라 한다.
ⓗ 일장의 온도와 결합되어 화성을 유도하는 것을 일장온도유도라 한다.
ⓢ 일정한 일장이나 위도에 대한 식물의 적응성을 일장적응이라 한다.

(4) 품종의 기상생태형

① 기상생태형은 생육온도 및 일장에 대한 출수, 개화반응을 기초로 작물의 품종군을 구분한 것을 말한다. 기상생태형은 감온형(blT형), 감광형(bLt형), 기본영양생장형(Blt형), blt형 으로 구분된다.

감온형	• 기본영양생장성과 감광성이 작고 감온성이 커서 생육기간이 주로 감온성에 지배된다. • 생육적온에 도달하기 전까지는 생육온도가 높을수록 출수개화가 촉진되는 성질을 감온성이라 한다. • 감온형 작물로 조생종, 올콩, 봄조, 여름메밀 등이 있다.
감광형	• 기본영양생장성과 감온성이 작고 감광성이 커서 생육기간이 주로 감광성에 지배된다. • 일장에서 단일에 의해 출수개화가 촉진되는 성질을 감광성이라 한다. • 감광형 작물로 만생종, 그루콩, 그루조, 가을메밀 등이 있다.
기본영양 생장형	• 감온성과 감광성이 모두 작고 기본영양생장이 커서 생육기간이 주로 기본영양생장성에 지배된다. • 출수 개화에 알맞은 조건이라도 일정 기간 기본영양생장 후 출수, 개화를 하는 성질을 기본영양생장성이라 한다.
blt 형	• 기상생태형을 구성하는 세가지 성질이 모두 작고 어느 환경에서나 생육기간이 짧다.

② 기상생태형의 지리적 분류
  ⓘ 고위도 지방은 blt 형이나 감온형 주로 분포한다.
  ⓒ 중위도 지방은 기본영양생장형이나 감광형이 주로 분포한다.
  ⓔ 저위도 지방은 기본영양생장형이 분포한다.

③ 국내 작물의 기상생태형과 재배형
  ⓘ 봄, 초여름의 고온에 일찍 감응하여 출수개화가 빨라지는 감온형과 여름초, 가을의

단일에 늦게 감응하여 출수개화가 늦어지는 감광형이 국내 여러 작물의 기본적 기상생태형이다.
ⓒ 북부지방으로 갈수록 감온형, 남부지방으로 갈수록 감광형이 기본품종이 되며 중간지대인 중북부지방에는 중간적 성질을 띠는 중간형이 있다.
ⓒ 감온형은 조기파종하여 조기수확하며 감광형은 수확기가 늦고 늦게 파종해도 되므로 윤작 등 작부체계상 파종기가 늦은 것이 보통이다.

연습문제

다음은 작물의 기상생태형에 대한 내용이다. 빈칸을 채우시오

◎ 생육적온에 도달하기 전까지는 생육온도가 높을수록 출수개화가 촉진되는 성질을 (㉠)이라 한다.
◎ 일장에서 단일에 의해 출수개화가 촉진되는 성질을 (㉡)이라 한다.

해설
㉠ 감온성
㉡ 감광성

28 작부체계

(1) 작부체계의 정의와 중요성
① 작부체계는 일정 포장에 있어 순차적인 작물종류의 변천이나 일정 포장에 있어 동시적인 작물 종류의 조합을 말한다. 이는 포장의 효율적 이용을 도모하고 노동력 배분 및 합리적인 경영을 위해 작물 재배의 종류, 순서, 조합, 배열의 방식을 의미한다.
② 작부체계의 방식에는 동일 포장에 같은 종류의 작물을 반복적으로 재배하는 연작이 있으며 작물의 종류를 변화시켜 재배하는 윤작, 2개 이상의 작물을 함께 심는 혼작이 있다.

(2) 작부체계의 변천 및 발달
① 주곡식 대전법은 인구증가로 인해 경지의 제한을 받게 되면서 점차 정착농경으로 전환되어 경지를 영속적으로 재배하게 되었고 특지 경지의 대부분을 곡식작물로 재배하게 되었다.
② 휴한 농법은 곡식작물을 연작으로 하면 지력이 감퇴되어 지력 회복을 위해 쉬었다가 작물을 재배하는 방법이다.
③ 순 3포식 농법은 경지의 2/3 에 춘파 및 추파곡물을 재배하고 나머지 1/3에는 휴한하는 것을 순서대로 돌려 가면서 재배하는 방법이다.
④ 개량 3포식 농법은 1/3 의 휴한 지역을 토지 이용상 불리하다고 판단될 경우 휴한 대신 클로버나 콩과 작물을 재배하여 질소고정을 통해 지력의 증진을 유도하는 방식이다.

> **연습문제**
>
> **개량3포식 농법에 대해 설명하시오**
>
> **해설:**
> 1/3 의 휴한 지역을 토지 이용상 불리하다고 판단될 경우 휴한 대신 클로버나 콩과 작물을 재배하여 질소고정을 통해 지력의 증진을 유도하는 농법

(3) 연작과 기지

① 연작은 동일 포장에 동일 작물을 매년 지속적으로 재배하는 방식을 말한다. 연작을 할 경우 작물이 선호하는 양분의 선택적 이용으로 토양에 특정 양분이 부족하게 되어 작물이 제대로 자라지 못하게 되는데 이때 발생되는 피해를 기지라고 한다.

연작 피해가 적은 작물	벼, 맥류, 조, 수수, 옥수수, 담배, 무, 당근, 양파, 호박, 순무, 아스파라거스, 딸기, 미나리, 양배추
1년 휴작이 요구되는 작물	쪽파, 콩, 파, 생강, 시금치
2년 휴작이 요구되는 작물	마, 오이, 땅콩, 잠두, 감자
3년 휴작이 요구되는 작물	토란, 참외, 강낭콩
5~7년 휴작이 요구되는 작물	수박, 토마토, 사탕무, 완두, 가지, 우엉, 고추
10년 이상 휴작이 요구되는 작물	아마, 인삼

② 연작에 의한 기지 발생시 작물이 선호하는 특정 양분의 소모로 다음 작물이 요구하는 양분을 충분히 공급할 수가 없다. 또한 토양 전염병, 토양 선충, 유독물질의 축적, 토양의 입단구조의 파괴 등 다양한 피해가 발생한다.
③ 기지 피해를 줄이기 위해 윤작이 가장 효과적이며 토양을 소독하거나 유해물질을 제거, 시비 작업 등의 작업이 필요하다.
④ 대표적으로 벼의 연작은 지속적인 관개수 유지에 의한 양분의 공급과 생장저해물질의 축적이 없기에 연작이 가능하다.

(4) 윤작

① 윤작은 한 농경지에 동일 작물을 재배하는 연작과는 반대로 다른 종류의 작물을 순차적으로 재배하는 방식이다. 윤작은 토양의 양분 유지와 병해충의 전염 방지에도 도움이 된다. 이러한 윤작에는 삼포식, 개량삼포식, 노포크식이 있다.
② 삼포식은 포장을 3등분하여 하나는 여름작물, 다른 하나는 겨울작물, 마지막 하나는 휴한을 하여 매년 돌려짓기를 실시하며 결국 3년에 한 번의 휴한을 하게 된다.
③ 개량삼포식은 지력유지에 매우 효과적인 방법으로 휴한하는 대신 지력증진작물을 함께 재배하는 방법으로 삼포식보다 더 개량된 방법이다.
④ 노포크식은 화본과의 식용작물과 두과인 클로버, 근채류인 순무를 순차적으로 윤작하는 방법으로 <순무-보리-클로버-밀>, <밀-콩-보리-순무> 로 4년주기의 윤작방식이다.
⑤ 윤작의 효과로 지력 유지, 토양보호, 병충해 경감, 노동의 합리적 분배, 경영의 안정화 등이 있다.

(5) 답전윤환

① 답전윤환은 논상태와 밭상태로 몇 해씩 돌려가면서 벼와 작물을 재배하는 방식을 말한다. 답전윤환은 최소 2~3년 정도의 기간을 많이 채택하고 있다.
② 답전윤환 효과로 지력 유지 및 증진, 기지의 회피, 잡초 발생의 억제, 재배량 증가, 노력절감이 있다.
③ 논에서의 답전윤환을 하게 될 경우 토양의 통기성과 투수성이 개선되고 양분의 유실이 적게 발생한다. 결국 화학적 성질이 개선되고 선충 및 잡초 감소의 효과도 함께 나타나게 된다.

(6) 혼파

① 혼파는 두 가지 이상의 작물을 혼합하여 파종하는 방법이다.
② 혼파를 할 경우 토양이나 기상에 대한 적응력이 높아지고 병해충에 대한 위험성이 낮아지게 된다. 또한 공간의 이용이 효율적이며 잡초 경감, 재배에 대한 안정성이 증가하게 된다.
③ 혼파에도 단점이 있는데 파종작업이 힘들고 작물의 생장속도 차이로 인해 관리에도 어려움이 있다.

(7) 그 밖의 작부체계

① 교호작
  ㉠ 교호작은 생육기간이 비슷한 2가지 이상의 작물을 일정 이랑씩 번갈아 가면서 재배하는 방법이다. 대표적인 교호작으로 옥수수와 콩이 있으며 재배기간이 비슷하여 수확에도 용이하다.
  ㉡ 번갈아 가면서 재배하다보니 작물을 2줄 혹은 3줄로 번갈아 가면서 재배하기도 한다.

② 주위작
  ㉠ 포장의 주위에 포장내의 작물과는 다른 작물을 재배하는 방식으로 주위에 빈공간을 이용하는 것이다.
  ㉡ 옥수수나 수수의 경우 주위에 재배 시 방풍의 효과가 있다.

③ 간작
  ㉠ 한 가지 작물이 생육하고 있는 조간에 다른 작물을 재배하는 방법이다.
  ㉡ 간작은 생육 기간이 다른 작물을 주로 재배한다.

ⓒ 먼저 재배하고 있던 작물을 상작, 이후에 재배되는 작물을 하작이라 한다.
　　ⓓ 간작은 먼저 재배하고 있는 작물에 피해가 없는 다른 작물을 이후 재배하여 토지의 이용율을 높이고자 함에 있다.

④ 혼작
　　ⓐ 혼작은 생육기간이 거의 같거나 유사한 작물을 섞어 재배하는 방법이다.
　　ⓑ 혼작은 주로 상호보완이 가능한 작물끼리 재배하는 것이 유리하다.

⑤ 대전법
　대전법은 개간한 토지에서 몇 해 동안 작물을 연속적으로 재배하고 그 후 지력이 소모되고 잡초발생이 증가하면 경지를 떠나 다른 토지를 개간하여 작물을 재배하는 경작방법이다.

⑥ 주곡식 대전법
　주곡식 대전법은 정착농업을 하면서 초지와 경지 전부를 주곡으로 재배하는 작부방식이다.

⑦ 휴한농업
　휴한농업은 정착농업 이후에 지력감퇴를 방지하기 위하여 농경지의 일부를 몇 년에 한 번씩 휴한하는 작부방식이다.

⑧ 자유식
　자유식은 시장의 경기상황이나 생산자재의 가격변동 등에 따라 작목을 수시로 바꾸는 재배방식이다.

연습문제

다음 작부체계에 관련된 용어에 대해 설명하시오
◎ 윤작
◎ 답전윤환

해설
- 윤작 : 다른 종류의 작물을 순차적으로 재배하는 방식
- 답전윤환 : 논상태와 밭상태로 몇 해씩 돌려가면서 벼와 작물을 재배하는 방식

연습문제

다음 설명을 보고 빈칸을 채우시오

◎ (㉠) : 생육기간이 비슷한 2가지 이상의 작물을 일정 이랑씩 번갈아 가면서 재배하는 방법이다.

◎ (㉡) : 정착농업 이후에 지력감퇴를 방지하기 위하여 농경지의 일부를 몇 년에 한번씩 휴한하는 작부방식이다.

해설:
㉠ 교호작
㉡ 휴한농업

29 영양번식

(1) 영양번식의 특징
① 영양번식은 채종이 곤란한 작물에 적용하면 유리하다.
② 우량한 상태의 유전형질을 유지할 수 있다.
③ 종자번식보다 생육이 왕성하고 짧은 기간 내에 수확이 가능하고 수량도 증가한다.
④ 접목의 경우 환경에 대한 적응성, 병해충에 대한 저항력이 증가한다.
⑤ 영양번식에 유리한 작물로 감자, 고구마 등이 있다.

(2) 영양번식의 종류
① 작물에 적용하는 영양번식 방법에는 분주, 삽목, 취목, 접목 등이 있다.
② 분주 : 뿌리가 달린채로 분리하여 번식시키는 방법으로 분주 시기에 따라 화아분화, 개화시기가 결정되기도 한다.
③ 삽목 : 모체에서 분리한 영양체의 일부를 삽상에 심어 뿌리를 내리게 하여 독립개체로 번식시키는 방법이다. 삽목의 부위에 따라 엽삽, 근삽, 지삽으로 분류한다.
④ 취목 : 식물의 가지나 줄기를 모체에서 분리하지 않고 흙에 묻거나 암흑상태에 습기와 공기 조건을 맞추어 주면 발근이 되어 이 발근된 부위를 독립적으로 번식시키는 방법이다.
⑤ 접목 : 접목은 두 가지 식물의 형성층 부위를 밀착시켜 접합하도록 하는 방법으로 정부가 되는 부분을 접수, 기부가 되는 부분을 대목이라 한다.

(3) 취목
① 나무의 가지 일부분의 껍질을 벗겨 땅속에 묻어 뿌리를 내리는 방법으로 삽목이 어려운 경우 대체하는 방법이다.
② 취목은 방법에 따라 다음과 같이 분류된다.

종류	특징
단순취목 (선취법)	가지를 굽혀서 땅속에 묻고 자기의 선단을 지상으로 나오게 하는 방법
공중취목 (고취법)	가지나 줄기의 일부에 상처를 주고 그 자리에 수태 혹은 황토로 싸서 건조하지 않도록 해주며 물을 주어 적당한 습도 조건에 유지하여 발근하는 방법
단부취목	가지를 굽혀 땅속에 묻어 지상으로 굴곡한 후 성장시켜 분주하는 방법
매간취목	나무의 전체를 평면으로 묻어 새가지를 나오게 하고 이후 가지 밑에서 뿌리가 나오면 절단하여 새 개체를 만드는 방법
파상취목	가지를 여러번 파상적으로 굽혀 굴곡시켜 번식하는 방법
맹아지 취목	나무의 줄기를 지면 부근에서 절단하고 성토하여 그곳에서 새로운 가지의 밑부분에서 뿌리가 나오게 하는 방법

(4) 접목육묘

① 접목육묘는 오이, 수박, 멜론, 가지, 토마토 등의 작물에 적용한다.
② 접목육묘에 있어 대목은 내병성, 내습성에 대한 친화력이 강해야 한다.
③ 접목 방법에는 주로 할접(쪼개접), 호접(맞접), 삽접(꽂이접)이 이용된다.
④ 작물의 종류에 따라 적합한 접목방법을 선택하며 오이는 맞접, 수박은 꽂이접을 적용한다.
⑤ 접목의 경우 다량의 묘생산이 어렵고 작업 중 바이러스 감염에 위험성이 있다. 또한 수송과 저장에 많은 노력이 필요하다.
⑥ 접목은 새로운 품종 증식 및 모수의 우수한 특성을 유지하는데 유리하다. 또한 토양병해충의 피해를 예방하고 양분의 흡수를 증대시키기 위해 이용된다.
⑦ 박과 채소의 접목

장점	단점
· 토양전염성 병 발생이 억제된다. · 저온 및 고온 등 불량 환경에 대한 내성이 증가한다. · 흡비력이 강해진다. · 과습에 잘 견딘다. · 과실의 품질이 우수해진다.	· 질소 과다흡수의 우려가 있다. · 기형과가 많이 발생한다. · 당도가 떨어진다. · 흰가루병에 약하다.

연습문제

아래 설명을 보고 빈칸을 채우시오

◎ (㉠) : 식물의 가지나 줄기를 모체에서 분리하지 않고 흙에 묻거나 암흑상태에 습기와 공기 조건을 맞추어 주면 발근이 되어 이 발근된 부위를 독립적으로 번식시키는 방법이다.
◎ (㉡) : 두가지 식물의 형성층 부위를 밀착시켜 접합하도록 하는 방법이다.

해설:
㉠ 취목
㉡ 접목

30 육묘

(1) 육묘의 필요성
① 육묘는 종자를 재배지에 뿌리지 않고 모를 일정기간 시설에서 생육시키는 것을 육묘라 한다.
② 육묘를 통해 수확량을 늘리거나 품질 향상을 기대할 수 있으며 관리 및 보호도 용이하다.
③ 수확 및 출하시기 조절이 가능하며 토지의 이용률을 높일 수 있다.
④ 종자를 이용한 직파가 불리한 작물(딸기, 고구마 등)에 많이 이용된다.

(2) 육묘 방식

온상육묘	저온기에 인공 가온과 태양열을 이용하는 묘상
보온육묘	인공 가온 없이 태양열만을 이용하는 묘상
공정육묘	육묘의 생력화, 효율화를 목적으로 상토의 조제, 종자파종, 물주기에 관련된 작업을 자동화하여 균일한 묘상을 얻음

(3) 묘상의 구조
① 묘상의 크기는 관리적 측면에 있어 중요하다. 묘상 크기가 너무 작으면 온도가 급격히 변화하며 너무 크면 묘상의 중앙부 관리에 노력이 많이 든다.
② 묘상의 너비는 120~130cm 정도가 적당하며 깊이, 길이는 묘상의 종류에 따라 결정한다.
③ 묘상 밑바닥은 온도를 균일하게 유지하기 위해 양열온상의 경우 중앙부를 높게하고 남쪽과 북쪽은 중앙부보다 깊게 한다.

31 정지

(1) 경운
① 경운은 토양을 갈아 흙덩이를 부스러뜨리는 작업이다
② 경운은 정지작업에서 가장 먼저 하는 작업으로 파종이나 이식을 하기 전에 실시한다.
③ 경운을 통해 토양의 투수성, 통기성이 좋아져 이후 종자의 발달, 뿌리의 발달에 도움이 된다. 또한 통기성이 좋아야 토양에 살고 있는 미생물의 활동이 활발해져 유기물 분해 촉진 및 순환에 도움을 준다.
④ 흙을 반전시켜 잡초의 발생이 줄어들고 해충이 박멸하는데 도움이 된다.

(2) 쇄토
① 쇄토는 경운 다음으로 실시하는 작업으로 갈아 일으킨 흙덩이를 좀더 곱게 부수고 지면을 평평하게 고르는 작업이다.
② 논은 경운한 다음 물을 대고 써레로 흙덩이를 곱게 부수는데 써레를 이용한다 하여 써레질이라 한다.

(3) 작휴
① 작휴법은 작물이 심긴부분과 심기지 않은 부분이 규칙적으로 반복되는 것을 이랑이라 한다. 이랑은 평평하지 않고 기복이 있을 경우 융기부를 이랑, 함몰부를 고랑이나 골이라 한다.
② 이랑을 만들게 되면 파종, 제초, 솎음의 관리가 용이하고 배수 및 통기에 좋게 하고 작토층을 두껍게 한다.
③ 작휴법에는 평휴법, 휴립법, 성휴법이 있다.

평휴법		・이랑을 평평하게 하여 이랑과 고랑 높이를 같게 하는 방법 ・주로 채소, 밭벼에 실시한다.
휴립법	휴립법	・이랑을 세워 고랑이 낮게 하는 방법
	휴립구파법	・이랑을 세우고 낮은 골에 파종하는 방법 ・맥류의 한해와 동해를 동시에 방지할수 있다. ・감자의 발아촉진이나 이랑 사이 토양을 작물의 포기 밑에 모아주는 배토 작업을 위해 실시한다.
	휴립휴파법	・이랑을 세우고 이랑에 파종하는 방법 ・고구마는 이랑을 높게 세우고 조, 콩은 이랑을 낮게 세운다.
성휴법		・이랑을 보통보다 넓고 크게 하는 방법 ・맥후작 콩의 재배에 실시한다.

(4) 진압

① 진압은 정지 작업에서 경운, 쇄토 이후에 실시하는 작업이다. 파종하고 복토 전후 종자를 눌러 주는 작업이다.
② 진압을 하게 되면 토양사이 공극이 변화하고 모세관현상에 의한 수분공급으로 종자나 식물의 뿌리에 수분흡수를 쉽게 하게 된다.

연습문제

아래 작휴법에 대한 정의를 적으시오
◎ 휴립휴파법
◎ 휴립구파법

해설
- 휴립휴파법 : 이랑을 세우고 이랑에 파종하는 방법
- 휴립구파법 : 이랑을 세우고 낮은 골에 파종하는 방법이다.

32 파종

(1) 파종시기

① 파종시기는 파종된 종자가 발아가기 위해 종자의 종류, 온도, 환경 등의 발아조건을 고려하여 결정하게 된다.
② 작물의 종류에 따라 추파, 춘파를 결정하고 지역에 따라 달라지는데 고랭지의 경우 늦봄에 실시한다.
③ 작부방법이나 특정 재해 시기, 토양의 상태, 출하기도 파종시기에 영향을 준다.
④ 감온형 벼 품종은 조파조식하는 것이 좋고 추파맥류는 추파성이 높은 품종은 조파한다.
⑤ 월동작물은 추파하고 여름작물은 춘파한다.

(2) 파종양식

산파(흩어뿌림)	포장 전면에 종자를 흩어 뿌리는 방법
조파(줄뿌림)	종자를 줄지어 뿌리는 방법
점파(점뿌림)	일정 간격으로 종자를 수 개씩 파종하는 방법
적파	점파와 유사하나 한곳에 여러개의 종자를 파종하는 방법

(3) 파종량

① 파종량은 작물의 종류 및 품종, 종자 크기, 재배지, 토양의 조건, 시비, 종자 상태를 고려하여 결정한다.
② 온도가 낮은 지역의 경우 파종량을 늘리도록 한다.
③ 토양 조건이 좋지 않거나 시비량이 적은 경우 파종량을 늘린다.
④ 발아력이 낮거나 파종기가 늦을 경우 파종량을 늘린다.

> **연습문제**
>
> **아래 파종양식에 대한 정의를 적으시오**
> ◎ 산파
> ◎ 조파
>
> **해설**
> • 산파 : 포장 전면에 종자를 흩어 뿌리는 방법
> • 조파 : 종자를 줄지어 뿌리는 방법

33 이식

(1) 이식의 종류
① 조식은 골에 줄지어 이식하는 방법이다.
② 점식은 포기를 일정한 간격을 두고 띄어서 점점이 이식하는 방법이다.
③ 혈식은 포기를 많이 띄어서 구덩이를 파고 이식하는 방법이다.
④ 난식은 일정한 질서 없이 점점이 이식하는 방법이다.

(2) 이식시기
① 과수와 다년생 목본식물은 싹이 움트기 전에 춘식하거나 낙엽이 진 뒤 추식한다.
② 일반작물은 파종기에 영향을 주는 요인에 의해 이식기가 결정된다.

(3) 이식방법
① 작물에 따라 이식방법은 다양하다. 벼의 경우 기온이 15℃ 전후 이식해야 하며 일찍 하는 것이 좋다. 논의 써레질이 종료되면 바로 하게 되며 줄모로 심어야 고르게 자랄 수 있다.
② 채소, 화초는 식상을 피하고 잘 자라게 하고자 쇄토작업을 통해 흙을 부드럽게 갈아두어야 한다. 이식후에는 뿌리를 내리는데 시간이 걸려 물을 주고 덮개를 해주어 증발을 막아준다.

(4) 이식효과

장점	단점
① 이식을 실시하면 줄기나 잎의 웃자람을 억제할 수 있다.	① 무, 당근 등 직근류는 뿌리가 손상될 경우 상품성이 저하되기도 한다.
② 이식 작업시 뿌리가 잘려 새로운 뿌리가 발생되 생육이 좋아진다.	② 수박, 참외는 뿌리가 손상시 발육이 저하된다.
③ 생육이 어느 정도 진행되어 병해충에 피해가 감소된다.	③ 작물에 따라 이식이 해가 되는 경우가 있다.
④ 수목의 경우 개화를 촉진시킬수 있다.	

34 생력재배

(1) 생력재배의 정의
① 생력재배는 노력을 줄여 농사를 짓는 것으로 본디 목적은 노동력이 부족한 농가의 상황을 개선하기 위한 방법이다.
② 부족한 노동력 때문에 농업의 기계화를 장려하고 잡초를 방제하기 보다 제초제를 도입하는 방법등이 생력재배라 한다.

(2) 생력재배의 효과
① 생력재배를 통해 농업에 필요한 노동력 절감 및 경영에 효율이 개선된다.
② 농업 연구를 통한 새로운 품종의 개발과 경운파종과 같은 저비용 생산을 목적으로 생력기계화 재배기술 등의 도입으로 저투입 지속농업(LISA)이 가능하다.
③ 실제 생력재배의 사례로 파식파종기를 이용한 생력파종, 기계화를 통한 잡초 방제, 배토기를 이용한 중경배토 작업, 기계 수확, 탈곡 및 선별, 건조 등 전과정에 걸쳐 효과가 나타난다.

(3) 생력기계화재배의 전제조건
① 농지가 생력화를 가능하게 할 수 있게 정리되어야 한다.
② 넓은 면적은 공동관리하여 집단 재배해야 한다.
③ 기계화에 따른 잉여 노동력을 수익화 해야 한다.
④ 품종의 선택, 재배법 등 기계화를 통한 재배체계를 확립해야 한다.
⑤ 국가 차원의 제도화, 보조, 개발 등의 도움이 필요하다.

35 재배관리

(1) 시비

① 시비
  ㉠ 시비는 거름주기로 주요 비료의 종류는 질소, 인산, 칼륨이 있다. 질소의 경우 과다하게 공급되면 도장의 우려가 있어 공급량을 조절해 주어야 한다.
  ㉡ 작물에 따른 적정 시비(질소 : 인산 : 칼륨)

벼	5 : 2 : 4
맥류	5 : 2 : 3
옥수수	4 : 2 : 3
감자	3 : 1 : 4

② 엽면시비
  ㉠ 작물은 뿌리에서 뿐 아니라 기공을 통한 흡수가 이루어지며 이를 엽면시비라 한다.
  ㉡ 엽면시비는 주로 철, 아연, 망간, 칼슘 등의 미량원소, 요소를 뿌려 준다.
  ㉢ 엽면시비는 뿌리의 흡수력이 낮을 경우 영양회복을 위해 작업을 한다.
  ㉣ 엽면흡수에 영향을 주는 요인은 다음과 같다.
    · 잎의 표면보다 표피가 얇은 이면에서 더 잘 흡수된다.
    · 잎의 호흡작용이 왕성할 때 잘 흡수되므로 가지나 줄기의 정부로부터 가까운 잎에서 흡수율이 높다.
    · 늙은 잎보다 젊은잎이, 밤보다는 낮에 잘 흡수된다.
    · 살포액의 pH 는 미산성인 것이 흡수가 잘된다.
    · 피해가 나타나지 않는 범위 내에서 살포액의 농도가 높을 경우 흡수가 빠르다.
    · 석회를 시용하면 흡수가 억제되어 고농도 살포의 해를 경감할 수 있다.
    · 기상조건이 좋은 때에는 작물의 생리작용이 왕성하므로 흡수가 빠르다.
    · Tween 80(0.01~0.02%), Triton X-100 과 같은 전착제를 첨가하면 흡수가 조장된다.

③ 비료의 분류
  ㉠ 성분에 따른 비료

질소비료	요소, 질산암모니아, 황산암모니아
인산질비료	과인산석회, 용성인비, 용과린, 중과인산석회
칼륨질비료	염화칼륨, 황산칼륨

ⓒ 화학적 반응에 따른 비료

산성비료	과인산석회, 염화암모늄
중성비료	황산칼륨, 염화칼륨, 요소, 질산나트륨
염기성비료	생석회, 소석회, 탄산칼륨, 용성인비

ⓒ 생리적 반응에 따른 비료

생리적 산성비료	황산암모늄, 염화암모늄, 황산칼륨, 염화칼륨
생리적 중성비료	질산암모늄, 질산칼륨, 요소
생리적 염기성비료	질산나트륨, 질산칼슘, 용성인비, 초목회

ⓔ 반응 효과에 따른 비료

속효성비료	황산암모늄, 염화칼륨
완효성비료	석회질소

④ 이용률

ⓐ 비료의 이용률은 비료 성분량 중에서 작물이 흡수하여 이용한 양을 나타낸 것으로 질소는 30~50%, 칼륨 40~60%, 인산 10~20% 정도의 이용률을 보인다.

ⓑ 비료의 이용률에 영향인자로 비료성분, 화학적 형태, 작물의 종류, 토양의 화학적 조건, 시비시기 등이 있다.

> **연습문제**
>
> 비료의 분류에서 성분에 따른 비료의 종류 3가지를 적으시오
>
> **해설:**
> 질소비료, 인산질비료, 칼륨질비료

(2) 보식, 솎기

① 보식은 발아가 불량한 곳이나 고사한 곳에 보충하여 이식하는 것이다.
② 솎기는 밀생한 곳에 일부를 제거하여 작물끼리 경쟁을 줄이고 공간을 넓혀 주는 작업이다.
③ 솎기는 생육 공간 확보를 통해 균일한 생육을 도와주고 불량한 개체를 제거해 우량한 개체만 남길 수 있다.

(3) 중경

① 파종이나 이식 이후에 작물 생육 기간에 작물사이 토양의 표토를 긁어 부드럽게 하는 토양관리를 중경이라 한다.
② 중경작업은 잡초의 방제, 토양의 이화학적 성질 개선을 통해 작물의 생육을 돕는다.
③ 중경의 효과

발아조장	파종이후 토양에 피막이 생겼을 때 중경작업을 실시하여 피막을 제거하면 발아가 조장된다.
통기성증진	박물이 생육하는 포장을 중경하여 토양의 가스교환과 미생물의 활동을 높이고 유기물 분해가 촉진되어 작물에 활력을 주게 된다.
수분증발억제	중경작업 시 토양을 얕게 작업하면 모세관이 절단되고 표면 공극이 좁아져 토양의 유효수분 증발이 줄어드는 효과가 있다.
비효증진	논토양의 경우 항상 물에 잠긴 상태이기에 표층은 산화층, 아래는 환원층이 형성된다. 이때 추비를 하고 중경작업을 실시하면 산화층과 환원층이 섞이면서 탈질작용이 억제되고 질소질 비료의 효과가 증진된다.

④ 중경의 단점

단근피해 발생	어린 작물의 경우 중경작업 과정에서 뿌리에 피해를 주게 되면 뿌리 흡수에 피해를 준다.
토양침식 발생	바람이 심하거나 건조가 심한 지역은 중경을 하면 토양의 건조 및 침식이 발생된다.
동상해 발생	환경에 따라 중경작업을 하면 지열의 유지가 되지 않아 저온의 피해가 발생할 수 있다.

연습문제

중경작업의 정의를 적고 중경작업의 장점 2가지를 적으시오

해설:
- 정의 : 파종이나 이식 이후에 작물 생육 기간에 작물사이 토양의 표토를 긁어 부드럽게 하는 토양관리
- 장점
  - 토양의 통기성이 증진된다.
  - 토양의 수분증발이 억제된다.

(4) 멀칭

① 피복재료인 비닐, 플라스틱 필름, 건초를 이용하여 포장 토양의 표면을 덮는 작업을 멀칭이라 한다. 그리고 멀칭작업에 사용되는 피복재료를 멀치라 한다.

② 멀칭의 효과로는 생육 촉진과 토양의 침식을 방지하고 수분조절, 온도조절, 잡초방지, 유익 박테리아의 증식 등의 효과가 있다.

③ 작물의 비닐은 주위 조건에 따라 적합한 색을 선별한다. 검은색 비닐은 뿌리의 지온 유지 및 잡초 발생을 억제해주며 투명비닐은 추운 계절 지온 상승과 습도의 유지에 도움을 준다. 최근에는 적색비닐을 통해 작물의 광합성량을 늘리는 등 색상에 따른 효과를 파악하고 선택한다.

36 냉해

① 여름작물이 생육상 고온이 필요한 여름철 냉온에 의해 발생되는 피해현상을 냉해라 하고 식물체 조직 내에 결빙이 생기지 않을 정도의 저온의 피해를 저온해라 한다.
② 대표적으로 벼는 냉온에 약한 작물로 10℃ 이하의 냉온이 지속되면 냉해의 피해가 발생된다. 벼는 감수분열기에 이상발육이 초래되어 불임현상이 나타나기도 한다.
③ 냉해의 원인은 저온, 일조 부족, 다우 등이 있다.
④ 냉온 발생시 수분과 양분의 흡수 기능이 감퇴되어 식물의 동화작용과 생육에 저해된다.
⑤ 냉해의 종류에는 지연형 냉해, 장해형 냉해, 병해형 냉해가 있으며 이러한 냉해는 복합적으로 나타날 경우 혼합형 냉해라고 한다. 복합적으로 나타날 경우 피해정도가 더욱 커진다.

지연형 냉해	생육 초기에서 출수기까지 여러 시기에 냉온을 만나 등숙이 지연되어 후기의 냉온에 의해 등숙불량이 나타나는 현상이 발생한다.
장해형 냉해	유수형성기에서 개화기까지 화분이나 배낭의 생식기관이 정상적으로 형성되지 못하거나 수정장해가 유발되는 등의 현상이 발생한다.
병해형 냉해	냉온 조건에서 증산작용이 감퇴되어 규산과 같은 양분 흡수가 저해되어 표면의 규질화 불량등으로 병해충의 침입이 쉬워진다.

⑥ 냉해의 대책
　㉠ 냉해저항성 품종의 선택한다.
　㉡ 방풍림조성 및 암거배수로 습답 개량, 객토의 누수답 개량, 지력배양 등의 입지조건을 개선한다.
　㉢ 적절한 시비량을 적용한다.
　㉣ 파종, 이식 등의 방법을 개선하는 재배적 방법의 개선을 강구한다.

연습문제

냉해의 종류 3가지를 적고 각각에 대해 설명하시오

해설:
- 지연형 냉해 : 생육 초기에서 출수기까지 여러 시기에 냉온을 만나 등숙이 지연되어 후기의 냉온에 의해 등숙불량이 나타나는 현상이 발생한다.
- 장해형 냉해 : 유수형성기에서 개화기까지 화분이나 배낭의 생식기관이 정상적으로 형성되지 못하거나 수정장해가 유발되는 등의 현상이 발생한다.
- 병해형 냉해 : 냉온 조건에서 증산작용이 감퇴되어 규산과 같은 양분 흡수가 저해되어 표면의 규질화 불량등으로 병해충의 침입이 쉬워진다.

37 습해, 수해 및 가뭄해

(1) 습해

① 습해는 토양수분이 작물의 생육에 필요한 수분량보다 과다하게 많을 경우 발생하는 피해현상이다. 보통 작물의 토양 최적함수량은 최대용수량의 80% 정도이며 이를 넘어서면 습해현상이 발생한다.

② 발생시 토양의 산소가 부족으로 환원성물질이 발생하고 이로 인해 증산 및 광합성 작용의 저해를 야기한다. 또한 토양산소가 결핍되어 뿌리의 호흡이 불량해지고 수분과 무기양분의 흡수에도 방해를 받게 된다.

③ 습해 현상이 지속될 경우 식물의 황변현상이 발생되고 잎의 위조가 나타난다.

④ 습해의 피해를 줄이기 위해 배수 철저, 토양의 개량, 병충해 방제, 내습성 작물의 선택 등이 있으며 이랑을 높게 하여 재배하도록 한다.

⑤ 작물의 내습성은 미나리, 벼, 옥수수 등이 높은 편이며 파, 양파, 고추 등은 낮은 편이다.

⑥ 내습성 작물의 특징
  ㉠ 경엽에서 뿌리로 산소를 공급하는 능력이 크다.
  ㉡ 뿌리 조직의 목화로 환원성 유해물질을 침입을 막는다.
  ㉢ 근계가 얕게 발달하거나, 습해를 받을 경우 부정근의 발생력이 크다.
  ㉣ 뿌리가 환원성 유해물질에 대한 저항성이 크다.

연습문제

내습성 작물의 특징 2가지를 적으시오.

해설
- 환원성 유해물질의 저항성이 크다.
- 부정근의 발근력이 크다.

(2) 수해

① 수해는 집중호우나 장마기간에 발생하는데 하천이나 강이 범람하면서 발생한다.
② 작물이 완전히 물에 침수되는 것을 관수해라 하는데 침수로 인하여 습해, 물리적 충격에 의한 작물의 손상, 도복의 피해가 발생한다.
③ 관수해의 피해가 더욱 커지는 원인으로 흙탕물이나 고인 정체수, 고수온 등이 있다.
④ 이러한 수해가 유발되기 시작하면 산소의 부족으로 인하여 무기호흡량이 많아져 작물 내에 에탄올성분이 축적된다.
⑤ 수해는 수온이 높을수록 질소질비료를 과용할수록 피해가 심해지며 피해를 줄이기 위해 침수에 강한 작물을 심기도 한다. 피, 수수, 옥수수 등은 침수에 강한 편이다.
⑥ 수해에 관여하는 요인
  ㉠ 작물적 요인 : 작물의 종류, 품종, 생육단계
  ㉡ 침수요인 : 수온, 수질, 침수기간
  ㉢ 재배적 요인 : 비료
⑦ 수해대책
  ㉠ 사전대책
    • 경사지와 경작지의 토양을 보호한다.
    • 경사정리를 하여 배수가 잘되게 한다.
    • 수해상습지는 작물의 종류나 품종의 선택에 유의한다.
    • 파종기 또는 이식기를 조절하여 수해를 회피한다.
    • 질소질 비료의 과용을 피한다.
  ㉡ 침수시 대책
    • 배수에 노력하여 관수기간을 짧게 한다.
    • 물이 빠질 때 잎의 흙 앙금을 씻어준다.
    • 키가 큰 작물은 서로 결속하여 유수에 의한 도복을 방지한다.
  ㉢ 사후대책
    • 퇴수 후 새로운 물을 갈아 댄다.
    • 표토가 많이 씻겨 내렸을 때 새 뿌리의 발생 후 덧거름을 준다.
    • 침수 후 병충해 발생이 많아지므로 방제에 노력을 한다.
    • 피해가 심할 경우 추파, 보식, 개식, 대작 등을 고려한다.

> **연습문제**
>
> 수해의 사전대책 2가지를 적으시오
>
> **해설**
> - 경사정리를 실시한다.
> - 질소질 비료의 과용을 피한다.

(3) 한해

① 수분부족으로 인해 작물의 생육에 문제가 발생하는 경우를 한해(drought injury)라 한다.

② 한해에 영향을 받을 경우 광합성, 효소의 작용이 제대로 이루어지지 않으며 동화물질의 전류 작용에도 영향을 받게 된다.

③ 한해의 방지를 위해 질소질 과용을 피하고 인산, 칼륨을 사용해 주고 재식밀도를 낮추어 준다. 또한 뿌림골을 낮추어 주며 논에서는 직파재배를 한다.

④ 작물이 건조에 견디는 성질을 내건성이라 하며 내건성이 강한 작물은 체내 수분의 상실이 적고, 수분의 흡수가 크며 체내의 수분보유력이 크고 수분함량이 낮은 상태에서도 생리기능이 높다.

⑤ 토양수분의 보유력 증대 및 증발을 억제하기 위한 방법은 아래와 같다.
  ㉠ 토양입단을 조성한다.
  ㉡ 드라이파밍
    휴작기에 비가 올 때마다 땅을 갈아 빗물을 지하에 잘 저장하고 작기에 토양을 잘 진압하여 지하수의 모관상승을 좋게 하여 한발적응성을 높이는 농법이다.
  ㉢ 지면을 피복하여 증발을 경감시킨다.
  ㉣ 중경제초를 실시한다.

⑥ 한해에 대한 밭작물의 재배대책은 다음과 같다.
  ㉠ 뿌림골을 낮게 한다.
  ㉡ 질소의 다용을 피하고 퇴비, 인산, 칼리를 증시한다.
  ㉢ 봄철 보리나 밀밭이 건조할 때는 답압을 한다.
  ㉣ 내건성 작물과 품종을 선택한다.

> **연습문제**
>
> 아래 설명을 보고 빈칸을 채우시오
> ( ) : 휴작기에 비가 올 때마다 땅을 갈아 빗물을 지하에 잘 저장하고 작기에 토양을 잘 진압하여 지하수의 모관상승을 좋게 하여 한발적응성을 높이는 농법이다
>
> **해설:**
> 드라이파밍

(4) 가뭄해

① 가뭄해는 토양수분의 부족으로 작물의 생육이 저해되어 위조현상이 발생하거나 심할 경우 고사한다.
② 작물이 수분이 부족하게 되면 증산 및 광합성이 줄어들고 동화물질이 감소되면서 위조상태에 이르게 되면서 생장이 억제되게 된다. 또한 병해충에 대한 저항성이 약해지고 효소작용이 원활하게 되지 않아 심할 경우 고사하게 된다.
③ 가뭄해를 방지하기 위해 관개시설을 만들고 가뭄해에 강한 작물을 선택한다. 토양수분의 유지하기 위해 증발을 토양의 입단화를 조성하고 증발을 억제하도록 피복 작업을 해준다.
④ 가뭄해에 강한 내건성 작물의 특징은 아래와 같다.
  - 잎이 왜소하고 작을수록 내건성이 강하다.
  - 지상부에 비해 뿌리의 발달이 좋아야 한다.
  - 옆맥과 울타리조직(책상조직)이 발달하여야 한다.
  - 표피와 각피가 발달하여야 하고 기공이 작고 수가 적어야 한다.
  - 표면적(지상부)/체적(전체부피)의 비율이 작아야 한다.
  - 세포액의 삼투압이 높고 세포가 작을수록 내건성이 강하다.

> **연습문제**
>
> 내건성 작물의 특징 2가지를 적으시오
>
> **해설:**
> • 잎이 왜소하고 작다.
> • 지상부에 비해 뿌리의 발달이 좋다.

(5) 열해

① 주위의 온도가 작물이 생육할 수 있는 온도 범위를 넘어 고온의 피해가 발생되는 경우 열해라고 한다.
② 작물이 고온의 조건이 되면 유기물 소모가 많아지고 암모니아 성분이 많아져 악영향을 미치게 된다. 또한 증산이 많아져 위조현상이 발생하게 된다.

(6) 볕뎀

① 기온이 높은 한여름에 햇볕에 노출된 줄기 부위가 상처를 입은 듯이 수피가 들고 일어나며 떨어지기도 하는 등 비정상적인 증상을 보이는 경우를 볕뎀(일소, 피소)라고 한다.
② 볕뎀이 나타나는 이유는 해를 향하고 있는 부위의 껍질 아랫부분과 다른 부분, 특히 응달진 부분과의 심한 온도 차 때문이다.
③ 볕뎀 방제를 위한 방법은 다음과 같다.
  ㉠ 차광막을 설치하여 직사광선을 차단한다.
  ㉡ 진흙을 바르고 새끼줄로 감아준다.
  ㉢ 가지나 줄기에 백색 수성페인트를 사용한다.
  ㉣ 참나무류나 소나무류와 같은 볕뎀에 저항성이 강한 수종을 선택한다.
  ㉤ 반대로 버즘나무, 배롱나무, 오동나무, 벚나무와 같은 약한 수종은 피하도록 한다.

38 동해 및 상해

(1) 동해 및 상해

① 동해는 저온에 의해 작물 조직 내에 결빙이 발생하는 피해를 말하며 상해는 서리에 의한 피해를 의미한다. 동해와 상해를 합쳐서 동상해라 부른다.
② 서릿발에 의한 피해를 상주해라 하며 서릿발은 토양수분이 많고 추위가 심하지 않을 경우 발생하는데 상주해를 방지하기 위해 퇴비를 이용하고 배수를 개선해야 한다.
③ 추위에 대한 작물의 내동성이 중요한데 품종에 따라 차이가 있으나 작물내부에 수분 함량이 적거나 유지함량이 높을수록 내동성이 강한편이다.
④ 작물의 당분 함량이 많거나 삼투포텐셜이 낮은 경우에도 내동성이 증가된다.
⑤ 원형단백질이 많을수록 내동성은 증가하며 단백질 중에 -SS 기 보다 -SH 기가 많은 것이 내동성 증가에 유리하다.
⑥ 내한성(내동성)이 강한 것으로 소나무, 잣나무, 전나무, 버드나무, 자작나무 등이 있으며 반대로 약한 수종에는 삼나무, 편백, 사철나무 등이 있다.
⑦ 저온으로 식물조직이 동결될 때에는 세포간극에 먼저 결빙이 생기는데 이를 세포외결 빙이라고 한다. 세포 내 수분이 세포간극으로 이동, 탈수되면서 세포외결빙이 커지고, 세포내결빙은 생기지 않는다.
⑧ 수분의 투과성이 낮은 세포에서는 세포외결빙이 신장하여 끝이 뾰족하게 되고 원형질 내부로 침입하여 세포 원형질 내부에 결빙을 유발하는데 이를 세포내결빙이라 한다.

연습문제

다음 내용을 보고 적합한 것을 선택하시오
◎ 작물의 당분 함량이 ㉠(많거나 / 낮거나) 삼투포텐셜이 ㉡(높은 / 낮은) 경우에도 내동성이 증가 된다.
◎ 작물의 유지함량이 ㉢(높을수록 / 낮을수록) 내동성이 강한편이다.

해설:
㉠ 많거나
㉡ 낮은
㉢ 높을수록

(2) 동상해의 대책

① 일반 대책
   ㉠ 이러한 추위로 인하여 발생되는 대책으로 방풍림 조성을 통해 찬바람을 막아준다.
   ㉡ 저습지대의 경우 배수구를 설치하여 토양에 다량의 수분이 체류하는 것을 막아준다.
   ㉢ 내동성에 강한 품종을 선택한다.
   ㉣ 유기질비료, 인산, 칼륨 비료를 뿌려주면 내동성을 증대시킬 수 있다.
   ㉤ 이랑을 세워 뿌림골을 깊게 한다.

② 응급 대책
   ㉠ 관개법 : 서리가 예상되는 지역은 저녁에 충분히 관개하는 방법
   ㉡ 송풍법 : 지상 10m 높이에 송풍기를 설치하여 따뜻한 공기를 지면으로 송풍하는 방법
   ㉢ 발연법 : 연기를 발산하여 지온의 방열을 막는 방법
   ㉣ 피복법 : 비닐 등을 덮어 보온을 유지하는 방법
   ㉤ 연소법 : 발열재료를 연소시켜 열을 공급하는 방법
   ㉥ 살수빙결법 : 스프링클러로 물을 뿌려 식물의 표면을 동결시켜 잠열을 이용해 식물체온을 유지하는 방법

③ 사후대책
   ㉠ 인공수분을 한다.
   ㉡ 적과를 늦춘다.
   ㉢ 영양상태의 회복을 꾀한다.
   ㉣ 병충해를 방제한다.
   ㉤ 심하면 대작을 한다.

(3) 작물내동성 형태적 요인

① 포복성인 것이 직립성인 것보다 내동성이 강하다.
② 파종을 깊이 하였거나 중경이 신장되지 않아서 생장점이 깊게 놓이면 내동성이 강하다.
③ 엽색이 진한 것이 내동성이 강한 경향이 있다.

(4) 내동성의 계절적 변화

① 경화
  ㉠ 월동하는 작물의 내동성은 기온이 내려감에 따라 점차 증대된다, 다시 기온이 높아지면 점차 감소된다.
  ㉡ 월동작물이 5℃ 이하의 기온이 계속되면 내동성이 증대되는데 이를 경화(hardening)라 한다. 원형질의 수분투과성이 증대되고 수분함량 저하, 세포액 삼투압 증대, 당분과 수용성 단백질의 증대 등이 나타나고 내동성이 증대되는데 이러한 것도 경화라 한다.
  ㉢ 경화된 것이라도 다시 높은 온도에 처리하면 내동성이 약해지는데, 이것은 디하드닝(dehardening, 내동성상실)이라 한다.

② 휴면
  ㉠ 휴면아는 내동성이 강하며 수목, 과수, 채소 등의 눈은 휴면아로 월동하기에 추위에 잘 견딘다.
  ㉡ 가을철 저온, 단일조건은 휴면을 유도하여 월동을 안전하게 하지만 겨울철 저온은 휴면타파의 조건으로 작용한다.

③ 추파성
  ㉠ 맥류의 추파성은 생식생장을 억제하는 성질이다.
  ㉡ 저온처리를 해서 추파성을 소거하면 생식생장이 빨리 유도되어 내동성이 약해진다.
  ㉢ 추파성은 월동 중에 소거되므로 봄에는 내동성이 약해진다.

> **연습문제**
>
> 동상해의 사후대책 2가지를 적으시오
>
> 해설
> - 인공수분을 한다.
> - 적과를 늦춘다.

> **연습문제**
>
> 동상해의 응급대책의 종류 2가지를 적으시오
>
> 해설
> 발연법, 피복법

39 도복과 풍해

(1) 도복

① 도복은 외부의 물리적 힘에 의해 작물이 쓰러지는 것으로 주로 화곡류와 두류에서 발생한다.
② 작물이 도복하게 되면 줄기에 달린 경엽들이 엉켜 햇빛을 제대로 받지 못해 광합성이 저하되어 결과적으로 생장이 저하된다.
③ 도복이 심하면 줄기나 뿌리에 상처가 발생되어 병해충에 감염위험성이 높아진다.
④ 영양생장이 부족하면 종실에도 영향을 주어 결국 품질 저하로 이어지게 된다.
⑤ 도복의 발생 조건
　　㉠ 바람 등의 기상적 요인
　　㉡ 질소 성분의 과잉 흡수
　　㉢ 과도한 밀식에 의한 근계발달의 불량
　　㉣ 유전적으로 도복에 취약한 품종의 선택
⑥ 도복의 대책
　　㉠ 품종의 선택시 키가 크기보다 대가 튼튼한 것을 선택한다.
　　㉡ 질소질 비료의 과용을 삼가한다.
　　㉢ 병해충을 방제한다.
　　㉣ 밀도 조절을 통해 통풍과 수광태세를 개선한다.
　　㉤ 답압을 해준다.

(2) 풍해

① 풍해는 바람에 의해 발생되는 피해현상으로 바람이 강할수록 피해가 커진다.
② 바람에 의해 도복이 발생하고 과수류의 경우 낙과를 초래한다.
③ 바람이 강할 경우 물리적 손상에 의한 상처가 발생하여 병해충에 취약해지고 작물의 호흡이 증가되어 양분의 소모가 증가된다.
④ 풍해를 방지하기 위해 방풍림 조성이 가장 효과적이며 내풍성 수종의 선택, 비배관리, 풍향의 직각방향 이랑 만들기 등의 방법이 있다.
⑤ 풍해의 기계적 장해
　　㉠ 벼, 맥류에서 도복, 수발아, 부패립 등이 발생한다.
　　㉡ 벼에서 수분, 수정이 저해되고 불임립이 발생한다.

ⓒ 상처 발생시 도열병 및 식물병이 발생한다.
ⓔ 과수에서는 절손, 열상, 낙과 등이 발생한다.

⑥ 풍해의 생리적 장해
ⓐ 상처가 발생하면 호흡이 증대되어 체내 양분의 소모가 증가한다.
ⓑ 상처가 건조하면 광산화반응을 일으켜 고사한다.
ⓒ 풍속이 강하고 공기가 건조하면 증산이 심해져 식물체가 건조해진다.
ⓔ 풍속이 강해지면 기공이 닫혀 이산화탄소 흡수가 감소되어 광합성이 감퇴한다.

⑦ 풍해의 재배적 대책
ⓐ 내풍성 작물 혹은 내도복성 작물을 선택한다.
ⓑ 벼는 출수 2~3일 후 대풍이 가장 피해가 심한데, 작기를 이동하여 위험기의 출수를 피하도록 한다. 조기재배를 하여 8월 중순쯤 수확하면 9월 상순의 위험한 태풍기를 피할 수 있다.
ⓒ 맥류의 배토, 토마토나 가지의 지주, 옥수수는 결속하여 도복을 방지한다.
ⓔ 칼리질 비료를 충분히 공급하고 질소질 비료의 과용을 피하도록 한다.
ⓕ 사과와 같은 과실에는 낙과방지제를 살포한다.

(3) 수피의 상처

① 인위적 원인
ⓐ 차량, 중장비, 예초기 등에 의한 충돌 또는 접촉으로 수피가 벗겨지는 경우
ⓑ 큰 나무를 운반하는 과정에 기계적 마찰로 수피가 벗겨지는 경우
ⓒ 큰 나무를 이식하는 과정에서 밧줄을 잘못 감거나, 부적절한 지주와 당김줄 설치 등으로 인해 수피가 벗겨지는 경우
ⓔ 도로공사 등 각종 건설 공사 과정에 부주의와 무관심으로 상처를 내는 경우
ⓕ 인간이 의도적으로 나무껍질을 벗기는 행위

② 기상적 원인
ⓐ 강풍에 의해 가지가 부러지면서 수피에 상처가 발생하는 경우
ⓑ 적설에 의해 가지가 부러지면서 수피에 상처가 발생하는 경우
ⓒ 피소 현상으로 수피에 상처가 발생하는 경우
ⓔ 상열 현상으로 인해 수피와 목질부가 종축방향으로 길게 갈라지면서 수피가 벗겨지는 경우
ⓕ 낙뢰를 맞아 수피가 벗겨지는 경우

③ 생물적 원인
들쥐, 토끼, 노루, 멧돼지 등 야생동물에 의해 수피가 벗겨지는 경우

40 관개

(1) 관개의 효과

① 논 담수관개 효과
  ㉠ 생리적으로 필요한 수분을 공급한다.
  ㉡ 담수의 온도 조절 작용을 한다.
  ㉢ 비료 성분을 공급할 수 있다.
  ㉣ 유해물질을 제거한다.
  ㉤ 잡초를 억제한다.
  ㉥ 병해충이 경감된다.
  ㉦ 토양이 부드러워 모내기, 중경제초 등 작업이 용이하다.

② 밭 관개의 효과
  ㉠ 생리적으로 필요한 수분을 공급하여 수량과 품질이 향상된다.
  ㉡ 관개로 인하여 유리한 작물을 선택하고 재배기술의 향상이 가능하게 된다.
  ㉢ 지온을 조절할 수 있다.
  ㉣ 비료성분의 보급이 용이하고, 이용효율이 높아진다.
  ㉤ 건조 지대에 관개로 풍식을 방지할 수 있다.

(2) 논의 용수량 및 관개방식

① 용수량
  ㉠ 벼농사기간 중 논관개에 소요되는 수분의 총량을 용수량이라 한다.
  ㉡ 용수량 = (엽면증산량 + 수분증발량 + 지하침투량) - 유효우량

② 농용수의 수질기준

검정항목	허용농도	검정항목	허용농도
pH	6.0~7.5	EC	$<0.3\ dSm^{-1}$
COD	<6 ppm	중금속	
SS	<100 ppm	비소(As)	<0.05 ppm
DO	>5 ppm	아연(Zn)	<0.50 ppm
T-N	<1 ppm	구리(Cu)	<0.02 ppm

③ 절수관개

논에서 관개수 절약을 위해 수분의 요구도가 큰 이앙기~활착기, 수잉기~유숙기에 담수를 하고 그 밖의 시기에는 포화수 정도만 하는 절수관개법을 실시한다.

(3) 밭의 관개수량

① 밭의 1회 관개량

작물뿌리 깊이(cm)	사질토(mm)	양토(mm)	식질토(mm)
천근성(<60)	25~50	50~75	75~100
중근성(60~90)	50~70	100~150	150~200
심근성(>90)	100~150	200~250	250~350

(4) 관개방법

① 지표관개
   ㉠ 지표관개는 지표면에 물을 흘려 대는 방법으로 전면관개, 부분관개, 침출관개가 있다.
   ㉡ 전면관개는 지표면 전면에 물을 흘려 대는 방법으로 수반법, 등고선월류법, 보더법이 있다.
   ㉢ 일류관개는 등고선에 따라 수로를 내어 임의의 장소로부터 월류하도록 하는 방법이다.
   ㉣ 보더관개는 완경사의 포장을 알맞게 구획하여 상단의 수로로부터 전체 표면에 물을 흘려 대는 방법이다.
   ㉤ 수반법은 포장을 수평으로 구획하고 관개하는 방법이다.
   ㉥ 고랑관개는 포장에 이랑을 세우고 고랑에 물을 흘려 대는 방법이다.

② 살수관개
   ㉠ 살수관개는 공중에 물을 뿌려 대는 방법으로 스프링클러법, 다공관관개법, 물방울관개법이 있다.
   ㉡ 다공관관개는 파이프에 직접 작은 구멍을 내어 살수하는 방법이다.
   ㉢ 스프링클러관개는 스프링클러를 이용하여 살수하는 방법이다.
   ㉣ 물방울관개는 물방울 식으로 살수하는 방법으로 drip 법, subsurface 법, bubbler 법이 있다.

③ 지하관개
　㉠ 지하관개는 지하로부터 수분을 공급하는 방법으로 개거법, 암거법, 압입법이 있다.
　㉡ 개거법은 개방된 토수로에 투수하여 이것이 침투해 모관상승을 통해 근권에 공급되게 하는 방법이다. 지하수위가 낮지 않은 사질토 지대에 이용된다.
　㉢ 암거법은 지하에 토관, 목관, 콘크리트관, 플라스틱관 등을 배치하여 통수하고 간극으로부터 스며 오르게 하는 방법이다.
　㉣ 압입법은 뿌리가 깊은 과수 주변에 구멍을 뚫고 물을 주입하거나 기계적으로 압입하는 방법이다.
　㉤ 점적관개는 지하에 묻은 파이프나 호스로 물을 끌어 올려 흐르도록 한 뒤, 점적기를 이용하여 정밀한 양의 물과 양분을 작물의 근권에 공급하는 방법이다.

④ 경사도에 따른 관개법

관개법	경사도	대상작물
보더법, 수반법	3° 이하	목초, 과수, 밀식작물
월류법	3~27°	목초, 과수, 밀식작물
	27° 이상	초생재배를 한 수원지
휴간관개	27° 이하	이랑을 세우는 작물, 과수
살수관개	위의 범위 내	각종 작물

연습문제

관개방법 중 고랑관개와 다공관관개에 대해 설명하시오

해설:
- 고랑관개 : 포장에 이랑을 세우고 고랑에 물을 흘려 대는 방법이다.
- 다공관관개 : 파이프에 직접 작은 구멍을 내어 살수하는 방법이다.

41 농약의 정의 및 명칭

(1) 농약의 정의 및 이해
① 농약은 농약관리법에 의거 농작물을 해치는 균, 곤충, 응애, 선충, 바이러스, 잡초, 그 밖에 농림축산식품부령으로 정하는 동식물을 방제하는 데에 사용하는 살균제, 살충제, 제초제 등을 말한다.
② 기타 기피제, 유인제, 전착제 및 농작물의 생리기능에 영향을 주는 약제를 농약이라 한다.

(2) 농약의 구비조건
① 농약은 살균, 살충력이 강해야 하며 적은양으로 효과가 있어야 한다.
② 작물 및 사람, 가축에 해가 없어야 하고 오랜 시간 잔류하거나 생물에 축적되지 않아야 한다.
③ 사용법이 간단해야 한다.
④ 품질이 균일하고 지속적이어야 하며 외부환경 변화에도 변질되지 않아야 한다.
⑤ 가격이 저렴하고 구입이 용이해야 한다.
⑥ 다른 약제와의 혼용이 가능해야 한다.
⑦ 농촌진흥청에 등록되어야 한다.

42 농약의 종류

(1) 살균제

① 사용목적 및 사용대상에 의한 분류

종자소독제	종자나 종묘의 표면에 부착하거나 내부에 감염하는 병원균을 살멸시키기 위해 사용한다.
경엽처리제	작물의 생육기간 중에 식물체 전체에 살포하는 약제이다.
토양처리제	토양 중 병원미생물을 살멸시키기 위해 사용한다.

② 작용특성에 따른 분류

보호살균제	• 병원균의 포자가 발아하여 식물체 내에 침입하는 것을 방지하기 위해 병이 발생하기 전에 식물체에 살포하는 약제로 병을 예방할 목적으로 사용한다. • 병원균의 포자의 발아나 기주체 침입을 저해하거나 식물의 병에 대한 저항성을 증대시키는 약제로 병원균이 식물체에 도달하기 전에 살포한다.
직접살균제	• 병원균의 발아와 침입을 방지하고 침입한 병원균을 살멸시키는 약제로 발병 전의 예방과 발병 후의 치료에 모두 사용된다. • 식물의 조직 내 침입 정착한 병원균을 살멸시키는 약제로 침투이행성이 있다.

③ 제형에 따른 분류

액제	주제가 수용성인 약제
유제	주제를 용제에 녹이고 거기에 유화제를 첨가하여 물과 섞이도록 한 약제
분제	주제를 증량제, 물리성 계량제, 분해방지제 등의 부제와 혼합하여 분쇄한 약제
입제	주제를 여러 가지 부제와 혼합한 후 물에 반죽하여 입상으로 만들거나 입상물질에 액상의 주제를 균일하게 분무하여 조제한 약제
수화제	주제를 여러 가지 부제와 혼합하고 이를 분쇄하여 가루로 만든 것으로 사용할 때에는 물에 현탁된 상태로 살포한다.
액상수화제	주제가 물과 용제에 난용성인 경우 이를 미세한 입자로 분쇄하여 물에 현탁시켜 액상으로 만든 약제
미립제	입제와 같은 방법으로 조제하지만 입자의 크기가 입제보다 미세한 것
DL 분제	분제의 일종이지만 입자의 크기가 훨씬 미세하여 살포할 때 약제의 표류를 감소시키고 부착성이 향상시킨 것

훈증제	비점이 낮은 주제를 액체, 고체 또는 압축가스형태로 용기에 충전하여 용기를 열면 대기 중으로 기화되도록 만든 것
연무제	주제를 특수한 용기에 가압 충전한 것
훈연제	주제와 발연제를 혼합한 것
도포제	주로 수목의 상구를 보호하기 위해 사용하며 농약을 풀과 같이 만들어 붓으로 도포할 수 있도록 만든 것

(2) 살충제

① 살충제는 작물을 가해하는 곤충, 응애류, 선충 등의 침입을 방지하거나 제거하는 약제이다.
② 대표적으로 농작물을 가해하는 해충의 방제를 위해 소화중독제, 침투성살충제, 접촉제, 훈증제 등이 있다.

소화중독제	해충이 약제를 먹어 소화관에서 흡수되어 처리하며 주로 저작구형을 가진 해충에 적용하면 유리하다.
침투성살충제	식물에 약제를 투입시키며 흡즙성 해충 처리에 유리하며 다른 곤충이나 천적 등에 피해가 적다.
접촉제	해충에 직접 약제를 접촉시켜 처리한다.
불임제	해충의 생식능력에 방해를 주어 번식을 막는다.
훈증제	약제를 가스화하여 해충을 죽이는 약제이다.
훈연제	약제를 연기화 하여 해충을 죽이는 약제이다.
기피제	직접적인 살상작용은 하지 않으나 해충의 접근을 막는 약제이다.
유인제	해충을 유인하는 약제로 주로 불임제 등과 함께 사용하여 효과를 극대화 한다.
점착제	나무의 줄기나 가지와 같은 해충의 이동경로에 발라 월동 이후 해충의 이동을 차단하는 약제이다.
생물농약	해충의 천적을 이용하여 해충을 방제하는 약제이다.

연습문제

농약 분류에서 살충제의 종류 3가지를 적으시오

해설:
접촉제, 훈증제, 기피제

(3) 제초제

① 작물의 생장에 방해되는 잡초 등을 제거하기 위해 사용하는 약제로 선택성 제초제와 비선택성 제초제로 구분한다.

선택성 제초제	• 작물에는 영향을 주지 않고 잡초만을 선택적으로 제거하는 약제 • 디캄바액제, 시마진, 헥사지논
비선택성 제초제	• 잡초와 작물 등 식물 전체를 제거하는 약제 • 글라신액제, 염소산염제

(4) 기타

① 살비제 : 곤충에는 살충력이 거의 없고 응애류 방제에 효과가 있는 약제이다.
② 살선충제 : 선충의 방제에 효과가 있는 약제이다.
③ 식물생장조정제 : 식물의 생장을 촉진, 억제하고 개화 촉진 등 식물의 생육을 조정하는 약제로 옥신 지베렐린등이 있다.
④ 보조제 : 살균제, 제초제 등과 같은 농약의 효과 증진을 도와주는 약제로 전착제, 증량제, 용제, 유화제, 협력제가 있다.

전착제	• 병해충 및 식물의 전착에 도움을 주는 약제이다. • 전착제는 살포액이 넓게 퍼지게 해준다. • 살포면에 부착된 약제는 비바람에 의해 유실될 수 있으니 주의한다. • 작물의 약해를 일으키지 않아야 한다.
증량제	• 주성분의 농도를 낮추는 약제이다. • 분말도, 분산성, 비산성, 부착성 등이 높아야 한다. • 규조토, 탈크, 벤토나이트 등이 있다.
용제	• 약제의 유효성분을 녹이는데 사용하는 약제 • 농약에 대한 용해도가 커야한다. • 농약의 안정성을 유지하고 약해가 있어서는 안된다.
유화제	유제의 유화성을 높이는 일종의 계면활성제
협력제	유효성분의 효력을 증진

연습문제

다음은 농약에 대한 내용이다. 빈칸을 채우시오

◎ (㉠) : 곤충에는 살충력이 거의 없고 응애류 방제에 효과가 있는 약제이다.
◎ (㉡) : 주성분의 농도를 낮추는 약제로 분말도, 분산성, 비산성, 부착성 등이 높아야 한다.

해설
㉠ 살비제   ㉡ 증량제

(5) 농약제제의 물리적 성질

① 액상사용제의 물리적 성질

유화성	제제를 물에 가한 경우 유립자가 균일하게 분산하여 유탁액이 되는 성질을 말한다.
습전성	살포한 약액이 작물이나 해충의 표면에 퍼지는 성질을 말한다.
수화성	수화제와 물과의 친화도를 말한다.
현수성	수화제에 물을 넣어 조제한 현탁액의 고체입자가 균일하게 분산 부유하는 성질과 안정성을 말한다.
침투성	살포된 약제가 식물체에 침투하는 성질을 말한다.
표면장력	공기와 접하는 계면에 있어서 계면장력을 말한다.
부착성	살포한 약액이 식물체에 붙는 성질을 말한다.
접촉각	정지된 액체의 표면이 고체와 접하는 점에 있어 액면과 고체면이 이루는 각도를 말한다.
고착성	부착한 약제가 빗물에 씻겨 내리지 않고 식물 표면에 붙어 있는 성질을 말한다.

② 고상사용제의 물리적 성질

분말도	고체상태 제형의 입자 크기를 나타내는 것이다.
입도	제제의 입경을 나타내는 것이다.
용적비중	제형의 단위용적당 무게를 나타낸 것이다.
응집력	분제의 입자나 물에 희석한 약품들의 입자가 뭉치는 성질을 말한다.
분산성	분제가 균일하게 분산하는 성질을 말한다.
비산성	분제가 바람에 의해 이동하는 성질을 말한다.
토분성	분제의 입자가 살분기의 분출구로 잘 미끄러지는 성질을 말한다.
부착성,고착성	살포된 분제가 작물이나 해충에 붙어 있는 성질을 말한다.
안정성	분제가 분해되고나 변하지 않는 성질을 말한다.
경도	입자의 단단한 정도를 말한다.
수중붕괴성	농약이 토양이나 수면에 처리시 유효성분이 방출되는 성질을 말한다.

43 주요 독성

(1) 급성 독성

① 급성 독성은 일시에 다량의 농약에 노출되었을 경우 나타나는 독성으로 급성독 정도에 따른 농약의 구분으로 I급(맹독성), II급(고독성), III급(보통독성), IV급(저독성) 으로 구분한다.

구분	시험동물의 반수를 죽일수 있는 양(mg/kg 체중)			
	급성경구		급성경피	
	고체	액체	고체	액체
I급(맹독성)	5 미만	20 미만	10 미만	40 미만
II급(고독성)	5 이상 50 미만	20 이상 200 미만	10 이상 100 미만	40 이상 400 미만
III급(보통독성)	50 이상 500 미만	200 이상 2000 미만	100 이상 1000 미만	400 이상 4000 미만
IV급(저독성)	500 이상	2000 이상	1000 이상	4000 이상

② 세계보건기구에서 쥐를 대상으로 한 급성 경구 및 피부 독성실험에 의거하여 LD_{50}(반수치사량, 중위치사량)을 산출하고 값에 따라 농약의 독성을 분류한다.
③ 반수치사량은 농약을 위의 표와 같이 경구와 경피를 통해 침입된 독성이 동물의 반수인 50%정도가 치사하는 약품의 양을 의미하며 이 숫자가 작을수록 독성이 강함을 의미한다.

(2) 만성 독성

① 소량의 농약에 장기간 노출 시 나타나는 독성으로 검증을 위해 시험동물에 반복투여를 장기간에 걸쳐 실시하여 잔류농약의 위험성을 알아본다.
② 만성독성 수준을 평가하는데 최대무작용량(NOEL)을 산출하는데 최대무작용량은 장기 독성시험동물이 아무런 영향을 받지 않는 최대 용량으로 mg/kg/day 로 표기하며 여기서 kg 은 체중 단위를 의미한다.

(3) 어독성

① 농약 등의 어류에 대한 독성을 어독성이라 하며 어류의 반수를 죽일수 있는 농도를 기준으로 I급, II급, III급으로 구분한다.

구분	반수를 죽일 수 있는 농도(mg/l, 48시간)
I급	0.5 미만
II급	0.5 이상 2 미만
III급	2 이상

② 벼재배용 농약 등의 경우 어류에 대한 어독성이 II급 또는 III급에 속하는 농약으로서 미꾸라지에 대한 어독성이 I급에 속하는 농약 등은 I급 다음의 IIs급으로 구분한다.

③ 어독성은 반수치사농도로 표시하며 이는 48시간 후에도 50%가 살아 남는 농도로 ppm 으로 표기한다.

④ 어독성 시험은 주로 잉어가 이용되며 어류가 알 시기에는 감수성이 가장 낮다.

44 농약의 잔류와 안전사용

(1) 잔류농약
① 잔류성 농약의 주성분이 작물, 토양, 수질 등에 잔류하여 오염시키는 것을 의미한다.
② 농약의 잔류량 및 잔류기간에 따라 약해의 영향 정도가 결정된다.
③ 잔류량 및 기간은 농약의 물리성, 화학성과 농약의 제형방법 및 살포방법 외부의 기상조건 등에 의해 영향을 받으며 작물의 표면 형태 및 작물의 성장속도도 관여한다.

(2) 잔류성 농약의 종류
① 토양잔류성 농약
  ㉠ 토양 중 농약의 반감기간이 180일 이상인 농약을 토양잔류성 농약이라 한다.
  ㉡ 주로 병해충방제용으로 약품을 살포하였다가 약품 성분이 잔류되어 동식물에 영향을 주게 된다.
  ㉢ 동일 농약을 지속적으로 살포하면 특정 농약의 미생물들이 분해작용이 활성화되어 농약의 잔류 정도가 줄어들게 되나 혼합처리 혹은 서로 다른 약품들을 교대로 살포처리할 경우 분해가 느려져 잔류가 지속되기도 한다.
  ㉣ 토양의 유기물 함량이 높고 알칼리성 토양의 경우 농약의 분해가 빠른편이다.
  ㉤ 토양의 잔류 정도는 농약 자체의 특성에 따라 상이한데 유기염소계 농약의 경우 환경에 안정적이라 토양에 오래 잔류하는 편이며 아닐린유도체와 같이 토양입자에 강하게 흡착되는 경우도 오래 잔류한다.

② 작물잔류성 농약
  ㉠ 농약은 작물의 표피의 유지층에 잔류하며 일부가 조직의 내부까지 침투하여 잔류하게 된다. 또한 작물의 표면에 털이 많거나 피복량이 적으면 잔류량이 많아질 확률이 높다.
  ㉡ 농약 조제시 전착제를 많이 첨가할 경우 그만큼 작물의 표면에 다량 잔류하게 된다.

③ 수질오염성 농약
  ㉠ 살포한 농약 중 수질을 오염시켜 수중생물 및 물을 이용하는 동식물의 피해가 우려되는 농약을 말한다.
  ㉡ 수질오염성 농약은 물을 이용하는 동식물에 직접적인 피해 뿐 아니라 내부 잔류 농약으로 인하여 2차적 피해가 발생할 가능성도 있다.

(3) 농약의 잔류허용기준

① 농약의 잔류허용기준은 농약의 최대잔류허용량을 의미하며 주로 화란방식에 의해 검증한다.

$$최대잔류허용량(ppm) = \frac{1일 섭취허용량(mg/kg) \times 국민평균체중(kg)}{농약이 사용되는 식품 1일 섭취량(kg)}$$

② 농약 잔류허용기준은 만성독성을 기준으로 하며 신체에 급진적인 영향을 주는 급성독성과는 관련이 없는 기준이다.
③ 농약의 1일 허용량은 농약을 매일 섭취해도 영향이 없는 농약의 양으로 최대무작용약량(NOEL, No Observed Effect Level)에서 안전계수를 곱한 값으로 정의한다.
④ 농약 1일 섭취량은 mg/kg 단위로 표현한다.

(4) 농약의 안전사용

① **농약의 등록시험**
  ㉠ 농약을 국내에서 제조 판매하고자 할 때 등록시험을 실시한다.
  ㉡ 인축독성시험에는 급성경구독성시험, 급성경피독성시험, 급성흡입독성시험, 피부자극성시험, 피부감작성시험, 기형독성시험, 만성독성시험, 발암성시험, 생체 기능의 영향 관련 시험 등이 있다.
  ㉢ 환경생물독성시험의 종류에는 담수어류에 대한 급성독성시험, 물벼룩류에 대한 급성유영 저해시험, 꿀벌에 대한 급성독성시험, 지렁이 번식독성시험 등이 있다.

② **농약의 안전사용기준**
  ㉠ 적용대상 농작물에만 사용할 것
  ㉡ 적용대상 병해충에만 사용할 것
  ㉢ 적용대상 농작물과 병해충별로 정해진 사용방법 및 사용량을 지킬 것
  ㉣ 적용대상 농작물에 대해 사용시기 및 사용횟수가 정해진 농약은 그 기준을 지켜 사용할 것

45 농약의 사용 방법

(1) 조제법

① 조제 유의사항
  ㉠ 조제시 약액이 인체에 묻지 않게 주의 한다.
  ㉡ 오염된 물이나 알칼리성이 강한 물은 조제시 사용하지 않도록 한다.
  ㉢ 유제는 소량의 물에 희석하고 이후 소요량의 물을 부어 골고루 혼합한다.
  ㉣ 원액의 침전물이 있을 경우 따뜻한 물을 넣어 침전물을 녹인 다음 조제 한다.
  ㉤ 수화제는 소량의 물에 죽과 같은 상태로 농약을 풀어 소요량의 물을 넣어 녹여준다.
  ㉥ 전착제는 소량의 물에 섞어 죽과 같이 만들어 살포액에 넣고 사용한다.
  ㉦ 살포액은 바람을 등지고 조제한다.

② 약제의 희석 및 조제
  ㉠ 농약의 조제에는 배액조제법, 농도 조제법이 있으며 배액조제법은 가장 일반적으로 많이 사용되며 유효성분의 함량을 고려하지 않는 것이 특징이다. 농도 조제법은 유효성분의 함량을 정확하게 계산하여 조제한다.
  ㉡ 액제의 희석

  $$원액의 용량 \times \left(\frac{원액의 농도}{목표 희석 농도} - 1\right) \times 원액 비중$$

③ 살포제의 희석
  ㉠ 소요약량(배액) = $\dfrac{단위면적당 사용량}{소요희석배수}$

  ㉡ 소요약량(ppm 살포) = $\dfrac{추천농도(ppm) \times 살포대상량(kg) \times 100}{1,000,000 \times 비중 \times 원액 농도}$

  ㉢ 희석할 물의 양 = 원액 용량 $\times \left(\dfrac{원액 농도}{희석할 농도} - 1\right) \times$ 원액 비중

  ㉣ 희석할 증량제 양 = 원분제 중량 $\times \left(\dfrac{원분제 농도}{목표 농도} - 1\right)$

④ 농도환산
  ㉠ 1L = 1000ml = 1000g
  ㉡ 1g = 1ml
  ㉢ 1 ppm = 1ml/1L = 1g/1,000,000mg

(2) 농약처리 방법

① 주요 살포법

㉠ 분무법
- 약제를 안개와 같이 미세하게 뿌려 작물에 부착하게 하는 것으로 고착성이 좋아 비산에 의한 손실이 적은 편이다.
- 입자의 크기는 100~200um 정도의 크기로 분무기 분사 노즐의 크기도 주로 작은 것을 이용한다.
- 분무기는 살포 면적에 따라 배부식 수동분무기, 동력분무기, 헬기를 이용한 공중 살포 등 다양한 방법이 있다.

㉡ 미스트법
- 미스트기로 만든 미립자를 살포하는 방법으로 분무법과 비교하여 살포량은 적지만 농도가 높고 입자가 작다.
- 살포 입자는 30~60um 정도로 분무법에 비해 매우 작은 입자이다.

㉢ 스프링클러법
- 살포기의 압력, 노즐형태, 노즐크기, 분사량 등에 의해 영향을 받으며 보통 잎의 뒷면에 약액의 살포가 저조하여 침투성 약제를 사용하는 것이 유리하다.

㉣ 살분법
- 분제 농약을 살포하는 방법으로 다공 호스를 이용한 파이프더스터(Pipe duster)법이 주로 이용된다.
- 분무법과 비교하여 작업이 간단하나 약제가 많이 들고 효과가 낮은 것이 단점이다.

② 기타 살포법

연무법	약제의 주성분을 연기(10~20㎛)의 형태로 해서 사용하는 방법이다.
훈연법	약제를 연기화하여 작물에 살포하는 방법이다.
훈증법	밀폐된 곳에 넣고 약제를 가스화시켜 방제하는 방법이다.
관주법	토양내에 있는 병해충을 방제하기 위하여 땅 속에 약액을 주입하는 방법이다.
침지법	종자, 종묘를 소독하기 위하여 사용하는 방법으로 희석액에 종자를 담가 감염된 병해충을 방제하는 방법이다.
분의법	종자를 소독하기 위하여 분제로 된 약제를 종자에 피복시켜 병해충을 사멸시키는 방법이다.

도포법	나무 줄기에 환상으로 약액을 처리하여 이동하는 해충을 잡는 방법과 상처 부위를 병균이 침입하지 못하도록 약제를 처리하는 방법이다.
도말법	종자 소독을 위해 분제농약을 건조한 종자에 입혀 살균, 살충하는 방법이다.
토양처리법	약제를 농작물의 뿌리 근처의 토양에 주입하는데 토양전면 30~60cm 간격으로 약제를 주입하고 흙으로 덮는다.
미량살포법	농도가 높은 미량살포제를 소량 살포하는 방법이다
토양혼화법	입제 농약을 토양에 투입하고 경운하는 방법이다

연습문제

다음은 농약살포법에 대한 내용이다. 빈칸을 채우시오

◎ (㉠) : 일반 분무법을 개선하여 살포액의 입자크기를 더 작게 하여 노동력을 절감하고 살포의 균일성을 향상시킨 방법이다.

◎ (㉡) : 토양내에 있는 병해충을 방제하기 위하여 땅 속에 약액을 주입하는 방법이다.

해설
㉠ 미스트법
㉡ 관주법

46 잡초

(1) 잡초의 피해

① 농경지 피해
  ㉠ 잡초는 작물과 경쟁을 일으켜 작물의 생육환경을 불량하게 하여 수량을 감소한다.
  ㉡ 경쟁(경합)은 주로 토양의 수분, 양분, 공간 등 생육에 필요한 요소들이며 작물의 개화 및 과실에 영향을 미치게 된다.
  ㉢ 잡초의 양분 및 수분의 흡수력이 좋고 생존력이 좋아 작물의 생육에 많은 영향을 미치게 된다.
② 상호대립억제작용은 잡초에서 작물의 생육을 억제하는 물질을 분비하여 생장 및 발아를 억제하는 작용을 한다.
③ 잡초 중에서는 뿌리가 없는 기생식물이 있으며 대표적으로 새삼, 겨우살이가 있다. 기생식물은 다른 식물의 양분을 흡수하여 살아가기에 작물에 기생할 경우 작물의 양분을 빼앗아가 생육에 영향을 미친다.
④ 기타 병해충의 서식처 역할을 하거나 작업 환경을 악화 시켜 경지의 이용효율을 감소시킨다. 또한 사료포장의 오염으로 품질저하 및 관리에 문제가 발생한다.

(2) 잡초의 유용성

① 토양에 유기물을 공급하여 토질을 개선시킨다.
② 잡초를 먹이로 하는 야생동물에게 먹이와 서식처를 제공한다.
③ 토양의 유실을 방지한다.
④ 자연경관을 아름답게 하는 조경의 기능이 있다.
⑤ 오염된 수질 및 토양의 정화를 돕는다.
⑥ 병해충의 저항성 작물등에 활용되는 유전자원이기도 하다.
⑦ 약료, 향료, 사료 등 다방면으로 활용된다.

47 잡초의 분류 및 분포

(1) 식물분류학적 분류
① 식물분류는 이명법(린네)을 주로 기준으로 한다.
   계 → 문 → 강 → 목 → 과 → 속 → 종 → 변종
② 식물의 분류시 기본단위는 종은 같은 유전형질을 나타낸다.
③ 종을 학명으로 표시할 경우 린네가 만든 이명법을 사용한다.

(2) 생활형에 따른 분류
① 1년생 잡초
   ㉠ 1년을 기준으로 생활하는 잡초로 한해살이 잡초라고도 한다.
   ㉡ 1년생 잡초에는 화본과잡초, 방동사니과 잡초, 광엽잡초 마다 다양하게 존재한다.

화본과 잡초	둑새풀, 돌피, 강피
방동사니과 잡초	알방동사니, 바람하늘지기, 바늘골
광엽잡초	물달개비, 물옥잠, 사마귀풀, 여뀌, 마디꽃, 자귀풀

② 월년생 잡초
   ㉠ 1년 이상 2년 미만으로 생활하는 잡초이다
   ㉡ 종자가 발아하고 1년까지는 영양생장을 하나 다음 해부터는 개화하여 종자를 생산하는데 이러한 특징으로 2년생잡초라고도 한다.
   ㉢ 월년생 잡초에는 달맞이꽃, 나도냉이, 엉겅퀴, 냉이, 별꽃, 속속이풀 등이 있다

③ 다년생 잡초
   ㉠ 2년이상 생활하는 잡초를 다년생 잡초라 한다.
   ㉡ 방동사니과에는 올방개, 파대가리, 너도방동사니가 있으며 광엽잡초에는 가래, 개구리밥, 올미, 미나리 등이 있다.

화본과 잡초	나도겨풀
방동사니과 잡초	너도방동사니, 쇠털골, 올방개, 올챙이고랭이
광엽잡초	가래, 개구리밥, 미나리, 올미, 좀개구리밥

   ㉢ 다년생 잡초는 특징 및 번식 방법 등에 따라 단순다년생, 구근형다년생, 포복형다년생이 있다.
   ㉣ 단순다년생은 주로 종자로 번식하며 구근형다년생은 구근이나 종자로 번식한다.

단순다년생	민들레, 질경이
구근형다년생	산달래, 야생마늘

ⓜ 포복형다년생은 덩이줄기(괴경), 땅속줄기(근경), 알줄기(구경), 가는줄기(포복경), 가는뿌리(포복근)이나 종자로 번식한다.

번식 방법	종류
덩이줄기(괴경), 땅속줄기(근경)	너도방동사니, 매자기, 올방개
알줄기(구경)	반하, 올챙이고랭이
가는줄기(포복경)	미나리, 병풀
가는뿌리(포복근)	쇠뜨기, 엉겅퀴, 겨풀

(3) 형태적 분류

잡초는 형태적 분류에 따라 광엽잡초, 화본과잡초, 방동사니과잡초로 분류된다.

① 광엽잡초
  ㉠ 쌍자엽식물로 망상맥을 가지며 잎이 넓은 것이 특징이다
  ㉡ 대표적으로 닭의장풀, 명아주, 가래, 물달개비, 쇠비름, 비름, 질경이, 여뀌, 깨풀 등이 있다.

② 화본과 잡초
  ㉠ 잎이 길며 잎맥은 평형맥이다. 줄기는 원통형이며 마디 사이가 비어 있다.
  ㉡ 바랭이, 피, 강아지풀, 둑새풀 등이 있다.

③ 방동사니과잡초
  ㉠ 화본과 잡초와 유사한 형태를 지니고 있으나 줄기가 삼각형 형태를 띠고 있으며 속이 차 있고 잎이 좁다. 물속이나 습지에서 주로 자란다.
  ㉡ 너도방동사니, 올방개, 쇠털골, 향부자, 매자기, 올챙이 고랭이, 바람하늘지기 등이 있다.

(4) 기타 분류

① 토양수분 적응성에 의한 분류
  ㉠ 건생잡초
   • 포장용수량(수분40~60%) 상태에서 발생하는 잡초이다.
   • 바랭이, 명아주, 쇠비름, 강아지풀 등이 있다.
  ㉡ 습생잡초
   • 포화수분(수분 80~90%) 상태에서 발생하는 잡초이다.
   • 황새냉이, 별꽃, 둑새풀 등이 있다.
  ㉢ 수생잡초
   • 담수 상태(얕은 수심)에서 발생하는 잡초로 부유잡초도 여기에 속한다.
   • 가래, 마디꽃, 물옥잠, 물달개비 등이 있고 부유잡초로는 부레옥잠, 개구리밥, 좀개구리밥, 생이가래 등이 있다.

② 발생시기에 의한 분류
  ㉠ 여름 잡초
   • 봄에 발생하여 여름에 피해를 주고 가을에 결실을 하는 잡초이다.
   • 명아주, 돌피, 강아지풀, 알방동사니, 물별, 바랭이, 마디꽃 등이 있다.
  ㉡ 겨울 잡초
   • 가을에 발생하여 노지에서 월동하고 봄쯤 피해를 주고 늦봄이나 초여름에 결실을 하는 잡초이다.
   • 둑새풀, 냉이, 개미자리, 벼룩나물, 점나도나물, 벼룩이자리, 별꽃, 속속이풀, 갈퀴덩굴 등이 있다.

③ 발생빈도에 따른 분류

발생빈도에 따라 우생잡초, 광생잡초, 산생잡초, 희생잡초가 있다.

우생잡초	일정 포장에서 매우 많이 발생하는 잡초
광생잡초	일정 포장에서 적지만 널리 발생하는 잡초
산생잡초	일정 포장에서 드물게 발생하는 잡초
희생잡초	일정 포장에서 매우 드물게 발생하는 잡초

④ 생장형에 따른 분류

직립형	• 지상부가 크고 곧게 자라는 잡초를 말한다. • 명아주, 가막살이, 쑥부쟁이
포복형	• 줄기가 땅 위를 기어가는 형태로 자라는 잡초를 말한다. • 메꽃, 쇠비름, 선피막이, 긴병풀꽃
총생형	• 분얼하여 포기를 이루는 잡초를 말한다. • 억새, 둑새풀
분지형	• 지상부에서 가지가 갈라지고 키가 작은 잡초를 말한다. • 광대나물, 애기땅빈대, 석류풀, 사마귀풀
만경형	• 덩굴줄기가 다른 물체를 감고 올라가 자라는 잡초를 말한다. • 거지덩굴, 환삼덩굴, 메꽃
로제트형	• 잎이 근생엽(뿌리에서 직접 생긴 잎)으로 이루어진 잡초를 말한다. • 민들레, 질경이

(5) 논잡초와 밭잡초

① 논잡초

　㉠ 1년생 논잡초로 피, 마디꽃, 물달개비 등이 있다.

　㉡ 논에서 발생하는 다년생 잡초로는 너도방동사니, 올미, 가래, 나도겨풀, 매자기, 올챙이고랭이, 개구리밥, 미나리, 벗풀, 쇠털골, 알방동사니 등이 있다.

　㉢ 논에서 점유율이 높은 우점잡초로는 피, 올방개, 물달개비, 올미, 너도방동사니, 올챙이고랭이 등이 있다.

② 밭잡초

　㉠ 1년생 밭잡초로 바랭이, 쇠비름, 명아주, 닭의 장풀 등이 있고 다년생 잡초에는 엉겅퀴, 메꽃, 소리쟁이 등이 있다.

　㉡ 기타 둑새풀, 냉이, 할미꽃, 쑥, 토끼풀, 쇠뜨기, 미국자리공 등이 있다.

　㉢ 발생밀도가 많은 잡초를 우점잡초라 하며 밭에서 주로 나타나는 우점잡초의 종류로는 둑새풀, 명아주, 바랭이, 쇠비름, 깨풀 등이 있다.

48 잡초방제

(1) 예방적 방제법

① 예방적 방제법은 외부에서 농경지로 잡초가 유입되는 것을 예방하는 방제법이다.
② 예방적 방제법에는 잡초위생이라 하여 잡초가 발생되지 않도록 관리하는 것을 말한다. 잡초위생에는 재배관리 합리화, 작물종자 정선, 비산형 잡초종자 관리, 농기구 관리, 가축의 관리, 경작지 주변관리, 토양의 소독 및 관리, 완숙퇴비 사용 등이 있다.

재배관리 합리화	· 윤작을 통한 잡초 발생을 억제한다. · 적정 시비를 통해 작물의 경합력을 증대시킨다. · 경운을 통한 잡초 발생을 예방한다.
작물종자 정선	· 잡초 종자의 정선 및 혼입을 막는다.
농기계 관리	· 농기구의 청결을 유지한다.
가축 및 주변 관리	· 가축의 털을 이용한 종자의 유입을 막는다. · 관배수로를 관리하여 수생잡초의 유입을 막는다.
상토 및 운반토양 소독	· 토양의 소독 및 종자의 혼입을 막는다.

(2) 생태학적(경종적) 방제법

① 잡초의 생육환경이 불리하도록 조성하여 작물이 경합에서 유리하도록 하여 잡초를 방제하는 방법이다.
② 경종적 방제법에는 경합특성을 이용하는 방법과 환경을 이용하는 환경제어법이 있다.
　㉠ 경합특성 이용
　　· 작물의 경합력 증진을 위한 방법을 선택한다.
　　· 작부체계의 개선(윤작 등)
　　· 재식밀도를 높여 초관형성을 촉진한다.
　　· 경합력이 큰 작물을 선택한다.
　　· 유묘의 생장력이 강하고 발아율이 좋은 작물을 선택한다.
　　· 피복작물을 이용하여 토양침식 및 잡초 발생을 억제한다.
　　· 병해충 등의 적기 방제를 통해 피해지의 잡초 발생을 예방한다.
　　· 이식 및 이앙을 통해 작물 공간을 선점하여 잡초의 발생 공간을 최소화한다.
　㉡ 환경제어법
　　· 잡초의 경합력 약화를 위한 방법
　　· 작물에 대한 선택적 시비를 실시한다.
　　· 답전윤환재배를 통해 잡초의 발생을 억제한다.

• 작물에 적합한 토양으로 조절한다.

(3) 생물적 방제법

① 곤충이나 미생물, 병원성을 이용하여 잡초의 세력을 경감시키는 방법이다.
② 생물적 방제법
  ㉠ 곰팡이, 박테리아, 바이러스 등의 병원미생물을 이용한 선택적 방제방법이 있다.
  ㉡ 오리나 닭 등의 가축을 이용한 방제법이 있다.
  ㉢ 우렁이, 달팽이 및 잉어, 붕어 등의 어패류를 이용한 방제법이 있다. 단, 붕어의 경우 발아한 연약한 식물을 먹이로 하기에 직파벼는 사용이 어렵고 이앙된 벼에는 피해를 주지 않는다. 이러한 특징 역시 고려하여 적절한 종류를 선택해야 한다.
  ㉣ 타감작용(allelopathy, 상호대립억제작용)이라 하여 근처 식물의 생육에 영향을 주는 방법을 이용한 방제법이다. 주로 인접 식물의 생육에 부정적인 영향을 끼쳐 생장을 저해시키거나 혹은 과도하게 촉진시키게 된다. 보리, 밀 등은 잡초의 생육을 억제시키는 작용을 한다.
  ㉤ 잡초식해곤충을 이용한 방법으로 특정 잡초를 가해하는 곤충을 이용한다. 돌소리쟁이 잡초에는 좀남색잎벌레, 선인장에는 좀벌레, 고추나물속에는 무구풍뎅이가 적합하다.
③ 생물적 방제를 위한 조건으로 잡초의 분포 및 종류에 대한 파악이 필요하며 가장 적합한 천적에 대한 선발 및 증식방법이 효율적이어야 한다.
④ 생물적 방제는 효과의 영구성이 있고 방제 비용이 적게 들며 친환경적이다. 그러나 적절한 천적을 찾기가 어려우며 잡초 발생지의 경우 여러 잡초가 동시다발적으로 발생하기에 모든 잡초방제를 하기에는 어려움이 있다.

(4) 기계적&물리적 방제법

① 기계의 힘을 이용하거나 사람이나 가축을 이용하며 기계적, 물리적인 힘을 가하여 잡초를 제거하는 방법으로 시간과 노력이 많이 들어가는 단점이 있지만 가장 확실하게 제거할 수 있다.
② 기계적, 물리적 방제법으로 인위적인 제초, 경운, 예취, 피복, 침수처리, 열처리 등의 방법이 있다.

인위적 제초	• 잡초 발생시 농기구를 이용하여 제초한다.
경운	• 토양을 갈아 엎어 잡초 종자 및 뿌리를 제거한다.
피복	• 토양위에 볏짚, 비닐 등의 재료로 덮어 잡초의 발생을 방제한다.
침수처리	• 논에 일정 수심을 유지하여 잡초 발생을 막는다.
예취	• 잡초를 베어 개화 및 결실을 방지한다.

(5) 화학적 방제법

① 농약 제초제를 살포하여 잡초를 방제하는 방법으로 최근 가장 널리 사용되는 방법이며 살초 효과가 매우 빠르게 나타난다.
② 잡초에만 약효가 나타나고 작물에는 피해가 없는 선택적 제초제를 사용해야 한다.
③ 제초제의 경우 잡초에 대한 적용범위가 넓어야 하고 제초 효과가 길수록 효과적이며 인축에 대한 독성이 없고 값이 저렴한 것이 좋다.

(6) 잡초종합관리(IWM)

① 잡초종합관리(IWM, Integrated Weed Management)는 여러 잡초 방제법 중에서 두 개 이상의 방법을 선택하여 사용하는 방법이다. 이 방법은 환경 및 인축에 영향을 주지 않고 지속적으로 사용 및 관리가 가능한 방법을 선택해야 한다.
② 두 가지 이상의 방제법을 혼용하여 사용하는데 있어 가능하면 환경에 피해를 주지 않으면서 방제효과를 높일 수 있는 방법을 찾는데 의의가 있다.
③ 잡초종합관리를 통해 잡초군락의 크기가 감소되고 작물의 생산력이 증대되며 재배환경이 개선되어 작물의 수량이 향상된다.

49 농약 분류

분류	살균제	살충제	제초제
ㄱ	가스가마이신	감마사이할로트린 결정석회황 합제 기계유 유제	글루포시네이트 글리포세이트
ㄴ	네오아소진 노닐페놀설폰산구리	노발루론	나프로파마이드
ㄷ	다조멧 디니코나졸 디메토모르프 디비이디시 디에토펜카브 디티아논 디페노코나졸	다이아지논 델타메트린 디노테퓨란 디메토에이트 디아펜티우론 디클로르보스 디플루벤주론	다이뮤론 디메타메트린 디캄바 디클로페닐 디티오피르
ㄹ		람다사이할로트린 레피멕틴 루페뉴론	리뉴론 림설퓨론
ㅁ	마이클로뷰티닐 만디프로파미드 만코제브 메탈락실 메트라페논 메트코나졸 메티람 메파니피림 메프로닐 멥틸디노캅	마그네슘포스파이드 메타플루미존 메탐소듐 메톡시페노자이드 메트알데하이드 메티다티온 메틸브로마이드 모나크로스포룸 밀베멕틴	메소트리온 메타벤즈티아주론 메타조설퓨론 메톨라클로르 메트리뷰진 메페나셋
ㅂ	바실루스 발리다마이신에이 베날릭실엠 베노밀 보르도혼합액 보스칼리드 비터타놀	베타사이플루트린 벤퓨라카브 뷰베리아 뷰프로페진 비스트리플루론 비티아이자와이 비티쿠르스타키 비페나제이트 비펜트린	벤설퓨론메틸 벤조비사이클론 벤타존 벤퓨러세이트 벤플루랄린 뷰타클로르 브로모뷰타이드 비스피리박소듐 비페녹스

ㅅ	사이목사닐 사이아조파미드사이프로디닐 사이프로코나졸 사이플루페나미드 스트렙토마이신 시메코나졸 심플리실리움라멜리콜라비씨피	사이로마진 사이안트라닐리프롤 사이안화수소 사이에노피라펜 사이퍼메트린 사이플루메토펜 사이플루트린 사이헥사틴 설폭사플로르 스피네토람 스피노사드 스피로디클로펜 실라플루오펜	사이클로설파뮤론 사이할로포프뷰틸 세톡시딤 시마진
ㅇ	아메톡트라딘 아미설브롬 아시벤졸라 에스 메틸 아이소티아닐 아이소프로티올레인 아이소피라잠 아족시스트로빈 암펠로마이세스퀴스퀄리스 에디펜포스 에타복삼 에트리디아졸 에폭시코나졸 오리사스트로빈 오퓨레이스 옥사딕실 옥솔린산 옥시카복신 옥시테트라사이클린 옥신코퍼 이미녹타딘트리스알베실레이트 이미벤코나졸 이프로디온 이프로발리카브 이프로벤포스 이프코나졸	아미트라즈 아바멕틴 아세퀴노실 아세타미프리드 아세페이트 아자디락틴 아조사이클로틴 아크리나트린 알루미늄포스파이드 알파사이퍼메트린 에마멕틴벤조에이트 에스펜발러레이트 에토펜프록스 에토프로포스 에톡사졸 에틸포메이트 이미다클로프리드 이미시아포스 인독사카브	아슐람소듐 아이속사벤 아짐설퓨론 알라클로르 엠시피에이 옥사디아존 옥시플루오르펜 이마자퀸 이사디(2,4-D) 이프펜카바존
ㅈ	족사마이드	제타사이퍼메트린	

ㅋ	카벤다짐 카복신 카프로파미드 캡탄 코퍼설페이트베이식 코퍼옥시클로라이드 코퍼하이드록사이드 큐프러스옥사이드 크레속심메틸 클로로탈로닐	카두사포스 카바릴 카보설판 카보퓨란 카탑하이드로클로라이드 크로마페노자이드 클로란트라닐리프롤 클로르페나피르 클로르플루아주론 클로르피리포스 클로티아니딘 클로펜테진	카펜스트롤 카펜트라존에틸 퀴노클라민 클레토딤 클로마존
ㅌ	테부코나졸 테클로프탈람 테트라코나졸 톨클로포스메틸 트리베이식코퍼설페이트 트리사이클라졸 트리아디메놀 트리코더마 트리포린 트리플록시스트로빈 트리플루미졸 티람 티아디닐 티아벤다졸 티오파네이트메틸 티플루자마이드	터부포스 테부페노자이드 테부펜피라드 테트라디폰 테블루벤주론 테블루트린 트리플루뮤론 티아메톡삼 티아클로프리드 티오디카브	테퓨릴트리온 트리플루랄린 티오벤카브
ㅍ	파목사돈 패니바실루스 페놀리몰 페나미돈 페녹사닐 페림존 펜뷰코나졸 펜사이큐론 펜티오피라드 펜피라자민 펜헥사미드 포세틸알루미늄 폴리옥신디 폴펫	파라핀오일 패실로마이세스 페나자퀸 페노뷰카브 페니트로티온 펜발러레이트 펜뷰타틴옥사이드 펜토에이트 펜티온 펜프로파트린 펜피록시메이트 포레이트 포스티아제이트 포스파미돈	페녹슐람 펜디메탈린 펜톡사존 펜트라자마이드 프레틸라클로르 프로디아민 프로파퀴자포프 플라자설퓨론 플루세토설퓨론 피라조설퓨론에틸 피리졸레이트 피리벤족심

	프로베나졸 프로사이미돈 프로클로라즈 프로피네브 프로피코나졸 프탈라이드 플루디옥소닐 플루설파마이드 플루실라졸 플루아지남 플루오피람 플루오피콜라이드 플루퀸코나졸 플루티아닐 플룩사피록사드 피라클로스트로빈 피리메타닐 피콕시스트로빈	포스핀 프로파자이트 플루벤디아마이드 플루피라디퓨론 피리프록시펜 피리플루퀴나존 피메트로진	
ㅎ	하이멕사졸 헥사코나졸	헥시티아족스	할로설퓨론메틸 헥사지논

PART 2

관련 법령

PART 02 관련법령[식물방역법]

1 식물방역법

제1장 총칙

제1조(목적)

이 법은 수출입 식물 등과 국내 식물을 검역하고 식물에 해를 끼치는 병해충을 방제(防除)하기 위하여 필요한 사항을 규정함으로써 농림업 생산의 안전과 증진에 이바지하고 자연환경을 보호하는 것을 목적으로 한다. [23년 3회]

제2조(정의)

이 법에서 사용하는 용어의 뜻은 다음과 같다.

1. "식물"이란 다음 각 목의 어느 하나에 해당하는 것으로서 제2호의 병해충을 제외한 것을 말한다.
    가. 종자식물(種子植物)·양치식물(羊齒植物)·이끼식물·버섯류
    나. 가목에 규정된 것의 씨앗·과실 및 가공품(병해충이 잠복할 수 없도록 가공한 것으로서 농림축산식품부령으로 정하는 것은 제외한다)
2. "병해충"이란 다음 각 목의 것을 말한다.
    가. 진균(眞菌)·점균(粘菌)·세균(細菌)·바이러스 등의 미생물로서 식물에 해를 끼치는 것
    나. 곤충, 응애, 선충(線蟲), 달팽이와 그 밖의 무척추동물로서 식물에 해를 끼치는 것
    다. 잡초(그 씨앗을 포함한다)로서 농림축산식품부장관이 정하여 고시하는 것
3. "식물검역대상물품"이란 식물과 그 식물을 넣거나 싸는 용기·포장, 병해충 및 농림축산식품부령으로 정하는 흙(이하 "흙"이라 한다)을 말한다.
4. "규제병해충"이란 소독·폐기 등의 조치를 취하지 아니할 경우 식물에 해를 끼치는 정도가 크다고 인정되는 것으로서 검역병해충 및 규제비검역병해충을 말한다.
5. "검역병해충"이란 잠재적으로 큰 경제적 피해를 줄 우려가 있는 다음 각 목의 병해충으로서 농림축산식품부령으로 정하는 것을 말한다.

가. 국내에 분포되어 있지 아니한 병해충

나. 국내의 일부 지역에 분포되어 있지만 발생예찰(發生豫察) 등 조치를 취하고 있는 병해충

6. **"규제비검역병해충"이란 검역병해충이 아닌 병해충 중에서 재식용(栽植用) 식물에 대하여 경제적으로 수용할 수 없는 정도의 해를 끼쳐 국내에서 규제되는 병해충으로서 농림축산식품부령으로 정하는 것을 말한다.** [24년 2회]

7. "잠정규제병해충"이란 수입검역 과정에서 처음 발견되었거나 제6조에 따른 병해충위험분석을 실시 중인 병해충으로서 규제병해충에 준하여 잠정적으로 소독·폐기 등의 조치를 취하는 병해충을 말한다.

7의2. "병해충 전염우려물품"이란 식물검역대상물품이 아닌 물품 중 제6조에 따른 병해충위험분석 결과 검역하지 아니하고 수입할 경우 병해충이 해당 물품에 섞여 들어와 국내 식물에 피해를 입힐 우려가 있다고 인정되는 것으로서 목재가구·폐지 등 농림축산식품부령으로 정하는 물품을 말한다.

8. "분포조사"란 병해충이 발생하였거나 발생할 우려가 있다고 인정되는 경우에 그 병해충의 예방과 확산방지 등을 위하여 수행하는 다음 각 목의 조사활동을 말한다.

  가. 병해충의 분포지역에 대한 조사활동

  나. 병해충의 발생밀도 및 피해 정도에 대한 조사활동

9. **"역학조사"란 병해충이 발생하였거나 발생할 우려가 있다고 인정되는 경우에 그 병해충의 예방 및 확산방지 등을 위하여 수행하는 다음 각 목의 활동을 말한다.** [24년 3회]

  가. 병해충의 감염원 추적을 위한 활동

  나. 병해충의 유입경로 규명을 위한 활동

제3조(국가 및 지방자치단체의 책무 등)

① 국가 및 지방자치단체는 병해충의 유입·확산을 방지하기 위하여 검역·예찰·방제 등 필요한 조치를 하여야 한다.

② 식물의 소유자나 관리자는 제1항에 따른 조치에 적극 협조하여야 한다.

제4조
[제4조는 제7조의3으로 이동]

제5조

제2장 검역

제1절 통칙

제6조(병해충위험분석)

① 농림축산식품부장관은 외국으로부터 병해충이 국내에 유입될 경우 농작물·자연환경 등에 미칠 수 있는 경제적 손실 등을 방지하기 위하여 그 위험 정도를 평가하고 그 위험 정도를 줄일 수 있는 방안을 마련하는 병해충 위험에 관한 분석·평가(이하 "병해충위험분석"이라 한다)를 하여야 한다.
② 병해충위험분석의 방법, 절차, 그 밖에 필요한 사항은 농림축산식품부령으로 정한다.

제7조(식물검역대상물품의 안전관리)

수입 중이거나 국내 지역을 경유하는 식물검역대상물품을 수송하거나 보관하는 자는 그 식물검역대상물품에 붙어있는 병해충이 퍼지지 아니하도록 밀폐형 컨테이너나 용기에 넣는 등 농림축산식품부령으로 정하는 기준에 따라 안전하게 수송하거나 보관하여야 한다.

제7조의2(식물검역관)

① 이 법에 따른 검역 또는 방제 업무에 종사하게 하기 위하여 농림축산식품부 및 농림축산식품부에 두는 식물 검역 업무를 담당하는 기관(이하 "식물검역기관"이라 한다)에 식물검역관을 두고, 지방자치단체에 지방공무원인 식물검역관을 둘 수 있다. 이 경우 지방자치단체에 두는 식물검역관의 업무범위는 농림축산식품부령으로 정한다.
② 제1항에 따른 식물검역관의 자격, 선발 절차, 그 밖에 필요한 사항은 농림축산식품부령으로 정한다.

제7조의3(식물검역관의 권한 등)

① 식물검역관은 규제병해충, 잠정규제병해충 또는 제32조제3항에 따른 방제 대상 병해충이 붙어 있다고 의심되는 식물검역대상물품·토지·저장소·창고·사업장·선박·차량 또는 항공기 등을 검사할 수 있다.
② 식물검역관은 제1항에 따른 검사 결과 규제병해충, 잠정규제병해충 또는 제32조제3항에 따른 방제 대상 병해충이 검출되거나 제10조제1항에 따른 금지품이 발견되면 그 식물검역대상물품·토지·저장소·창고·사업장·선박·차량 또는 항공기 등을 소유한 자 또는 소유자로부터 처분권한을 위임받은 대리인(이하 "대리인"이라 한다)에게 소독·폐기, 그 밖에 필요한 조치를 다음 각 호의 장소 또는 시설에서 하도록 명할 수 있다.

1. 제1항에 따른 검사를 한 장소
  2. 제14조제1항에 따른 검역장소 중 식물검역기관의 장이 수입항별로 정하여 고시하는 지역 내에 있는 검역장소
  3. 농림축산식품부장관이 정하여 고시하는 소독시설이나 「폐기물관리법」 제2조제8호에 따른 폐기물처리시설

③ 식물검역관은 제1항에 따른 검사를 위하여 필요하다고 인정하면 토지·저장소·창고·사업장·선박·차량 또는 항공기 등에 출입하여 관계인에게 질문을 하거나 화물 목록(전자문서를 포함한다. 이하 같다)을 확인할 수 있으며, 검사에 필요한 최소량의 시험용 재료를 무상으로 수거할 수 있다.

④ 누구든지 정당한 사유 없이 제1항에 따른 검사나 제3항에 따른 출입, 화물 목록의 확인 및 수거를 거부·방해하거나 기피하여서는 아니 된다.

⑤ 식물검역관이 이 법에 따라 직무를 수행할 때에는 그 권한을 표시하는 증표를 지니고 이를 관계인에게 내보여야 한다.

제7조의4(식물검역기술개발계획)

① 농림축산식품부장관은 병해충의 예방·진단·소독방법 등을 포함하는 종합적인 식물검역기술개발계획을 수립하고 시행하여야 한다.

② 제1항에 따른 식물검역기술개발계획을 수립하고 시행하는 데에 필요한 사항은 대통령령으로 정한다.

제2절 수입검역

제8조(식물검역증명서 등)

① 식물과 그 식물을 넣거나 싸는 용기·포장(이하 "식물등"이라 한다)을 수입하려는 자는 식물검역증명서 또는 전자식물검역증명서(이하 "검역증명서"라 한다)를 첨부·전송하여야 한다.

② 제1항에 따른 검역증명서는 수출국의 정부기관에서 발급한 것으로서 「국제식물보호협약」의 서식에 따른 것이어야 한다.

③ 제1항에도 불구하고 다음 각 호의 어느 하나에 해당하는 경우에는 검역증명서를 첨부·전송하지 아니할 수 있다.
  1. 식물 검역에 관한 정부기관이 없는 국가로부터 수입하는 경우
  2. 휴대하거나 우편·탁송 또는 이사물품으로 수입하는 경우. 다만, 재식용 또는 번식용

식물은 농림축산식품부장관이 정하여 고시하는 수량 이하로서 농림축산식품부령에 따라 재식용 또는 번식용 식물의 검역증명서 첨부 제외 승인을 받은 경우로 한정한다.
   3. 그 밖에 검역증명서를 첨부·전송하는 것이 곤란한 경우로서 농림축산식품부령으로 정하는 경우
④ 제1항 및 제2항에 따라 첨부·전송된 검역증명서 내용의 인정에 관하여 필요한 세부 기준은 농림축산식품부장관이 정하여 고시한다.

제9조(수입항)

식물검역대상물품은 항만·공항·기차역 등 농림축산식품부령으로 정하는 장소(이하 "수입항"이라 한다) 외의 장소를 통하여 수입하지 못한다.

제10조(수입 금지 등)

① 다음 각 호의 어느 하나에 해당하는 물품 등(이하 "금지품"이라 한다)은 수입하지 못한다.
   1. 제6조에 따른 병해충위험분석 결과 국내에 유입될 경우 국내 식물에 피해가 크다고 인정되는 병해충이 분포되어 있는 지역에서 생산 또는 발송되거나 그 지역을 경유(농림축산식품부령으로 정하는 단순 경유는 제외한다)한 식물로서 농림축산식품부령으로 정하는 것
   2. 병해충. 다만, 농림축산식품부장관이 병해충위험분석 결과 국내 식물에 경제적 피해를 줄 우려가 없다고 인정한 병해충은 제외한다.
   3. 흙 또는 흙이 붙어있는 식물
   4. 제1호부터 제3호까지에 규정된 물품 등의 용기·포장
② 제1항에도 불구하고 다음 각 호의 어느 하나에 해당하면 금지품을 수입할 수 있다.
   1. 다음 각 목의 어느 하나에 해당하는 경우로서 대통령령으로 정하는 요건을 갖추어 농림축산식품부장관으로부터 수입 후 관리할 장소(이하 "관리장소"라 한다)를 정하여 허가를 받은 경우
      가. 시험연구용이나 정부가 인정하는 국제박람회용으로 제공하기 위한 경우
      나. 「농업유전자원의 보존·관리 및 이용에 관한 법률」에 따라 농업유전자원을 확보하기 위한 경우
   2. 제1항제1호에 따른 식물로서 그 식물에 서식하는 병해충에 대한 위험관리방안을 그 수출국이 제시하고, 농림축산식품부장관이 그 타당성에 대하여 병해충위험분석을 한 결과 국내 식물에 피해를 줄 우려가 없다고 인정한 식물의 경우
   3. 제1항제1호에 따른 식물 중 제한된 장소에서 관리할 경우 병해충을 국내에 비산(飛散)·전

파할 우려가 없는 것으로 농림축산식품부령으로 정하는 식물을 다시 포장·가공하여 수출할 목적으로 수입하는 경우로서 대통령령으로 정하는 요건을 갖추어 농림축산식품부장관으로부터 포장·가공 장소(이하 "포장·가공장소"라 한다) 및 수입기간을 정하여 허가를 받은 경우

③ 농림축산식품부장관은 금지품 중 제2항에 따라 수입할 수 있는 물품에 대하여 수입방법, 수입 후의 관리방법, 그 밖에 필요한 조건을 붙일 수 있다.

④ 누구든지 제2항제1호 또는 제3호에 따라 허가를 받아 수입된 금지품을 해당 관리장소 또는 포장·가공장소 밖으로 유출하거나 반출해서는 아니 된다.

⑤ 농림축산식품부장관은 제4항을 위반하여 금지품을 관리장소 또는 포장·가공장소 밖으로 유출하거나 반출한 자에 대하여 다음 각 호의 조치를 할 수 있다.
  1. 제2항제1호 또는 제3호에 따른 허가의 취소
  2. 2년 이내의 범위에서 제2항제1호 또는 제3호에 따른 허가의 제한

⑥ 식물검역관은 제4항을 위반하여 금지품을 관리장소 또는 포장·가공장소 밖으로 유출하거나 반출한 자에 대하여 금지품의 회수 및 폐기를 명할 수 있다. 이 경우 금지품으로 인한 병해충의 오염이 우려되는 경우에는 해당 지역 및 그 주변 지역에 대한 소독을 명할 수 있다.

⑦ 제5항에 따른 행정처분의 세부기준, 제6항에 따른 폐기방법 등은 위반행위의 정도, 금지품의 유형 등을 고려하여 농림축산식품부령으로 정한다.

제11조(수입제한)

① 농림축산식품부장관은 외국의 특정지역에서 규제병해충이 발생하여 국내에 유입될 우려가 있는 등 병해충의 관리상 긴급한 상황이 발생하였다고 인정하면 그 지역에서 생산 또는 발송되었거나 그 지역을 경유한 식물등의 수입을 일시적으로 제한할 수 있다.

② 농림축산식품부장관은 규제병해충이 분포되어 있는 국가에서 수입되는 식물에 대하여는 재배지 검사, 소독, 그 밖에 필요한 조치를 하도록 수출국에 요구할 수 있다. 이 경우 그 요구 대상 국가 및 대상 식물은 농림축산식품부장관이 정한다.

③ 농림축산식품부장관은 제2항에 따라 요구한 재배지 검사, 소독, 그 밖에 필요한 조치를 이행하지 아니한 국가로부터의 식물 수입을 제한할 수 있다.

제12조(식물검역대상물품의 검역)

① 식물검역대상물품을 수입하는 자는 처음으로 도착한 수입항에서 지체 없이 식물검역기관의 장에게 신고하고 식물검역관의 검역을 받아야 한다. 다만, 제5항·제6항 및 제8항에 따라

검역을 받는 경우에는 그러하지 아니하다.
② 제1항에도 불구하고 제7조에 따른 수송 기준을 준수하여 운송하는 경우로서 다음 각 호의 어느 하나에 해당하는 경우에는 해당 도착지에서 지체 없이 식물검역기관의 장에게 신고하고 식물검역관의 검역을 받을 수 있다.
   1. 식물검역대상물품을 내륙 컨테이너 기지로 운송(재식용 또는 번식용 식물이 아닌 것만 해당한다)하거나 해상 또는 항공으로 운송하는 경우
   2. 정부가 인정하는 국제박람회용으로 제공되는 식물검역대상물품을 국제박람회장으로 운송하는 경우
   3. 식물검역대상물품을 제7조의3제2항제2호에 따른 검역장소로 운송하는 경우
   4. 식물검역대상물품 중 농림축산식품부장관이 서류에 의한 검역 대상으로 고시한 식물검역대상물품을 제14조제1항에 따른 검역장소로 운송하는 경우
③ 식물검역기관의 장은 제1항을 위반하여 처음으로 도착한 수입항에서 검역을 받지 아니하고 보세운송된 식물검역대상물품에 대하여 병해충의 위험성 및 확산 가능성 등을 고려하여 필요하다고 인정하면 그 보세운송된 도착지에서 검역을 할 수 있다.
④ 제14조제1항에 따른 검역장소를 지정받은 자는 해당 검역장소에 소유자가 없거나(소유자를 알 수 없는 경우를 포함한다) 소유자가 수취를 거부하는 식물검역대상물품이 반입된 경우(식물검역대상물품이 반입된 이후 소유자가 없게 되거나 소유자가 수취를 거부하는 경우를 포함한다)에는 그 사실을 식물검역기관의 장에게 알려야 한다.
⑤ 식물검역관은 제4항에 따른 통보를 받으면 해당 식물검역대상물품을 검역하여야 한다.
⑥ 식물검역관은 수입되는 식물검역대상물품에 규제병해충이 있다고 의심되고 그 규제병해충이 퍼질 우려가 있다고 인정하면 통관(通關)에 앞서 선박·차량 또는 항공기 안에 들어가서 그 식물검역대상물품을 검역할 수 있다.
⑦ 통관 절차에 관한 업무를 집행하는 우체국장 또는 「관세법」 제222조제1항제6호에 따라 등록한 탁송품 운송업자(이하 "탁송업자"라 한다)는 식물검역대상물품이 담겨 있거나 담겨져 있다고 의심되는 우편물 또는 탁송품을 접수하면 지체 없이 그 사실을 식물검역기관의 장에게 알려야 한다.
⑧ 식물검역관은 제7항에 따른 우체국장 또는 탁송업자의 통지를 받으면 해당 우편물 또는 탁송품을 검역하여야 한다.
⑨ 제8항에 따른 검역을 받지 아니한 식물검역대상물품이 담겨져 있는 우편물 또는 탁송품을 받은 자는 그 우편물 또는 탁송품을 첨부하여 지체 없이 그 사실을 식물검역기관의 장에게 신고하고 식물검역관의 검역을 받아야 한다.

제12조의2(목재포장재의 신고 등)

① 수입되는 물품의 목재포장재(물품의 지지·보호 또는 운반에 이용되는 목재로서 농림축산식품부장관이 정하여 고시하는 것을 말한다. 이하 같다)가 다음 각 호의 어느 하나에 해당하는 경우 그 목재포장재를 수입하는 자는 지체 없이 식물검역기관의 장에게 신고하고 이를 폐기하여야 한다.
  1. 농림축산식품부령으로 정하는 소독처리 기준에 따른 소독처리를 하지 아니하였거나 그 기준에 맞지 아니하게 소독처리를 한 경우
  2. 농림축산식품부령으로 정하는 소독처리 마크 표시기준에 따른 마크(이하 "소독처리마크"라 한다)를 표시하지 아니하였거나 그 기준에 맞지 아니하게 소독처리마크를 표시한 경우
  3. 농림축산식품부령으로 정하는 수입요건에 부합하지 아니하는 경우
② 식물검역관은 수입되는 물품의 목재포장재에 규제병해충이나 잠정규제병해충이 부착되어 있는지와 그 목재포장재가 제1항 각 호의 어느 하나에 해당하는지를 검사할 수 있다.
③ 식물검역관은 제2항에 따라 검사를 한 결과 수입되는 물품의 목재포장재에서 규제병해충이나 잠정규제병해충이 검출된 경우에는 소독 또는 폐기를 명하여야 하고, 그 목재포장재가 제1항 각 호의 어느 하나에 해당하는 경우 그 목재포장재를 수입하는 자에게 폐기를 명하여야 한다.
④ 제1항부터 제3항까지의 규정에 따른 신고절차, 검사방법 및 폐기방법 등 필요한 사항은 농림축산식품부령으로 정한다.

제12조의3(병해충 전염우려물품에 대한 검역)

① 식물검역관은 국내 식물을 보호하기 위하여 필요한 경우에는 수입하는 병해충 전염우려물품에 대하여 검역을 할 수 있다.
② 식물검역관은 제1항에 따른 검역 결과 병해충 전염우려물품에서 규제병해충이나 잠정규제병해충이 검출된 경우에는 그 물품의 소유자나 대리인에게 소독·폐기, 그 밖에 필요한 조치를 명하여야 한다.
③ 제1항 및 제2항에 따른 병해충 전염우려물품의 검역 절차·방법, 소독·폐기 방법 등 필요한 사항은 농림축산식품부령으로 정한다.

제12조의4(식물검역신고 대행자 등록 등)

① 식물검역대상물품을 수입하려는 자는 제2항에 따라 식물검역기관의 장에게 등록한 자에게 제12조에 따른 검역 신고(이하 이 조에서 "식물검역신고"라 한다)를 대행하게 할 수 있다.

② 식물검역신고를 대행하려는 자는 농림축산식품부령으로 정하는 교육 과정을 이수한 후 식물검역기관의 장에게 등록하여야 한다.
③ 제2항에 따른 등록 절차 등에 관하여 필요한 사항은 농림축산식품부령으로 정한다.
④ 식물검역기관의 장은 제2항에 따라 등록한 자가 다음 각 호의 어느 하나에 해당하는 경우에는 등록을 취소하거나 6개월 이내의 기간을 정하여 업무의 정지를 명할 수 있다. 다만, 제1호 또는 제2호에 해당하는 경우에는 등록을 취소하여야 한다.
  1. 거짓이나 그 밖의 부정한 방법으로 등록한 경우
  2. 업무정지 기간 중에 업무를 한 경우
  3. 사실과 다르게 신고하거나 거짓 서류를 첨부하는 등 부정한 방법으로 식물검역신고를 대행한 경우
⑤ 제4항에 따라 등록이 취소된 날부터 2년이 지나지 아니한 자는 제2항에 따른 등록을 할 수 없다.
⑥ 제4항에 따른 행정처분의 세부기준은 그 위반 행위의 유형과 위반 정도 등을 고려하여 농림축산식품부령으로 정한다.

제13조(격리재배 검역)

① 식물검역관은 씨앗·묘목·구근 등 재식용 또는 번식용 식물 중 제12조에 따른 검역으로 규제병해충의 유무를 판정하기 곤란한 것으로서 농림축산식품부령으로 정하는 식물(이하 "격리재배대상식물"이라 한다)에 대해서는 그 소유자나 대리인에게 격리재배를 명하여 그 재배지(이하 "격리재배지"라 한다)에서 검역하거나 그 식물의 전부 또는 일부를 식물검역기관에서 격리재배하여 검역할 수 있다.
② 격리재배대상식물 중 묘목을 수입하려는 자는 품목명, 수입일, 수입자 및 원산지를 확인할 수 있는 꼬리표를 농림축산식품부령으로 정하는 바에 따라 묘목에 개체별 또는 최소 포장단위별로 부착하여야 한다.
③ 누구든지 제2항에 따라 부착된 꼬리표를 고의로 위조·변조하거나 훼손하여서는 아니된다
④ 제1항에 따른 격리재배의 검역방법·절차 등 필요한 사항은 농림축산식품부령으로 정한다.

제14조(검역장소의 지정 등)

① 제12조제1항 본문, 같은 조 제2항 및 제5항에 따른 식물검역관의 검역은 식물검역기관의 장이 지정하는 장소(이하 "검역장소"라 한다)에서 한다.
② 검역장소의 지정을 받으려는 자는 검역에 필요한 시설 등 농림축산식품부령으로 정하는 요건을 갖추어야 한다.

③ 검역장소의 지정절차·방법, 그 밖에 필요한 사항은 농림축산식품부령으로 정한다.
④ 검역장소의 지정을 받은 자는 농림축산식품부령으로 정하는 관리기준에 따라 검역장소를 관리하여야 한다.
⑤ 검역장소의 지정을 받은 자는 제16조제1항 또는 제3항에 따라 소독·폐기 명령을 받은 식물검역대상물품을 식물검역기관의 장의 승인을 받지 아니하고서는 검역장소 밖으로 반출하지 못한다.
⑥ 「관세법」 제173조에 따른 세관검사장은 검역장소의 지정을 받은 것으로 본다.

제15조(검역장소의 지정 취소 등)
① 식물검역기관의 장은 다음 각 호의 어느 하나에 해당하는 경우에는 검역장소의 지정을 받은 자에 대하여 시정명령을 할 수 있다.
　1. 제14조제2항에 따른 검역장소의 지정 요건에 미치지 못하게 된 경우
　2. 제14조제4항에 따른 관리기준을 지키지 아니한 경우
② 식물검역기관의 장은 다음 각 호의 어느 하나에 해당하는 경우에는 검역장소의 지정을 취소하거나 6개월 이내의 기간을 정하여 검역장소 기능의 정지를 명할 수 있다. 다만, 제1호에 해당하면 지정을 취소하여야 한다.
　1. 거짓이나 그 밖의 부정한 방법으로 검역장소의 지정을 받은 경우
　2. 제1항에 따른 시정명령을 이행하지 아니한 경우
　3. 식물등의 수입량 감소나 그 밖의 사유로 검역장소로 존속시킬 필요가 없어진 경우
　4. 제14조제5항을 위반하여 식물검역대상물품을 검역장소 밖으로 반출한 경우
③ 제2항제1호 및 제2호에 따른 사유로 검역장소의 지정이 취소되면 그 검역장소를 지정받은 자는 지정이 취소된 날부터 1년간 검역장소의 지정을 신청할 수 없으며, 그 검역장소에 대하여는 지정이 취소된 날부터 1년간 검역장소로의 지정을 신청할 수 없다.
④ 식물검역기관의 장은 제2항에 따라 검역장소의 지정을 취소하려면 청문을 하여야 한다.
⑤ 제2항에 따른 행정처분의 기준 및 절차, 그 밖에 필요한 사항은 농림축산식품부령으로 정한다.

제15조의2(식물 병해충 전문검사 기관의 지정 등)
① 농림축산식품부장관은 수입 식물의 검역 과정에서 바이러스검사, 세균검사 등 전문적이고 기술적인 검사를 효율적으로 수행하기 위하여 식물 병해충 전문검사기관(이하 "전문검사기관"이라 한다)을 지정할 수 있다.
② 제1항에 따른 지정을 받으려는 자는 농림축산식품부령으로 정하는 시설·설비 및 인력

등의 지정요건을 갖추어 농림축산식품부장관에게 신청하여야 한다.
③ 제1항에 따른 전문검사기관 지정의 유효기간은 3년으로 하고, 유효기간이 끝난 후에도 검사업무를 계속하려는 전문검사기관은 유효기간이 끝나기 전에 그 지정을 갱신하여야 한다.
④ 제1항에 따라 지정을 받은 전문검사기관은 지정받은 사항 중 검사 업무 범위의 변경 등 농림축산식품부령으로 정하는 중요한 사항을 변경하려는 경우에는 미리 농림축산식품부장관의 승인을 받아야 한다. 다만, 농림축산식품부령으로 정하는 경미한 사항을 변경할 때에는 변경사항 발생일부터 1개월 이내에 농림축산식품부장관에게 신고하여야 한다.
⑤ 제1항에 따라 지정을 받은 전문검사기관은 매년 검사 실적을 농림축산식품부장관에게 보고하여야 한다.
⑥ 제1항부터 제4항까지의 규정에 따른 전문검사기관의 지정·갱신·변경승인 및 변경신고 절차, 전문검사기관이 수행할 수 있는 검사 업무의 범위 및 검사 업무 수행기준, 그 밖에 필요한 사항은 농림축산식품부령으로 정한다.

제15조의3(전문검사기관의 지정취소 등)
① 농림축산식품부장관은 제15조의2제1항에 따라 전문검사기관으로 지정을 받은 자가 다음 각 호의 어느 하나에 해당하면 지정을 취소하거나 6개월 이내의 기간을 정하여 업무의 정지를 명하거나 시정명령 등 필요한 조치를 할 수 있다. 다만, 제1호 또는 제2호에 해당하는 경우에는 그 지정을 취소하여야 한다.
 1. 거짓이나 그 밖의 부정한 방법으로 지정을 받은 경우
 2. 업무정지 기간 중에 검사 업무를 한 경우
 3. 고의 또는 중대한 과실로 검사 결과를 사실과 다르게 내준 경우
 4. 제15조의2제2항에 따른 지정요건에 미달하게 된 경우
 5. 제15조의2제4항을 위반하여 변경승인을 받지 아니하거나 변경신고를 변경사항 발생일부터 1개월 이내에 하지 아니한 경우
 6. 제15조의2제5항을 위반하여 검사 실적을 보고하지 아니한 경우
 7. 제15조의2제6항에 따른 검사 업무 수행기준을 위반한 경우
② 농림축산식품부장관은 다음 각 호의 어느 하나에 해당하는 경우에는 전문검사기관의 지정을 할 수 없다.
 1. 제1항에 따라 전문검사기관의 지정이 취소된 날부터 2년이 지나기 전에 같은 장소에서 전문검사기관의 지정을 받으려는 경우
 2. 제1항에 따라 지정이 취소된 전문검사기관을 설립·운영한 자(법인인 경우 그 대표자를

포함한다)가 그 지정이 취소된 날부터 2년이 지나기 전에 전문검사기관의 지정을 받으려는 경우
③ 제1항에 따른 행정처분의 세부기준은 그 위반 행위의 유형과 위반 정도 등을 고려하여 농림축산식품부령으로 정한다.

제16조(검역 결과 처분)

① 식물검역관은 다음 각 호의 어느 하나에 해당하는 식물검역대상물품에 대하여는 그 소유자나 대리인에게 폐기·반송, 그 밖에 필요한 조치를 명하여야 한다.
  1. 제8조에 따른 검역증명서를 첨부·전송하지 아니하고 수입된 식물등
  2. 제9조를 위반하여 수입항 외의 장소를 통하여 수입된 식물검역대상물품
  3. 제10조제1항을 위반하여 수입된 금지품. 다만, 제10조제2항에 따라 수입된 것은 제외한다.
  4. 제10조제3항에 따른 수입방법, 수입 후의 관리방법, 그 밖에 필요한 조건을 위반한 금지품
  5. 제11조제1항 또는 제3항에 따른 수입제한을 위반하여 수입된 식물등
  6. 제12조제1항부터 제3항까지 및 제5항에 따른 검역을 받지 아니하고 수입되었거나 거짓이나 그 밖의 부정한 방법으로 검역을 받은 식물검역대상물품
  7. 제12조제9항에 따른 검역을 받지 아니하였거나 거짓이나 그 밖의 부정한 방법으로 검역을 받은 식물검역대상물품

② 식물검역관은 다음 각 호의 어느 하나에 해당하는 격리재배대상식물에 대해서는 그 소유자나 대리인에게 회수(제1호의 경우에만 해당한다)·폐기·반송, 그 밖에 필요한 조치를 명할 수 있다.
  1. 제13조제1항에 따른 격리재배명령을 위반한 식물(유통 중인 것을 포함한다). 다만, 자연재해로 격리재배시설이 파손된 경우 등 농림축산식품부령으로 정한 경우의 식물은 제외한다.
  2. 제13조제2항에 따른 꼬리표가 부착되지 아니하였거나 꼬리표 부착 방법을 위반한 식물. 다만, 식물검역기관의 장이 정하는 기한이 지나기 전까지 정정·보완한 경우의 식물은 제외한다.

③ 식물검역관은 제12조제1항부터 제3항까지, 제5항, 제6항, 제8항, 제9항 또는 제13조제1항 따른 검역 결과 규제병해충이나 잠정규제병해충이 검출된 경우에는 그 식물검역대상물품의 소유자나 대리인에게 소독·폐기, 그 밖에 필요한 조치를 명할 수 있다.

④ 제1항부터 제3항까지의 규정에도 불구하고 식물검역관은 다음 각 호의 어느 하나에 해당하는 경우에는 식물검역대상물품을 스스로 소독하거나 폐기할 수 있다.
  1. 다음 각 목의 어느 하나에 해당하는 물품으로서 식물검역관이 직접 처리하는 것이 효율적

이라고 판단되고 그 소유자나 대리인의 동의를 받은 경우
   가. 우편·탁송·이사물품 또는 휴대로 수입되는 식물검역대상물품
   나. 소량으로 수입되는 식물검역대상물품
 2. 제1항부터 제3항까지의 규정에 따른 명령을 받은 소유자 또는 대리인이 농림축산식품부령으로 정하는 기간까지 명령을 이행하지 아니한 경우
 3. 소유자나 대리인이 분명하지 아니하거나 그의 소재를 알 수 없어 제1항부터 제3항까지 또는 제13조제1항에 따른 명령을 할 수 없는 경우
⑤ 식물검역관이 제4항에 따라 식물검역대상물품을 스스로 소독하거나 폐기하는 경우에는 그 비용을 그 소유자나 대리인에게 청구할 수 있다.
⑥ 제4항 및 제5항에 따른 소독 또는 폐기 비용의 청구에 필요한 사항은 농림축산식품부령으로 정한다.

제17조(검역합격증명서)

① 식물검역관은 제12조에 따른 검역 결과 제8조부터 제11조까지의 규정에 위반되지 아니하고, 규제병해충 및 잠정규제병해충이 붙어 있지 아니하다고 인정되거나 소독처리되어 경제적 피해를 줄 우려가 없다고 인정되는 식물검역대상물품에 대하여는 합격으로 처리하고 그 결과를 관계 행정기관에 통보하여야 한다. 이 경우 수입하는 자가 요청하는 경우에는 검역합격증명서를 발급하여야 한다.
② 제1항에 따른 검역합격증명서의 발급에 관한 사항은 농림축산식품부령으로 정한다.

제17조의2(검역합격의 취소 등)

① 식물검역기관의 장은 거짓이나 그 밖의 부정한 방법으로 검역을 받은 사실이 확인된 경우에는 그 식물검역대상물품에 대하여 합격을 취소하여야 한다.
② 식물검역기관의 장은 제1항에 따라 합격이 취소된 검역대상물품(유통 중인 것을 포함한다)에 대하여는 그 검역대상물품을 수입한 자에게 폐기하거나 회수하여 폐기할 것을 명할 수 있다.

제18조(검역의 방법 등)

제7조의3, 제12조, 제28조 및 제28조의2에 따른 신고 또는 검사·검역의 방법, 검사·검역 결과에 따른 행정처분의 기준, 검역 수수료, 그 밖에 필요한 사항은 농림축산식품부령으로 정한다.

제19조(국외 생산지검역)
① 농림축산식품부장관은 다음 각 호의 어느 하나에 해당하는 경우에는 식물검역관 또는 제29조의2에 따른 국제식물검역인증원에 소속된 직원을 수출국에 보내 수입할 식물등에 대한 검역(이하 "국외 생산지검역"이라 한다)을 하게 할 수 있다.
  1. 수출국이 그 국가의 식물등을 수출하기 위하여 그 국가에서 수출 전에 검역을 하여 줄 것을 요청하는 경우
  2. 제10조제2항제2호에 따라 식물을 수입하는 경우
  3. 그 밖에 규제병해충의 유입을 방지하기 위하여 농림축산식품부장관이 필요하다고 인정하는 경우
② 국외 생산지검역의 방법이나 그 밖에 국외 생산지검역에 필요한 사항은 제18조에 따른 검역 방법 등을 준용하여 농림축산식품부장관이 정하여 고시한다.
③ 국외 생산지검역의 결과가 표시된 검역합격증명서가 첨부된 식물등에 대하여는 제12조제6항 및 제13조를 적용하지 아니한다.

제19조의2(식물검역대상물품이 아닌 물품에서 규제병해충 발견 신고 등)
① 외국으로부터 컨테이너 등 식물검역대상물품이 아닌 물품을 수입하는 자 또는 선사, 관세사, 보세사, 창고업자, 운송업자, 식물검역대행자 및 대통령령으로 정하는 컨테이너 취급 업무에 종사하는 자는 해당 물품의 통관, 운송, 보관 등 취급·관리 과정에서 개미류, 딱정벌레류 등 규제병해충 또는 규제병해충으로 의심되는 벌레 등을 발견하였을 경우에는 식물검역기관의 장에게 지체 없이 신고하여야 한다.
② 제1항에 따른 신고는 구두·서면 또는 전자문서 등으로 한다.
③ 제1항에 따른 신고를 받은 식물검역기관의 식물검역관은 신속히 현장 확인 및 정밀검사를 실시하여야 한다.
④ 식물검역관은 제3항에 따른 확인 및 정밀검사 결과 규제병해충이 검출된 경우에는 해당 병해충이 퍼지지 않도록 그 물품 및 보관장소 등의 소유자 또는 대리인에게 소독·폐기 등 필요한 조치를 명하여야 한다.
⑤ 제4항에 따른 소독·폐기 방법, 그 밖에 필요한 사항은 농림축산식품부령으로 정한다.

제3절 국내 지역 경유 검역
제20조(국내 지역 경유 승인)
① 국내 지역을 경유하기 위한 외국의 식물검역대상물품은 수입항 간에만 운송할 수 있다.

② 외국의 식물검역대상물품을 국내 지역을 거쳐 차량으로 운송하려는 소유자나 그 대리인은 경유 출발지인 수입항을 관할하는 식물검역기관의 장으로부터 국내 지역 경유의 승인을 받아야 한다.
③ 제2항에 따라 외국의 식물검역대상물품의 국내 지역 경유 승인을 신청받은 식물검역기관의 장은 신청인이 제7조에 따른 안전관리 조치를 이행하였고 운송차량의 외부에 규제병해충 및 잠정규제병해충이 붙어 있지 아니하다고 인정되면 해당 신청인에게 국내지역경유승인서를 발급하여야 한다.
④ 제2항과 제3항에 따른 국내 지역 경유의 승인 신청과 국내지역경유승인서의 발급에 관한 사항은 농림축산식품부령으로 정한다.

제21조(경유기간)
제20조제2항에 따라 국내 지역 경유 승인을 받은 외국의 식물검역대상물품(이하 "경유물품"이라 한다)은 그 국내지역경유승인서를 발급받은 날부터 7일(이하 "경유기간"이라 한다) 이내에 경유 목적지인 수입항에 도착되어야 한다. 다만, 식물검역기관의 장은 재해나 그 밖의 부득이한 사유로 필요하다고 인정하는 경우에는 농림축산식품부령으로 정하는 바에 따라 그 경유기간을 연장할 수 있다.

제22조(사고발생 신고)
① 제20조제2항에 따라 국내 지역 경유 승인을 받은 자는 재해나 차량사고 등으로 경유물품의 안전조치에 문제가 발생하면 지체 없이 그 경유를 승인한 식물검역기관의 장에게 신고하여야 한다.
② 경유물품의 안전조치에 문제가 발생한 경우 그 신고의 방법・절차 등에 관하여 필요한 사항은 농림축산식품부령으로 정한다.

제23조(사고 조사 및 조치)
① 제22조제1항에 따라 안전조치에 문제가 발생한 사실을 신고받은 식물검역기관의 장은 지체 없이 발생 원인과 그로 인하여 규제병해충 또는 잠정규제병해충이 퍼지거나 퍼질 우려가 있는지를 조사하여야 한다. 다만, 안전조치에 문제가 발생한 지역이 관할 지역 밖인 경우에는 그 지역을 관할하는 식물검역기관의 장에게 지체 없이 통보하여 조사하게 하여야 한다.
② 제1항에 따라 조사를 한 식물검역기관의 장은 조사 결과 규제병해충 또는 잠정규제병해충이 퍼지거나 퍼질 우려가 있다고 인정되면 확산방지 및 박멸을 위한 긴급 병해충 방제 조치를 하여야 한다.

제24조(경유물품의 유출금지)
제20조제2항에 따라 국내 지역 경유 승인을 받은 자는 그 경유물품을 국내 지역에 유출하여서는 아니 된다.

제25조(도착 신고)
① 제20조제2항에 따라 국내 지역 경유 승인을 받은 자는 그 경유물품이 경유 목적지인 수입항에 도착하면 지체 없이 그 수입항을 관할하는 식물검역기관의 장에게 신고하여야 한다.
② 제1항에 따른 도착 신고의 방법·절차 등에 필요한 사항은 농림축산식품부령으로 정한다.

제26조(경유물품에 대한 검사)
식물검역관은 경유물품이 외국으로 반출될 때까지 농림축산식품부령으로 정하는 바에 따라 그 경유물품에 대한 안전조치에 문제가 있는지를 검사할 수 있다.

제27조(소독·폐기 등 처분명령)
① 식물검역관은 다음 각 호의 어느 하나에 해당하는 경우에는 농림축산식품부령으로 정하는 바에 따라 그 소유자나 대리인에게 경유물품을 소독·폐기·반송·반출, 그 밖에 필요한 조치를 할 것을 명할 수 있다.
  1. 경유물품이 경유기간에 경유 목적지인 수입항에 도착하지 못한 경우
  2. 제23조제1항에 따른 조사 결과 규제병해충 또는 잠정규제병해충이 퍼지거나 퍼질 우려가 있다고 인정되는 경우
  3. 제24조를 위반하여 경유물품을 유출한 경우
  4. 제26조에 따른 검사 결과 경유물품에 대한 안전조치에 문제가 있다고 인정되는 경우
② 식물검역관은 다음 각 호의 어느 하나에 해당하는 경우에는 스스로 경유물품을 소독하거나 폐기할 수 있다.
  1. 제1항에 따른 명령을 받은 소유자나 대리인이 농림축산식품부령으로 정하는 기간까지 그 명령을 이행하지 아니하는 경우
  2. 소유자나 대리인이 분명하지 아니하거나 그의 소재를 알 수 없어 제1항에 따른 명령을 할 수 없는 경우
③ 식물검역관이 제2항에 따라 경유물품을 스스로 소독하거나 폐기하는 경우에는 그 비용을 그 소유자나 대리인에게 청구할 수 있다.
④ 제3항에 따른 소독 또는 폐기 비용의 청구에 필요한 사항은 농림축산식품부령으로 정한다.

제27조의2(식물검역대상물품이 아닌 국내 지역 경유 물품에서 규제병해충 발견 신고 등)
① 외국으로부터 컨테이너 등 식물검역대상물품이 아닌 물품을 국내 지역을 거쳐 차량으로 운송하려는 소유자나 그 대리인은 해당 물품의 취급·관리 과정에서 개미류, 딱정벌레류 등 규제병해충 또는 규제병해충으로 의심되는 벌레 등을 발견하였을 경우에는 식물검역기관의 장에게 지체 없이 신고하여야 한다.
② 제1항에 따른 신고는 구두·서면 또는 전자문서 등으로 한다.
③ 제1항에 따른 신고를 받은 식물검역기관의 식물검역관은 신속히 현장 확인 및 정밀검사를 실시하여야 한다.
④ 식물검역관은 제3항에 따른 확인 및 정밀검사 결과 규제병해충이 검출된 경우에는 해당 병해충이 퍼지지 않도록 그 물품 및 보관장소 등의 소유자 또는 대리인에게 소독·폐기 등 필요한 조치를 명하여야 한다.
⑤ 제4항에 따른 소독·폐기 방법, 그 밖에 필요한 사항은 농림축산식품부령으로 정한다.

제4절 수출검역

제28조(식물등에 대한 수출검역)
① 식물등을 수출하려는 자는 그 식물등이 수입국의 요구사항을 충족하는지에 관하여 식물검역관에게 검역을 받아야 하며, 그 검역에서 합격하지 못하면 수출하지 못한다. 다만, 수입국이 검역증명서를 요구하지 아니하는 식물등의 경우에는 그러하지 아니하다.
② 식물검역관은 제1항에 따라 검역을 한 결과 합격한 경우에는 농림축산식품부령으로 정하는 검역증명서를 발급하거나 그 식물등에 검역에 합격하였다는 표시를 하여야 한다.

제28조의2(식물등이 아닌 물품 등에 대한 수출검역)
① 식물검역관은 수출하는 자가 요청하는 경우 식물등이 아닌 물품(제2항에 따른 검역대상은 제외한다)에 대하여 검역을 할 수 있다.
② 식물검역관 또는 제29조의2에 따른 국제식물검역인증원은 수출하는 자 또는 운송인 등이 요청하는 경우 농림축산식품부장관이 정하여 고시하는 선박 등 운송수단(그 운송수단에 싣는 컨테이너를 포함한다)에 대하여 검역을 할 수 있다.
③ 제1항 또는 제2항에 따라 검역을 한 결과 합격한 경우에는 농림축산식품부령으로 정하는 검역증명서 또는 수입국에서 요구하는 증명서를 발급하여야 한다.

제28조의3(수출물품의 목재포장재에 대한 소독처리 등)

① 수출하는 물품에 목재포장재를 사용하려는 자는 소독처리마크 표시가 있는 목재포장재를 사용하여야 한다.

② 제1항에 따른 소독처리마크 표시는 제40조에 따라 식물검역기관에 등록한 수출입목재열처리업자 또는 「농약관리법」 제3조의2에 따라 식물검역기관에 신고한 수출입식물방제업자(이하 "목재포장재 소독업자"라 한다)가 한다. 이 경우 농림축산식품부령으로 정하는 소독처리 기준에 따라 목재포장재를 소독처리한 후에 표시를 하여야 한다.

③ 목재포장재 소독업자가 아닌 자는 목재포장재에 대하여 소독처리를 하거나 소독처리마크 표시를 하여서는 아니 된다.

④ 식물검역관은 수출하는 물품에 목재포장재를 사용하려는 자가 요청하는 경우에는 목재포장재에 대하여 검역을 할 수 있다.

⑤ 제4항에 따라 검역을 한 결과 합격한 경우에는 농림축산식품부령으로 정하는 검역증명서를 발급하여야 한다.

제28조의4(수입국의 요구에 따른 수출검역)

① 식물검역기관의 장은 국내 식물을 수출할 때 수입국 검역 요건을 충족하기 위하여 필요한 경우에는 수출검역단지를 국가별·식물별 등으로 지정하여 단지별로 재배지 검사 및 검역 관리를 하는 등 수입국이 요구하는 방법에 따라 검역을 할 수 있다.

② 제1항에 따른 수출검역단지의 지정 및 지정취소의 기준·절차, 검역의 방법·절차 등에 관하여 필요한 사항은 농림축산식품부령으로 정한다.

제29조(검역장소)

제28조, 제28조의2 및 제28조의3제4항에 따른 검역은 식물검역기관이나 검역장소 또는 운송수단이 위치한 장소에서 한다. 다만, 검역을 받으려는 자가 검역대상 식물등의 재배지 등에서 검역받기를 원하는 경우에 식물검역관이 그 장소가 검역의 효율성 및 물량 등을 고려하여 적합하다고 인정하면 그 재배지 등에서 검역을 할 수 있다.

제29조의2(국제식물검역인증원)

① 식물의 검역과 관련한 국제협약 및 국가 간 약정에 따라 제28조의2제2항에 따른 선박 등 운송수단에 대한 검역 등을 효율적으로 수행하기 위하여 국제식물검역인증원(이하 "인증원"이라 한다)을 설립한다.

② 인증원은 법인으로 한다.

③ 인증원은 그 주된 사무소가 있는 곳에서 설립등기를 함으로써 성립한다.
④ 인증원은 농림축산식품부장관의 승인을 받아 필요한 곳에 그 사무소를 설치할 수 있다.
⑤ 인증원의 정관에는 다음 각 호의 사항이 포함되어야 한다.
　1. 목적
　2. 명칭
　3. 주된 사무소가 있는 곳
　4. 자산에 관한 사항
　5. 임원 및 직원에 관한 사항
　6. 이사회의 운영
　7. 사업범위 및 내용과 그 집행
　8. 회계
　9. 공고의 방법
　10. 정관의 변경
　11. 그 밖에 인증원의 운영에 관한 중요 사항
⑥ 인증원이 정관의 기재사항을 변경하려는 경우에는 농림축산식품부장관의 인가를 받아야 한다.
⑦ 인증원의 업무는 다음 각 호와 같다.
　1. 제19조제1항에 따른 국외 생산지검역의 지원
　2. 제28조의2제2항에 따른 선박 등 운송수단에 대한 검역 및 같은 조 제3항에 따른 증명서 발급
　3. 제2호에 따른 선박이 출항하는 항구 또는 그 인근지역에 대한 병해충 예찰·방제
　4. 제2호에 따른 검역과 관련된 수출업체 등에 대한 교육 및 홍보
　5. 제1호부터 제3호까지의 규정에 따른 검역이나 병해충 예찰·방제와 관련된 기술개발 및 조사·연구
　6. 그 밖에 식물의 검역과 관련하여 농림축산식품부장관으로부터 위탁받은 업무
⑧ 제5항에 따른 검역 관련 업무를 수행하기 위하여 인증원에 식물검사원(植物檢査員)을 둘 수 있다.
⑨ 제6항에 따른 식물검사원의 자격, 선발 절차, 그 밖에 필요한 사항은 농림축산식품부령으로 정한다.
⑩ 국가는 예산의 범위에서 인증원의 설립·운영 등에 필요한 경비의 전부 또는 일부를 지원할 수 있다.
⑪ 농림축산식품부장관은 인증원의 업무에 관하여 필요한 보고를 하게 하거나 감독할 수 있다.

⑫ 인증원에 관하여는 이 법에서 규정한 사항을 제외하고는 「민법」 중 사단법인(社團法人)에 관한 규정을 준용한다.

제5절 국내검역

제30조(국내검역)

농림축산식품부장관은 처음으로 국내에 유입되었거나 이미 국내의 일부 지역에 발생되어 있는 병해충이 퍼지는 것을 막기 위하여 필요하면 식물등에 대하여 검역을 하고, 그 식물등의 소유자나 대리인에게 소독·폐기 등을 명하거나 이동 제한 등 필요한 조치를 명할 수 있다. 이 경우 검역의 대상 식물, 대상 지역 및 방법 등은 농림축산식품부장관이 정하여 고시한다.

제30조의2(방제 대상 병해충 등의 발생 신고)

① 식물을 재배하는 자 또는 식물 병해충을 조사하거나 연구한 대학·연구소 등의 연구책임자는 다음 각 호의 어느 하나에 해당하는 식물이나 병해충을 발견하였을 경우에 농림축산식품부장관이나 특별시장·광역시장·특별자치시장·도지사·특별자치도지사, 시장·군수 또는 자치구의 구청장(이하 "지방자치단체장"이라 한다)에게 지체 없이 신고하여야 한다.
  1. 분명하지 아니한 병해충으로 식물이 피해를 입는 경우
  2. 제2조제4호에 따른 규제병해충 또는 제32조제3항에 따른 방제 대상 병해충을 발견한 경우
  3. 국내에서 처음 발견된 병해충으로 의심되는 경우
② 제1항에 따른 신고는 구두·서면 또는 전자문서로 하되, 다음 각 호의 사항이 포함되어야 한다.
  1. 식물을 재배하는 자의 성명, 재배 장소 또는 발견 장소
  2. 신고대상 식물의 품종 및 수량
  3. 병해충명(신고자가 추정하는 병해충명을 포함한다)
  4. 발견 연월일(식물이 고사한 경우 고사한 연월일을 포함한다)
  5. 신고자의 성명 및 주소
  6. 그 밖에 식물이 죽거나 병든 원인, 병해충 발생 상황 등 신고에 관하여 필요한 사항
③ 제1항에 따른 신고를 받은 지방자치단체장은 지체 없이 이를 농림축산식품부장관에게 보고하여야 하며, 신고받은 병해충이나 식물은 농촌진흥청장 또는 식물검역기관의 장에게 정밀검사를 의뢰하여야 한다.
④ 제3항에 따라 정밀검사를 의뢰받은 농촌진흥청장 또는 식물검역기관의 장은 그 정밀검사

결과를 지방자치단체장에게 알려야 한다.
⑤ 제1항에 따라 신고를 받은 농림축산식품부장관이나 지방자치단체장은 신고자의 요청이 있는 때에는 신고자의 신원을 외부에 공개하여서는 아니 된다.

제3장 방제

제31조(방제)
① 농림축산식품부장관이나 특별시장·광역시장·특별자치시장·도지사 또는 특별자치도지사(이하 "시·도지사"라 한다)는 처음으로 국내에 유입되었거나 이미 국내의 일부 지역에 분포되어 있는 병해충이 퍼져서 농·임산물에 중대한 피해를 끼칠 우려가 있는 경우나 병해충으로 인하여 농·임산물이나 그 밖의 물품의 수출이 지장을 받을 우려가 있는 경우에 병해충을 없애거나 병해충이 퍼지는 것을 막기 위하여 필요하다고 인정하면 방제를 하여야 한다. 다만, 산림의 병해충 방제 등 다른 법률로 정하는 바에 따라 방제가 실시되는 경우를 제외한다.
② 농림축산식품부장관이나 시·도지사는 제1항에 따라 방제를 할 때에는 방제 실시 14일 전까지 다음 각 호의 사항을 공고하여야 한다. 다만, 긴급하게 방제할 필요가 있다고 인정되는 경우에는 공고의 시기를 조정하거나 공고를 생략할 수 있다.
  1. 방제를 할 지역 및 일시
  2. 방제 대상 병해충의 종류
  3. 방제의 내용
  4. 그 밖에 방제에 필요한 사항

제31조의2(식물방제관)
① 이 법에 따른 병해충의 예찰, 역학조사 지원 또는 방제 업무에 종사하게 하기 위하여 농림축산식품부, 농촌진흥청 및 지방자치단체에 식물방제관을 둔다.
② 제1항에 따른 식물방제관의 자격, 선발 절차, 그 밖에 필요한 사항은 농림축산식품부령으로 정한다.

제31조의3(식물방제관의 권한 등)
① 식물방제관은 제32조제3항에 따른 방제 대상 병해충이 발생하였거나 발생할 우려가 있다고 판단되는 경우에는 해당 식물과 그 식물의 재배지·작업장·창고, 그 밖에 그 식물과 관련되는 차량 및 물품 등을 검사할 수 있다.

② 식물방제관은 제1항에 따른 검사를 위하여 필요하다고 인정하면 해당 식물의 재배지·작업장·창고 등에 출입하거나 관계인에게 질문을 할 수 있으며, 검사에 필요한 최소량의 시험용 재료를 무상으로 수거할 수 있다.

③ 누구든지 정당한 사유 없이 제1항에 따른 검사나 제2항에 따른 출입·수거를 거부·방해하거나 기피하여서는 아니 된다.

④ 식물방제관이 이 법에 따라 직무를 수행할 때에는 그 권한을 표시하는 증표를 지니고 이를 관계인에게 내보여야 한다.

제31조의4(병해충예찰·방제대책본부 등)

① 병해충의 예찰과 방제에 관한 정책을 수립하고 제2항에 따른 중앙병해충예찰·방제단, 시·도병해충예찰·방제단 및 시·군·구병해충예찰·방제단을 지원하기 위하여 농림축산식품부에 병해충예찰·방제대책본부를 둘 수 있다.

② 병해충(「산림보호법」 제2조제3호에 따른 산림병해충은 제외한다)의 예찰과 방제를 효율적으로 추진하기 위하여 농촌진흥청에 중앙병해충예찰·방제단을 두고, 특별시·광역시·특별자치시·도·특별자치도에 시·도병해충예찰·방제단을 두며, 시·군·자치구에 시·군·구병해충예찰·방제단을 둔다. 이 경우 중앙병해충예찰·방제단은 시·도병해충예찰·방제단을 지원할 수 있으며, 시·도병해충예찰·방제단은 시·군·구병해충예찰·방제단을 지원할 수 있다.

③ 제1항에 따른 병해충예찰·방제대책본부와 제2항에 따른 중앙병해충예찰·방제단의 구성·운영 및 그 밖에 필요한 사항은 대통령령으로 정하며, 제2항에 따른 시·도병해충예찰·방제단과 시·군·구병해충예찰·방제단의 구성·운영 및 그 밖에 필요한 사항은 해당 지방자치단체의 조례로 정한다.

제31조의5(분포조사)

① 농림축산식품부장관 또는 시·도지사는 제31조제1항에 따른 방제를 위하여 필요하다고 인정할 때에는 분포조사를 할 수 있다.

② 농림축산식품부장관 또는 시·도지사가 분포조사를 하는 경우에는 누구든지 정당한 사유 없이 이를 거부 또는 방해하거나 기피하여서는 아니 된다.

③ 분포조사의 실시 시기와 방법, 그 밖에 필요한 사항은 농림축산식품부령으로 정한다.

제31조의6(역학조사)

① 농림축산식품부장관은 제31조제1항에 따른 방제를 위하여 필요하다고 인정할 때에는 역학조

사를 실시할 수 있다.
② 농림축산식품부장관이 제1항에 따른 역학조사를 실시하는 경우에는 누구든지 정당한 사유 없이 이를 거부 또는 방해하거나 기피하여서는 아니 된다.
③ 제1항에 따른 역학조사의 내용과 방법, 조사반의 구성, 그 밖에 역학조사에 관하여 필요한 사항은 농림축산식품부령으로 정한다.

제31조의7(병해충위험평가)
농림축산식품부장관은 제31조제1항에 따른 방제를 위하여 필요하다고 인정할 때에는 농림축산식품부령으로 정하는 바에 따라 병해충위험평가를 실시할 수 있다.

제32조(방제계획)
① 농림축산식품부장관은 제31조에 따른 방제를 효율적으로 하기 위하여 5년마다 방제계획의 수립 및 방제에 관한 기본적인 사항이 포함된 지침(이하 "방제기본지침"이라 한다)을 작성하여 시·도지사에게 알려야 한다.
② 시·도지사는 농림축산식품부장관으로부터 방제기본지침을 통보받으면 지체 없이 해당 지역에 알맞은 방제계획을 수립·시행하여야 한다.
③ 제1항과 제2항에 따른 방제기본지침 및 방제계획에 포함되어야 할 사항은 다음 각 호와 같다.
　1. 방제기본지침
　　가. 방제의 기본방향
　　나. 방제 대상 병해충의 종류
　　다. 방제의 추진 요령 및 방제예산에 관한 사항
　　라. 그 밖에 방제계획의 수립 및 방제에 필요한 사항
　2. 방제계획
　　가. 지역 특성에 맞는 방제의 기본 방향
　　나. 방제 대상 지역 및 일시
　　다. 방제 대상 병해충의 종류
　　라. 구체적인 방제의 내용과 그 밖에 방제에 필요한 사항
④ 시·도지사는 제2항 및 제3항에 따라 방제계획을 수립하면 지체 없이 그 내용을 고시하고 농림축산식품부장관에게 보고하여야 하며, 그 내용을 변경한 경우에도 또한 같다.
⑤ 제1항부터 제4항까지의 규정에도 불구하고 농림축산식품부장관 또는 시·도지사는 긴급하게 방제할 필요가 있는 경우에는 지체 없이 긴급방제계획을 수립하여 시행할 수 있다.

이 경우 시·도지사는 긴급방제계획의 내용과 시행 결과를 농림축산식품부장관에게 보고하여야 한다.

제33조(병해충 발생의 예찰 등)

① 농촌진흥청장, 산림청장, 시·도지사 및 식물검역기관의 장은 병해충 중 그 분포가 국지적이지 아니하고 급격하게 널리 퍼짐으로써 농·임산물에 중대한 피해를 일으킬 우려가 있다고 인정하는 병해충에 대하여는 그 병해충의 번식, 기상 및 농·임산물의 생육에 관한 상황을 조사하여 그 정보를 관계인에게 제공하여야 한다.
② 농촌진흥청장, 산림청장, 시·도지사 및 식물검역기관의 장은 제1항에 따른 조사를 효율적으로 실시하기 위하여 필요한 경우에는 농업인, 농업 관련 대학·연구소의 연구원 등을 예찰조사원으로 위촉하여 활용할 수 있다.
③ 농림축산식품부장관은 병해충 유입 차단을 위하여 필요한 경우 관계 중앙행정기관의 장 또는 지방자치단체장에게 대통령령으로 정하는 바에 따라 병해충 조사·방제 및 환경정비 등 필요한 조치를 요청할 수 있다. 이 경우 협조를 요청받은 관계 중앙행정기관의 장 또는 지방자치단체장은 정당한 사유가 없으면 이에 따라야 한다.
④ 농림축산식품부장관은 제3항에 따라 요청한 사항에 대하여 그 이행 여부 등을 점검할 수 있다.
⑤ 제1항 및 제2항에 따른 기관별 조사지역, 조사방법 및 예찰조사원의 자격, 위촉방법, 경비지급 등 필요한 사항은 농림축산식품부령으로 정한다.

제34조(보고의무)

농촌진흥청장·산림청장, 식물검역기관의장및 시·도지사는 제31조제1항에 따라 방제를 할 필요가 있다고 인정되는 사실을 발견하면 그 사실을 지체 없이 농림축산식품부장관 또는 시·도지사에게 보고하거나 통보하여야 한다.

제35조(공동 방제)

① 시·도지사는 제31조에 따른 방제를 다음 각 호의 자 등과 공동으로 하는 것이 효율적이라고 인정하면 제32조제2항에 따른 방제계획에 따라 관할 구역에서 공동 방제를 할 수 있다.
  1. 시·군·자치구
  2. 「농업·농촌 및 식품산업 기본법」 제3조제2호에 따른 농업인, 같은 조 제4호에 따른 농업 관련 생산자단체 및 「농어업경영체 육성 및 지원에 관한 법률」 제2조제3호에 따른 농업경영체(이하 "농업인등"이라 한다)

3. 「농약관리법」에 따른 방제업자

② 시·도지사가 제1항에 따른 공동 방제를 위하여 필요하다고 인정하면 「농업협동조합법」에 따른 조합, 중앙회 또는 조합공동사업법인에 장비 또는 인력 등의 지원을 요청할 수 있다.

제36조(방제명령 등)

① 농림축산식품부장관이나 시·도지사는 제31조에 따른 방제를 하기 위하여 필요하다고 인정하면 다음 각 호의 명령을 할 수 있다.
   1. 방제 대상 병해충이 붙어있거나 붙을 우려가 있는 식물을 재배하는 자에 대한 그 식물 재배의 제한 또는 금지 명령
   2. 방제 대상 병해충이 붙어 있거나 붙어 있다고 의심되는 식물등의 소유자나 대리인에 대한 그 식물등의 양도·이동의 제한 또는 금지 명령
   3. 방제 대상 병해충이 붙어 있거나 붙어 있다고 의심이 가는 식물등의 소유자나 대리인에 대한 그 식물등의 소독·폐기 등 조치명령
   4. 방제 대상 병해충이 붙어 있거나 붙어 있다고 의심되는 농기구, 운반용구 등의 물품이나 창고 등 시설의 소유자나 대리인에 대한 그 물품 또는 시설의 소독·사용제한 등 조치명령

② 농림축산식품부장관이나 시·도지사는 제31조제1항에 따른 방제를 긴급하게 할 필요가 있다고 인정하면 식물방제관 또는 식물검역관에게 제1항제3호에 준하는 조치를 하게 할 수 있다.

③ 특별자치시장·특별자치도지사·시장·군수 또는 자치구의 구청장은 관할 구역 내 소유자 및 대리인이 없는 식물등에 방제 대상 병해충이 붙어 있거나 붙어 있다고 의심되는 경우에는 해당 식물등에 대하여 소독·폐기 등의 조치를 할 수 있다.

제37조(비용 부담)

시·도지사가 제35조에 따라 공동 방제를 한 경우 그 비용은 「보조금 관리에 관한 법률」에 따른 기준보조율에 따라 부담한다. 다만, 시·도지사는 방제의 실시로 수익자에게 현저한 이익이 있다고 인정하면 대통령령으로 정하는 바에 따라 그 비용의 일부를 수익자에게 부담시킬 수 있다.

제37조의2(발굴의 금지)

① 제36조제1항제3호에 따라 식물등을 폐기하기 위하여 그 식물등을 매몰하는 경우 그 식물등이 매몰된 토지는 20년 이내의 범위에서 병해충의 종류 및 특성 등을 고려하여 농림축산식품부

령으로 정하는 기간 동안 발굴하지 못한다. 다만, 매몰된 식물등에 붙어 있는 병해충의 확산방지를 위한 적절한 조치 계획을 수립하여 농림축산식품부장관이나 시·도지사의 허가를 받은 경우에는 그러하지 아니하다.
② 제1항에 따른 허가와 식물등이 매몰된 토지에 대한 관리에 필요한 사항은 농림축산식품부령으로 정한다.

제38조(손실보상)
① 국가와 특별시·광역시·특별자치시·도·특별자치도는 제36조에 따른 명령으로 인하여 손실을 받은 자(식물의 소유자나 대리인 또는 토지나 토지 및 식물을 빌려 재배하는 자를 포함한다)에게 대통령령으로 정하는 바에 따라 손실을 보상하여야 한다. 다만, 고의나 중과실로 제30조의2제1항에 따른 신고를 하지 아니한 자 또는 제36조에 따른 명령의 원인이 되는 행위를 한 자에 대하여는 대통령령으로 정하는 바에 따라 보상금을 감액하거나 지급하지 아니할 수 있다.
② 제1항에 따라 보상을 받으려는 자는 농림축산식품부령으로 정하는 바에 따라 농림축산식품부장관이나 보상받을 물건 등의 소재지를 관할하는 시·도지사에게 신청하여야 한다. 이 경우 농림축산식품부장관에 대한 신청은 그 소재지를 관할하는 시·도지사를 거쳐야 한다.
③ 농림축산식품부장관이나 시·도지사는 제2항에 따른 신청이 있으면 지체 없이 농림축산식품부령으로 정하는 기준과 절차에 따라 보상 여부 등을 결정하여 그 결과를 신청인에게 알려야 한다.

제38조의2(생계안정 지원)
① 국가 및 지방자치단체는 제36조에 따른 방제명령을 이행한 자에게 예산의 범위에서 생계안정을 위한 비용을 지원할 수 있다.
② 제1항에 따른 생계안정 비용의 지원 대상자, 지원 범위 및 지원 절차 등 필요한 사항은 대통령령으로 정한다.

제39조(약제의 비치 및 양여 등)
① 농림축산식품부장관은 방제 업무를 수행하기 위하여 필요한 약제(藥劑)를 확보하거나 「농업협동조합법」 제3조에 따른 농업협동조합중앙회로 하여금 그 약제를 확보하게 할 수 있다.
② 농림축산식품부장관은 방제 계획에 따라 방제를 할 지방자치단체나 농업인등 또는 「농약관리법」에 따른 방제업자에 대하여 제1항에 따라 확보한 약제를 양여(讓與)하거나 방제에 필요한 약제 구입 비용의 일부를 보조할 수 있다.

제4장 수출입목재열처리업 등

제40조(수출입목재열처리업 등록 등)

① 수출 또는 수입되는 목재 및 물품의 목재포장재에 붙어있는 병해충을 열을 이용하여 구제하는 업(이하 "수출입목재열처리업"이라 한다)을 하려는 자는 농림축산식품부령으로 정하는 바에 따라 식물검역기관의 장에게 등록하여야 한다.

② 제1항에 따라 수출입목재열처리업의 등록을 하려는 자는 농림축산식품부령으로 정하는 인력 및 시설·장비 등을 갖추어야 한다.

③ 제1항에 따라 수출입목재열처리업의 등록을 한 자(이하 "수출입목재열처리업자"라 한다)는 농림축산식품부령으로 정하는 기준에 따라 열처리를 하고 마크를 표시하여야 한다.

④ 수출입목재열처리업자는 열처리기준 등 농림축산식품부령으로 정하는 준수사항을 지켜야 한다.

⑤ 그 밖에 수출입목재열처리업의 운영 등에 필요한 사항은 농림축산식품부령으로 정한다

제40조의2(결격사유)

다음 각 호의 어느 하나에 해당하는 자는 제40조제1항에 따른 수출입목재열처리업의 등록을 할 수 없다.

1. 피성년후견인 또는 피한정후견인
2. 이 법을 위반하여 징역형의 실형을 선고받고 그 집행이 끝나거나(집행이 끝난 것으로 보는 경우를 포함한다) 집행이 면제된 날부터 2년이 지나지 아니한 사람
3. 이 법을 위반하여 징역형의 집행유예를 선고받고 그 유예기간 중에 있는 사람
4. 제41조제2항에 따라 등록이 취소(제40조의2제1호에 해당하여 등록이 취소된 경우는 제외한다)된 날부터 2년이 지나지 아니한 자
5. 임원 중 제1호부터 제4호까지의 어느 하나에 해당하는 사람이 있는 법인

제40조의3(지위승계)

① 다음 각 호의 어느 하나에 해당하는 자는 수출입목재열처리업자의 지위를 승계한다. 다만, 제2호 또는 제3호의 자가 제40조의2제1호부터 제4호까지의 어느 하나에 해당하는 경우에는 그 지위를 승계할 수 없다.

1. 수출입목재열처리업자가 사망한 경우 그 상속인
2. 수출입목재열처리업자가 영업을 양도한 경우 그 양수인
3. 법인인 수출입목재열처리업자가 합병한 경우 합병 후 존속하는 법인이나 합병에 따라

설립된 법인
② 제1항에 따라 수출입목재열처리업자의 지위를 승계한 상속인이 제40조의2제1호부터 제4호까지의 어느 하나에 해당하는 경우나 그 지위를 승계한 법인이 같은 조 제5호에 해당하는 경우에는 상속 개시일 또는 합병일부터 6개월 이내에 다른 자에게 그 수출입목재열처리업자의 지위를 양도하거나 결격사유가 있는 임원을 바꾸어 임명하여야 한다.
③ 제1항 또는 제2항에 따라 수출입목재열처리업자의 지위를 승계받은 자는 농림축산식품부령으로 정하는 바에 따라 식물검역기관의 장에게 신고하여야 한다.

제41조(등록취소 등)
① 식물검역기관의 장은 수출입목재열처리업자가 제40조제2항에 따른 등록 요건에 맞지 아니하면 시정을 명할 수 있다.
② 식물검역기관의 장은 수출입목재열처리업자가 다음 각 호의 어느 하나에 해당하면 등록을 취소하거나 2년 이내의 기간을 정하여 영업의 전부 또는 일부의 정지를 명할 수 있다. 다만, 제1호, 제6호 및 제7호에 해당하면 등록을 취소하여야 한다.
  1. 거짓이나 그 밖의 부정한 방법으로 수출입목재열처리업 등록을 한 경우
  2. 1년 이상 영업을 하지 아니한 경우
  3. 제40조제3항에 따른 열처리의 기준 및 마크 표시의무를 위반한 경우
  4. 제1항에 따른 시정명령을 위반한 경우
  5. 제40조제4항에 따른 준수사항을 지키지 아니한 경우
  6. 제40조의2에 따른 결격사유에 해당하게 된 경우. 다만, 법인의 임원 중 제40조의2제5호에 해당하는 사람이 있는 경우 6개월 이내에 그 임원을 바꾸어 임명하였을 때에는 제외한다.
  7. 영업정지명령을 위반하여 영업을 계속하는 경우
③ 제1항에 따른 시정명령과 제2항에 따른 영업정지 처분의 기준은 농림축산식품부령으로 정한다.
④ 식물검역기관의 장은 제2항에 따라 수출입목재열처리업의 등록을 취소하려면 청문을 하여야 한다.

제5장 보칙

제42조(명예 식물감시원)
① 농림축산식품부장관은 식물 검역 질서를 확립하고 병해충 방제를 효과적으로 수행하기 위하여 농업인, 소비자단체 및 농업 관련 생산자단체의 임직원 등을 명예 식물감시원으로

위촉하여 식물 검역 질서와 병해충 방제에 대한 감시·지도 및 계몽을 하게 할 수 있다.
② 농림축산식품부장관은 명예 식물감시원에게 감시 활동에 필요한 경비를 지급할 수 있다.
③ 제1항과 제2항에 따른 명예 식물감시원의 자격, 위촉 방법, 임무 및 감시 활동에 필요한 경비의 내용과 지급 방법 등에 필요한 사항은 농림축산식품부령으로 정한다.

제43조(포상금)
① 농림축산식품부장관은 다음 각 호의 어느 하나에 해당하는 자를 식물검역기관이나 수사기관에 신고하거나 고발한 자에게 대통령령으로 정하는 바에 따라 포상금을 지급할 수 있다.
1. 제10조제4항을 위반하여 금지품을 관리장소 또는 포장·가공장소 밖으로 유출하거나 반출한 자
2. 제10조제6항에 따른 회수 및 폐기 명령이나 소독명령을 이행하지 아니한 자
3. 제12조제1항부터 제3항까지, 제5항·제6항·제8항·제9항, 제13조제1항, 제28조제1항, 제28조의2 또는 제30조에 따른 검역을 받지 아니하거나 거짓 또는 그 밖의 부정한 방법으로 검역을 받은 자
4. 제16조에 따른 소독·폐기·반송, 그 밖에 필요한 조치명령을 이행하지 아니한 자
5. 제28조의3제1항에 따른 소독처리마크 표시를 위조·변조하거나 위조·변조된 것임을 알고도 이를 수출물품의 목재포장재에 사용한 자 또는 같은 조 제2항 또는 제3항을 위반하여 소독처리를 하거나 소독처리마크 표시를 한 자
6. 거짓 또는 그 밖의 부정한 방법으로 제28조의3제4항에 따른 검역을 받은 자
② 농림축산식품부장관은 외국에서 유입된 중요한 병해충의 발생 사실을 농촌진흥청장, 시·도지사 또는 식물검역기관의 장에게 신고한 자에게 대통령령으로 정하는 바에 따라 포상금을 지급할 수 있다.

제44조(책임 면제)
식물검역관이 제7조의3제2항, 제10조제6항, 제12조의2제3항, 제12조의3제2항, 제16조제1항부터 제3항까지 및 제27조제1항에 따라 명령하거나 제16조제4항 및 제27조제2항에 따른 직무수행을 위하여 스스로 한 소독·폐기, 그 밖에 필요한 조치로 인하여 발생하는 물품의 손실, 품질 손상, 약해(藥害), 그 밖에 이에 준하는 피해에 대하여는 손실보상을 청구할 수 없다.

제45조(시설 지원)
농림축산식품부장관은 수입 식물의 검사시설·소독시설 또는 폐기시설을 설치하는 개인 또는 단체에 대하여 예산의 범위에서 그 비용의 일부를 지원할 수 있다.

제45조의2(행정기관 간 업무협조)

① 국가 또는 지방자치단체(법령 또는 자치법규에 따라 행정권한을 가지고 있거나 위임 또는 위탁받은 공공단체나 기관 또는 사인을 포함한다)는 병해충의 유입 및 확산을 방지하고, 사후적 대책을 효율적으로 집행하기 위하여 서로 협조하여야 한다.
② 농림축산식품부장관은 관계 중앙행정기관의 장 또는 지방자치단체장에게 병해충의 국내 유입 및 확산 방지를 위한 수입검역, 위험분석, 예찰·방제, 역학조사 등을 효율적으로 수행하기 위하여 정보를 요청할 수 있다. 이 경우 협조를 요청받은 관계 중앙행정기관의 장 또는 지방자치단체장은 정당한 사유가 없으면 이에 따라야 한다.
③ 제2항에 따른 정보 요청의 방법, 요청하는 정보의 범위 등에 관한 사항은 대통령령으로 정한다.

제46조(권한의 위임·위탁)

① 이 법에 따른 농림축산식품부장관의 권한은 대통령령으로 정하는 바에 따라 그 일부를 농촌진흥청장, 시·도지사 또는 식물검역기관의 장에게 위임하거나 인증원에 위탁할 수 있다.
② 이 법에 따른 식물검역기관의 장의 권한은 대통령령으로 정하는 바에 따라 그 일부를 소속 기관의 장에게 재위임할 수 있다.

제6장 벌칙

제46조의2(벌칙)

다음 각 호의 어느 하나에 해당하는 자는 3년 이하의 징역 또는 3천만원 이하의 벌금과 해당 위반·유출 물품의 소매가격의 3배에 해당하는 금액 중 높은 금액 이하의 벌금에 처한다.
1. 제17조의2제2항에 따른 명령을 위반한 자
2. 제24조를 위반하여 경유물품을 국내 지역에 유출한 자

제47조(벌칙)

다음 각 호의 어느 하나에 해당하는 자는 3년 이하의 징역 또는 3천만원 이하의 벌금에 처한다.
1. 제7조의3제2항에 따른 소독·폐기, 그 밖에 필요한 조치명령을 위반한 자
2. 제8조를 위반하여 검역증명서를 첨부·전송하지 아니하고 식물등을 수입한 자 또는 검역증명서를 위조·변조하거나 그 증명서가 위조·변조되었음을 알고도 이를 사용하여 식물등을 수입한 자

3. 제9조를 위반하여 수입항 외의 장소를 통하여 식물검역대상물품을 수입한 자
4. 제10조제1항을 위반하여 금지품을 수입한 자(제10조제2항에 따라 수입한 자는 제외한다)
4의2. 제10조제4항을 위반하여 금지품을 관리장소 또는 포장·가공장소 밖으로 유출하거나 반출한 자
4의3. 제10조제6항에 따른 회수 및 폐기 명령이나 소독 명령을 이행하지 아니한 자
5. 제11조에 따른 수입제한을 위반하여 식물등을 수입한 자
6. 제12조제1항부터 제3항까지의 규정에 따른 신고를 거짓으로 한 자 또는 검역을 받지 아니하고 식물검역대상물품을 수입하였거나 거짓이나 그 밖의 부정한 방법으로 검역을 받은 자(판매 목적이 아닌 자가소비용으로 휴대하여 수입하거나 이사물품으로 수입한 자는 제외한다)
7. 제16조제1항부터 제3항까지의 규정에 따른 회수·소독·폐기·반송, 그 밖에 필요한 조치명령을 위반한 자
7의2. 삭제
8. 제20조제2항을 위반하여 국내 지역 경유의 승인을 받지 아니하고 외국의 식물등이나 금지품을 운송한 자
9. 제22조를 위반하여 안전조치에 문제가 발생한 사실을 신고하지 아니한 자
10. 제27조제1항에 따른 소독·폐기·반송·반출, 그 밖에 필요한 조치명령을 위반한 자
11. 제36조제1항제3호에 따른 폐기명령을 위반한 자

제47조의2(벌칙)
다음 각 호의 어느 하나에 해당하는 자는 1년 이하의 징역 또는 1천만원 이하의 벌금과 반출한 물품의 소매가격의 3배에 해당하는 금액 중 높은 금액 이하의 벌금에 처한다.
1. 제13조제1항에 따른 격리재배명령을 위반하여 격리재배대상식물을 격리재배지 밖으로 반출한 자
2. 제14조제5항을 위반하여 소독·폐기 명령을 받은 식물검역대상물품을 식물검역기관의 승인을 받지 아니하고 검역장소 밖으로 반출한 자

제48조(벌칙)
다음 각 호의 어느 하나에 해당하는 자는 1년 이하의 징역 또는 1천만원 이하의 벌금에 처한다.
1. 제7조의3제4항을 위반하여 정당한 사유 없이 같은 조 제1항에 따른 검사를 거부·방해 또는 기피한 자
2. 제7조의3제4항을 위반하여 정당한 사유 없이 같은 조 제3항에 따른 토지 등의 장소 출입 또는 시험용 재료의 수거를 거부·방해 또는 기피한 자

3. 제10조제3항에 따라 수입할 수 있는 물품에 대하여 부과한 수입방법, 수입 후의 관리방법 또는 그 밖에 필요한 조건을 위반한 자
3의2. 거짓이나 부정한 방법으로 제15조의2에 따른 전문검사기관의 지정을 받은 자
3의3. 제15조의2에 따라 지정된 전문검사기관에서 고의 또는 중대한 과실로 검사 결과를 사실과 다르게 내준 자
3의4. 제15조의3제1항에 따른 업무정지 기간 중에 검사 업무를 한 자
4. 제16조제4항에 따른 식물검역관의 소독 또는 폐기 처분을 거부·방해 또는 기피한 자
5. 제23조제2항에 따른 긴급 병해충 방제 조치를 거부·방해 또는 기피한 자
6. 제26조에 따른 식물검역관의 검사를 거부·방해 또는 기피한 자
7. 제27조제2항에 따른 식물검역관의 소독 또는 폐기 처분을 거부·방해 또는 기피한 자
8. 제28조제1항에 따른 검역에 합격하지 아니하고 수출하거나 거짓이나 그 밖의 부정한 방법으로 검역에 합격하여 수출한 자
8의2. 제28조제2항, 제28조의2제3항 또는 제28조의3제5항에 따른 증명서 또는 검역에 합격하였다는 표시를 위조 또는 변조하거나 그 증명서 또는 검역에 합격하였다는 표시가 위조 또는 변조되었음을 알고도 사용한 자
8의3. 제28조의3제1항에 따른 소독처리마크 표시를 위조·변조한 자 또는 소독처리마크 표시가 위조·변조된 것임을 알고도 이를 수출물품의 목재포장재에 사용한 자
8의4. 제28조의3제2항을 위반하여 소독처리 기준에 따라 소독처리하지 아니한 목재포장재에 소독처리마크 표시를 한 자
8의5. 제28조의3제3항을 위반하여 목재포장재 소독업자가 아님에도 불구하고 소독처리를 하거나 소독처리마크 표시를 한 자
8의6. 제37조의2제1항을 위반하여 식물등이 매몰된 토지를 발굴한 자
9. 제40조에 따른 수출입목재열처리업의 등록을 하지 아니하고 영업을 하였거나 거짓이나 그 밖의 부정한 방법으로 등록한 자
10. 제41조제2항에 따른 영업정지명령을 위반하여 영업을 계속한 자

제48조의2(벌칙)
다음 각 호의 어느 하나에 해당하는 자는 300만원 이하의 벌금에 처한다.
1. 제12조의2제3항에 따른 폐기명령을 위반한 자
1의2. 제12조의3제2항에 따른 소독·폐기, 그 밖에 필요한 조치명령을 위반한 자
2. 제31조의3제3항을 위반하여 정당한 사유 없이 같은 조 제1항에 따른 검사나 같은 조 제2항에 따른 출입·수거를 거부·방해 또는 기피한 자

3. 제31조의5제2항을 위반하여 정당한 사유 없이 분포조사를 거부·방해 또는 기피한 자
4. 제31조의6제2항을 위반하여 정당한 사유 없이 역학조사를 거부·방해 또는 기피한 자

제48조의3(미수범)

제47조제4호의2·제6호, 제48조제8호 및 같은 조 제8호의2부터 제8호의5까지의 미수범은 처벌한다.

제49조(양벌규정)

① 법인의 대표자, 대리인, 사용인, 그 밖의 종업원이 그 법인의 업무에 관하여 제46조의2, 제47조, 제47조의2 또는 제48조의 위반행위를 하면 그 행위자를 벌할 뿐만 아니라 그 법인에도 해당 조문의 벌금형을 과(科)한다. 다만, 법인이 그 위반행위를 방지하기 위하여 해당 업무에 관하여 상당한 주의와 감독을 게을리하지 아니한 때에는 그러하지 아니하다.

② 개인의 대리인, 사용인, 그 밖의 종업원이 그 개인의 업무에 관하여 제46조의2, 제47조, 제47조의2 또는 제48조의 위반행위를 하면 그 행위자를 벌할 뿐만 아니라 그 개인에게도 해당 조문의 벌금형을 과한다. 다만, 개인이 그 위반행위를 방지하기 위하여 해당 업무에 관하여 상당한 주의와 감독을 게을리하지 아니한 때에는 그러하지 아니하다.

제50조(과태료)

① 다음 각 호의 어느 하나에 해당하는 자에게는 1천만원 이하의 과태료를 부과한다.
  1. 제12조제1항을 위반하여 처음으로 도착한 수입항에서 검역을 받지 아니하고 식물검역대상물품을 보세운송한 자
  2. 제13조제1항에 따른 격리재배명령을 위반한 자(격리재배대상식물을 격리재배지 밖으로 반출한 자는 제외한다) 또는 제13조제3항을 위반하여 꼬리표를 고의로 위조·변조하거나 훼손한 자
  3. 제30조에 따른 검역을 거부·방해·기피하거나 소독·폐기 등의 명령이나 이동 제한 등 필요한 조치명령을 위반한 자
  4. 제36조제1항에 따른 방제명령(같은 항 제3호에 따른 폐기명령은 제외한다) 또는 같은 조 제2항에 따른 식물방제관 또는 식물검역관의 조치명령을 위반한 자
② 다음 각 호의 어느 하나에 해당하는 자에게는 500만원 이하의 과태료를 부과한다.
  1. 제7조에 따른 농림축산식품부령으로 정하는 기준을 위반하여 식물검역대상물품을 수송하거나 보관한 자
  2. 제12조의2제1항에 따른 신고를 하지 아니하거나 거짓으로 신고하거나 폐기하지 아니한

자
2의2. 제19조의2 및 제27조의2를 위반하여 식물검역대상물품이 아닌 물품에서 발견된 규제병해충 발견 신고를 하지 아니한 자
3. 제25조를 위반하여 경유물품의 도착 신고를 하지 아니한 자
4. 제30조의2제1항을 위반하여 병해충 발생신고를 하지 아니한 식물의 재배자 또는 식물병해충을 조사하거나 연구한 대학·연구소 등의 연구책임자

③ 다음 각 호의 어느 하나에 해당하는 자에게는 300만원 이하의 과태료를 부과한다.
1. 제7조의3제3항 또는 제31조의3제2항에 따른 질문에 거짓으로 진술한 자
1의2. 제7조의3제4항을 위반하여 정당한 사유 없이 화물 목록의 확인을 거부·방해 또는 기피한 자
2. 판매 목적이 아닌 자가소비용으로 휴대하여 수입하거나 이사물품으로 수입하는 식물검역대상물품에 대하여 제12조제1항에 따른 신고를 거짓으로 한 자 또는 검역을 받지 아니하고 수입하였거나 거짓이나 그 밖의 부정한 방법으로 검역을 받은 자
3. 제12조제1항·제2항에 따른 신고를 지체한 자
3의2. 제12조제4항을 위반하여 소유자가 없거나(소유자를 알 수 없는 경우를 포함한다) 소유자가 수취를 거부하는 식물검역대상물품이 검역장소에 반입된 경우(식물검역대상물품이 반입된 이후 소유자가 없게 되거나 소유자가 수취를 거부하는 경우를 포함한다) 그 사실을 알고도 이를 식물검역기관의 장에게 알리지 아니한 자
3의3. 제12조제7항을 위반하여 탁송품에 식물검역대상물품이 담겨 있는 것을 알거나 탁송품에 식물검역대상물품이 담겨져 있다고 의심을 하고도 그 사실을 식물검역기관의 장에게 알리지 아니한 자
4. 제12조제9항에 따른 검역을 받지 아니하거나 거짓이나 그 밖의 부정한 방법으로 검역을 받은 자
5. 제40조의3제3항을 위반하여 정당한 사유 없이 지위승계 신고를 하지 아니한 자

④ 제1항부터 제3항까지의 규정에 따른 과태료는 대통령령으로 정하는 바에 따라 농림축산식품부장관이나 시·도지사가 부과·징수한다.

 식물방역법 시행령

제1조(목적)
이 영은 「식물방역법」에서 위임된 사항과 그 시행에 필요한 사항을 정함을 목적으로 한다.

제2조(식물검역기술개발계획)
① 「식물방역법」(이하 "법"이라 한다) 제7조의4제1항에 따른 식물검역기술개발계획에는 다음 각 호의 사항이 포함되어야 한다.
  1. 식물검역기술개발의 목표 및 중점 추진전략
  2. 병해충의 예방·진단기술 및 소독방법 개발
  3. 병해충 분류·동정(同定)과 관련된 기술개발
  4. 식물검역기술개발과 관련된 국내외 연구기관 및 단체 등과의 공동연구
  5. 식물검역기술개발 성과의 활용계획
  6. 식물검역기술개발을 위하여 필요한 예산 및 인력 확보
  7. 그 밖에 식물검역기술개발을 위하여 필요한 사항
② 농림축산식품부장관이 식물검역기술개발계획을 세우거나 시행하려면 관련 행정기관·지방자치단체·대학·연구기관 및 농업단체 등과 식물검역기술개발의 공동연구, 연구성과의 활용, 그 밖에 연구의 중복을 방지하기 위하여 필요한 사항을 협의할 수 있다.

제3조(금지품에 대한 수입허가 요건)
① 법 제10조제2항제1호에서 "대통령령으로 정하는 요건"이란 다음 각 호의 것을 말한다.
  1. 법 제10조제1항에 따른 금지품(이하 "금지품"이라 한다)을 제공받을 연구기관이 「기초연구진흥 및 기술개발지원에 관한 법률」 제14조제1항 각 호(같은 항 제2호 중 기업의 연구개발전담부서 및 같은 항 제7호는 제외한다)에 따른 기관 또는 단체일 것(시험연구용으로 수입하는 경우만 해당한다)
  2. 금지품을 제공받을 연구기관이 「농업생명자원의 보존·관리 및 이용에 관한 법률」 제14조에 따라 농림축산식품부장관이 지정한 농업생명자원 책임기관일 것(농업유전자원 확보용으로 수입하는 경우만 해당한다)
  3. 금지품을 관리할 수 있을 정도의 전문인력, 시설 및 장비를 갖출 것
  4. 금지품 수입허가 신청수량이 수입용도에 적정한 수량일 것

② 법 제10조제2항제3호에서 "대통령령으로 정하는 요건"이란 다음 각 호와 같다.
　1. 해당 금지품을 수입하는 자가 「종자산업법」 제37조제1항에 따라 등록된 자일 것
　2. 해당 금지품을 관리할 수 있는 전문인력을 갖출 것
　3. 해당 금지품을 포장·가공하는 과정에서 병해충이 퍼지는 것을 방지하고, 그 과정에서 발생하는 잔재물(殘滓物)을 안전하게 처리할 수 있는 시설 및 장비를 갖출 것
　4. 해당 금지품을 수입한 날부터 1년 이내에 다시 포장·가공하여 수출할 목적일 것
③ 제1항제3호 및 제2항제2호·제3호에 따른 전문인력, 시설 및 장비의 세부 기준은 농림축산식품부장관이 정하여 고시한다.

제3조의2(컨테이너 취급 업무에 종사하는 자)
법 제19조의2제1항에서 "대통령령으로 정하는 컨테이너 취급 업무에 종사하는 자"란 다음 각 호의 어느 하나에 해당하는 자를 말한다.
1. 컨테이너 소유자
2. 컨테이너 하역업자
3. 컨테이너 수리업자
4. 컨테이너 청소업자

제3조의3(병해충예찰·방제대책본부의 구성·운영 등)
① 법 제31조의4제1항에 따라 농림축산식품부에 설치하는 병해충예찰·방제대책본부(이하 "병해충예찰·방제대책본부"라 한다)에는 본부장 1명과 본부장을 보좌하기 위한 부본부장 1명을 둔다.
② 병해충예찰·방제대책본부의 본부장은 농림축산식품부차관이 되고, 부본부장은 농림축산식품부의 고위공무원단에 속하는 일반직공무원 중에서 농림축산식품부장관이 지명하는 사람이 된다.
③ 병해충예찰·방제대책본부는 다음 각 호의 임무를 수행한다.
　1. 병해충 예찰과 방제에 관한 정책수립
　2. 병해충예찰·방제단의 지원
　3. 병해충 예찰·방제계획 수립의 총괄·조정
　4. 관계 중앙행정기관과의 병해충 예찰·방제에 대한 협조체계 구축
　5. 병해충 예찰·방제와 관련된 대 국민 홍보
④ 제1항부터 제3항까지에서 규정한 사항 외에 병해충예찰·방제대책본부의 구성 및 운영에 필요한 사항은 농림축산식품부장관이 정한다.

제3조의4(병해충예찰·방제단의 구성·운영 등)

① 법 제31조의4제2항에 따른 중앙병해충예찰·방제단(이하 "중앙병해충예찰·방제단"이라 한다)에는 단장 1명을 두며, 단장은 농촌진흥청의 고위공무원단에 속하는 연구직 또는 지도직공무원 중에서 농촌진흥청장이 지명하는 사람이 된다.
② 중앙병해충예찰·방제단의 단장은 효율적인 병해충의 예찰·방제를 위하여 기술정보, 식량작물, 원예작물 등 부문별로 대책반을 설치·운영할 수 있다.
③ 중앙병해충예찰·방제단은 다음 각 호의 임무를 수행한다.
  1. 농경지에 대한 병해충예찰·방제계획의 수립
  2. 병해충예찰·방제 추진 및 지도·점검
  3. 법 제31조의4제2항에 따른 시·도병해충예찰·방제단의 예산·기술 지원
  4. 지방자치단체와의 병해충 예찰·방제에 대한 협조체계 구축
  5. 병해충 예찰·방제와 관련된 농가 교육 및 홍보
④ 제1항부터 제3항까지에서 규정한 사항 외에 중앙병해충예찰·방제단의 구성 및 운영에 필요한 사항은 농촌진흥청장이 정한다.

제3조의5(병해충 발생의 예찰 등)

① 농림축산식품부장관은 법 제33조제3항 전단에 따라 다음 각 호의 조치를 요청할 수 있다.
  1. 병해충 조사: 규제병해충, 잠정규제병해충 또는 법 제32조제3항에 따른 방제 대상 병해충(이하 "규제병해충등"이라 한다)이 붙어 있거나 붙어 있다고 의심되는 토지·저장소·창고·사업장·운반용구 등 시설 및 물품에 대한 조사
  2. 병해충 방제: 규제병해충등의 방제를 위한 소독 약제의 살포 및 물품의 소각·매몰·반송
  3. 환경정비: 규제병해충등의 서식 우려 지역에 대한 잡초 제거, 공항·항만 야적장 바닥의 균열·틈새 메꾸기 등 청결 유지 및 시설의 보수
② 제1항에서 규정한 사항 외에 병해충의 조사·방제 및 환경정비 등의 세부적인 사항은 농림축산식품부장관이 정하여 고시한다.

제4조(비용 부담)

① 특별시장·광역시장·특별자치시장·도지사 또는 특별자치도지사(이하 "시·도지사"라 한다)는 법 제37조 단서에 따라 방제비용의 일부를 그 방제에 따른 수익자에게 부담하게 하려면 해당 방제가 끝난 후 30일 이내에 방제비용부담통지서를 수익자에게 내주어야 한다.
② 시·도지사는 수익자가 부담할 방제비용을 결정할 때에는 총방제비용 중 지방자치단체에서 부담한 비용을 뺀 나머지 비용을 수익자가 수익의 비율에 따라 균등하게 부담하게 하여야

한다.
③ 제2항에 따라 수익자가 부담할 방제비용은 방제에 사용된 다음 각 호의 경비를 합한 금액으로 한다.
  1. 약제비(藥劑費)
  2. 방제기구 사용료
  3. 인건비(방제 작업에 직접 투입된 사람에게 지급한 금액만 해당한다)

제4조의2(손실보상 범위 등)
① 법 제38조제1항 본문에 따른 손실보상의 범위는 다음 각 호와 같다. 다만, 국가나 지방자치단체 소유의 것은 손실보상 대상에서 제외한다.
  1. 법 제36조제1항제1호에 따라 재배 중인 식물의 재배를 제한하거나 금지하는 경우: 해당 식물을 옮겨 심는 데 드는 비용
  2. 법 제36조제1항제2호에 따라 식물등의 양도 또는 이동을 제한하거나 금지하는 경우: 해당 식물등의 물량, 단가 등을 고려하여 농림축산식품부장관이 정하여 고시하는 방법으로 산출한 금액
  3. 법 제36조제1항제3호에 따라 식물등(식물의 뿌리 등이 있는 토양을 포함한다)에 대한 소독 또는 폐기 등의 조치를 하도록 하는 경우: 해당 식물등의 물량, 단가 등을 고려하여 농림축산식품부장관이 정하여 고시하는 방법으로 산출한 금액과 소독 또는 폐기 등의 조치에 드는 비용
  4. 법 제36조제1항제4호에 따라 물품 또는 시설 등에 소독·사용제한 등의 조치를 하도록 하는 경우: 그 조치에 드는 비용
② 법 제38조제1항 단서에 따라 보상금을 감액하거나 지급하지 아니할 경우에는 보상금평가단의 평가를 거쳐야 한다.
③ 제2항에 따른 보상금평가단의 구성 및 운영에 필요한 사항은 농림축산식품부장관이 정한다.
④ 법 제38조제1항에 따른 손실보상금의 100분의 80 이상에 해당하는 금액은 국가가 지급하고, 그 나머지 금액은 해당 특별시·광역시·특별자치시·도·특별자치도가 지급한다.
⑤ 제1항부터 제4항까지에서 규정한 사항 외에 손실보상 방법 및 절차 등에 관하여 필요한 사항은 농림축산식품부장관이 정하여 고시한다.

제4조의3(생계안정비용의 지원)
① 법 제38조의2제1항에 따른 생계안정 비용(이하 "생계안정비용"이라 한다)의 지원 대상자는 법 제36조에 따라 방제명령을 이행한 자 중 과수(果樹) 등 다년생 식물을 폐기한 농업인으로

한다. 다만, 다음 각 호의 어느 하나에 해당하는 자에게는 생계안정비용을 지원하지 아니할 수 있다.
   1. 「농업·농촌 및 식품산업 기본법」 제3조제2호에 따른 농업인에 해당하지 아니하는 자
   2. 법 제36조에 따른 방제명령의 원인이 되는 행위를 하거나 방제명령을 적절하게 이행하지 않은 자
   3. 법 제36조에 따라 과수 등 다년생 식물을 폐기한 후 과수 등 다년생 식물을 재배하지 아니하는 자
② 생계안정비용은 「통계법」 제3조제3호에 따른 통계작성기관이 조사·발표하는 농가 경제 조사 통계의 전국 평균 가계비의 6개월분을 그 상한액으로 하여 지원할 수 있다.
③ 생계안정비용은 해당 금액의 100분의 70 이상은 국가가 지원하고, 그 나머지는 지방자치단체가 지원한다.
④ 생계안정비용을 받으려는 자는 방제명령을 이행한 장소의 소재지를 관할하는 시장·군수 또는 자치구의 구청장에게 농림축산식품부령으로 정하는 바에 따라 생계안정비용을 신청하여야 한다.
⑤ 제1항부터 제4항까지에서 규정한 사항 외에 생계안정비용의 지원에 필요한 사항은 농촌진흥청장이 정하여 고시한다.

제5조(포상금의 지급)

① 농림축산식품부장관은 법 제43조에 따라 신고하거나 고발한 사람에게 예산의 범위에서 200만원 이하의 포상금을 지급한다.
② 제1항에 따른 포상금 지급의 기준·방법 및 절차 등에 관하여는 농림축산식품부장관이 정하여 고시한다.

제5조의2(정보 요청의 방법 및 범위)

농림축산식품부장관은 법 제45조의2제2항 전단에 따라 다음 각 호의 정보를 요청할 수 있다. 이 경우 문서(전자문서를 포함한다)로 요청하되, 긴급한 경우에는 구두로 요청할 수 있다.
1. 법 제6조에 따른 병해충 위험에 관한 분석·평가에 필요한 병해충의 생리·생태 자료, 병해충의 발생 현황, 예찰 조사 및 방제 조치, 사후관리 등에 관한 정보
2. 법 제12조제1항부터 제3항까지의 규정에 따른 신고를 거짓으로 한 자 또는 검역을 받지 않고 식물검역대상물품을 수입했거나 거짓이나 그 밖의 부정한 방법으로 검역을 받은 자의 여권발급 정보, 출입국 정보, 주민등록번호, 주소 및 전화번호

3. 법 제31조의6제1항에 따른 역학조사를 위한 다음 각 목의 어느 하나에 해당하는 정보
    가. 병해충 발생 지역의 병해충 발생·분포·방제 현황 및 식물별 재배·생산·판매 현황
    나. 병해충 발생 식물의 소유자·재배자·판매자의 여권발급 정보, 출입국 정보, 주민등록번호, 주소 및 전화번호
    다. 규제병해충등이 분포하는 국가로부터 수입된 컨테이너(수입물품을 포함한다)의 수입경로
4. 그 밖에 병해충의 국내 유입 차단과 확산 방지를 위한 조치에 필요한 정보

제6조(권한 또는 업무의 위임·위탁)

① 농림축산식품부장관은 법 제46조제1항에 따라 다음 각 호의 권한을 농촌진흥청장에게 위임한다.
    1. 법 제30조의2제1항에 따른 방제 대상 병해충 등의 발생신고(법 제33조제1항에 따라 농촌진흥청장 또는 시·도지사가 병해충 발생을 조사하는 지역에 대한 신고에 한정한다)의 접수
    1의2. 법 제31조에 따른 해당 병해충에 대한 방제 여부 결정 및 방제 공고
    2. 법 제31조의5에 따른 분포조사(공항·항만에서의 수입 컨테이너 적재장소 및 그 주변에 대한 분포조사는 제외한다)
    2의2. 법 제31조의7에 따른 병해충위험평가의 실시
    3. 법 제32조제5항에 따른 긴급방제 여부 결정, 긴급방제계획의 수립, 시행 및 그 결과 등의 보고
    4. 법 제36조제1항에 따른 방제명령과 같은 조 제2항에 따른 식물방제관(지방자치단체의 식물방제관은 제외한다)에 대한 긴급 조치명령
    5. 법 제37조의2제1항 단서에 따른 식물등이 매몰된 토지에 대한 발굴허가
    6. 법 제38조에 따른 손실보상과 이 영 제4조의2제2항부터 제4항까지의 규정에 따른 보상평가단의 구성·운영과 손실보상 방법 등에 관한 고시
    7. 법 제39조제1항 및 제2항에 따른 방제약제의 확보, 양여, 약제 구입비용의 보조
    8. 법 제42조제1항 및 제2항에 따른 명예 식물감시원의 위촉 및 감시 활동에 필요한 경비의 지급
    9. 법 제43조제2항에 따른 포상금 지급(농촌진흥청장 또는 시·도지사에게 신고한 경우에 한정한다)
    10. 다음 각 목의 어느 하나에 해당하는 자에 대한 과태료의 부과 및 징수
        가. 법 제50조제1항제4호 중 법 제36조제1항에 따른 방제명령(같은 항 제3호에 따른 폐기명령은 제외한다)을 위반한 자

나. 법 제50조제1항제4호 중 법 제36조제2항에 따른 식물방제관(지방자치단체의 식물방제관은 제외한다)의 조치명령을 위반한 자

다. 법 제50조제2항제4호 중 법 제33조제1항에 따라 농촌진흥청장 또는 시·도지사가 병해충 발생을 조사하는 지역에 대한 병해충 발생신고를 하지 않은 자

11. 제5조제2항에 따른 포상금 지급의 기준·방법 및 절차(농촌진흥청장 또는 시·도지사에게 신고한 경우에 한정한다)에 관한 고시

② 농림축산식품부장관은 법 제46조제1항에 따라 다음 각 호의 권한을 농림축산검역본부장에게 위임한다.

1. 법 제2조제2호다목에 따른 병해충에 해당하는 잡초(그 씨앗을 포함한다)의 지정·고시
2. 법 제6조제1항에 따른 병해충 위험에 관한 분석·평가
2의2. 법 제7조의3제2항제3호에 따른 소독시설의 결정·고시
3. 법 제7조의4에 따른 식물검역기술개발계획의 수립·시행
4. 법 제8조제3항제2호 단서에 따른 재식용 또는 번식용 식물의 수입수량 결정 및 고시
4의2. 법 제8조제4항에 따른 검역증명서 내용의 인정에 필요한 세부 기준의 결정·고시
5. 법 제10조제1항제2호 단서에 따라 병해충위험분석 결과 병해충이 국내 식물에 피해를 줄 우려가 없다는 인정
6. 법 제10조제2항제1호에 따라 시험연구용이나 정부가 인정하는 국제박람회용으로 제공하기 위하거나, 농업유전자원을 확보하기 위한 금지품의 수입허가
7. 법 제10조제2항제2호에 따른 병해충위험분석과 국내 식물에 대한 피해 여부 결정
7의2. 법 제10조제2항제3호에 따라 다시 포장·가공하여 수출할 목적으로 수입하는 금지품의 수입허가
8. 법 제10조제3항에 따라 금지품 중 같은 조 제2항 각 호에 따라 수입할 수 있는 물품에 대한 수입방법, 수입 후의 관리방법, 그 밖에 필요한 조건의 결정
8의2. 법 제10조제5항제1호 및 제2호에 따른 금지품 허가의 취소 및 허가의 제한
9. 법 제11조제1항에 따른 일시적 수입제한 및 수입제한 해제
10. 법 제11조제2항에 따른 재배지 검사, 소독, 그 밖에 필요한 조치의 요구와 그 대상 국가 및 대상 식물의 지정
11. 법 제11조제3항에 따른 식물 수입제한
12. 법 제12조의2제1항에 따른 목재포장재 지정·고시
12의2. 법 제15조의2제1항 및 제2항에 따른 식물 병해충 전문검사 기관(이하 "전문검사기관"이라 한다) 지정 신청의 접수 및 지정
12의3. 법 제15조의2제4항에 따른 전문검사기관의 변경신청의 승인 및 변경신고의 접수

12의4. 법 제15조의2제5항에 따른 전문검사기관 검사실적 보고의 접수

12의5. 법 제15조의3제1항에 따른 전문검사기관의 지정취소, 업무정지 및 시정명령 등 필요한 조치

13. 법 제19조제1항 및 제2항에 따른 국외 생산지검역 실시 및 국외 생산지검역 방법 등의 결정·고시

14. 법 제28조의2제2항에 따른 선박 등 운송수단의 지정·고시

15. 삭제

16. 법 제30조에 따른 검역, 소독·폐기 등의 명령 및 이동 제한 등 필요한 조치명령과 검역의 대상 식물, 대상 지역 및 방법 등의 지정·고시

16의2. 법 제30조의2제1항에 따른 방제 대상 병해충 등의 발생신고(법 제33조제1항에 따라 식물검역기관의 장이 병해충 발생을 조사하는 지역에 대한 신고에 한정한다)의 접수

17. 법 제31조의6에 따른 역학조사

17의2. 법 제33조제3항 및 제4항에 따른 병해충 조사·방제 및 환경정비 등의 협조 요청 및 이행 여부 점검

18. 법 제36조제2항에 따른 식물검역관(지방자치단체의 식물검역관은 제외한다)에 대한 긴급 조치명령

19. 법 제42조제1항 및 제2항에 따른 명예 식물감시원의 위촉 및 감시 활동에 필요한 경비의 지급

20. 법 제43조제1항 및 제2항에 따른 포상금 지급(식물검역기관의 장 또는 수사기관에 신고하거나 고발한 경우에 한정한다)

21. 법 제45조에 따른 수입 식물의 검역시설·소독시설 또는 폐기시설을 설치하는 개인 또는 단체에 대한 비용 지원

21의2. 법 제45조의2제2항에 따른 정보의 제공 요청

22. 다음 각 목의 어느 하나에 해당하는 자에 대한 과태료의 부과 및 징수

　가. 법 제50조제1항제1호부터 제3호까지의 규정 중 어느 하나에 해당하는 자

　나. 법 제50조제1항제4호 중 식물검역관(지방자치단체의 검역관은 제외한다)의 명령을 위반한 자

　다. 법 제50조제2항제1호부터 제3호까지의 어느 하나에 해당하는 자

　라. 법 제50조제2항제4호 중 법 제33조제1항에 따라 식물검역기관의 장이 병해충 발생을 조사하는 지역에 대한 병해충 발생신고를 하지 않은 자

　마. 법 제50조제3항 각 호의 어느 하나에 해당하는 자

23. 제3조제3항에 따른 전문인력, 시설 및 장비의 세부 기준의 고시

23의2. 제3조의5제2항에 따른 병해충의 조사·방제 및 환경정비 등의 세부 사항의 결정 및 고시
24. 제5조제2항에 따른 포상금 지급의 기준·방법 및 절차(식물검역기관의 장 또는 수사기관에 신고하거나 고발한 경우에 한정한다)에 관한 고시

③ 농림축산식품부장관은 법 제46조제1항에 따라 법 제31조의5에 따른 분포조사(공항·항만에서의 수입 컨테이너 적재장소 및 그 주변에 대한 분포조사에 한정한다)에 관한 업무를 법 제29조의2에 따른 국제식물검역인증원의 장에게 위탁한다.

제6조의2(고유식별정보의 처리)
① 농림축산식품부장관(제6조에 따라 농림축산식품부장관의 권한을 위임받은 자를 포함한다), 시·도지사, 시장·군수 및 자치구의 구청장은 다음 각 호의 사무를 수행하기 위하여 불가피한 경우 「개인정보 보호법 시행령」 제19조제1호·제2호 또는 제4호에 따른 주민등록번호, 여권번호 또는 외국인등록번호가 포함된 자료를 처리할 수 있다.
  1. 법 제12조에 따른 식물검역대상물품의 수입검역에 관한 사무
  1의2. 법 제15조의2제2항에 따른 전문검사기관 지정요건 확인에 관한 사무
  1의3. 법 제31조의6제1항에 따른 역학조사에 관한 사무
  2. 법 제36조제1항부터 제3항까지에 따른 명령 및 조치에 관한 사무
  3. 법 제37조 단서에 따른 비용 부담에 관한 사무
  4. 법 제38조에 따른 손실보상에 관한 사무
  5. 법 제38조의2에 따른 생계안정을 위한 비용 지원에 관한 사무
② 농림축산검역본부장은 법 제40조에 따른 수출입목재열처리업 등록에 관한 사무를 수행하기 위하여 불가피한 경우 「개인정보 보호법 시행령」 제19조제1호에 따른 주민등록번호가 포함된 자료를 처리할 수 있다.

제7조(과태료의 부과기준)
법 제50조제1항부터 제3항까지의 규정에 따른 과태료의 부과기준은 별표와 같다.

[부칙]
제1조(시행일) 이 영은 공포한 날부터 시행한다.
제2조(손실보상금 분담에 관한 적용례) 제4조의2제4항의 개정규정은 2022년 1월 1일 이후 행해진 법 제36조에 따른 명령으로 인한 손실에 대해 손실보상금을 분담하는 경우부터 적용한다.

3 식물방역법 시행규칙

제1조(목적)
이 규칙은 「식물방역법」 및 같은 법 시행령에서 위임된 사항과 그 시행에 필요한 사항을 규정함을 목적으로 한다.

제2조(가공품의 범위)
① 「식물방역법」(이하 "법"이라 한다) 제2조제1호나목에서 "농림축산식품부령으로 정하는 것"이란 다음 각 호의 어느 하나에 해당하는 정도로 가공한 가공품을 말한다.
  1. 화학약품, 소금, 설탕, 기름, 그 밖에 방부(防腐) 효과가 있는 물질로 방부 처리된 것
  2. 나무 또는 대나무 제품으로서 재가공하지 아니하고 사용될 수 있는 것
  3. 솜, 베, 종이, 끈, 그물 등 섬유 제품의 형태로 가공된 것
  4. 병해충을 죽여 없앤 것으로서 병해충이 다시 침입할 수 없도록 포장한 것
  5. 그 밖에 병해충이 서식할 수 없을 정도로 식물을 가공한 것
② 농림축산검역본부장(법 제7조의2제1항에 따른 식물검역기관의 장을 말하며, 이하 "검역본부장"이라 한다)은 제1항 각 호에 따른 가공품 품목의 예를 정하여 고시하여야 한다.

제3조(흙의 범위)
① 법 제2조제3호에서 "농림축산식품부령으로 정하는 흙"이란 다음 각 호의 어느 하나에 해당하는 것을 말한다.
  1. 암석 등이 풍화(風化)되어 분해된 것으로서 유기질이 혼입(混入)된 지구표면의 혼합물
  2. 유기물이 분해 또는 부식(腐植)된 것으로서 식물의 재배에 이용되는 물질
② 제1항에도 불구하고 다음 각 호의 어느 하나에 해당하는 것은 흙으로 보지 아니한다.
  1. 도토(陶土), 인광(燐鑛), 규조토(硅藻土), 보크사이트 등 공업용·화장품용 또는 의료용으로 사용되는 것
  2. 제1항제2호의 물질 중 식물의 재배에 사용된 적이 없고 식물이 식재되어 있지 아니한 것
  3. 검역본부장이 법 제6조에 따라 병해충위험분석을 한 결과 병해충에 오염되어 있을 위험이 없다고 인정하는 것

제4조(검역병해충)

법 제2조제5호에서 "농림축산식품부령으로 정하는 것"이란 다음 각 호의 병해충을 말한다.

1. 금지 병해충

    국내에 유입될 경우 폐기 또는 반송 조치를 하지 아니하면 식물에 해를 끼치는 정도가 크다고 인정하여 그 병해충이 붙어 있는 식물의 수입을 금지하는 다음 각 목의 병해충

    가. 별표 1의 병해충

    나. 법 제6조에 따라 병해충위험분석을 한 결과 가목의 병해충에 준하는 위험이 있다고 인정하여 검역본부장이 정하여 고시하는 병해충

2. 관리 병해충

    국내에 유입될 경우 소독 등의 조치를 하지 아니하면 식물에 해를 끼치는 정도가 크다고 인정하여 검역본부장이 정하여 고시하는 병해충

제5조(규제비검역병해충)

법 제2조제6호에서 "농림축산식품부령으로 정하는 것"이란 국내에 분포하는 병해충으로서 벼, 밀, 콩 등 종자별로 검역본부장이 정하여 고시하는 병해충을 말한다.

제5조의2(병해충 전염우려물품)

법 제2조제7의2호에서 "농림축산식품부령으로 정하는 물품"이란 다음 각 호의 어느 하나에 해당하는 것을 말한다.

1. 목재가구
2. 폐지(廢紙)
3. 철도의 침목(枕木)
4. 법 제6조에 따른 병해충위험분석 결과 검역하지 아니하고 수입할 경우 규제병해충을 퍼뜨릴 우려가 있다고 인정되어 검역본부장이 고시하는 물품

제6조(병해충위험분석의 방법 등)

① 법 제6조에 따른 병해충위험분석은 다음 각 호의 순서에 따라 실시한다.

1. 병해충 확인 단계

    병해충의 국내 분포 여부와 병해충위험분석 실시 여부 등을 확인하여 병해충위험분석 평가 대상인지를 결정한다.

2. 병해충 위험 평가 단계

    병해충위험분석 평가 대상으로 결정된 병해충이 국내로 유입되는 경우 농작물·자연환

경 등에 미칠 수 있는 경제적 손실 등 위험의 정도를 평가하고, 규제병해충 또는 비검역병해충으로 정할지를 결정한다.
   3. 병해충 위험 관리 단계
      규제병해충에 대하여 소독, 폐기, 반송 또는 수입금지 등의 조치 방안을 선택하거나 검역방법을 조정하는 등 병해충 위험 관리방안을 결정한다.
② 제1항에도 불구하고 다음 각 호의 어느 하나에 해당하면 필요한 단계의 병해충위험분석만을 할 수 있다.
   1. 법 제2조제2호에 따른 병해충인지를 정하는 경우
   2. 법 제10조제1항제2호 단서에 따라 국내 식물에 경제적 피해를 줄 우려가 없다고 인정하는 병해충인지를 정하는 경우
   3. 검역방법, 검역 수량과 그 밖에 검역에 관한 과학적 기준의 결정
③ 검역본부장은 병해충위험분석을 하였을 때에는 금지 병해충으로 정하거나 금지 병해충에서 제외할지의 여부와 법 제10조제2항제2호에 따른 수입 금지 식물의 제한적인 수입 허용 여부 등을 결정하여야 한다.
④ 삭제
⑤ 규제병해충에 대한 병해충 위험 관리방안의 세부 내용과 그 밖에 병해충위험분석에 관한 세부 사항은 검역본부장이 정하여 고시한다.

제7조(식물검역대상물품의 안전관리기준)

① 법 제7조에 따라 수입 중인 식물검역대상물품을 수송하는 자는 다음 각 호의 어느 하나에 해당하는 안전관리기준을 준수하여야 한다.
   1. 밀폐형 컨테이너나 용기에 넣을 것
   2. 식물검역대상물품이 노출되지 아니하도록 천막 등으로 완전히 덮을 것
   3. 그 밖에 검역본부장이 정하여 고시한 방법으로 조치를 할 것
② 법 제7조에 따라 국내 지역을 경유하는 식물검역대상물품을 수송하는 자는 다음 각 호의 안전관리기준 모두를 준수하여야 한다.
   1. 밀폐형 컨테이너나 용기에 넣을 것
   2. 컨테이너 또는 차량의 문이 봉인되어 있을 것
   3. 컨테이너 또는 차량의 통기구의 지름을 1.6밀리미터 이하로 하거나 그 지름이 1.6밀리미터를 초과하는 경우에는 1.6밀리미터 이하인 망으로 완전히 덮을 것
③ 법 제7조에 따라 수입 중이거나 국내 지역을 경유하는 식물검역대상물품을 보관하는 자는 다음 각 호의 어느 하나에 해당하는 안전관리기준을 준수하여야 한다.

1. 밀폐형 컨테이너나 용기에 넣을 것
2. 식물검역대상물품이 노출되지 아니하도록 천막 또는 1.6밀리미터 이하의 망 등으로 완전히 덮을 것
3. 그 밖에 검역본부장이 정하여 고시한 방법으로 조치를 할 것

제8조(식물검역관의 자격 및 선발 절차 등)

① 법 제7조의2에 따른 식물검역관은 농림축산식품부에 두는 식물검역관(이하 "농림축산식품부 식물검역관"이라 한다)과 지방자치단체에 두는 지방공무원인 식물검역관(이하 "지방자치단체 식물검역관"이라 한다)으로 구분하여 자격을 부여한다.

② 식물검역관은 다음 각 호의 사람으로 한다.
　1. 농림축산식품부 식물검역관: 농림축산검역본부(법 제7조의2제1항에 따른 식물검역기관을 말하며, 이하 "검역본부"라 한다)에 소속된 사람으로서 다음 각 목의 요건을 갖춘 사람
　　가. 검역본부장이 정하여 고시하는 교육과정(이하 이 조에서 "교육과정"이라 한다)을 이수한 다음 식물검역관의 자격 전형시험(이하 이 조에서 "전형시험"이라 한다)에 합격하였을 것
　　나. 검역본부에서 식물검역 업무를 6개월 이상 담당하였을 것
　2. 지방자치단체 식물검역관: 지방자치단체 또는 그 소속 기관에 소속된 사람으로서 다음 각 목의 요건을 갖춘 사람
　　가. 교육과정을 이수한 다음 전형시험에 합격하였을 것
　　나. 지방자치단체 또는 그 소속 기관에서 농림 분야 업무를 6개월 이상 담당하였을 것

③ 검역본부장은 식물검역관의 검역기술 및 자질의 향상을 위하여 교육을 실시할 수 있다.

④ 제2항에 따른 전형시험의 방법 및 절차는 별표 2와 같다.

⑤ 검역본부장은 제2항 각 호에 해당하는 사람에 대하여 법 제7조의3제5항에 따른 증표를 발급하고, 식물검역관 자격 관리대장을 작성·비치(備置)하여야 한다.

⑥ 특별시장·광역시장·특별자치시장·도지사·특별자치도지사, 시장·군수 또는 자치구의 구청장(이하 "지방자치단체의 장"이라 한다)은 소속 지방자치단체 식물검역관이 퇴직하거나 전출하는 등 신분이 변동된 경우에는 즉시 그 사실을 검역본부장에게 알려야 한다.

⑦ 법 제7조의2제1항 후단에 따라 지방자치단체에 두는 식물검역관의 업무범위는 다음 각 호의 검역을 제외한 수출검역으로 한다.
　1. 수입국이 수출 식물검역증명서에 추가 기재사항을 요구하는 수출검역
　2. 수입국과의 협약에 따라 실시하는 수출검역

3. 실험실정밀검역을 실시하여야 하는 식물의 수출검역
⑧ 그 밖에 식물검역관의 자격 및 선발 절차 등 세부 사항은 검역본부장이 정하여 고시한다.

제9조(식물검역관의 증표)
법 제7조의3제5항에 따른 식물검역관의 증표는 별지 제1호서식에 따른다.

제10조(검역증명서를 첨부·전송할 필요가 없는 경우)
법 제8조제3항제3호에서 "그 밖에 검역증명서를 첨부·전송하는 것이 곤란한 경우로서 농림축산식품부령으로 정하는 경우"란 다음 각 호의 어느 하나에 해당하는 경우를 말한다.
1. 목재류 또는 죽재류를 수입하는 경우(법 제10조제2항제2호에 따라 수입하는 경우와 법 제11조제1항에 따라 일시 제한된 후 다시 수입되는 경우는 제외한다)
2. 법 제10조제2항제1호에 따라 금지품을 수입하는 경우
3. 식물과 그 식물을 넣거나 싸는 용기·포장(이하 "식물등"이라 한다)을 무환(無換)으로 수입하는 경우[재식용(栽植用) 식물이 아닌 것만 해당한다]
4. 세관이 공매(公賣) 등의 방법으로 처분하는 경우
5. 검역본부장이 고시하는 기준에 적합한 고열건조, 분쇄, 압착 또는 냉동의 방법으로 가공된 식물로서 밀폐 포장된 상태로 수입하는 경우
6. 수출한 식물등이 수입국에서 통관되지 못하고 반송되어 수입되는 경우
7. 「부가가치세법」 제21조에 따른 중계무역 방식의 수출용 식물을 밀폐 포장된 상태로 반입하여 법 제14조제1항에 따른 검역장소에서 검역본부장이 정하여 고시하는 바에 따라 보관하는 경우
8. 수출국과 합의한 식물검역 증명방법에 관해 검역본부장이 고시하는 기준에 따라 수입하는 경우

제10조의2(재식용 또는 번식용 식물의 검역증명서 첨부 제외 승인 신청 등)
① 법 제8조제3항제2호 단서에 따라 재식용 또는 번식용 식물의 검역증명서 첨부 제외 승인을 받으려는 자는 물품을 해당 수출국에서 출발하는 선박이나 그 밖의 운송수단에 싣기 전에 별지 제1호의2서식의 재식용 또는 번식용 식물의 검역증명서 첨부 제외 승인 신청서(이하 "검역증명서 첨부 제외 신청서"라 한다)를 도착지를 관할하는 검역본부 지역본부장 또는 사무소장에게 제출해야 한다. 다만, 통신장애 등 검역본부장이 정하여 고시하는 부득이한 사유에 해당하는 경우에만 식물검역대상물품 수입신고 및 검역신청서 제출 전까지 검역증명서 첨부 제외 신청서를 제출할 수 있다.

② 제1항에 따른 검역증명서 첨부 제외 신청서는 서면·우편 또는 정보통신망으로 제출해야 한다.
③ 제1항에 따른 신청을 받은 검역본부 지역본부장 및 사무소장은 그 내용을 검토하여 적합한 경우에는 별지 제1호의3서식의 재식용 또는 번식용 식물의 검역증명서 첨부 제외 승인서(이하 "검역증명서 첨부 제외 승인서"라 한다)를 발급(정보통신망을 통한 발급을 포함한다)해야 한다. 다만, 물품이 다음 각 호의 어느 하나에 해당하는 경우에는 승인하지 않으며, 그 사유를 제1항에 따라 검역증명서 첨부 제외 신청서를 제출받은 날부터 2일 이내에 신청인에게 서면·우편 또는 정보통신망으로 알려야 한다.
  1. 법 제10조제1항에 따른 금지품
  2. 법 제11조에 따른 수입제한 물품
  3. 법 제10조제3항에 따른 금지품의 수입허가 조건의 부여, 법 제11조제2항에 따른 재배지 검사, 소독 그 밖에 필요한 조치 등을 확인하기 위하여 검역증명서 첨부가 요구되는 물품
④ 제1항부터 제3항까지에서 규정한 사항 외에 승인 절차 및 방법 등에 필요한 세부적인 사항은 검역본부장이 정하여 고시한다.

제11조(수입항)
법 제9조에서 "항만·공항·기차역 등 농림축산식품부령으로 정하는 장소"란 다음 각 호와 같다.
1. 「관세법」 제133조에 따른 개항 및 같은 법 제134조제1항 단서에 따라 출입의 허가를 받은 장소
2. 삭제
3. 「관세법」 제148조에 따른 통관역 또는 통관장

제12조(수입 금지 식물 등)
① 법 제10조제1항제1호에서 "농림축산식품부령으로 정하는 단순 경유"란 선박, 차량 또는 항공기에 실린 식물이 병해충에 감염되지 아니한 상태로 보관되어 수입 금지 지역을 통과하는 경우를 말한다.
② 법 제10조제1항제1호에서 "농림축산식품부령으로 정하는 것"이란 다음 각 호의 어느 하나에 해당하는 식물을 말한다.
  1. 별표 1 각 호에 따른 금지 식물(해당 호의 금지 병해충이 분포하는 금지지역에서 생산 또는 발송되거나 그 지역을 경유한 식물만 해당한다)

2. 제4조제1호나목에 따라 검역본부장이 정하여 고시하는 금지 병해충이 분포하는 지역에서 생산 또는 발송되거나 그 지역을 경유한 식물
③ 검역본부장은 제2항에 따라 수입 금지 식물, 금지 지역, 금지 병해충에 해당되는지의 여부가 분명하지 아니한 경우에는 그 적용기준 및 적용례를 고시할 수 있다.

제13조(시험연구용 등의 수입허가 절차)
① 법 제10조제2항제1호가목 또는 나목에 따라 시험연구용이나 정부가 인정하는 국제박람회용 또는 농업유전자원 확보용으로 법 제10조제1항에 따른 금지품(이하 "금지품"이라 한다)을 수입하려는 자 또는 법 제10조제2항제3호에 따라 다시 포장·가공하여 수출할 목적으로 제2항에 따른 식물을 수입하려는 자는 별지 제2호서식의 금지품 수입허가신청서에 다음 각 호의 서류를 첨부하여 검역본부장에게 제출(정보통신망을 통한 제출을 포함한다)하여야 한다.
  1. 전문인력, 시설·장비 현황 등 그 금지품의 관리능력을 확인할 수 있는 자료
  2. 다음 각 목의 구분에 따른 계획서 등
    가. 시험연구용으로 수입하는 경우: 시험연구 및 안전관리계획서
    나. 국제박람회용으로 수입하는 경우: 전시 및 안전관리계획서
    다. 농업유전자원 확보용으로 수입하는 경우: 농업유전자원 확인서 및 안전관리계획서
    라. 다시 포장·가공하여 수출할 목적으로 수입하는 경우: 「종자산업법 시행령」 제14조제2항에 따른 종자업등록증, 가공·포장공정서 및 안전관리계획서
② 제10조제2항제3호에서 "농림축산식품부령으로 정하는 식물"이란 다음 각 호와 같다.
  1. 제12조제2항에 따른 수입 금지 식물(종자를 금지한 것만 해당한다)
  2. 법 제11조에 따라 수입을 일시적으로 제한하는 식물(종자를 금지한 것만 해당한다)
③ 검역본부장은 제1항에 따라 수입허가 신청을 받았을 때에는 「식물방역법 시행령」(이하 "영"이라 한다) 제3조에 따른 허가 요건에 적합한지를 검토한 후 적합하면 별지 제3호서식의 수입허가증명서를 신청인에게 발급하여야 한다.
④ 검역본부장은 금지품에 대한 수입허가를 할 때 법 제10조제3항에 따라 금지품의 수입방법, 수입 후의 관리방법과 그 밖에 필요한 사항을 미리 정하여 고시할 수 있다.

제13조의2(수입허가된 금지품의 폐기방법 등)
① 법 제10조제5항에 따른 행정처분의 기준은 별표 2의2와 같다.
② 법 제10조제5항제1호에 따라 허가를 취소하는 경우에는 허가가 취소된 금지품을 모두 폐기처분하여야 한다.

③ 법 제10조제6항에 따라 금지품을 폐기하는 경우에는 식물검역관이 참관해야 한다.
④ 법 제10조제6항에 따른 폐기방법은 다음 각 호와 같다.
  1. 병해충, 흙 및 검역병·선충의 기주식물[병원체나 해충에 의해 병이 들거나 해(害)를 입을 수 있는 식물]: 소각 또는 반송
  2. 금지식물(검역병·선충의 기주식물은 제외한다): 소각, 반송 또는 매몰

제14조(식물검역대상물품의 수입 신고 및 검역 신청)

① 법 제12조제1항에 따라 수입 신고 및 검역 신청을 하려는 자는 식물검역대상물품을 실은 선박, 차량 또는 항공기가 수입항에 도착하면 지체 없이 별지 제4호서식의 식물검역대상물품 수입신고 및 검역신청서를 그 수입항을 관할하는 검역본부 지역본부장 또는 사무소장(이하 "지역본부장 또는 사무소장"이라 한다)에게 제출(정보통신망을 통한 제출을 포함한다)하여야 한다. 다만, 휴대하거나 이사물품으로 수입하는 경우에는 관세청장이 정한 대한민국세관신고서, 이사물품반입내역서 또는 구술로써 수입신고 및 검역신청서 제출을 갈음할 수 있으며, 다음 각 호의 어느 하나에 해당하면 도착지를 관할하는 지역본부장 또는 사무소장에게 이를 제출할 수 있다.
  1. 식물검역대상물품을 밀폐형 컨테이너나 용기에 넣은 상태로 검역본부장이 정하여 고시하는 운송방법 등에 적합하게 해상운송 또는 항공운송을 하거나 내륙 컨테이너 기지로 운송(재식용 식물이 아닌 것만 해당한다)하는 경우
  2. 정부가 인정하는 국제박람회용 식물검역대상물품을 밀폐형 컨테이너나 용기에 넣은 상태로 검역본부장이 정하여 고시하는 운송방법 등에 적합하게 해당 국제박람회장으로 운송하는 경우
  2의2. 식물검역대상물품을 제7조제1항에 따른 안전관리기준을 준수하여 법 제7조의3제2항 제2호의 검역장소로 운송하는 경우
  2의3. 법 제12조제2항제4호에 따라 농림축산식품부장관이 서류에 따른 검역 대상으로 고시한 식물검역대상물품을 밀폐형 컨테이너나 용기에 넣은 상태로 법 제14조제1항에 따른 검역장소(이하 "검역장소"라 한다)로 운송하는 경우
  3. 법 제12조제3항에 따라 식물검역대상물품이 보세운송된 경우
② 제1항에 따른 식물검역대상물품 수입신고 및 검역신청서를 제출(정보통신망을 통한 제출을 포함한다)할 때에는 다음 각 호의 서류를 첨부하여야 한다.
  1. 수출국 식물검역증명서 또는 전자식물검역증명서(제10조 각 호의 어느 하나에 해당하는 경우는 제외하며, 이하 "검역증명서"라 한다)
  2. 수입허가증명서(금지품인 경우만 첨부한다)

3. 삭제
　　4. 별지 제5호서식의 수출(입) 검역 대상 식물명세서(품목이 2개 이상인 경우만 첨부한다)
③ 제1항에 따른 수입 신고 및 검역 신청은 서면·우편 또는 정보통신망으로 하되, 정보통신망을 통한 수입 신고 및 검역 신청의 세부 절차는 검역본부장이 정하여 고시한다.
④ 법 제12조제4항 및 제7항에 따른 사실을 검역본부장에게 알려야 하는 자는 문서, 전자우편, 팩스, 전화, 휴대전화 문자메시지, 그 밖에 정보통신망을 이용한 방법 등으로 관할 지역본부장 또는 사무소장에게 지체 없이 알려야 한다.
⑤ 식물검역관은 법 제12조제5항 및 제8항에 따른 통지를 받은 경우에는 검역본부장이 정하여 고시하는 절차에 따라 해당 식물검역대상물품, 우편물 또는 탁송품을 검역하여야 한다.

제15조(검역의 준비 및 안전조치)
① 식물검역대상물품을 수입하는 자는 법 제12조제1항 또는 제2항에 따라 검역을 받거나 법 제12조의3제1항에 따라 병해충 전염우려물품에 대한 검역을 받는 경우에는 식물검역관의 지시에 따라 그 식물검역대상물품의 운반, 개장(開裝) 등 검역에 필요한 조치를 해야 한다.
② 검역장소를 지정받은 자는 식물검역관이 법 제12조제1항, 법 제12조의2제2항 또는 법 제12조의3제1항에 따른 검역 업무를 수행하는 경우 지게차 및 차량의 통제 등 안전에 필요한 조치를 하여야 한다.

제16조(선상검역을 하는 경우)
법 제12조제6항에 따라 식물검역관이 수입되는 식물검역대상물품에 대하여 선박·차량 또는 항공기에 들어가서 검역(이하 "선상검역"이라 한다)을 할 수 있는 경우는 다음 각 호와 같다. 다만, 그 물품을 수입하는 자가 제출한 전량 소독계획서를 검토한 결과 규제병해충을 완전히 죽여 없앨 수 있다고 인정되면 식물검역관은 선상검역을 생략하고 물품을 수입하는 자가 소독을 하게 할 수 있다.
1. 전용 선박으로 곡류, 박류(粕類: 식물성 원료에서 원하는 물질을 짜고 남은 찌꺼기), 코프라 또는 타피오카를 수입하는 경우(곡분, 펠렛, 큐브 및 겨를 포함한다)
2. 전용 선박으로 목재류 또는 죽재류를 수입하는 경우
3. 그 밖에 수입되는 식물검역대상물품에 규제병해충이 있다고 의심되고 그 규제병해충이 퍼질 우려가 있다고 인정되는 경우

제17조(선상검역 결과증명서의 발급)
식물검역관은 법 제12조제6항 및 법 제17조에 따라 식물검역대상물품에 대하여 선상검역을 한 경우에는 별지 제6호서식에 따른 선상검역 결과증명서를 그 수입하는 자에게 발급하여야 한다.

제18조(검역방법 및 검역 결과 행정처분의 기준 등)
① 법 제12조, 법 제12조의3 및 법 제18조에 따른 검역방법의 종류는 다음과 같다.
   1. 서류에 의한 검역(이하 "서류검역"이라 한다)
   2. 현장검역(탐지동물이나 검색시설·장비를 이용하는 경우를 포함한다)
   3. 실험실정밀검역
   4. 격리재배검역
② 제1항제2호에 따른 현장검역 시의 품목별 검역 수량은 별표 3과 같다.
③ 식물검역관은 국제기구 또는 외국 정부기관과의 협정에 따라 국가기관에서 「농업생명자원의 보존·관리 및 이용에 관한 법률」 제2조제1호에 따른 농업생명자원을 보존하기 위하여 수입하는 유전자원(법 제10조제1항제1호에 따른 수입 금지 식물은 제외한다)의 경우에는 제1항제2호 및 제3호에 따른 현장검역과 실험실정밀검역을 생략하고 제1항제1호에 따른 서류검역만으로 처리할 수 있다.
④ 법 제7조의3, 법 제12조, 법 제12조의2, 법 제12조의3 및 법 제13조에 따른 검역 결과의 행정처분기준은 다음 각 호와 같다.
   1. 금지품이 발견되거나 금지 병해충이 검출된 경우에는 해당 식물검역대상물품을 전부 또는 검역 단위별로 폐기하거나 반송한다. 다만, 검역본부장이 정하여 고시하는 기준에 적합한 경우에는 선별된 일부의 식물 및 금지품만 폐기 또는 반송할 수 있다.
   2. 관리병해충 및 규제비검역병해충이 검출된 경우에는 해당 식물 등을 전부 또는 검역 단위별로 소독한다. 다만, 소독 처리방법 또는 소독 처리시설이 없는 경우에는 다음 각 목의 어느 하나의 방법으로 처리하게 할 수 있다.
      가. 해당 식물등의 폐기 또는 반송
      나. 해당 식물등에 부착된 병해충이 전파될 수 없는 조건에서 가공 처리
⑤ 규제병해충이 잡초(그 종자를 포함한다. 이하 같다)인 경우에는 제4항에도 불구하고 해당 잡초만 선별하여 폐기할 수 있다. 이 경우 선별이 불가능하다고 판단되는 경우에는 해당 식물등을 폐기·반송하거나 잡초의 발아력을 제거할 수 있는 분쇄 또는 열처리 등의 방법으로 가공 처리할 수 있다.
⑥ 잠정규제병해충이 검출된 경우에는 그 식물등에 대하여 제4항 또는 제5항에 준하는 처분을

할 수 있다.
⑦ 식물검역관은 별표 4 제3호에 따른 식물검역관리인이 재식용 식물이 담겨있는 컨테이너나 용기를 검사하는 과정에서 발견한 병해충에 대해 실험실정밀검역을 실시할 수 있다. 실험실정밀검역 결과 규제병해충이나 잠정규제병해충이 검출된 경우에는 제4항부터 제6항까지의 규정에 준하는 검역처분을 할 수 있다.
⑧ 제1항 각 호에 따른 검역 대상, 절차, 방법과 제4항부터 제7항까지의 규정에 따른 행정처분의 세부 절차 및 방법 등에 관한 사항은 검역본부장이 정하여 고시한다.

제18조의2(목재포장재의 소독처리 기준 등)
① 법 제12조의2제1항제1호에서 "농림축산식품부령으로 정하는 소독처리 기준"이란 수출국 식물보호기관이 승인한 시설에서 「국제식물보호협약」에서 정한 기준에 따라 열처리, 메틸브로마이드 훈증처리 등의 방법으로 목재포장재를 소독하는 것을 말한다.
② 법 제12조의2제1항제2호에서 "농림축산식품부령으로 정하는 소독처리 마크 표시기준"이란 「국제식물보호협약」에 따른 심볼, 국가 코드, 생산자 또는 소독처리업체 코드 및 소독처리 코드를 말한다.
③ 법 제12조의2제1항제3호에서 "농림축산식품부령으로 정하는 수입요건"이란 다음 각 호와 같다.
  1. 제1항의 소독처리 기준에 따라 소독처리할 것
  2. 제2항의 소독처리 마크 표시기준에 따라 마크를 표시할 것
  3. 목재포장재의 나무껍질을 제거할 것

제18조의3(목재포장재의 신고절차 및 검사방법 등)
① 법 제12조의2제1항에 따라 목재포장재를 신고하려는 자는 수입되는 물품의 목재포장재가 해당 도착지에 도착하면 지체 없이 별지 제6호의2서식의 목재포장재 신고서를 그 도착지를 관할하는 지역본부장 또는 사무소장에게 제출(정보통신망을 통한 제출을 포함한다)하여야 한다.
② 법 제12조의2제2항에 따라 식물검역관은 수입되는 물품의 목재포장재를 보세창고 또는 컨테이너 야적장 등에서 검사할 수 있다.
③ 식물검역관은 제2항의 검사 결과 수입되는 물품의 목재포장재에서 규제병해충이나 잠정규제병해충이 검출된 경우 그 규제병해충이나 잠정규제병해충에 대한 소독처리 방법이 없는 경우에는 폐기를 명하여야 한다.
④ 법 제12조의2제3항에 따른 소독은 열처리 또는 메틸브로마이드 훈증처리 방법으로 한다.

⑤ 법 제12조의2제3항에 따른 폐기는 다음 각 호의 어느 하나에 해당하는 방법으로 한다.
  1. 소각
  2. 매몰(1미터 이상의 깊이로 파야 하며, 흰개미나 선충 또는 뿌리병원균이 검출된 목재포장재는 제외한다)
  3. 가공처리
  4. 분쇄 그 밖에 검역본부장이 정하는 방법
⑥ 그 밖에 목재포장재의 폐기 방법 등 세부 사항은 검역본부장이 정하여 고시한다.

제18조의4(병해충 전염우려물품의 검역절차 등)
① 법 제12조의3제1항에 따라 식물검역관은 병해충 전염우려물품에 대하여 수입항, 검역장소, 보세창고 등 병해충 전염우려물품을 수입하는 자가 병해충 전염우려물품을 수입하여 보관하는 장소에서 검역할 수 있다.
② 식물검역관은 제1항에 따라 검역을 실시하려는 경우에는 병해충 전염우려물품의 수입자 또는 대리인, 보관장소의 관리인에게 문서, 전자우편, 팩스, 전화, 휴대전화 문자메시지, 그 밖에 정보통신망을 이용한 방법 등으로 검역에 관한 사항을 사전에 통보하여야 한다.
③ 제1항에 따른 병해충 전염우려물품의 검역결과에 대한 행정처분의 기준은 제18조제4항부터 제7항까지의 규정에 따른다.
④ 제1항부터 제3항까지에서 규정한 사항 외에 병해충 전염우려물품의 검역에 필요한 세부적인 사항은 검역본부장이 정하여 고시할 수 있다.
[본조신설 2017. 12. 1.]

제18조의5(식물검역신고 대행자에 대한 교육 등)
① 법 제12조의4제2항에 따른 교육(이하 이 조에서 "교육"이라 한다)은 다음 각 호의 내용을 포함하여야 한다.
  1. 식물검역과 관련된 법령
  2. 식물검역대상물품의 신고 및 검역 절차
  3. 식물검역대상물품의 검역 및 소독 방법
  4. 그 밖에 식물검역신고 대행에 필요한 사항
② 교육은 검역본부장 또는 법 제29조의2에 따른 국제식물검역인증원(이하 "인증원"이라 한다)이 실시한다.
③ 교육시간은 8시간 이상으로 하고, 최초로 교육과정을 이수한 날부터 매 3년마다 받아야 한다.

④ 검역본부장 또는 인증원은 교육을 이수한 자에게 별지 제6호의3서식의 교육이수증을 발급하고, 별지 제6호의4서식의 식물검역신고 대행자 교육이수증 발급대장을 작성하여 3년 동안 보관(정보시스템을 통한 보관을 포함한다)하여야 한다.
⑤ 인증원은 교육을 실시한 경우 1개월 이내에 교육 실시 결과를 검역본부장에게 보고하여야 한다.
⑥ 인증원은 교육을 실시하는 경우에는 강사수당, 교재비용 등 교육에 필요한 수강료를 받을 수 있으며, 수강료를 정하거나 변경하려는 경우에는 미리 검역본부장에게 보고하여야 한다.
⑦ 제1항부터 제6항까지에서 규정한 사항 외에 식물검역신고 대행자의 교육에 필요한 세부적인 사항은 검역본부장이 정하여 고시한다.

제18조의6(식물검역신고 대행자의 등록절차 등)
① 법 제12조의4제2항에 따라 식물검역신고 대행자로 등록하려는 자는 별지 제6호의5서식의 식물검역신고 대행자 등록 신청서를 작성하여 농림축산검역본부 지역본부장(이하 이 조에서 "지역본부장"이라 한다)에게 제출(정보통신망을 통한 제출을 포함한다)하여야 한다.
② 제1항에 따른 신청을 받은 경우 검역본부장은 등록요건에 적합한 경우에는 별지 제6호의6서식의 식물검역신고 대행자 등록증을 발급하고, 별지 제6호의7서식의 식물검역신고 대행자 등록대장을 작성하여 보관(정보시스템을 통한 보관을 포함한다)하여야 한다.
③ 검역본부장은 법 제12조의4제1항 또는 제4항에 따라 식물검역신고 대행자를 등록하거나 등록취소 또는 업무정지 등의 행정처분을 하는 경우에는 그 사실을 검역본부 인터넷 홈페이지에 게시하여야 한다.
④ 제1항부터 제3항까지에서 규정한 사항 외에 식물검역신고 대행자의 등록에 필요한 세부적인 사항은 검역본부장이 정하여 고시할 수 있다.

제18조의7(식물검역신고 대행자에 대한 행정처분의 기준)
법 제12조의4제4항에 따른 식물검역신고 대행자에 대한 행정처분의 기준은 별표 3의2와 같다.

제19조(격리재배 대상 재식용 또는 번식용 식물 등)
① 법 제13조제1항에서 "농림축산식품부령으로 정하는 재식용 또는 번식용 식물(이하 "재식용 또는 번식용 식물"이라 한다)"이란 다음 각 호의 것을 말한다.
  1. 삭제
  2. 감자의 덩이줄기 및 고구마의 덩이뿌리
  3. 과수류 및 유실수의 묘목・접수(접순) 및 삽수(꺾꽂이순) 중 검역본부장이 정하여 고시하

는 것
        4. 양딸기 묘(苗)
        5. 벚나무·장미나무속의 묘목·접수 및 삽수
        6. 법 제10조제2항제1호나목에 따라 「농업생명자원의 보존·관리 및 이용에 관한 법률」 제2조제5호에 따른 농업유전자원을 확보하기 위하여 수입하는 재식용 또는 번식용 식물
② 제1항에도 불구하고 다음 각 호의 재식용 또는 번식용 식물은 격리재배 검역대상에서 제외한다.
        1. 수입하여 재배되지 아니하고 그대로 수출되는 재식용 또는 번식용 식물
        2. 법 제6조에 따라 병해충위험분석을 한 결과 규제병해충의 유입위험이 낮다고 판단되는 재식용 또는 번식용 식물로서 검역본부장이 정하는 재식용 또는 번식용 식물
        3. 격리재배를 하지 아니하기로 수출국의 정부기관과 약정을 맺은 재식용 또는 번식용 식물
        4. 제1항제2호 및 제4호에 해당하는 재식용 또는 번식용 식물로서 수출국의 정부기관이 그 식물의 재배지에서 검역을 하고 그 검역 결과가 검역본부장이 고시한 검역기준에 적합하다는 것을 식물검역증명서에 기재한 재식용 또는 번식용 식물
        5. 제1항제6호에 따른 농업유전자원용 재식용 또는 번식용 식물 중 재배되지 아니하고 보관되는 재식용 또는 번식용 식물. 다만, 보관 중인 재식용 또는 번식용 식물을 재배하려면 재배 전에 격리재배 검역을 받아야 한다.
③ 법 제13조제1항에 따른 격리재배 검역방법의 종류는 다음 각 호와 같다.
        1. 포장검역
        2. 실험실정밀검역
④ 식물검역관은 격리재배 대상 재식용 또는 번식용 식물의 소유자 또는 대리인에게 격리재배 대상임을 알린 후 격리재배 장소가 적합한지를 확인하여 격리재배가 가능하다고 인정되면 해당 재식용 또는 번식용 식물의 소유자 또는 대리인에게 격리재배를 명하여야 한다.
⑤ 식물검역관이 법 제13조제1항에 따라 재식용 또는 번식용 식물의 소유자 또는 대리인에게 격리재배를 명하려면 별지 제7호서식의 격리재배명령서에 따르되, 격리재배명령서에는 다음 각 호의 사항을 분명하게 밝혀야 한다.
        1. 해당 재식용 또는 번식용 식물을 격리재배 검사의 종료 시까지 지정된 격리재배지 외의 장소로 이동시켜서는 아니된다는 뜻
        2. 그 밖의 격리재배에 필요한 명령사항
⑥ 제1항부터 제5항까지에서 규정한 사항 외에 법 제13조제1항에 따른 격리재배의 검역방법 및 절차 등에 필요한 사항은 검역본부장이 정하여 고시한다.

제19조의2(격리재배대상식물의 꼬리표 부착 방법 등)
① 법 제13조제2항에 따라 격리재배대상식물 중 묘목에 꼬리표를 부착하는 경우에는 다음 각 호의 요건에 따라 하여야 한다.
  1. 품목명, 수입일, 수입자 및 원산지를 원산지에 따라 한글·한문 또는 영문으로 표시할 것
  2. 쉽게 육안으로 확인이 가능한 크기 및 활자체로 표시할 것
  3. 격리재배기간 동안 식별하기 쉬운 위치에 부착할 것
  4. 내용이 표시된 꼬리표는 쉽게 지워지거나 떨어지지 아니하는 방법으로 표시할 것
② 제1항에도 불구하고 수입하려는 묘목이 다음 각 호의 어느 하나에 해당하는 경우에는 100개 이하를 한 묶음 단위로 하여 각 묶음마다 꼬리표를 부착할 수 있다. 다만, 수입 후 격리재배지에 재식(栽植)하는 경우에는 제1항제1호의 내용을 100개 이하의 묶음 단위별로 푯말 등을 이용하여 표시하여야 한다.
  1. 묘목의 평균 크기(뿌리부위를 제외한다)가 15센티미터 이하인 경우
  2. 그 밖에 식물검역관이 꼬리표를 개체별로 부착하기 어렵다고 인정하는 경우

제20조(검역장소의 지정 요건 및 절차 등)
① 법 제14조제2항에 따른 검역장소의 지정 요건은 별표 4와 같다.
② 법 제14조제2항에 따라 검역장소를 지정받으려는 자는 별지 제8호서식의 검역장소 지정신청서에 다음 각 호의 서류를 첨부하여 신청 장소를 관할하는 지역본부장 또는 사무소장에게 제출(정보통신망을 통한 제출을 포함한다)하여야 한다. 이 경우 담당 공무원은 「전자정부법」 제36조제1항에 따른 행정정보의 공동이용을 통하여 신청인이 지정신청하려는 검역장소의 토지등기사항증명서 또는 건물등기사항증명서나 법인 등기사항증명서(법인인 경우만 해당한다)를 확인하여야 하고, 사업자등록증명(개인인 경우만 해당한다)은 확인할 수 있되, 사업자등록증명은 신청인이 확인에 동의하지 아니하는 경우에는 신청인이 직접 해당 서류를 첨부하게 하여야 한다.
  1. 신청 장소의 임대계약서 사본(신청 장소의 건물 또는 토지가 신청인의 소유가 아닌 경우만 첨부한다)
  2. 삭제
  3. 식물 검역 전용 구역 위치도(검역 장소가 컨테이너 야적장인 경우만 첨부한다)
③ 지역본부장 또는 사무소장은 제2항에 따라 신청을 받았을 때에는 검역장소의 지정 요건에 적합한지를 확인한 후 적합한 경우에는 검역장소로 지정하고 별지 제9호서식의 검역장소지정서를 신청인에게 발급하여야 하며, 별지 제10호서식의 검역장소지정서 발급대장에 그

내용을 기록(정보시스템을 통한 기록을 포함한다)하여야 한다.
④ 법 제14조제4항에 따른 검역장소의 관리기준은 별표 5와 같다.
⑤ 지역본부장 또는 사무소장은 지정받은 검역장소가 제1항 및 제4항에 따른 지정요건 및 관리기준에 적합한지 여부에 대하여 연 1회 이상 점검할 수 있다.

제21조(검역장소에 대한 행정처분의 기준)
법 제15조제5항에 따른 행정처분의 기준은 별표 6과 같다.

제21조의2(식물 병해충 전문검사기관의 지정요건 및 지정절차 등)
① 법 제15조의2제1항에 따른 식물 병해충 전문검사기관(이하 "전문검사기관"이라 한다)의 지정요건은 별표 6의2와 같다.
② 전문검사기관으로 지정받으려는 자는 별지 제10호의2서식의 식물 병해충 전문검사기관 지정 신청서에 다음 각 호의 서류를 첨부하여 검역본부장에게 제출(정보통신망을 통한 제출을 포함한다)하여야 한다. 이 경우 검역본부장은 「전자정부법」 제36조제1항에 따른 행정정보의 공동이용을 통하여 국가기술자격증과 사업자등록증명을 확인하여야 하며, 신청인이 확인에 동의하지 아니하는 경우에는 신청인에게 직접 그 사본을 첨부하게 하여야 한다.
  1. 지정을 받으려는 자의 조직 및 검사 인력 현황(경력사항 및 경력을 증명하는 서류를 포함한다)
  2. 검사 시설의 평면도
  3. 검사 설비(장비 및 기구)의 보유현황(검사실의 배치도를 포함한다)
  4. 다음 각 목의 사항이 모두 포함된 검사에 관한 업무규정
     가. 검사 항목별 검사 소요 기간
     나. 검사 수수료 및 그 산정방법
     다. 검사 시료의 관리 기준 및 방법
     라. 검사 인력에 대한 교육 계획
     마. 그 밖에 업무 분장 및 검사 절차 등 검사업무에 필요한 사항
  5. 「유전자변형생물체의 국가간 이동 등에 관한 법률」에 따른 유전자변형생물체 연구시설 설치·운영 허가서 또는 신고확인서 사본(유전자변형생물체를 검사항목으로 지정받으려는 경우만 해당한다)
③ 검역본부장은 제2항에 따른 지정 신청을 받은 경우 서류 검토 및 현장조사를 하여 신청 내용이 제1항에 따른 지정요건에 적합한 경우에는 별지 제10호의3서식에 따른 식물 병해충

전문검사기관 지정서를 신청인에게 발급하여야 한다.
④ 검역본부장은 법 제15조의2제1항에 따라 전문검사기관을 지정한 경우에는 그 사실을 검역본부 인터넷 홈페이지에 게시하여야 한다.
⑤ 제1항부터 제4항까지에서 정한 사항 외에 전문검사기관의 지정에 필요한 세부사항은 검역본부장이 정하여 고시할 수 있다.

제21조의3(전문검사기관 지정의 갱신)

① 법 제15조의2제3항에 따라 전문검사기관 지정을 갱신하려는 전문검사기관은 전문검사기관 지정의 유효기간이 끝나기 45일 전까지 별지 제10호의2서식에 따른 식물 병해충 전문검사기관 지정 갱신 신청서에 제21조의2제2항 각 호의 서류(변경되는 사항이 있는 서류만 제출한다) 및 식물 병해충 전문검사기관 지정서 원본을 첨부하여 검역본부장에게 제출(정보통신망을 통한 제출을 포함한다)하여야 한다.
② 검역본부장은 제1항에 따른 지정 갱신 신청을 받은 경우 신청 내용이 제21조의2제1항에 따른 지정 요건에 적합한 경우에는 별지 제10호의3서식에 따른 식물 병해충 전문검사기관 지정서를 신청인에게 발급하여야 한다.
③ 검역본부장은 전문검사기관 지정의 유효기간이 끝나기 90일 전까지 전문검사기관으로 지정 받은 자에게 문서, 전자우편, 팩스, 전화, 휴대전화 문자메시지, 그 밖에 정보통신망을 이용한 방법 등으로 제1항에 따른 전문검사기관의 지정 갱신 신청 기한 및 절차를 알려야 한다.

제21조의4(전문검사기관 지정사항의 변경)

① 법 제15조의2제4항 본문에서 "농림축산식품부령으로 정하는 중요한 사항"이란 다음 각 호의 사항을 말한다.
  1. 전문검사기관의 명칭 및 소재지
  2. 검사 항목
  3. 검사 인력
  4. 검사 시설
  5. 검사 설비(장비 및 기구)
  6. 업무규정
② 제1항 각 호의 어느 하나에 해당하는 사항에 대하여 변경승인을 받으려는 자는 별지 제10호의2서식의 전문검사기관 변경승인 신청서에 전문검사기관 지정서 원본(지정서의 내용이 변경되는 경우에 한정한다) 및 변경 내용을 증명하는 서류를 첨부하여 검역본부장에게 제출(정보통신망을 통한 제출을 포함한다)하여야 한다.

③ 법 제15조의2제4항 단서에서 "농림축산식품부령으로 정하는 경미한 사항"이란 다음 각 호의 사항을 말한다.
   1. 대표자 성명
   2. 전문검사기관의 조직 현황
④ 제3항 각 호의 어느 하나에 해당하는 사항에 대하여 변경신고를 하려는 자는 별지 제10호의2서식의 전문검사기관 변경신고서에 전문검사기관의 지정서 원본(지정서의 내용이 변경되는 경우에 한정한다) 및 변경 내용을 증명하는 서류를 첨부하여 검역본부장에게 제출(정보통신망을 통한 제출을 포함한다)하여야 한다.
⑤ 검역본부장은 제2항에 따른 변경승인 신청 또는 제4항에 따른 변경신고를 받은 경우 그 내용을 검토하여 제21조의2제1항에 따른 지정요건에 적합한 경우에는 변경된 내용을 반영하여 별지 제10호의3서식의 식물 병해충 전문검사기관 지정서를 신청인에게 발급하여야 한다.

제21조의5(전문검사기관의 검사 업무 및 절차 등)
① 전문검사기관은 식물검역대상물품을 수입하는 자가 제18조제1항제3호에 따른 실험실정밀검역을 의뢰하는 경우 다음 각 호의 검사를 할 수 있다.
   1. 세균(Bacteria), 파이토플라즈마(Phytoplasma), 바이러스(Virus) 또는 바이로이드(Viroid) 검사
   2. 유전자변형생물체(LMO, Living Modified Organisms) 검사
② 제1항에 따른 검사를 의뢰하려는 자는 미리 전문검사기관과 협의한 후, 별지 제4호서식의 식물검역대상물품 수입신고 및 검역신청서에 검사를 의뢰하려는 전문검사기관을 기재하여 지역본부장 또는 사무소장에게 제출(정보통신망을 통한 제출을 포함한다)하여야 한다.
③ 제2항에 따른 검사 신청을 받은 지역본부장 또는 사무소장은 별지 제10호의4서식의 정밀검사 의뢰서를 해당 전문검사기관에 보내야 한다. 이 경우 전문검사기관은 해당 지역본부 또는 사무소에서 검사 시료를 직접 수령하여야 한다.
④ 전문검사기관은 검사를 한 경우 그 결과에 대한 검사성적서를 검사를 의뢰한 지역본부장 또는 사무소장에게 내주어야 한다. 이 경우 해당 지역본부장 또는 사무소장은 검사 결과에 따라 법 제16조에 따른 조치를 하거나 검역 합격에 따른 조치를 하여야 한다.
⑤ 법 제15조의2제6항에 따른 전문검사기관의 검사업무 수행기준은 별표 6의3과 같다.
⑥ 전문검사기관은 검사를 실시한 경우에는 수수료를 받을 수 있으며, 수수료를 정하거나 변경하려는 경우에는 미리 검역본부장에게 보고하여야 한다.
⑦ 검역본부장은 전문검사기관의 검사능력 향상 및 신뢰성 확보를 위하여 전문검사기관의 검사능력 및 품질관리능력을 측정하고 평가할 수 있다.

⑧ 제1항부터 제7항까지의 규정에서 정한 사항 외에 전문검사기관의 검사 방법 및 절차, 검역본부장의 전문검사기관 검사능력 및 품질관리능력 측정·평가에 필요한 사항은 검역본부장이 정하여 고시할 수 있다.

제21조의6(검사실적의 보고)
전문검사기관은 법 제15조의2제5항에 따라 매년 1월 31일까지 전년도의 검사 실적을 검역본부장에게 보고(정보통신망을 통한 보고를 포함한다. 이하 이 조에서 같다)하여야 한다. 다만, 법 제15조의3제1항에 따라 지정이 취소된 경우에는 지체 없이 지정이 취소된 때까지의 해당 연도 검사 실적을 보고하여야 한다.

제21조의7(전문검사기관에 대한 행정처분 기준)
① 법 제15조의3제1항에 따른 행정처분의 기준은 별표 6의4와 같다.
② 검역본부장은 법 제15조의3제1항에 따른 행정처분을 한 경우에는 그 사실을 검역본부 인터넷 홈페이지에 게시하여야 한다.

제22조(격리재배명령 위반의 예외)
법 제16조제2항제1호 단서에서 "자연재해로 격리재배시설이 파손된 경우 등 농림축산식품부령으로 정한 경우"란 다음 각 호의 어느 하나에 해당하는 경우를 말한다.
1. 홍수, 태풍 등 재해발생으로 격리재배시설이 파손되거나 토지가 유실되는 등 불가피한 사유로 격리재배 재식용 또는 번식용 식물을 격리재배지가 아닌 장소로 이동시킨 경우
2. 재해 또는 그 밖의 부득이한 사유로 격리재배시설 보완 등에 대한 식물검역관의 지시를 이행하지 못한 경우
3. 재해 또는 그 밖의 부득이한 사유로 격리재배 재식용 또는 번식용 식물을 지정된 날까지 격리재배지로 옮기지 못한 경우

제23조(회수·소독·폐기·반송·반출 등 명령서의 발급)
① 식물검역관은 법 제7조의3제2항, 법 제10조제6항, 법 제12조의2제3항, 법 제12조의3제2항, 법 제16조제1항, 법 제16조제3항(격리재배 재식용 또는 번식용 식물의 경우는 제외한다), 법 제17조의2제2항, 법 제19조의2제4항, 법 제27조제1항 또는 법 제27조의2제4항에 따라 회수·소독·폐기·반송·반출, 그 밖에 필요한 조치를 할 것을 명하는 경우에는 별지 제11호서식에 따른 명령서를 발급하여야 한다.
② 식물검역관은 법 제16조제2항 또는 법 제16조제3항(격리재배 재식용 또는 번식용 식물의

경우만 해당한다)에 따라 회수·소독·폐기·반송, 그 밖에 필요한 조치를 명하는 경우에는 별지 제11호의2서식에 따른 명령서를 발급하여야 한다.

제24조(회수·소독·폐기·반송 또는 반출 명령의 이행기간)
① 법 제7조의3제2항, 법 제10조제6항, 법 제12조의2제3항, 법 제12조의3제2항, 법 제16조제1항부터 제3항까지, 법 제17조의2제2항, 법 제19조의2제4항, 법 제27조제1항 또는 법 제27조의2제4항에 따른 회수·소독·폐기·반송 또는 반출 명령의 이행기간은 별표 7과 같다. 다만, 날씨가 좋지 아니하여 해당 명령을 이행하기 곤란한 경우 등 부득이한 사유가 있는 때에는 지역본부장 또는 사무소장은 30일의 범위에서 그 기간을 연장할 수 있다.
② 제1항에도 불구하고 다른 법령에 따라 회수·소독·폐기·반송 또는 반출 명령을 이행할 수 없는 기간은 해당 명령의 이행기간에 산입하지 아니한다.

제25조(소독·폐기의 장소)
법 제7조의3제2항, 법 제10조제6항, 법 제12조의2제3항, 법 제12조의3제2항, 법 제16조제1항부터 제4항까지, 법 제17조의2제2항, 법 제19조의2제4항, 법 제27조제1항·제2항 또는 법 제27조의2제4항에 따른 소독 및 폐기 장소는 별표 8과 같다.

제26조(회수·소독·폐기·반송 및 반출의 확인)
식물검역관은 법 제7조의3제2항, 법 제10조제6항, 법 제12조의2제3항, 법 제12조의3제2항, 법 제16조제1항부터 제3항까지, 법 제17조의2제2항, 법 제19조의2제4항, 법 제27조제1항 또는 법 제27조의2제4항에 따라 회수·소독·폐기·반송 또는 반출 명령을 하는 경우 그 명령의 이행 결과를 현장에서 확인하여야 한다. 다만, 그 물품의 소유자 또는 대리인이 반송하거나 또는 반출한 경우에는 이를 증명할 수 있는 선하증권(bill of lading) 등으로 확인할 수 있다.

제27조(처분 내용의 증명 및 발급)
식물검역관은 법 제7조의3제2항, 법 제10조제6항, 법 제12조의2제3항, 법 제12조의3제2항, 법 제16조제1항부터 제4항까지, 법 제17조의2제2항, 법 제19조의2제4항, 법 제27조제1항·제2항 또는 법 제27조의2제4항에 따라 식물검역대상물품, 목재포장재, 병해충 전염우려물품 또는 식물검역대상물품이 아닌 물품이 회수·소독·폐기·반송 또는 반출된 경우 그 소유자 또는 대리인이 처분에 대한 증명서를 요구하면 그 요구를 받은 날부터 2일 이내에 별지 제12호서식에 따른 증명서를 발급하여야 한다.

제27조의2(소독의 방법 등)

① 법 제7조의3제2항, 법 제10조제6항, 법 제12조의2제3항, 법 제12조의3제2항, 법 제16조제3항·제4항, 법 제19조의2제4항, 법 제27조, 법 제27조의2제4항 또는 법 제36조제1항·제3항에 따른 소독은 약제를 살포·분의(粉衣, 약제 가루를 입힘)하거나 약제로 훈증, 약제에 침지(浸漬, 약제에 담금), 온탕침지(온탕에 담금), 열처리, 저온처리 또는 방사선조사 등의 방법으로 한다.

② 제1항에 따른 세부적인 소독의 기준·절차·방법, 소독기준 설정의 절차·방법, 안전사고 예방을 위한 조치사항 등에 필요한 사항은 검역본부장이 정하여 고시할 수 있다.

제28조(소독·폐기 비용의 청구)

① 식물검역관이 법 제16조제4항 또는 법 제27조제2항에 따라 소독 또는 폐기한 물품의 소유자 또는 대리인에게 소독 또는 폐기하는 데에 든 비용을 청구할 때에는 별지 제13호서식의 소독·폐기비용 납부통지서를 발급하되, 별지 제14호서식의 소독·폐기비용 납부고지서를 첨부하여야 한다.

② 제1항에 따라 소독·폐기비용 납부통지서를 받은 자는 소독·폐기비용 납부고지를 받은 날부터 15일 이내에 해당 금액을 내야 한다.

③ 검역본부장은 소속 공무원에게 소독·폐기비용의 청구 및 수납 사항을 별지 제15호서식의 소독·폐기비용 수납관리대장에 기록·관리하게 하여야 한다.

제29조(수입 식물 검역합격증명서의 발급)

법 제17조제1항에 따라 식물검역관이 발급하는 수입 식물 검역합격증명서는 별지 제16호서식에 따른다. 다만, 우편, 탁송품 또는 이사물품으로 수입하거나 휴대하여 수입하는 경우에는 별지 제17호서식의 합격증인으로 갈음할 수 있다.

제29조의2(검역 수수료 등)

① 인증원은 법 제18조에 따라 법 제28조의2제2항에 따른 선박 등 운송수단 검역을 하는 경우 또는 법 제29조의2제7항제6호에 따른 식물의 검역과 관련하여 농림축산식품부장관으로부터 위탁받은 업무를 수행하는 경우 수수료를 받을 수 있다.

② 검역본부장은 법 제18조에 따라 법 제12조제1항·제8항, 법 제13조제1항에 따른 식물검역대상물품에 대하여 실험실정밀검역을 받으려는 자에게 검사항목별로 수수료를 받을 수 있다.

③ 제2항에 따른 수수료는 현금, 신용카드, 직불카드 또는 정보통신망을 이용한 전자결제 등의 방법으로 납부할 수 있다.

④ 검역본부장은 다음 각 호의 어느 하나에 해당하는 경우에는 제2항에 따른 수수료를 면제할 수 있다.
　1. 국가기관 또는 지방자치단체가 신청한 식물검역대상물품을 검역하는 경우
　2. 「관세법」 등 다른 법률에 따라 압류·몰수한 식물검역대상물품을 검역하는 경우
⑤ 검역본부 및 인증원은 제1항 및 제2항에 따른 수수료를 정하거나 변경하는 경우에는 농림축산식품부장관의 승인을 받아야 하고, 승인받은 수수료를 각각 검역본부 또는 인증원 홈페이지 또는 일간지 등에 공고하여야 한다.
⑥ 제2항부터 제5항까지에서 규정한 사항 외에 수수료의 금액, 납부방법 및 절차 등에 관한 세부적인 사항은 검역본부장이 정하여 고시할 수 있다.

제29조의3(식물검역대상물품이 아닌 물품에 대한 조치의 기준)
법 제19조의2 또는 법 제27조의2에 따라 식물검역대상물품이 아닌 물품에 대하여 정밀검사를 실시한 결과 규제병해충이나 잠정규제병해충이 검출된 경우에는 해당 물품을 전부 또는 검사단위별로 소독한다. 다만, 소독처리 방법이 없는 경우에는 폐기 또는 반송한다.

제30조(국내 지역 경유의 승인 신청 절차 등)
① 법 제20조제2항에 따라 식물검역대상물품의 경유 승인 신청을 하려는 자는 별지 제18호서식의 국내 지역 경유 승인신청서에 다음 각 호의 서류를 첨부하여 출발지를 관할하는 지역본부장 또는 사무소장에게 제출하여야 한다.
　1. 화물 목록(전자문서를 포함한다. 이하 같다) 등 국내지역을 경유하려는 물품임을 확인할 수 있는 서류
　2. 별지 제19호서식의 경유 승인 대상 물품명세서(품목이 2개 이상인 경우만 첨부한다)
② 식물검역관은 제1항의 신청을 받은 경우에는 다음 각 호의 사항을 검사한다.
　1. 제7조제2항 각 호의 안전조치 이행 여부
　2. 운송차량의 외부에 규제병해충 또는 잠정규제병해충이 붙어 있는지의 여부
③ 지역본부장 또는 사무소장은 제2항의 검사 결과 안전조치가 되어 있고 운송차량의 외부에서 규제병해충 또는 잠정규제병해충이 발견되지 아니하면 신청인에게 별지 제20호서식의 국내 지역 경유승인서를 발급하여야 한다.
④ 식물검역관은 제2항의 검사 결과 안전조치가 되어 있지 아니하거나 운송차량의 외부에서 규제병해충 또는 잠정규제병해충이 발견되어 경유 승인을 하지 아니하는 경우에는 검사가 끝난 후 2일 이내에 그 사유를 신청인에게 알려야 한다.
⑤ 국내 지역 경유를 승인하기 위한 검사의 세부 절차 및 방법은 검역본부장이 정하여 고시한다.

제31조(경유기간의 연장 승인)
① 법 제21조 단서에 따라 국내 지역 경유 승인을 받은 외국의 식물검역대상물품(이하 "경유물품"이라 한다)에 대한 경유기간의 연장을 받으려는 자는 별지 제21호서식의 경유기간 연장신청서를 출발지를 관할하는 지역본부장 또는 사무소장에게 제출(정보통신망을 통한 제출을 포함한다)하여야 한다.
② 지역본부장 또는 사무소장은 제1항에 따라 경유기간의 연장 신청을 받은 경우 적절하다고 인정되면 별지 제22호서식에 따른 경유기간 연장승인서를 발급하여야 한다.

제32조(안전조치 문제의 발생 신고)
법 제22조제1항에 따라 경유물품의 안전조치에 문제가 발생하면 국내 지역 경유 승인을 받은 자는 사고가 발생한 장소를 관할하는 지역본부장 또는 사무소장에게 즉시 다음 각 호의 내용을 신고하여야 한다.
1. 문제 발생 일시 및 장소
2. 경유 승인번호
3. 경유물품의 품명 및 수량
4. 문제 발생 내용

제33조(경유물품의 도착 신고 및 검사)
① 법 제25조제2항에 따른 경유물품의 도착 신고는 별지 제23호서식에 따라 한다. 이 경우 국내지역을 경유하려는 물품임을 확인할 수 있는 서류의 사본과 별지 제19호서식의 경유 승인 대상 물품명세서를 첨부하여야 한다.
② 식물검역관은 제1항에 따라 도착 신고를 받은 경우에는 법 제26조에 따라 수송 과정에서 안전조치에 문제가 발생하였는지를 확인하기 위하여 경유물품을 검사할 수 있다.
③ 지역본부장 또는 사무소장은 도착 신고를 받은 경유물품에 대하여 별지 제24호서식의 경유물품 도착 신고증명서를 신고인에게 발급하여야 한다.

제34조(경유물품에 대한 소독·폐기 등의 처분기준)
법 제27조제1항에 따른 처분기준은 다음 각 호와 같다.
1. 법 제21조에 따라 경유물품이 경유기간에 경유 목적지에 도착하지 못한 경우: 그 경유물품의 전부를 폐기·반송 또는 반출
2. 법 제23조제1항에 따른 조사 결과 규제병해충 또는 잠정규제병해충이 퍼지거나 퍼질 우려가 있다고 인정되는 경우: 그 경유물품을 운송하는 차량별로 소독을 한 후 그 경유물품 전부를

폐기·반송 또는 반출
3. 법 제24조를 위반하여 경유물품을 유출한 경우: 유출된 경유물품 전부를 회수하여 폐기
4. 법 제26조에 따른 검사 결과 안전조치에 문제가 있다고 인정되는 경우: 그 경유물품 전부를 폐기·반송 또는 반출

제35조(수출 식물등의 검역 신청)

① 법 제28조제1항에 따라 식물등을 수출하려는 자는 별지 제25호서식에 따른 검역신청서에 다음 각 호의 서류를 첨부하여 지역본부장 또는 사무소장에게 제출(정보통신망을 통한 제출을 포함한다)하여야 한다. 다만, 검역본부장이 정한 식물을 수출하려는 경우에는 지방자치단체 식물검역관을 둔 지방자치단체의 장에게 제출(정보통신망을 통한 제출을 포함한다)할 수 있다.
  1. 수입허가서(수입국이 수입허가서를 발행하는 경우만 첨부한다)
  2. 수출국이 발행하는 식물검역증명서(재수출하는 경우만 첨부하며, 신청인이 되돌려 주기를 희망하는 경우에는 확인 후 되돌려 줄 수 있다)
  3. 별지 제5호서식의 수출(입) 검역 대상식물 명세서(품목이 2개 이상인 경우만 첨부한다)
  4. 수입국의 요구 사항(수입국이 식물검역증명서에 추가 기재사항을 요구하는 경우만 첨부한다)
② 검역 신청의 방법에 관하여는 제14조제3항을 준용한다.

제36조(수출 식물등의 검역)

① 수출 식물등의 검역에 관하여는 제15조 및 제18조에 따른 수입검역에 관한 규정을 각각 준용한다. 다만, 수입국과 합의를 한 경우나 수입국이 요구한 경우에는 그에 따라 검역할 수 있다.
② 제1항 단서에 따른 수입국과의 합의사항이나 수입국의 요구사항은 검역본부장이 고시한다.

제37조(수출 검역증명서의 발급 등)

① 식물검역관은 식물등이 법 제28조제2항에 따라 검역에 합격한 경우에는 별지 제26호서식 또는 별지 제27호서식에 따른 수출 검역증명서를 신청인에게 발급·전송하거나 별지 제17호서식에 따른 합격증인을 찍어 주어야 한다.
② 식물검역관은 식물등이 법 제28조에 따른 검역에 불합격한 경우에는 검역이 끝난 후 2일 이내에 그 사유를 신청인에게 서면 또는 말로 알려야 한다.

제37조의2(식물등이 아닌 물품 등에 대한 수출검역 요청 등)
① 법 제28조의2제1항에 따라 식물등이 아닌 물품 등에 대한 검역을 요청하려는 자는 별지 제25호서식의 검역신청서를 지역본부장 또는 사무소장에게 제출하여야 한다.
② 법 제28조의2제2항에 따라 선박 등 운송수단에 대한 검역을 요청하려는 자는 기항지 목록을 첨부하여 별지 제27호의2서식의 선박 등 운송수단 검역신청서를 지역본부장 또는 사무소장이나 인증원에 제출하여야 한다.
③ 법 제28조의2제3항에 따른 검역증명서는 별지 제27호의3서식에 따른다.

제37조의3(수출물품의 목재포장재에 대한 소독처리 및 검역 등)
① 법 제28조의3제2항에서 "농림축산식품부령으로 정하는 소독처리 기준" 및 법 제40조제3항에 따른 "농림축산식품부령으로 정하는 기준"이란 「국제식물보호협약」에서 정한 기준 또는 수입국이 요구하는 기준에 따라 열처리 또는 메틸브로마이드 훈증처리 등으로 목재포장재를 소독처리하고, 그 목재포장재에 소독처리 마크를 표시하여 사후관리하는 것을 말한다.
② 제1항에 따른 목재포장재의 소독처리, 소독처리 마크의 표시 및 소독처리된 목재포장재의 사후관리 등에 관한 세부적인 사항은 검역본부장이 정하여 고시한다.
③ 법 제28조의3제4항에 따라 수출하는 물품에 사용하는 목재포장재에 대하여 검역을 신청하려는 자는 별지 제25호서식의 수출식물 검역신청서에 제1항에 따른 소독처리 결과 서류를 첨부하여 지역본부장 또는 사무소장에게 제출(정보통신망을 통한 제출을 포함한다)하여야 한다.
④ 제3항에 따른 신청을 받은 경우 식물검역관은 신청 내용을 검토하여 검역에 합격한 경우에는 별지 제26호서식의 수출 검역증명서를 신청인에게 발급하여야 한다.
⑤ 식물검역관은 목재포장재가 수출검역에 불합격한 경우에는 검역이 끝난 후 2일 이내에 그 사유를 신청인에게 서면 또는 구두로 알려야 한다.

제37조의4(수출검역단지의 지정기준 및 지정절차 등)
① 법 제28조의4제1항에 따른 수출검역단지(이하 "수출단지"라 한다)의 지정기준은 다음 각 호와 같다.
  1. 수출 물량을 확보할 수 있도록 검역본부장이 정하는 규모의 재배단지를 갖출 것
  2. 수출하려는 식물을 선별·포장 및 저장할 수 있는 시설이 병해충의 유입을 막을 수 있고 적절한 조명을 갖출 것
  3. 수출하려는 국가의 요구에 따라 수출단지를 관리·운영할 수 있는 조직을 갖출 것
  4. 그 밖에 검역본부장이 수출단지 운영에 필요하다고 판단하여 고시하는 기준에 적합할

것
② 수출단지 지정을 받으려는 자는 제1항에 따른 기준을 갖추어 해당 지역을 관할하는 시장·군수를 거쳐 지역본부장 또는 사무소장에게 수출단지 지정을 신청(정보통신망을 통한 신청을 포함한다)하여야 한다.
③ 제2항에 따라 수출단지 지정 신청을 받은 경우 검역본부장은 20일 이내에 신청이 지정기준에 적합한지 여부를 확인하고 지정기준에 적합하다고 판단되는 경우에는 수출단지를 지정할 수 있다. 이 경우 지정 신청을 한 수출단지의 일부 지역이 지정기준에 적합하지 않은 경우에는 해당 지역을 제외한 일부 지역을 수출단지로 지정할 수 있다.
④ 제1항부터 제3항까지에서 규정한 사항 외에 수출단지의 지정, 검역의 방법·절차 및 운영 등에 필요한 세부적인 사항은 검역본부장이 정하여 고시한다.

제37조의5(수출단지의 지정 취소 등)
① 검역본부장은 수출단지를 지정받은 자가 다음 각 호의 어느 하나에 해당하는 경우에는 그 지정을 취소할 수 있다.
  1. 거짓이나 그 밖에 부정한 방법으로 수출단지 지정을 받은 경우
  2. 거짓이나 그 밖에 부정한 방법으로 식물을 수출하려 하거나 수출한 경우
  3. 제37조의4제1항에 따른 지정기준을 위반한 경우
② 검역본부장은 제1항에 따라 수출단지의 지정을 취소한 경우에는 시장·군수를 거쳐 해당 수출단지에 그 사실을 통보하고, 검역본부 인터넷 홈페이지에 게시하여야 한다.

제37조의6(식물검사원의 자격 및 선발절차 등)
① 법 제29조의2제8항에 따른 식물검사원은 다음 각 호의 어느 하나에 해당하는 사람에 대해서 검역본부장이 자격을 부여한다.
  1. 인증원에 소속된 사람으로서 다음 각 목의 요건을 갖춘 사람
    가. 검역본부장이 정하여 고시하는 교육과정을 이수한 후 검역본부장이 실시하는 식물검사원 자격 전형시험에 합격하였을 것
    나. 인증원에서 6개월 이상 검사 분야 업무를 담당하였을 것
  2. 인증원에 소속된 사람으로서 최근 3년 이내에 농림축산식품부 식물검역관이었던 사람
② 제1항제1호에 따른 식물검사원 자격 전형시험의 방법 및 절차는 별표 2와 같다.
③ 검역본부장은 제1항에 따른 요건을 갖춘 사람에 대하여 별지 제27호의4서식의 증표를 발급하고, 식물검사원 관리대장을 작성하여 보관(정보시스템을 통한 보관을 포함한다)하여야 한다.
④ 식물검사원은 법 제29조의2제7항에 따른 검역업무를 수행할 때에는 제3항에 따른 식물검사

원 증표를 지니고 이를 관계인에게 내보여야 한다.
⑤ 검역본부장은 식물검사원의 검역 기술 및 자질의 향상을 위하여 필요한 경우에는 교육을 실시할 수 있다.
⑥ 인증원은 식물검사원이 퇴직하는 등의 사유로 신분이 변동된 경우에는 즉시 그 사실을 검역본부장에게 알려야 한다.

제37조의7(방제 대상 병해충 등의 발생 신고)
① 농촌진흥청장, 지방자치단체의 장 및 검역본부장은 법 제30조의2제1항에 따른 신고를 받은 경우 법 제31조의2제1항에 따른 식물방제관이 현장에서 시료를 채취하고 진단을 하게 할 수 있다.
② 제1항에서 규정한 사항 외에 방제 대상 병해충 등의 발생 신고에 대하여 필요한 사항은 농촌진흥청장이 정하여 고시한다.

제37조의8(식물방제관의 자격 및 선발절차 등)
① 법 제31조의2에 따른 식물방제관은 농림축산식품부(검역본부를 포함한다) 또는 농촌진흥청에 두는 식물방제관(이하 "중앙기관 식물방제관"이라 한다)과 지방자치단체에 두는 지방공무원인 식물방제관(이하 "지방자치단체 식물방제관"이라 한다)으로 구분한다.
② 제1항에 따른 식물방제관의 자격 기준은 농업 및 병해충 관련 업무를 1년 이상 담당한 것으로 한다.
③ 식물방제관의 선발 절차는 다음 각 호와 같다.
   1. 중앙기관 식물방제관: 제2항의 자격 기준을 갖춘 공무원으로서 해당 중앙기관에서 법 제7조2의 검역 및 방제 업무 또는 법 제31조의4에 따른 병해충 예찰·방제업무를 수행하는 사람 중에서 농촌진흥청장이 선발한다.
   2. 지방자치단체 식물방제관: 제2항의 자격 기준을 갖춘 지방공무원으로서 특별시장·광역시장·특별자치시장·도지사 또는 특별자치도지사(이하 "시·도지사"라 한다)의 추천을 받은 사람 중에서 농촌진흥청장이 선발한다.
④ 농촌진흥청장은 식물방제관의 병해충 예찰·방제, 역학조사 기술 및 자질의 향상을 위하여 교육을 실시할 수 있다.
⑤ 농촌진흥청장은 제3항에 따라 식물방제관으로 선발된 사람에 대하여 법 제31조의3제4항에 따른 증표를 발급하고 식물방제관 관리대장을 작성·비치하여야 한다.
⑥ 지방자치단체의 장은 소속 식물방제관이 퇴직하거나 전출하는 등 신분이 변동된 경우에는 즉시 그 사실을 농촌진흥청장에게 알려야 한다.

⑦ 그 밖에 식물방제관의 선발 절차 등 세부 사항은 농촌진흥청장이 정하여 고시한다.

제37조의9(식물방제관의 증표)
법 제31조의3제4항에 따른 식물방제관의 증표는 별지 제27호의5서식에 따른다.

제37조의10(분포조사)
① 법 제31조의5제1항에 따른 분포조사(이하 "분포조사"라 한다)는 법 제31조제1항에 따라 병해충을 없애거나 병해충이 퍼지는 것을 막기 위하여 필요하다고 인정되는 때나 그 밖에 농촌진흥청장 또는 시·도지사가 필요하다고 인정하는 때에 실시하고, 분포조사는 다음 각 호의 사항을 포함하여야 한다.
   1. 병해충 발생 지역 및 발생 면적
   2. 병해충 발생 정도 또는 피해율
   3. 그 밖에 법 제31조제1항에 따른 방제를 위하여 필요하다고 인정하는 사항
② 분포조사는 육안조사 및 장비 등을 활용한 정밀조사 등을 필요에 따라 병행하는 방법으로 한다.
③ 분포조사는 병해충예찰·방제단에 소속된 사람, 식물방제관, 병해충 예찰·방제 업무를 담당하는 공무원 또는 병해충에 대한 전문지식과 경험이 풍부한 사람이 수행할 수 있다.
④ 농촌진흥청장은 제3항의 분포조사를 하는 사람에게 예산의 범위에서 수당, 여비, 그 밖에 필요한 경비를 지급할 수 있다.

제37조의11(역학조사)
① 법 제31조의6제1항에 따른 역학조사의 내용에는 다음 각 호의 사항이 포함되어야 한다.
   1. 병해충의 발생 현황 및 피해의 정도
   2. 병해충의 감염원, 유입경로 및 확산 경로
   3. 그 밖에 법 제31조제1항에 따른 방제를 위하여 필요하다고 인정되는 사항
② 역학조사는 현장조사, 문헌조사 및 실험실 정밀검사 등을 필요에 따라 병행하는 방법으로 한다.
③ 법 제31조의6제3항에 따른 역학조사반은 다음 각 호의 어느 하나에 해당하는 사람 중에서 검역본부장이 임명 또는 위촉하여 구성한다.
   1. 병해충 예찰·방제 또는 역학조사 업무를 담당하는 공무원
   2. 병해충 예찰·방제 또는 역학조사에 관한 전문지식과 경험이 풍부한 사람
   3. 법 제31조의2에 따른 식물방제관

④ 제3항에 따른 역학조사반원이 역학조사를 하는 때에는 별지 제27호의6서식의 역학조사반원증을 지니고 관계인이 요청하면 이를 보여주어야 한다.
⑤ 검역본부장은 제3항제2호에 따라 위촉된 역학조사반원에게 예산의 범위에서 수당, 여비, 그 밖에 필요한 경비를 지급할 수 있다.

제37조의12(병해충위험평가)

① 법 제31조의7에 따른 병해충위험평가(이하 "위험평가"라 한다)는 다음 각 호의 사항을 포함하여야 한다.
  1. 발견 병해충이 외래병해충인지 여부
  2. 발견 병해충의 생리·생태적 특성
  3. 발견 병해충으로 인한 예상 피해 정도
  4. 긴급방제 추진의 필요성과 방제방법
② 위험평가는 다음 각 호의 사람 중 농촌진흥청장이 임명 또는 위촉한 자가 수행한다.
  1. 병해충 예찰·방제 업무를 담당하는 공무원
  2. 병해충에 대한 전문지식과 경험이 풍부한 사람
③ 농촌진흥청장은 위험평가를 수행하는 자에게 수당, 여비, 그 밖에 필요한 경비를 지급할 수 있다.
④ 제1항부터 제3항까지에서 규정한 사항 외에 위험평가의 대상, 시기 및 방법 등 세부 사항은 농촌진흥청장이 정하여 고시한다.

제37조의13(병해충 발생의 예찰 등)

① 법 제33조제1항에 따른 기관별 병해충 조사지역은 다음 각 호와 같다.
  1. 농촌진흥청장: 「농지법」에 따른 농지 및 「초지법」에 따른 초지
  2. 산림청장: 「산지관리법」에 따른 산지
  3. 시·도지사: 「농지법」에 따른 농지 및 「산지관리법」에 따른 산지 등 관할 행정구역
  4. 검역본부장: 공항·항만, 격리재배지역, 수출단지 내의 해당 수출식물 재배지역, 수입된 날부터 1년 이내인 수입식물의 재배지역
② 법 제33조제1항에 따른 조사는 육안조사 및 장비 등을 활용한 정밀조사 등을 필요에 따라 병행하는 방법으로 한다.
③ 농촌진흥청장, 산림청장, 시·도지사 및 검역본부장은 다음 각 호의 어느 하나에 해당하는 사람을 법 제33조제2항에 따른 예찰조사원(이하 "예찰조사원"이라 한다)으로 위촉할 수 있다.

1. 「농업・농촌 및 식품산업 기본법」 제3조제2호에 따른 농업인
2. 대학의 교수・연구원 또는 연구소의 연구원 중 농업과 관련된 사람
3. 식물병해충과 관련된 단체의 임직원
4. 그 밖에 농촌진흥청장, 산림청장, 시・도지사 및 검역본부장이 식물병해충 예찰과 관련된 전문지식이 있다고 인정하는 사람

④ 예찰조사원의 임무는 다음 각 호와 같다.
1. 병해충 예찰
2. 병해충 분포조사 및 역학조사 지원
3. 병해충 방제업무 지원
4. 병해충 발생정보의 수집 및 제공
5. 병해충 예찰・방제 관련 홍보 및 기술・자료의 제공
6. 그 밖에 병해충 발생의 예찰을 위하여 필요한 사항

⑤ 농촌진흥청장, 산림청장, 시・도지사 및 검역본부장은 예찰조사원에 대하여 예산의 범위에서 수당, 여비, 그 밖에 필요한 경비를 지급할 수 있다.

⑥ 농촌진흥청장, 산림청장, 시・도지사 및 검역본부장은 법 제33조제1항에 따른 조사에 관한 세부사항과 제3항부터 제5항까지에서 규정한 사항 외에 예찰조사원의 운영에 관한 세부사항을 각각 정하여 고시할 수 있다.

제38조(긴급 방제명령서의 발급)

농촌진흥청장, 검역본부장 또는 시・도지사는 법 제36조제2항에 따라 긴급 방제를 하려면 별지 제28호서식에 따른 명령서를 방제 대상 식물등의 소유자 또는 대리인에게 미리 발급하여야 한다.

제39조(방제비용 부담 통지서)

영 제4조에 따른 방제비용 부담 통지서는 별지 제29호서식과 같다.

제39조의2(발굴의 금지기간 등)

① 법 제37조의2제1항 본문에서 "농림축산식품부령으로 정하는 기간"은 별표 8의2와 같다.
② 농림축산식품부장관이나 시・도지사는 법 제37조의2제1항에 따라 식물등을 매몰한 토지에 다음 각 호의 사항을 적은 표지판을 설치하여야 한다.
1. 매몰된 식물등과 그 병해충의 이름
2. 매몰 연월일 및 발굴 금지기간

3. 그 밖에 매몰과 관련된 사항

③ 법 제37조의2제1항 단서에 따라 식물등이 매몰된 토지의 발굴을 허가받으려는 자는 발굴허가신청서(전자문서를 포함한다)에 해당 병해충의 확산 방지 조치 계획서를 첨부하여 농촌진흥청장 또는 시·도지사에게 제출하여야 한다.

④ 농촌진흥청장 또는 시·도지사가 법 제37조의2제1항 단서에 따라 식물등이 매몰된 토지의 발굴을 허가하였을 때에는 발굴허가서(전자문서를 포함한다)를 발급하여야 한다.

⑤ 그 밖에 식물등이 매몰된 토지의 발굴허가 및 관리에 관하여 필요한 세부적인 사항은 농촌진흥청장이 정하여 고시한다.

제40조(손실보상의 신청)

① 법 제36조에 따른 방제명령으로 손실을 받은 자(식물의 소유자나 대리인 또는 토지나 토지 및 식물을 빌려 재배하는 자를 포함한다)가 법 제38조에 따라 보상을 받으려는 경우에는 방제가 끝난 후 30일 이내에 별지 제30호서식에 따른 손실보상청구서에 손실 명세를 증명하는 서류를 첨부하여 보상받으려는 물건 등의 소재지를 관할하는 시·도지사(농촌진흥청장이 방제명령을 한 경우에는 시·도지사를 거쳐 농촌진흥청장)에게 제출하여야 한다.

② 시·도지사는 제1항에 따른 손실보상 신청 중 시·도지사를 거치는 손실보상 신청의 경우에는 그 신청 서류에 농촌진흥청장이 정하는 사항이 포함된 의견서를 첨부하여 농촌진흥청장에게 보내야 한다.

제41조 삭제

제42조(방제용 약제의 양여 신청 등)

① 법 제39조제2항에 따라 방제용 약제를 양여받으려는 자는 별지 제31호서식에 따른 양여신청서를 농촌진흥청장에게 제출하여야 한다.

② 농촌진흥청장은 제1항에 따라 신청을 받은 경우에는 그 내용을 심사하여 양여 여부를 결정하고, 그 결정한 날부터 7일 이내에 별지 제32호서식에 따른 방제용 약제 양여통지서를 신청인에게 발급하여야 한다.

③ 제2항에 따른 양여 결정에 따라 방제용 약제를 인수한 자는 별지 제33호서식에 따른 수령증을 농촌진흥청장에게 제출하여야 한다.

제43조(수출입목재열처리업의 등록신청 등)
① 법 제40조제1항에 따른 수출입목재열처리업(이하 "수출입목재열처리업"이라 한다)의 등록을 하려는 자는 별지 제34호서식의 등록신청서에 다음 각 호의 서류를 첨부하여 열처리시설의 소재지를 관할하는 지역본부장 또는 사무소장을 통하여 검역본부장에게 신청(정보통신망을 통한 신청을 포함한다)하여야 한다. 이 경우 담당 공무원은 「전자정부법」 제36조제1항에 따른 행정정보의 공동이용을 통하여 신청인이 등록신청하려는 열처리시설의 토지등기사항증명서 및 건물등기사항증명서를 확인하여야 한다.
  1. 인력·시설·장비 현황 및 이를 증명할 수 있는 자격증, 도면, 증명서 등 서류
  2. 신청 장소의 사용권을 증명할 수 있는 서류(신청 장소의 대지 및 건물이 신청인의 소유가 아닌 경우만 첨부한다)
  3. 열처리시설별 명세(열처리시설 설치 수가 2개 이상인 경우만 해당한다)
  4. 목재 중심부 및 열처리시설 내의 온도 측정 장비 교정성적서
② 검역본부장은 제1항에 따라 신청을 받은 경우에는 별표 9의 수출입목재열처리업 등록기준에 적합한지를 검토한 후 적합할 경우에는 별지 제35호서식의 수출입목재열처리업 등록증을 신청인에게 발급하고, 그 사실을 별지 제36호서식의 등록대장에 기록하여야 한다.

제44조(수출입목재열처리업의 등록기준)
법 제40조제2항에 따른 수출입목재열처리업의 인력, 시설 및 장비 등의 기준은 별표 9와 같다.

제45조(등록증의 재발급)
① 다음 각 호의 어느 하나에 해당하는 사유로 수출입목재열처리업 등록증을 재발급받으려는 자는 별지 제37호서식의 수출입목재열처리업 등록증 재발급신청서에 다음 각 호의 해당 서류를 첨부하여 지역본부장 또는 사무소장을 통하여 검역본부장에게 재발급 신청(정보통신망을 통한 신청을 포함한다)을 하여야 한다.
  1. 등록증의 내용이 변경된 경우: 등록 내용의 변경을 증명하는 서류
  2. 등록증을 잃어버린 경우: 분실 사유서
  3. 등록증이 헐어 못쓰게 된 경우: 해당 등록증
  4. 삭제
② 검역본부장은 제1항에 따라 재발급 신청을 받은 때에는 그 사실을 확인하여 재발급하여야 한다.

제46조(목재 및 목재포장재 열처리 기준 및 소독 처리 마크 표시 등)

① 법 제40조제3항에 따른 목재 및 목재포장재 열처리는 목재중심부의 온도가 섭씨 56도 이상에서 30분 이상 유지되도록 하여야 한다.

② 제1항의 열처리 기준에 따라 적합하게 처리된 목재포장재는 「국제식물보호협약」에 따른 소독처리(HT) 마크가 표시되어야 한다

③ 제2항에 따른 소독처리 마크 표시, 그 밖에 열처리된 목재포장재 관리방법 등 운영에 관한 세부 사항은 검역본부장이 정하여 고시한다.

제46조의2(준수사항 등)

① 법 제40조제4항에서 "열처리기준 등 농림축산식품부령으로 정하는 준수사항"이란 다음 각 호와 같다.
  1. 제46조제1항의 열처리 기준에 따라 적합하게 열처리를 하지 아니한 목재포장재에는 소독처리 마크를 표시하지 말 것
  2. 소독처리 마크를 사용하기 전에 그 마크표시를 지역본부장 또는 사무소장이나 검역본부장이 지정한 수출입목재열처리업 관련 단체 (이하 "열처리협회"라 한다)에 제출할 것
  3. 소독처리 마크를 대여하지 않을 것
  4. 소독처리 마크를 폐기할 경우에는 그 마크표시를 제출한 지역본부장 또는 사무소장이나 열처리협회에 알릴 것
  5. 열처리 작업별 열처리 결과를 1년 이상 보관(정보시스템을 통한 보관을 포함한다)할 것
  6. 소독처리 마크별로 일련번호를 부여하고 동일한 번호의 소독처리 마크를 2개 이상 사용하지 않을 것
  7. 수출입목재열처리업에 종사하는 자는 3년마다 제2항에 따른 교육을 이수할 것
  8. 소독처리 마크를 다시 제작하는 경우 새로운 일련번호를 사용할 것

② 열처리협회는 수출입목재열처리업에 종사하는 사람을 대상으로 열처리 및 열처리 운영방법 등에 관한 교육을 실시할 수 있다.

③ 검역본부장은 제1항에 따른 준수사항 이행 여부 확인에 관한 사항과 제2항에 따른 교육에 필요한 사항을 정하여 고시할 수 있다.

제46조의3(지위승계)

① 법 제40조의3제3항에 따라 수출입목재열처리업의 지위를 승계받은 자는 별지 제37호의2서식에 따른 수출입목재열처리업 지위승계신고서에 다음 각 호의 서류를 첨부하여 지역본부장

또는 사무소장을 통하여 검역본부장에게 제출하여야 한다.
1. 수출입목재열처리업 등록증
2. 다음 각 목의 구분에 따른 서류(전자문서를 포함한다)
   가. 상속의 경우: 「가족관계의 등록 등에 관한 법률」 제15조제1항제1호의 가족관계증명서 등 상속인임을 증명하는 서류
   나. 양도의 경우: 양도·양수를 증명하는 서류
   다. 가목 및 나목 외의 경우: 해당 사유별로 영업자의 지위를 승계하였음을 증명할 수 있는 서류
② 제1항에 따른 신고서를 받은 검역본부장은 그 신고 내용을 확인한 후 승계한 자에게 등록증을 재발급하여야 한다.

제47조(수출입목재열처리업 행정처분의 기준)
법 제41조제3항에 따른 행정처분의 기준은 별표 10과 같다.

제48조(명예 식물감시원의 자격 및 임무 등)
① 법 제42조에 따라 명예 식물감시원으로 위촉받을 수 있는 사람은 다음 각 호와 같다.
   1. 농업 관련 생산자단체·소비자단체 또는 환경단체 등의 임원, 직원 또는 회원
   2. 농업인
   3. 식물류 수입업자 또는 보세구역의 직원 등 식물수출입업무와 관련이 있는 사람
   4. 농업 관련 학교의 학생 및 졸업생
② 농촌진흥청장 또는 검역본부장은 제1항제1호에 해당하는 단체의 장 등의 추천 또는 명예 식물감시원을 희망하는 사람의 신청을 받아 식물검역 감시활동에 적합한지를 판단하여 명예 식물감시원으로 위촉한다.
③ 명예 식물감시원의 임무는 다음 각 호와 같다.
   1. 법 제47조·제48조 또는 제50조에 따른 위반행위의 감시 및 신고
   2. 국내 미분포병해충의 유입에 대한 감시 및 신고
   3. 식물검역에 관한 지도, 계몽 및 홍보
   4. 그 밖의 식물검역 질서 확립에 관한 사항
④ 농촌진흥청장 또는 검역본부장은 명예 식물감시원에 대하여 예산의 범위에서 임무수행에 필요한 활동비를 월별 또는 분기별로 지급할 수 있다.
⑤ 명예 식물감시원의 운영에 관한 세부 사항은 농촌진흥청장 또는 검역본부장이 각각 정하여 고시한다.

제49조(규제의 재검토)

농림축산식품부장관은 다음 각 호의 사항에 대하여 다음 각 호의 기준일을 기준으로 3년마다(매 3년이 되는 해의 기준일과 같은 날 전까지를 말한다) 그 타당성을 검토하여 개선 등의 조치를 하여야 한다.

4. 제18조 및 별표 3에 따른 검역방법의 종류 및 검역 결과 행정처분의 기준 등: 2017년 1월 1일
7. 제19조에 따른 격리재배 대상 재식용 또는 번식용 식물의 범위 등: 2017년 1월 1일
17. 제44조 및 별표 9에 따른 수출입목재열처리업의 등록기준: 2017년 1월 1일
18. 삭제
19. 제46조의2제1항에 따른 준수사항: 2017년 1월 1일
20. 제47조 및 별표 10에 따른 수출입목재열처리업 행정처분의 기준: 2017년 1월 1일

[부칙]

제1조(시행일) 이 규칙은 공포한 날부터 시행한다.
제2조(수입금지 식물 등에 관한 적용례) 별표 1의 개정규정은 이 규칙 시행 이후 수입하기 위하여 선적하는 것부터 적용한다.

PART 02 관련법령[농약관리법]

 농약관리법

제1장 총칙

제1조(목적)

이 법은 농약의 제조·수입·판매 및 사용에 관한 사항을 규정함으로써 농약의 품질향상, 유통질서의 확립 및 농약의 안전한 사용을 도모하고 농업생산과 생활환경 보전에 이바지함을 목적으로 한다. [23년 1회]

제2조(정의)

이 법에서 사용하는 용어의 뜻은 다음과 같다.

1. "농약"이란 다음 각 목에 해당하는 것을 말한다.
    가. 농작물[수목(樹木), 농산물과 임산물을 포함한다. 이하 같다]을 해치는 균(菌), 곤충, 응애, 선충(線蟲), 바이러스, 잡초, 그 밖에 농림축산식품부령으로 정하는 동식물(이하 "병해충"이라 한다)을 방제(防除)하는 데에 사용하는 살균제·살충제·제초제
    나. 농작물의 생리기능(生理機能)을 증진하거나 억제하는 데에 사용하는 약제
    다. 그 밖에 농림축산식품부령으로 정하는 약제
1의2. "천연식물보호제"란 다음 각 목의 어느 하나에 해당하는 농약으로서 농촌진흥청장이 정하여 고시하는 기준에 적합한 것을 말한다.
    가. 진균, 세균, 바이러스 또는 원생동물 등 살아있는 미생물을 유효성분(有效成分)으로 하여 제조한 농약
    나. 자연계에서 생성된 유기화합물 또는 무기화합물을 유효성분으로 하여 제조한 농약
2. "품목"이란 개별 유효성분의 비율과 제제(製劑) 형태가 같은 농약의 종류를 말한다.
3. "원제(原劑)"란 농약의 유효성분이 농축되어 있는 물질을 말한다.
3의2. "농약활용기자재"란 다음 각 목의 어느 하나에 해당하는 것으로서 농촌진흥청장이 지정하는 것을 말한다. [23년 2회]
    가. 농약을 원료나 재료로 하여 농작물 병해충의 방제 및 농산물의 품질관리에 이용하는

자재
나. 살균·살충·제초·생장조절 효과를 나타내는 물질이 발생하는 기구 또는 장치
4. "제조업"이란 국내에서 농약 또는 농약활용기자재(이하 "농약등"이라 한다)를 제조(가공을 포함한다. 이하 같다)하여 판매하는 업(業)을 말한다.
5. "원제업(原劑業)"이란 국내에서 원제를 생산하여 판매하는 업을 말한다.
6. **"수입업"이란 농약등 또는 원제를 수입하여 판매하는 업을 말한다.** [24년 1회]
7. "판매업"이란 제조업 및 수입업 외의 농약등을 판매하는 업을 말한다.
8. "방제업(防除業)"이란 농약을 사용하여 병해충을 방제하거나 농작물의 생리기능을 증진하거나 억제하는 업을 말한다.

제2조의2(원제 및 우수 농약등의 개발·보급 등)
농림축산식품부장관은 원제 및 우수한 품질의 농약등을 개발·보급하고 농약등의 안전한 사용을 촉진하는 데에 필요한 시책을 수립·시행하여야 한다.

제2장 영업의 등록 등
제3조(영업의 등록 등)
① 제조업·원제업 또는 수입업을 하려는 자는 농림축산식품부령으로 정하는 바에 따라 농촌진흥청장에게 등록하여야 한다. 등록한 사항 중 농림축산식품부령으로 정하는 중요한 사항을 변경하려는 경우에도 또한 같다.
② 판매업을 하려는 자는 농림축산식품부령으로 정하는 바에 따라 업소마다 판매관리인을 지정하여 그 소재지를 관할하는 시장(특별자치도의 경우에는 특별자치도지사를 말한다. 이하 같다)·군수 또는 자치구의 구청장(이하 "시장·군수·구청장"이라 한다)에게 등록하여야 한다. 등록한 사항 중 농림축산식품부령으로 정하는 중요한 사항을 변경하려는 경우에도 또한 같다.
③ 제조업 또는 수입업을 하려는 자 중 농약등을 판매하려는 자는 농림축산식품부령으로 정하는 기준에 맞는 판매관리인을 지정하여 제1항 전단에 따라 등록하여야 한다.
④ 제3항에 따른 판매관리인을 지정하지 아니하고 제1항 전단에 따라 제조업 또는 수입업의 등록을 한 자 중 농약등을 판매하려는 자는 제3항에 따른 판매관리인을 지정하여 변경등록을 하여야 한다.
⑤ 제1항이나 제2항에 따른 등록을 하려는 자는 농림축산식품부령으로 정하는 기준에 맞는 인력·시설·장비 등을 갖추어야 한다. 이 경우 원제업 또는 수입업을 하려는 자 중 「화학물

질관리법」에 따른 금지물질 또는 유독물질에 해당하는 원제를 취급하는 자가 갖추어야 할 기준을 따로 정할 수 있다.

제3조의2(영업의 신고)

① 방제업 중 수출입식물방제업 또는 항공방제업(이하 "수출입식물방제업등"이라 한다)을 하려는 자는 농림축산식품부령으로 정하는 바에 따라 농림축산식품부장관에게 신고하여야 한다. 신고한 사항 중 농림축산식품부령으로 정하는 중요한 사항을 변경하려는 경우에도 또한 같다.
② 농림축산식품부장관은 제1항에 따른 수출입식물방제업등의 신고 또는 변경신고를 받은 경우 그 내용을 검토하여 이 법에 적합하면 신고를 수리하여야 한다.
③ 수출입식물방제업등의 범위는 대통령령으로 정한다.
④ 수출입식물방제업등의 신고를 하려는 자는 농림축산식품부령으로 정하는 기준에 맞는 인력·시설·장비 등을 갖추어야 한다.

제4조(결격사유)

다음 각 호의 어느 하나에 해당하는 자는 제3조제1항 전단 및 제2항 전단에 따른 등록을 할 수 없다.
1. 피성년후견인 또는 피한정후견인
2. 파산선고를 받고 복권되지 아니한 사람
3. 이 법을 위반하여 징역의 실형을 선고받고 그 집행이 끝나거나(집행이 끝난 것으로 보는 경우를 포함한다) 집행이 면제된 날부터 2년이 지나지 아니한 사람
4. 이 법을 위반하여 징역형의 집행유예를 선고받고 그 유예기간 중에 있는 사람
5. 제7조에 따라 등록이 취소(제4조제1호 및 제2호에 해당하여 등록이 취소된 경우는 제외한다)된 날부터 2년이 지나지 아니한 자
6. 임원 중 제1호부터 제5호까지의 어느 하나에 해당하는 사람이 있는 법인

제5조(제조업자 등의 지위승계)

① 다음 각 호의 어느 하나에 해당하는 자는 제3조제1항 또는 제2항에 따라 등록을 한 자(이하 "제조업자등"이라 한다) 또는 제3조의2제1항에 따라 수출입식물방제업등의 신고를 한 자(이하 "수출입식물방제업자등"이라 한다)의 지위를 승계한다. 다만, 제조업자등의 지위를 승계하려는 제2호 또는 제3호의 자가 제4조제1호부터 제5호까지의 어느 하나에 해당하는 경우에는 그 지위를 승계할 수 없다.

1. 제조업자등 또는 수출입식물방제업자등이 사망한 경우 그 상속인
   2. 제조업자등 또는 수출입식물방제업자등이 영업을 양도한 경우 그 양수인
   3. 법인인 제조업자등 또는 수출입식물방제업자등이 합병한 경우 합병 후 존속하는 법인이나 합병에 따라 설립되는 법인
② 제1항에 따라 제조업자등의 지위를 승계한 상속인이 제4조제1호부터 제5호까지의 어느 하나에 해당하는 경우나 그 지위를 승계한 법인이 제4조제6호에 해당하는 경우에는 상속개시일 또는 합병일부터 6개월 이내에 다른 자에게 그 제조업자등의 지위를 양도하거나 결격사유가 있는 임원을 바꾸어 임명하여야 한다.
③ 제1항에 따라 수출입식물방제업자등의 지위를 승계한 자는 농림축산식품부장관에게, 제3조제1항에 따라 제조업·원제업 또는 수입업을 등록한 자(이하 각각 "제조업자", "원제업자" 또는 "수입업자"라 한다)의 지위를 승계한 자는 농촌진흥청장에게, 제3조제2항 전단에 따라 판매업의 등록을 한 자(이하 "판매업자"라 한다)의 지위를 승계한 자는 시장·군수·구청장에게 1개월 이내에 농림축산식품부령으로 정하는 바에 따라 신고하여야 한다.

제5조의2(행정처분 효과의 승계)

제5조제1항에 따른 지위의 승계가 있는 때에는 종전의 제조업자등 또는 수출입식물방제업자등에게 행한 제7조제1항부터 제3항까지의 규정에 따른 행정처분의 효과는 그 처분기간이 만료된 날부터 1년간 그 지위를 승계한 자에게 승계되며, 행정처분의 절차가 진행 중인 때에는 그 지위를 승계한 자에 대하여 그 절차를 계속 진행할 수 있다. 다만, 지위를 승계한 자가 그 지위의 승계 시에 그 행정처분 또는 위반사실을 알지 못하였음을 증명하는 때에는 그러하지 아니하다.

제6조(폐업의 신고)

① 영업을 폐업하고자 할 경우 수출입식물방제업자등은 농림축산식품부장관에게, 제조업자·원제업자·수입업자는 농촌진흥청장에게, 판매업자는 시장·군수·구청장에게 농림축산식품부령으로 정하는 바에 따라 신고하여야 한다.
② 제1항에 따른 폐업의 신고를 하려는 자는 해당 사업장 및 약제 보관창고 등에 있는 농약등 또는 원제가 사람이나 환경에 위해를 끼치지 아니하도록 해당 농약등 또는 원제의 폐기·반품 등의 적절한 조치를 취하여야 한다.
③ 농림축산식품부장관, 농촌진흥청장 또는 시장·군수·구청장은 제1항에 따른 신고를 받은 경우 그 내용을 검토하여 이 법에 적합하면 신고를 수리하여야 한다.

제7조(등록의 취소 등)

① 농촌진흥청장은 제조업자·원제업자·수입업자가 다음 각 호의 어느 하나에 해당하면 그 영업의 등록을 취소하거나 1년 이내의 기간을 정하여 영업의 전부 또는 일부의 정지를 명할 수 있다. 다만, 제1호의2·제13호 또는 제14호에 해당할 때에는 그 등록을 취소하여야 한다.

1. 정당한 사유 없이 제3조제1항 후단 또는 같은 조 제4항에 따른 변경등록을 하지 아니한 경우
1의2. 제4조의 결격사유에 해당하게 된 경우. 다만, 법인의 임원 중 제4조제6호에 해당하는 사람이 있는 경우 6개월 이내에 그 임원을 바꾸어 임명하였을 때에는 제외한다.
2. 제8조제1항, 제16조제1항, 제17조제1항 또는 제17조의2제1항을 위반하여 등록을 하지 아니한 농약등 또는 원제를 제조·수입하거나 판매한 경우
3. 제14조제2항(제8조의2제1항 후단 또는 제17조제3항에 따라 준용되는 경우를 포함한다)에 따른 등록사항의 변경 또는 등록의 취소처분이나 제조·수출입 또는 공급을 제한하는 처분(회수·폐기명령을 포함한다)을 위반한 경우
4. 제15조제1항에 따라 농촌진흥청장이 고시하는 수출입의 금지·제한내용이나 준수사항을 위반한 경우
4의2. 제17조제4항 후단의 조건을 위반한 경우
5. 제20조제1항 또는 제2항에 따른 농약등 또는 원제의 표시를 하지 아니하거나 거짓으로 표시한 경우
6. 제21조제1항 또는 제2항을 위반하여 농약등 또는 원제를 제조·생산·수입·보관·진열 또는 판매한 경우
7. 제22조를 위반하여 허위광고 또는 과대광고를 하거나 같은 조에 따른 광고방법에 따르지 아니하고 광고를 한 경우
8. 제23조제1항에 따른 농약등의 취급제한기준을 위반하여 농약등을 취급한 경우
9. 제24조에 따라 검사한 농약등의 품질이 불량하다고 밝혀진 경우 또는 자체검사성적서를 제출하지 아니하거나 거짓으로 제출한 경우
10. 제24조제1항에 따른 검사나 시료(試料) 또는 시험용 제품의 수거(收去)를 거부·방해 또는 기피한 경우
11. 제24조제5항에 따른 농약등 또는 원제의 수거 또는 폐기의 명령을 위반한 경우
12. 제25조에 따른 시설 등의 보완명령을 위반하거나 농약등 또는 원제의 관리에 관한 사항에 대한 보고를 하지 아니하거나 거짓으로 보고한 경우
13. 거짓이나 그 밖의 부정한 방법으로 영업의 등록 또는 변경등록을 한 경우

14. 영업정지명령을 위반하여 영업을 한 경우
15. 등록한 날부터 3년이 지나도록 영업을 시작하지 아니한 경우

② 시장·군수·구청장은 판매업자가 다음 각 호의 어느 하나에 해당하면 그 영업의 등록을 취소하거나 1년 이내의 기간을 정하여 영업의 전부 또는 일부의 정지를 명할 수 있다. 다만, 제1호의2·제4호 또는 제5호에 해당할 때에는 그 등록을 취소하여야 한다.

1. 정당한 사유 없이 제3조제2항 후단에 따른 변경등록을 하지 아니한 경우
1의2. 제4조 각 호의 어느 하나에 해당하게 된 경우. 다만, 법인의 임원 중 제4조제6호에 해당하는 사람이 있는 경우 6개월 이내에 그 임원을 바꾸어 임명하였을 때에는 제외한다.
2. 제1항제6호·제7호 또는 제10호부터 제12호까지의 규정에 해당하게 된 경우
3. 제23조제1항에 따른 농약등의 취급제한기준을 위반하여 농약등을 취급한 경우
4. 거짓이나 그 밖의 부정한 방법으로 영업의 등록 또는 변경등록을 한 경우
5. 영업정지명령을 위반하여 영업을 한 경우
6. 등록한 날부터 1년이 지나도록 영업을 시작하지 아니한 경우

③ 농림축산식품부장관은 수출입식물방제업자등이 다음 각 호의 어느 하나에 해당하면 영업소 폐쇄를 명하거나 2년 이내의 기간을 정하여 영업의 전부 또는 일부의 정지를 명할 수 있다. 다만, 제6호 또는 제7호에 해당하는 경우에는 영업소 폐쇄를 명하여야 한다.

1. 제1항제10호부터 제12호까지의 규정에 해당하게 된 경우
1의2. 정당한 사유 없이 제3조의2제1항 후단에 따른 변경신고를 하지 아니한 경우
2. 제23조제1항에 따른 농약등의 안전사용기준 또는 취급제한기준을 위반하여 농약등을 사용하거나 취급한 경우
3. 이 법을 위반하여 사망사고가 발생한 경우
4. 삭제
5. 수출입식물방제업자등이 1년 이상 방제 실적이 없거나 농림축산식품부장관이 정하여 고시하는 수출입식물검역소독처리규정 또는 항공방제업관리규정을 위반한 경우
6. 거짓이나 그 밖의 부정한 방법으로 영업의 신고 또는 변경신고를 한 경우
7. 영업정지명령을 위반하여 영업을 한 경우

④ 제1항부터 제3항까지의 규정에 따른 취소·정지처분의 세부기준은 농림축산식품부령으로 정한다.

제3장 농약의 등록 등

제8조(국내 제조품목의 등록)

① 제조업자가 농약을 국내에서 제조하여 국내에서 판매하려면 품목별로 농촌진흥청장에게 등록하여야 한다. 다만, 제조업자가 다른 제조업자의 등록된 품목을 위탁받아 제조하는 경우에는 그러하지 아니하다.

② 제1항에 따른 등록을 하려는 자는 다음 각 호의 사항을 적은 신청서에 제17조의4제1항에 따라 지정된 시험연구기관에서 검사한 농약의 약효, 약해(藥害), 독성(毒性) 및 잔류성(殘留性)에 관한 시험 성적을 적은 서류(이하 "시험성적서"라 한다)를 첨부하여 농약의 시료와 함께 농촌진흥청장에게 제출하여야 한다. 다만, 천연식물보호제나 그 밖에 대통령령으로 정하는 품목을 등록하는 경우에는 농림축산식품부령으로 정하는 바에 따라 시험성적서의 전부 또는 일부의 제출을 면제할 수 있다.

1. 신청인의 성명(법인인 경우에는 그 명칭과 대표자의 성명을 말한다. 이하 같다), 주소, 주민등록번호
2. 농약의 명칭
3. 이화학적(理化學的) 성질·상태 및 유효성분과 그 밖의 성분의 종류와 각각의 함유량
4. 품목의 제조 과정
5. 용기 또는 포장의 종류·재질 및 그 용량
6. 적용 대상 병해충 및 농작물의 범위, 농약의 사용방법 및 사용량
7. 약효의 보증기간
8. 사람과 가축에 해로운 농약은 그 내용과 해독방법
9. 수서생물(水棲生物)에 해로운 농약은 그 내용
10. 인화성·폭발성 또는 피부를 손상시키는 등의 위험이 있는 농약은 그 내용
11. 보관·취급 및 사용상의 주의사항
12. 제조장의 소재지
13. 그 밖에 농림축산식품부령으로 정하는 제조품목의 등록에 필요한 사항

제8조의2(수출농약의 등록 등)

① 농약을 국내에서 제조하여 수출하려는 자는 그 농약에 대하여 품목별로 농촌진흥청장에게 등록할 수 있다. 이 경우 품목등록 및 그 품목등록의 취소 등에 관하여는 제8조제2항과 제9조부터 제14조까지 및 제14조의2의 규정을 준용한다.

② 농촌진흥청장은 제1항에 따른 등록을 신청받은 경우 국내에서 제조하여 전량 수출하려는

품목에 대해서는 농림축산식품부령으로 정하는 바에 따라 시험성적서의 전부 또는 일부의 제출을 면제할 수 있다.

제9조(품목등록 신청서류 등의 검토 등)

① 농촌진흥청장은 제8조제2항에 따른 신청을 받으면 농업과학기술에 관한 업무를 관장하는 행정기관의 장으로 하여금 신청인이 제출한 서류를 검토하고, 농약의 시료를 검사하도록 하여야 한다.

② 제1항에 따른 제출서류의 검토 및 농약 시료의 검사기준은 농촌진흥청장이 관계 중앙행정기관의 장과 협의하여 고시한다.

③ 농촌진흥청장은 제1항과 제2항에 따른 서류검토 및 농약 시료검사 결과 다음 각 호의 어느 하나에 해당하면 신청인에게 그 사유를 구체적으로 밝혀 등록 신청서류를 반려하거나 그 보완을 명하여야 한다.

　1. 신청서의 기재사항에 허위사실이 있는 경우
　2. 해당 농약의 약효가 현저히 낮아 농약으로서 가치가 없을 때
　3. 신청서에 적힌 내용에 따라 해당 농약을 사용할 경우 농작물에 해(害)가 있을 때
　4. 해당 농약의 사용·취급요령을 따르더라도 사람과 가축에 해를 줄 우려가 있을 때
　5. 해당 농약이 다량으로 사용될 경우 수서생물에 해를 줄 우려가 있을 때
　6. 신청서에 적힌 내용에 따라 해당 농약을 사용할 경우 농작물에 잔류되어 그 농작물을 이용하는 사람과 가축에 해를 줄 우려가 있을 때
　7. 신청서에 적힌 내용에 따라 해당 농약을 사용할 경우 농경지 등의 토양에 잔류되어 토양 생태계를 파괴할 우려가 있거나 그 농경지에서 자란 농작물을 이용하는 사람과 가축에 해를 줄 우려가 있을 때
　8. 해당 농약이 다량으로 사용되는 경우 「물환경보전법」 제2조제9호에 따른 공공수역(公共水域)의 수질이 오염되어 수생 생태계를 파괴할 우려가 있거나 그 물을 이용하는 사람과 가축에 해를 줄 우려가 있을 때
　9. 해당 농약의 명칭이 그 주요성분이나 효과에 대하여 오해를 일으키게 할 우려가 있을 때

④ 제3항에 따라 등록 신청서류를 보완한 경우의 재검사 등에 관하여는 제1항부터 제3항까지의 규정을 준용한다.

제10조(품목등록증의 발급)
농촌진흥청장은 제9조에 따른 서류검토 및 농약의 시료검사 결과 제9조제3항 각 호에 따른 반려 또는 보완사유에 해당되지 아니하면 지체 없이 신청인에게 다음 각 호의 사항이 적힌 품목등록증을 내주어야 한다.
1. 등록번호 및 등록연월일
2. 제조업자의 성명
3. 제8조제2항제2호·제3호 및 제6호에 규정된 사항
4. 제조장의 소재지
5. 등록의 유효기간
6. 그 밖에 농림축산식품부령으로 정하는 사항

제11조(품목등록의 유효기간 및 재등록)
① 제8조제1항에 따른 품목등록의 유효기간은 10년으로 한다.
② 제조업자는 제1항에 따른 유효기간이 만료되는 품목을 재등록하려면 그 유효기간이 만료되기 6개월 전까지 농촌진흥청장에게 품목의 재등록을 신청하여야 한다. 이 경우 재등록의 신청, 신청서류 등의 검토 및 품목등록증의 재발급에 관하여는 제8조제2항, 제9조 및 제10조를 준용한다.
③ 제조업자가 제2항에 따라 품목의 재등록을 신청하는 경우에는 농림축산식품부령으로 정하는 바에 따라 시험성적서의 전부 또는 일부의 제출을 면제할 수 있다.

제12조(품목등록자의 지위승계 등)
제8조제1항에 따라 품목을 등록한 제조업자(이하 "품목등록제조업자"라 한다)의 지위승계와 행정처분 효과의 승계에 관하여는 제5조 및 제5조의2를 준용한다. 이 경우 제5조의2 중 "제7조제1항부터 제3항까지"는 "제7조제1항 및 제14조"로 본다.

제13조(신청에 의한 품목변경등록 등)
① 품목등록제조업자는 품목의 등록사항 중 농림축산식품부령으로 정하는 중요한 사항을 변경하려면 농림축산식품부령으로 정하는 사항을 적은 신청서에 등록증 및 변경내용에 대한 시험성적서를 첨부하여 농약의 시료와 함께 농촌진흥청장에게 제출하여야 한다.
② 품목등록제조업자는 품목의 등록사항 중 농림축산식품부령으로 정하는 사항을 변경하였을 때에는 그 사항을 변경한 날부터 30일 이내에 그 사유와 변경내용을 구체적으로 밝혀 농촌진흥청장에게 신고하여야 한다. 이 경우 변경된 사항이 품목등록증의 기재사항에 해당할 때에

는 품목등록증의 재발급을 신청하여야 한다.
③ 제1항에 따른 품목변경등록에 관련된 품목등록 신청서류 등의 검토 및 반려 등과 품목등록증의 재발급에 관하여는 제9조와 제10조를 준용한다.

제14조(직권에 의한 품목등록의 취소 등)

① 농촌진흥청장은 품목등록제조업자가 거짓이나 그 밖의 부정한 방법으로 품목을 등록한 경우에는 그 품목의 등록을 취소하여야 하며, 제7조제1항에 따라 제조업의 등록이 취소된 경우에는 등록된 모든 품목의 등록을 취소하여야 한다. 이 경우 농촌진흥청장은 제조업자·수입업자 또는 판매업자에게 해당 품목의 농약(이미 판매된 농약을 포함한다)을 회수하여 폐기할 것을 명할 수 있다.
② 농촌진흥청장은 품목등록을 한 농약을 그 등록신청서에 적힌 내용에 따라 사용하는 경우 다음 각 호의 어느 하나에 해당된다고 판단하면 대통령령으로 정하는 바에 따른 심의절차를 거쳐 그 품목의 등록사항을 변경 또는 등록 취소를 하거나 그 제조·수출입 또는 공급을 제한하는 처분(이하 "제한처분"이라 한다)을 할 수 있다. 이 경우 농촌진흥청장은 제조업자·수입업자 또는 판매업자에게 해당 품목의 농약(이미 판매된 농약을 포함한다)을 회수하여 폐기할 것을 명할 수 있다.
  1. 제9조제3항제2호부터 제8호까지의 어느 하나에 해당하는 경우
  2. 국제기구, 외국정부, 유럽연합(EU) 등에 의하여 해당 품목 또는 유효성분이 심각한 위해(危害)를 일으킬 우려가 있다고 밝혀지는 경우
③ 농촌진흥청장은 제조업자·수입업자 또는 판매업자가 제1항 후단 또는 제2항 후단에 따른 시정명령을 이행하지 아니하는 경우에는 직접 해당 품목의 농약을 회수하여 폐기하여야 한다. 이 경우 그 비용은 해당 제조업자·수입업자 또는 판매업자가 부담한다.
④ 제3항에 따라 농약의 회수·폐기 업무를 수행하는 공무원은 그 권한을 표시하는 증표를 지니고 이를 관계인에게 내보여야 한다.
⑤ 제1항 및 제2항에 따라 농촌진흥청장으로부터 회수하여 폐기를 명받은 농약에 대하여 해당 농약의 제조업자, 수입업자 또는 판매업자는 농약 구매자의 요구가 있을 경우에는 회수 농약에 대하여 농림축산식품부령으로 정하는 바에 따라 보상을 하여야 한다.
⑥ 농촌진흥청장은 병해충 방제나 농작물의 생리기능 증진·억제를 위하여 긴급하다고 인정할 때에는 제10조제3호에 규정된 품목등록사항 중 적용 대상 병해충 또는 농작물의 범위와 농약의 사용방법 및 사용량에 관한 품목등록사항을 변경할 수 있다.
⑦ 농촌진흥청장은 제2항이나 제6항에 따라 품목등록사항을 변경하였을 때에는 그 품목등록을 한 제조업자에게 제10조에 따른 품목등록증을 재발급하여야 한다.

⑧ 농촌진흥청장은 제1항이나 제2항에 따라 품목등록을 취소하거나 제한처분을 하였을 때에는 그 품목과 등록취소 또는 제한 내용을 고시하여야 한다.

제14조의2(직권 이외의 사유에 의한 품목등록의 취소 등)
① 농촌진흥청장은 다음 각 호의 어느 하나에 해당되는 농약등 또는 원제에 대하여 해당 제조업자·수입업자 또는 판매업자로 하여금 농림축산식품부령으로 정하는 바에 따라 회수하여 폐기할 것을 명할 수 있다.
  1. 제조업자 또는 수입업자가 제8조제1항, 제8조의2제1항 전단, 제17조제1항 또는 제17조의2제1항에 따라 등록한 농약등 또는 원제에 대하여 등록의 취소를 요청하여 그 등록이 취소된 경우
  2. 제조업자 또는 수입업자가 제11조제2항(제8조의2제1항 후단 또는 제17조제3항에 따라 준용되는 경우를 포함한다) 또는 제17조의3제2항에 따른 재등록을 신청하지 아니하여 농약등의 등록 유효기간이 지난 경우
② 제조업자·수입업자 또는 판매업자가 제1항에 따른 시정명령을 이행하지 아니하여 농촌진흥청장이 직접 회수하여 폐기하는 절차, 비용부담, 회수·폐기 업무를 수행하는 공무원의 권한 표시, 농약 구매자에 대한 보상규정에 관하여는 제14조제3항부터 제5항까지를 준용한다.

제15조(위해 우려가 있는 농약 및 원제의 수입금지 등의 고시)
① 농촌진흥청장은 다음 각 호의 사항을 고시하여야 한다.
  1. 「특정 유해화학물질 및 농약의 국제교역 시 사전 통보 승인절차에 관한 로테르담협약」(이하 "로테르담협약"이라 한다) 제5조 및 제6조에 따라 협약 당사국이 수입을 금지하거나 제한하는 농약 및 원제에 대한 금지·제한의 내용
  2. 로테르담협약 제10조부터 제13조까지의 규정에 따라 농약이나 원제를 수출입하는 자에 대한 수출입의 승인기준 및 그 밖의 준수사항
  3. 로테르담협약 부속서III에 규정된 농약 및 원제
  4. 그 밖에 로테르담협약에 따라 정부가 고시하여야 할 사항으로서 농림축산식품부령으로 정하는 사항
② 농촌진흥청장은 제1항에 따른 고시를 하려면 산업통상자원부장관과 협의하여야 한다.

제16조(원제의 등록 등)
① 원제업자가 원제를 생산하여 판매하려면 종류별로 농촌진흥청장에게 등록하여야 한다.
② 제1항에 따라 원제를 등록하려는 자는 다음 각 호의 사항을 적은 신청서에 제17조의4제1항에 따라 지정된 시험연구기관에서 검사한 원제의 이화학적 분석 및 독성 시험성적을 적은 서류를 첨부하여 원제의 시료와 함께 농촌진흥청장에게 제출하여야 한다. 다만, 대통령령으로 정하는 원제를 등록하는 경우에는 농림축산식품부령으로 정하는 바에 따라 서류의 전부 또는 일부의 제출을 면제할 수 있다.
  1. 신청인의 성명·주소·주민등록번호
  2. 원제의 명칭, 이화학적 성질·상태 및 주요성분과 그 밖의 성분의 종류와 각각의 함유량
  3. 원제의 합성·제조 과정
  4. 인화성·폭발성 등 위험한 원제는 그 내용
  5. 제조장의 소재지
  6. 그 밖에 농림축산식품부령으로 정하는 원제등록에 필요한 사항
③ 농촌진흥청장은 제2항에 따른 신청을 받은 경우 농촌진흥청장이 정하여 고시하는 원제등록 기준에 맞다고 인정할 때에는 지체 없이 신청인에게 다음 각 호의 사항을 적은 등록증을 발급하여야 한다.
  1. 등록번호 및 등록연월일
  2. 원제업자의 성명
  3. 제2항제2호의 내용
  4. 제조장의 소재지
  5. 그 밖에 농림축산식품부령으로 정하는 사항
④ 제1항에 따른 원제등록에 관련된 원제등록자의 지위승계와 행정처분 효과의 승계, 신청에 의한 변경등록 등, 직권에 의한 등록취소에 관하여는 제12조, 제13조 및 제14조제1항을 준용한다. 이 경우 "품목"은 "원제"로, "제조업자"는 "원제업자"로 본다.

제17조(수입농약 등의 등록 등)
① 수입업자는 농약이나 원제를 수입하여 판매하려고 할 때에는 농약의 품목이나 원제의 종류별로 농촌진흥청장에게 등록하여야 한다.
② 삭제
③ 제1항에 따른 농약이나 원제의 등록을 할 경우 다음 각 호의 구분에 따라 해당 규정을 준용한다. 이 경우 "제조업" 또는 "원제업"은 "수입업"으로, "제조업자" 또는 "원제업자"는 "수입업자"로, "농약"은 "수입농약"으로, "원제"는 "수입원제"로 본다.

1. 다음 각 목에 관하여는 제8조제2항, 제9조부터 제14조까지 및 제16조를 준용한다.
    가. 수입농약의 품목등록 신청
    나. 품목등록 신청서류 등의 검토 등
    다. 품목등록증의 발급
    라. 품목등록의 유효기간 및 재등록
    마. 품목등록자 등의 지위승계와 행정처분 효과의 승계
    바. 신청에 의한 품목변경등록
    사. 직권에 의한 품목등록의 취소 등
2. 다음 각 목에 관하여는 제16조를 준용한다.
    가. 수입원제의 등록
    나. 수입원제등록자의 지위승계와 행정처분 효과의 승계
    다. 신청에 의한 수입원제의 변경등록
    라. 직권에 의한 수입원제 등록의 취소

④ 제1항에도 불구하고 수입업자는 다음 각 호의 어느 하나에 해당하는 경우에 농림축산식품부령으로 정하는 바에 따라 농촌진흥청장의 허가를 받아 제1항에 따라 등록하지 아니한 농약 또는 원제를 수입하여 판매할 수 있다. 이 경우 수입업자는 농림축산식품부령으로 정하는 판매수량, 판매기간, 판매대상자 등의 조건을 준수하여야 한다.
1. 농약 또는 원제로서 시험용이나 학술연구용인 경우
2. 수출용 농산물의 병해충 방제나 생리기능 증진·억제를 위하여 긴급히 사용할 필요가 있는 농약으로서 제8조제1항 또는 제17조제1항에 따라 등록된 농약 중에는 이를 대체할 만한 농약이 없는 경우
3. 「식물방역법」 제31조제1항에 따른 병해충 방제를 위하여 긴급히 사용할 필요가 있는 농약으로서 제8조제1항 또는 제17조제1항에 따라 등록된 농약 중에는 이를 대체할 만한 농약이 없는 경우

제17조의2(농약활용기자재의 등록)

① 제조업자 또는 수입업자가 농약활용기자재를 국내에서 제조 또는 수입하여 판매하려면 제품별로 농촌진흥청장에게 등록하여야 한다. 다만, 제조업자가 다른 제조업자의 등록된 제품을 위탁받아 제조하는 경우에는 그러하지 아니하다.
② 제1항에 따른 등록을 하려는 자는 다음 각 호의 사항을 적은 신청서에 제17조의4제1항에 따라 지정된 시험연구기관에서 검사한 농약활용기자재의 이화학적 분석 등을 기재한 서류를 첨부하여 농약활용기자재의 시험용 제품과 함께 농촌진흥청장에게 제출하여야 한다. 다만,

대통령령으로 정하는 제품을 등록하는 경우에는 농림축산식품부령으로 정하는 바에 따라 서류의 전부 또는 일부의 제출을 면제할 수 있다.
1. 신청인의 성명(법인인 경우에는 그 명칭과 대표자의 성명을 말한다)·주소·주민등록번호
2. 농약활용기자재의 명칭
3. 이화학적 성질·상태 및 유효성분과 그 밖의 성분의 종류와 각각의 함유량
4. 제품의 제조공정
5. 용기 또는 포장의 종류·재질 및 그 용량
6. 적용 대상 병해충 및 농작물의 범위, 약효보증기간 및 제품의 사용방법
7. 인화성 또는 폭발성이 있는 경우에는 그 내용
8. 보관·취급 및 사용상의 주의사항
9. 제조장의 소재지
10. 그 밖에 농림축산식품부령으로 정하는 제품등록에 필요한 사항

③ 농촌진흥청장은 제2항에 따른 신청을 받은 경우 농촌진흥청장이 정하여 고시하는 농약활용기자재의 등록기준에 맞다고 인정할 때에는 지체 없이 신청인에게 다음 각 호의 사항을 적은 등록증을 발급하여야 한다.
1. 등록번호 및 등록연월일
2. 제조업자의 성명
3. 제2항제2호·제3호·제6호 및 제9호의 내용
4. 등록의 유효기간
5. 그 밖에 농림축산식품부령으로 정하는 사항

④ 농약활용기자재의 등록에 관련된 농약활용기자재 등록 신청서류 등의 검토, 등록자의 지위승계와 행정처분 효과의 승계, 신청에 의한 변경등록, 직권에 의한 등록취소 등에 관하여는 제9조·제12조·제13조 및 제14조를 준용한다. 이 경우 "농약"은 "농약활용기자재"로, "품목"은 "제품"으로, "시료"는 "시험용 제품"으로, "시험성적서"는 "이화학적 분석 등을 기재한 서류"로 본다.

제17조의3(제품등록의 유효기간 및 재등록)

① 제17조의2제1항에 따른 제품등록의 유효기간은 10년으로 한다.
② 제조업자 또는 수입업자는 제1항에 따른 유효기간이 만료되는 제품을 재등록하려면 그 유효기간이 만료되기 6개월 전까지 농촌진흥청장에게 제품의 재등록을 신청하여야 한다. 이 경우 재등록의 신청, 신청서류의 검토 및 등록증의 재발급에 관하여는 제17조의2제2항부터 제4항까지의 규정을 준용한다.

③ 제조업자 또는 수입업자가 제2항에 따라 제품의 재등록을 신청하는 경우에는 농림축산식품부령으로 정하는 바에 따라 제17조의2제2항에 따른 이화학적 분석 등을 기재한 서류의 전부 또는 일부의 제출을 면제할 수 있다.

제17조의4(시험연구기관의 지정 등)
① 농촌진흥청장은 농약등 또는 원제의 약효, 약해, 독성, 잔류성 및 이화학적 분석 등에 관한 시험을 수행하게 하기 위하여 그에 필요한 인력·시설 등을 갖춘 자를 직권 또는 신청에 따라 시험 분야별로 시험연구기관으로 지정할 수 있다.
② 제1항에 따라 시험연구기관의 지정을 받으려는 자는 농촌진흥청장에게 신청하여야 한다. 지정받은 사항 중 농림축산식품부령으로 정하는 중요한 사항을 변경하려는 경우에도 또한 같다.
③ 제1항에 따른 시험연구기관 지정의 유효기간은 지정을 받은 날부터 4년으로 한다.
④ 제3항에 따른 지정의 유효기간이 만료된 후에도 계속하여 해당 업무를 하려는 자는 유효기간이 만료되기 3개월 전까지 재지정을 신청하여야 한다.
⑤ 제1항에 따라 지정된 시험연구기관의 임직원은 직무상 알게 된 비밀을 외부에 누설하거나 다른 목적으로 사용하여서는 아니 된다.
⑥ 제1항·제2항 및 제4항에 따른 시험연구기관의 지정·변경지정 및 재지정에 필요한 세부적인 기준·절차·방법 등에 관하여는 농림축산식품부령으로 정한다.

제17조의5(시험연구기관의 지정취소 등)
① 농촌진흥청장은 제17조의4제1항에 따라 시험연구기관으로 지정받은 자가 다음 각 호의 어느 하나에 해당하면 그 지정을 취소하거나 1년 이내의 기간을 정하여 그 업무의 전부 또는 일부의 정지를 명할 수 있다. 다만, 제1호 또는 제5호에 해당하는 경우에는 그 지정을 취소하여야 한다.
 1. 거짓이나 그 밖의 부정한 방법으로 지정을 받은 경우
 2. 고의 또는 중대한 과실로 다음 각 목의 어느 하나에 해당하는 서류를 사실과 다르게 발급한 경우
   가. 시험성적서
   나. 원제의 이화학적 분석 및 독성 시험성적을 적은 서류
   다. 농약활용기자재의 이화학적 분석 등을 기재한 서류
 3. 제17조의4제6항에 따른 지정기준에 미달하게 된 경우
 4. 3년 이상 계속하여 업무실적이 없는 경우
 5. 업무정지명령을 위반하여 업무를 한 경우

② 제1항에 따라 시험연구기관의 지정이 취소된 후 2년이 지나지 아니한 자는 시험연구기관으로 지정을 받을 수 없다.
③ 제1항에 따른 행정처분의 세부적인 기준은 위반행위의 유형 및 위반 정도 등을 고려하여 농림축산식품부령으로 정한다.

제4장 농약의 유통관리 등

제18조(농약의 수급 조절 등)
농림축산식품부장관은 농약의 수급 안정 등을 위하여 필요하다고 인정할 때에는 제조업자·원제업자·수입업자 또는 판매업자에게 농약의 수급 조절과 유통질서의 유지를 요청할 수 있다.

제19조 삭제

제20조(농약등 및 원제의 표시)
① 제조업자나 수입업자는 자신이 제조하거나 수입한 농약등을 판매하려면 그 용기나 포장에 농약등의 명칭, 유효성분별 함유량, 적용 대상 병해충명, 약효 보증기간, 그 밖에 농림축산식품부령으로 정하는 사항을 표시하여야 한다.
② 원제업자나 수입업자는 자신이 생산하거나 수입한 원제를 판매하려면 그 용기나 포장에 원제의 명칭, 유해성, 취급 시 주의사항, 그 밖에 농림축산식품부령으로 정하는 사항을 표시하여야 한다.
③ 판매업자 등 소비자에게 직접 농약등을 판매하는 자는 농림축산식품부령으로 정하는 바에 따라 농약등의 가격을 표시하여야 한다.

제21조(제조·수입·보관·진열 또는 판매의 금지 등)
① 제조업자·원제업자·수입업자 또는 판매업자는 다음 각 호의 어느 하나에 해당하는 농약등 또는 원제를 보관·진열 또는 판매하여서는 아니 된다.
  1. 제8조의2제1항에 따라 등록을 한 농약. 다만, 수출을 위한 보관·진열은 가능하다.
  2. 제20조제1항 또는 제2항에 따른 표시를 하지 아니하거나 표시사항을 위조 또는 변조하거나 거짓으로 표시한 농약등 또는 원제
  3. 제20조제1항 또는 제2항에 따른 농약등 또는 원제의 용기나 포장의 표시사항이 훼손되어 알아보기가 곤란한 농약등 또는 원제
  4. 제20조제1항에 따른 약효 보증기간이 지난 농약등
  5. 다시 포장하거나 나누어 포장한 농약. 다만, 수입업자가 수입하여 다시 포장하거나 나누어

포장한 농약은 보관·진열 또는 판매할 수 있다.
6. 제24조제2항에 따른 자체검사증명서가 첨부되지 아니한 농약등

② 누구든지 다음 각 호의 어느 하나에 해당하는 농약등 또는 원제를 제조·생산·수입·보관·진열 또는 판매하여서는 아니 된다.
1. 제8조제1항·제16조제1항·제17조제1항 또는 제17조의2제1항에 따라 등록하지 아니한 농약등 또는 원제
2. 제14조제1항 또는 제2항(제8조의2제1항 후단, 제16조제4항, 제17조제3항 및 제17조의2제4항에 따라 준용되는 경우를 포함한다)에 따라 직권에 의하여 등록이 취소된 농약등 또는 원제
3. 제14조의2제1항에 따른 회수·폐기 대상 농약등 또는 원제
4. 제17조제4항에 따라 허가를 받지 아니한 농약등 또는 원제

③ 누구든지 농약등 또는 원제를 「전자상거래 등에서의 소비자보호에 관한 법률」 제2조제2호에 따른 통신판매 또는 「방문판매 등에 관한 법률」 제2조제3호에 따른 전화권유판매의 방법으로 판매하여서는 아니 된다. 다만, 인체 및 환경에 주는 영향이 경미한 농약으로서 농림축산식품부령으로 정하는 농약은 그러하지 아니하다.

④ 누구든지 「청소년보호법」 제2조제1호에 따른 청소년에게 농약등 또는 원제를 판매하여서는 아니 된다.

제22조(허위광고 등의 금지)

① 제조업자·수입업자 또는 판매업자는 자신이 제조·수입 또는 판매하는 농약등에 대하여 허위광고나 과대광고를 하여서는 아니 된다.
② 농약등의 광고에 관한 방법과 과대광고의 범위는 농림축산식품부령으로 정한다.

제23조(농약등의 안전사용기준 등)

① 방제업자와 그 밖의 농약등의 사용자는 농약등을 안전사용기준에 따라 사용하고, 제조업자·수입업자·판매업자 및 방제업자는 농약등을 취급제한기준에 따라 취급하여야 한다.
② 국립식물검역기관의 장은 수출입식물방제업자에게, 농촌진흥청장 및 시장·군수·구청장은 그 밖의 농약등의 사용자에게 제1항의 안전사용기준과 취급제한기준에 대한 교육을 실시하여야 한다.
③ 제3조제3항에 따른 판매관리인을 지정한 제조업자·수입업자 또는 판매업자는 판매관리인으로 하여금 농촌진흥청장이 실시하는 제1항에 따른 안전사용기준과 취급제한기준에 대한 교육을 받게 하여야 한다.

④ 제조업자·수입업자 또는 판매업자는 제1항에 따른 안전사용기준과 다르게 농약등을 사용하도록 추천하거나 추천하여 판매하여서는 아니 된다.

⑤ 방제업자와 그 밖의 농약등의 사용자는 제8조제1항, 제17조제1항 또는 제17조의2제1항에 따라 등록되지 아니하거나 제17조제4항 전단에 따라 허가를 받아 수입되지 아니한 농약등을 사용하여서는 아니 된다.

⑥ 제조업자등 및 방제업자는 농약등 또는 원제의 유출로 인한 사고를 예방하기 위하여 농약등 또는 원제를 운반(제조업자등 및 방제업자 간 운반하는 경우에 한정한다)하는 차량에 개인보호장구 및 응급조치에 필요한 장비 등을 갖추어야 한다. 이 경우 농약등 또는 원제의 독성 정도 등을 고려하여 갖추어야 할 개인보호장구 및 응급조치에 필요한 장비 등의 구체적인 기준은 농림축산식품부령으로 정한다.

⑦ 농촌진흥청장은 농약등의 오남용 등으로 인한 환경오염의 방지 등을 위하여 필요한 조치를 마련하여야 한다.

⑧ 제1항의 안전사용기준과 취급제한기준, 제2항 및 제3항의 교육의 실시에 필요한 사항은 대통령령으로 정한다.

제23조의2(판매·구매 정보의 기록 및 보존 등)

① 제조업자·수입업자·판매업자가 농약등을 판매한 경우 또는 수출입식물방제업자등이 농약등을 사용한 경우에는 다음 각 호의 사항을 전자적으로 기록 및 보존하여야 한다. 다만, 자신의 영농활동 등의 목적으로 사용하는 자에게 판매하는 용기·포장의 크기가 50㎖(g) 이하인 소포장 농약등은 제외한다.

  1. 농약등 구매자(수출입식물방제업자등의 경우 사용자를 말한다. 이하 같다)의 이름·주소·연락처
  2. 농약등의 품목명·수량 등 판매정보(수출입식물방제업자등의 경우 사용정보를 말한다)
  3. 그 밖에 농림축산식품부령으로 정하는 사항

② 제조업자·수입업자·판매업자 및 수출입식물방제업자등은 제1항 각 호의 기록 중 농약의 안전관리를 위하여 농림축산식품부령으로 정하는 사항을 농촌진흥청장에게 제공하여야 한다.

③ 제조업자·수입업자·판매업자 및 수출입식물방제업자등은 제1항에 따른 정보의 기록 및 보존을 위하여 농약등의 구매자에게 「개인정보 보호법」 제2조제1호에 따른 개인정보를 요구할 수 있다.

④ 제1항에 따른 판매·구매 정보의 기록 및 보존에 필요한 사항은 농림축산식품부령으로 정한다.

제23조의3(농약안전정보시스템의 구축·운영 등)

① 농촌진흥청장은 다음 각 호의 업무를 수행하기 위하여 농약안전정보시스템을 구축·운영하여야 한다.
　1. 농약 제조업·수입업·판매업·수출입식물방제업등의 등록 또는 신고와 관련된 정보의 수집 및 관리
　2. 농약의 등록 등에 대한 정보의 수집·분석 및 관리
　3. 등록된 농약의 판매 또는 구매에 대한 정보 관리
　4. 농약등의 안전사용 또는 취급기준 등에 관한 정보 제공
　5. 제14조 및 제14조의2에 해당되는 농약등, 제21조 및 제22조를 위반한 농약등, 제24조제5항 및 제6항에 해당되는 농약등에 대한 공표
　6. 그 밖에 농림축산식품부령으로 정하는 업무
② 농촌진흥청장은 제1항에 따라 제공받은 개인정보를 농약안전정보시스템 운영을 위한 목적으로만 사용하여야 하며, 개인정보의 보호 및 관리에 관한 사항은 「개인정보 보호법」의 규정에 따른다.
③ 국가는 제1항에 따른 농약안전정보시스템의 구축·운영 등에 필요한 비용의 전부 또는 일부를 지원할 수 있다.
④ 농촌진흥청장은 제1항에 따라 수집된 정보를 공개하여서는 아니 된다. 다만, 제23조의3제1항 제5호는 제외한다.
⑤ 농촌진흥청장은 제1항에 따라 수집된 정보를 다음 각 호 이외의 용도로 사용, 활용, 제공하여서는 아니 된다.
　1. 농약등의 안전관리
　2. 「농업·농촌 공익기능 증진 직접지불제도 운영에 관한 법률」에 따른 공익직접지불금 지급 관련 농약의 판매·구매이력 확인
⑥ 농촌진흥청장은 이 법에 따라 업무를 수행하는 기관의 장에게 농약안전정보시스템을 이용하게 할 수 있다. 이 경우 농약안전정보시스템을 통한 정보의 이용 용도는 제5항 각 호를 따른다.
⑦ 농촌진흥청장은 농약안전정보시스템의 운영과 농약의 안전관리를 위하여 관계 행정기관의 장에게 기간을 정하여 농약 안전관리 등에 관한 정보의 제공을 요청할 수 있다. 이 경우 관계 행정기관 및 농약 안전관리 등에 관한 정보의 범위는 대통령령으로 정한다.
⑧ 제7항에 따라 자료의 제공을 요청받은 관계 행정기관의 장은 정당한 사유가 없으면 해당 기간을 준수하여 그 요청에 따라야 한다.
⑨ 제1항부터 제5항까지에 따른 농약안전정보시스템의 구축·운영 등에 필요한 사항은 농림축

산식품부령으로 정한다.

제23조의4(농약피해분쟁조정위원회의 설치 등)
① 농약으로 인한 피해와 관련된 분쟁을 조정(調停)하기 위하여 농림축산식품부에 농약피해분쟁조정위원회(이하 "조정위원회"라 한다)를 둔다.
② 조정위원회는 다음 각 호의 경우(이하 "농약피해"라 한다)와 관련된 분쟁을 조정한다.
　1. 다른 사람이나 기업, 기관 등이 살포한 농약등으로 인해 자신의 농작물이 오염된 경우
　2. 제23조제1항에 따른 안전사용기준에 따라 농약등을 사용하였음에도 불구하고 자신의 농작물에 해(害)가 있는 경우
　3. 방제업자가 제23조제1항을 위반한 행위로 인해 자신의 농작물이 해를 입은 경우 또는 제23조제5항에 따른 농약등을 사용한 경우
　4. 그 밖에 조정위원회가 분쟁조정을 위하여 필요하다고 인정하는 경우
③ 정부는 조정위원회의 운영에 필요한 인력 및 비용을 지원할 수 있다.
④ 농림축산식품부장관은 조정위원회의 구성 및 피해조사 등의 운영에 관한 권한을 대통령령으로 정하는 바에 따라 국립농산물품질관리원장에게 위임할 수 있다.
⑤ 이 법에서 정한 사항 이외에 조정위원회의 구성 및 피해조사 등의 운영 등에 필요한 사항은 대통령령으로 정한다.

제23조의5(조정위원회의 구성 등)
① 조정위원회는 위원장 1명을 포함한 30명 이내의 위원으로 구성한다.
② 조정위원회의 위원장은 농림축산식품부장관이 지명하는 고위공무원단에 속하는 사람으로 한다.
③ 조정위원회의 위원은 대통령령으로 정하는 요건을 갖춘 사람 중에서 농림축산식품부장관이 임명하거나 위촉하되, 성평등을 고려하여야 한다.
④ 조정위원회의 위원의 임기는 3년으로 하되, 2회만 연임할 수 있다.
⑤ 다음 각 호의 어느 하나에 해당하는 사람은 조정위원회의 위원이 될 수 없다.
　1. 금고 이상의 실형을 선고받고 그 집행이 끝나거나(집행이 끝난 것으로 보는 경우를 포함한다) 집행이 면제된 날로부터 2년이 지나지 아니한 사람
　2. 금고 이상의 형의 집행유예를 선고받고 그 유예기간 중에 있는 사람
　3. 제3항에 따른 대통령령으로 정하는 요건 등의 자격이 법원의 판결이나 법률에 따라 정지된 사람
⑥ 조정위원회의 위원이 다음 각 호의 어느 하나에 해당하는 경우에는 해촉할 수 있다.

1. 심신장애로 직무를 수행하기 어려운 경우
2. 직무와 관련된 비위사실이 있는 경우
3. 직무태만, 품위손상 또는 그 밖의 사유로 인하여 위원의 직을 유지하는 것이 적합하지 아니하다고 인정되는 경우
4. 위원 스스로 직무를 수행하기 어렵다는 의사를 밝히는 경우

제23조의6(위원의 제척·회피·기피)
① 조정위원회의 위원은 다음 각 호의 어느 하나에 해당하는 경우에는 해당 분쟁사건(이하 "사건"이라 한다)에서 제척(除斥)된다.
  1. 위원이나 그 배우자 또는 배우자였던 사람이 해당 사건의 당사자가 되거나 공동의 권리자 또는 의무자의 관계에 있는 경우
  2. 위원이 해당 사건의 당사자와 친족관계에 있거나 있었던 경우
  3. 위원이 해당 사건에 관하여 진술이나 감정을 한 경우
  4. 위원이 해당 사건에 당사자의 대리인으로서 관여하고 있거나 관여하였던 경우
  5. 위원이 해당 사건의 원인이 된 처분 또는 부작위(不作爲)에 관여한 경우
② 조정위원회의 위원에게 제척의 사유가 있으면 조정위원회는 직권 또는 당사자의 신청에 따라 제척의 결정을 한다.
③ 위원은 제1항 또는 제4항의 사유에 해당할 때에는 스스로 그 사건의 직무집행을 회피할 수 있다.
④ 당사자는 위원에게 공정한 직무집행을 기대하기 어려운 사정이 있는 경우에는 조정위원회에 기피신청을 할 수 있으며, 조정위원회는 기피신청이 타당하다고 인정하면 기피의 결정을 한다.
⑤ 조정위원회는 제4항에 따른 기피신청을 받으면 그 신청에 대한 결정을 할 때까지 조정절차를 중지하여야 한다.

제23조의7(분쟁조정절차 및 효력)
① 제23조의4제2항에 따른 농약피해를 입은 자는 조정위원회에 분쟁조정을 신청할 수 있다.
② 조정위원회는 제1항에 따른 분쟁조정신청을 받은 경우 신청인과 피신청인, 이해관계인, 관계기관 등을 대상으로 사실관계 조사, 의견 청취, 조정 등 분쟁을 해결하기 위한 역할을 수행한다.
③ 조정위원회는 제2항에 따른 사실관계 조사 등 분쟁조정과정에서 필요할 경우 관계 행정기관의 장에게 자료 또는 의견의 제출, 기술적 지식의 제공, 농작물의 피해규모 산정 및 분석

등을 요구할 수 있으며, 그러한 요구를 받은 기관의 장은 정당한 사유가 없으면 따라야 한다.
④ 조정위원회는 제2항에 따른 사실관계 조사 등 분쟁조정과정에서 필요하다고 인정할 때에는 당사자의 신청 또는 직권으로 다음 각 호의 행위를 할 수 있다.
  1. 당사자 또는 참고인에 대한 출석 및 진술 요구
  2. 감정인의 출석 및 감정 요구
  3. 사건과 관계있는 문서 또는 물건의 열람·복사·제출 요구
  4. 사건과 관계있는 장소의 출입·조사
⑤ 제4항제4호에 따른 출입·조사 시 조정위원회의 위원은 그 권한을 표시하는 증표를 지니고 이를 관계인에게 내보여야 한다.
⑥ 조정위원회의 모든 분쟁조정절차는 별도로 정한 경우를 제외하고는 비공개를 원칙으로 하며, 조정위원회의 위원은 직무상 알게 된 비밀을 외부에 누설하거나 다른 목적으로 사용하여서는 아니 된다.
⑦ 조정위원회는 제1항에 따른 분쟁조정신청을 하는 자에게 소정의 수수료를 납부하게 할 수 있으며, 분쟁조정과정에 별도의 비용이 들 경우 당사자에게 그 비용을 부담하도록 할 수 있다.
⑧ 제2항에 따른 조정은 재판상 화해와 동일한 효력이 있다.
⑨ 제1항부터 제8항까지에서 규정한 사항 이외에 분쟁조정신청 및 조정절차 등에 필요한 사항은 농림축산식품부령으로 정한다.

제24조(유통 농약 및 농약활용기자재의 검사 등)

① 농림축산식품부장관, 농촌진흥청장, 특별시장·광역시장·도지사·특별자치도지사(이하 "시·도지사"라 한다) 또는 시장·군수·구청장은 관계 공무원으로 하여금 제조업자·원제업자·수입업자·판매업자(제3조제1항 전단 또는 제3조제2항 전단에 따른 등록을 하지 아니하고 해당 업을 영위하는 자를 포함한다) 또는 방제업자가 제조·수입·보관·진열·판매 또는 사용하는 농약이나 그 원제, 농약활용기자재나 그 재료, 관계 기록정보 또는 시설·장비를 검사하게 할 수 있으며, 농약이나 그 원제, 농약활용기자재나 그 재료를 검사하기 위하여 필요한 시료 또는 시험용 제품을 수거하게 할 수 있다.
② 제조업자나 수입업자는 자신이 제조 또는 수입한 농약등에 대하여 출하(出荷) 전에 자체검사를 하여야 하며, 검사에 합격한 농약등은 농림축산식품부령으로 정하는 자체검사증명서를 첨부하여 출하하여야 한다. 이 경우 출하된 농약등에 대한 자체검사성적서는 지체 없이 농촌진흥청장에게 제출하여야 한다.

③ 농촌진흥청장은 제조업자나 수입업자가 출하 전에 농약등에 대한 검사를 의뢰하면 그 농약등을 검사하여야 한다.
④ 농림축산식품부장관 또는 농촌진흥청장은 출하된 농약등의 품질관리를 위하여 필요하다고 인정할 때에는 관계 공무원으로 하여금 그 농약등에 대하여 검사하게 할 수 있다.
⑤ 관계 공무원은 이 법 또는 이 법에 따른 명령을 위반한 농약등이나 원제에 대하여 그 위해방지를 위한 안전조치를 취할 필요가 있다고 인정할 때에는 그 농약등이나 원제를 봉인(封印)한 후 해당 위반자에 대하여 농림축산식품부령으로 정하는 바에 따라 수거하거나 폐기할 것을 명할 수 있다.
⑥ 농림축산식품부장관 또는 농촌진흥청장은 제5항에 따른 해당 위반자가 같은 항에 따른 시정명령을 이행하지 아니하는 경우에는 직접 그 농약등이나 원제를 봉인한 후 수거하거나 폐기하여야 한다. 이 경우 그 비용은 제5항에 따른 해당 위반자가 부담한다.
⑦ 제1항부터 제4항까지의 규정에 따른 검사의 기준은 농림축산식품부령으로 정한다.
⑧ 제1항 또는 제4항에 따라 검사를 할 때에는 미리 조사의 일시, 목적, 대상 등을 관계인에게 알려야 한다. 다만, 긴급한 경우나 미리 알리면 그 목적을 달성할 수 없다고 인정되는 경우에는 그러하지 아니하다.
⑨ 제1항과 제4항에 따라 검사를 하거나 제6항에 따라 농약등이나 원제를 봉인한 후 수거하거나 폐기하는 공무원은 그 권한을 표시하는 증표를 지니고 이를 관계인에게 내보여야 한다.

제25조(농약등 또는 원제의 관리에 관한 보고 등)
① 농림축산식품부장관, 농촌진흥청장 또는 시장·군수·구청장은 제조업자등 또는 수출입식물방제업자등에게 농약등 또는 원제의 관리에 관한 사항을 보고하게 할 수 있다.
② 농림축산식품부장관은 수출입식물방제업자등에게, 농촌진흥청장은 제조업자·원제업자 또는 수입업자에게, 시장·군수·구청장은 판매업자에게 기준에 맞지 아니하게 된 인력·시설·장비 등에 대하여는 그 보완을 명할 수 있다.

제5장 보칙

제26조(이의신청)

① 다음 각 호의 어느 하나에 해당하는 처분을 받은 자는 그 처분을 받은 날부터 30일 이내에 농촌진흥청장에게 서면으로 이의를 신청할 수 있다.
  1. 제8조제1항, 제8조의2제1항 전단, 제11조제2항(제8조의2제1항 후단 또는 제17조제3항에 따라 준용되는 경우를 포함한다), 제13조제1항(제8조의2제1항 후단, 제16조제4항, 제17조

제3항 또는 제17조의2제4항에 따라 준용되는 경우를 포함한다), 제16조제1항, 제17조제1항, 제17조의2제1항, 제17조의3제2항에 따라 등록, 재등록 또는 변경등록을 신청한 자가 그 등록 신청서류를 반려받은 경우
2. 제14조제1항(제8조의2제1항 후단, 제16조제4항, 제17조제3항 또는 제17조의2제4항에 따라 준용되는 경우를 포함한다) 또는 제2항(제8조의2제1항 후단, 제17조제3항 또는 제17조의2제4항에 따라 준용되는 경우를 포함한다)에 따라 직권에 의한 등록취소, 변경등록 또는 제한처분을 받은 경우

② 농촌진흥청장은 제1항에 따른 이의신청을 받으면 지체 없이 신청인에게 날짜와 장소를 통지하여 신청인이나 그 대리인에게 의견을 진술할 기회를 주어야 한다. 다만, 그 신청인이나 대리인이 정당한 사유 없이 이에 응하지 아니하거나 주소불명(住所不明) 등으로 의견진술의 기회를 줄 수 없는 경우에는 그러하지 아니하다.
③ 농촌진흥청장은 제1항의 신청을 받은 날부터 60일 이내에 심사를 하여 그 결과를 신청인에게 알려야 한다.
④ 농촌진흥청장은 제3항에 따라 심사 결과를 알릴 때에는 신청인이 심사 결과의 통지를 받은 날부터 90일 이내에 행정심판을 청구할 수 있다는 뜻을 부기(附記)하여야 한다.

제27조(제출 자료의 보호)
① 농촌진흥청장은 제8조제2항(제8조의2제1항 후단, 제11조제2항 또는 제17조제3항에 따라 준용되는 경우를 포함한다), 제13조제1항(제8조의2제1항 후단, 제16조제4항, 제17조제3항 또는 제17조의2제4항에 따라 준용되는 경우를 포함한다), 제16조제2항(제17조제3항에 따라 준용되는 경우를 포함한다) 또는 제17조의2제2항(제17조의3제2항에 따라 준용되는 경우를 포함한다)에 따라 제출된 자료에 대하여 해당 등록신청자가 보호를 요청한 경우에는 그 내용을 공개하여서는 아니 된다. 다만, 자료를 공개하는 것이 공익을 위하여 필요하다고 인정되는 경우에는 그러하지 아니하다.
② 제1항에 따라 보호를 요청한 제출 자료를 열람·검토한 관계인은 이로 인하여 알게 된 내용을 외부에 공개하여서는 아니 된다.

제27조의2(신고포상금)
① 농림축산식품부장관은 제21조제1항 또는 제2항을 위반한 자를 신고한 자에 대하여 예산의 범위에서 포상금을 지급할 수 있다.
② 제1항에 따른 신고포상금 지급의 기준·방법과 절차, 구체적인 지급액 등에 필요한 사항은 대통령령으로 정한다.

제28조(수수료)

① 다음 각 호의 어느 하나에 해당하는 자는 농림축산식품부령으로 정하는 바에 따라 수수료를 내야 한다.
   1. 제3조제1항, 제2항 또는 제4항에 따라 제조업·원제업·수입업·판매업의 등록 또는 변경등록을 신청하는 자
   2. 제3조의2제1항에 따라 수출입식물방제업등의 신고 또는 변경신고를 하는 자
   3. 제5조제3항(제12조, 제16조제4항, 제17조제3항 또는 제17조의2제4항에 따라 준용되는 경우를 포함한다)에 따라 지위승계를 신고하는 자
   4. 제8조제1항, 제8조의2제1항 전단, 제11조제2항(제8조의2제1항 후단 또는 제17조제3항에 따라 준용되는 경우를 포함한다), 제13조제1항(제8조의2제1항 후단, 제16조제4항, 제17조제3항 또는 제17조의2제4항에 따라 준용되는 경우를 포함한다), 제16조제1항, 제17조제1항, 제17조의2제1항 또는 제17조의3제2항에 따라 등록, 재등록 또는 변경등록을 신청하는 자
   5. 제17조제4항에 따라 허가를 신청하는 자
   6. 제17조의4제2항에 따라 시험연구기관의 지정 또는 변경지정을 신청하는 자
   7. 제23조제3항에 따른 교육을 신청하는 자
② 제24조제3항에 따라 농약등에 대한 검사를 의뢰한 제조업자나 수입업자는 농림축산식품부령으로 정하는 바에 따라 검사료를 농촌진흥청장에게 내야 한다.
③ 제8조제2항(제8조의2제1항 후단에 따라 준용되는 경우를 포함한다), 제16조제2항(제17조제3항에 따라 준용되는 경우를 포함한다) 또는 제17조의2제2항에 따른 시험연구기관이 제조업자·수입업자 또는 원제업자의 의뢰를 받아 약해·약효·독성 또는 잔류성 시험을 할 때에는 수수료를 받을 수 있다.
④ 농림축산식품부장관은 제3항에 따른 수수료의 기준을 정할 수 있다.

제29조(청문)

농림축산식품부장관, 농촌진흥청장 또는 시장·군수·구청장은 다음 각 호의 어느 하나에 해당하는 처분을 하려면 청문을 하여야 한다.
1. 제7조제1항부터 제3항까지의 규정에 따른 영업의 등록취소 또는 영업소 폐쇄
2. 제14조(제8조의2제1항 후단, 제16조제4항, 제17조제3항 또는 제17조의2제4항에 따라 준용되는 경우를 포함한다)에 따른 품목등록의 취소
3. 제17조의5제1항에 따른 시험연구기관 지정의 취소

제30조(적용 배제)
① 제조업자 또는 원제업자가 농약등이나 원제를 제조하여 수출하는 경우 그 농약등(제8조의2제1항에 따라 등록을 한 농약은 제외한다)이나 원제에 대하여는 이 법을 적용하지 아니한다. 다만, 다음 각 호의 사항에 대하여는 제14조와 제15조를 적용한다.
  1. 제14조제8항에 따라 농촌진흥청장이 수출에 관한 제한처분의 대상으로 고시한 농약 또는 원제
  2. 제15조제1항에 따라 농촌진흥청장이 수출승인 대상으로 고시한 농약 또는 원제
② 농약사용자가 천연식물보호제로서 인체 및 환경에 주는 영향이 경미하고 그 제조 및 사용에 특별한 지식이나 주의가 요구되지 아니하는 것으로 농촌진흥청장이 고시하는 농약을 스스로 제조하여 자기가 직접 재배하는 작물에 사용하는 경우에 대하여는 이 법을 적용하지 아니한다.
③ 이 법에 따른 농약 및 원제에 대하여는 「화학물질관리법」을 적용하지 아니한다.

제31조(권한의 위임・위탁)
① 이 법에 따른 농림축산식품부장관의 권한은 대통령령으로 정하는 바에 따라 그 일부를 농촌진흥청장 또는 농림축산식품부 소속 기관의 장에게 위임할 수 있다.
② 제1항에 따라 위임을 받은 농림축산식품부 소속 기관의 장은 농림축산식품부장관의 승인을 받아 그 위임받은 권한의 일부를 대통령령으로 정하는 바에 따라 소속 기관의 장 또는 시・도지사에게 재위임하거나 「농촌진흥법」 제33조에 따라 설립된 한국농업기술진흥원의 장에게 위탁할 수 있다.
③ 이 법에 따른 농촌진흥청장의 권한은 대통령령으로 정하는 바에 따라 그 일부를 농업과학기술에 관한 업무를 관장하는 행정기관의 장 또는 시・도지사에게 위임할 수 있다.
④ 이 법에 따른 농촌진흥청장의 업무는 대통령령으로 정하는 바에 따라 그 일부를 「농촌진흥법」 제33조에 따라 설립된 한국농업기술진흥원 또는 농약 관련 단체의 장에게 위탁할 수 있다.
⑤ 제2항 또는 제4항에 따라 위탁받은 업무에 종사하는 한국농업기술진흥원 또는 농약 관련 단체의 장과 임직원은 직무상 알게 된 비밀을 외부에 누설하거나 다른 목적으로 사용하여서는 아니 된다.

제31조의2(벌칙 적용에서의 공무원 의제)
다음 각 호의 어느 하나에 해당하는 자는 「형법」 제127조 및 제129조부터 제132조까지의 규정에 따른 벌칙을 적용할 때에는 공무원으로 본다.

1. 제17조의4제1항에 따라 지정된 시험연구기관의 임직원
2. 제23조의5제3항에 따른 조정위원회의 위원 중 공무원이 아닌 위원
3. 제31조제2항 또는 제4항에 따라 위탁받은 업무에 종사하는 한국농업기술진흥원 또는 농약 관련 단체의 장과 임직원

제6장 벌칙

제31조의3(벌칙)

① 다음 각 호의 어느 하나에 해당하는 자는 3년 이하의 징역 또는 3천만원 이하의 벌금에 처한다.
   1. 제3조제1항 전단 또는 제2항 전단을 위반하여 등록을 하지 아니하고 농약등을 제조·수입·판매하여 사람에게 위해를 가한 자
   2. 제7조제1항제2호·제5호부터 제8호까지 및 제11호, 같은 조 제2항제2호·제3호 또는 같은 조 제3항제2호·제3호의 행위를 하여 사람에게 위해를 가한 자
② 제1항의 행위로 인하여 사람을 사상(死傷)에 이르게 한 자는 10년 이하의 징역 또는 1억원 이하의 벌금에 처한다.

제32조(벌칙)

다음 각 호의 어느 하나에 해당하는 자는 3년 이하의 징역 또는 3천만원 이하의 벌금에 처한다.
1. 제3조제1항 전단 또는 제2항 전단을 위반하여 제조업 등의 등록을 하지 아니하고 농약등 또는 원제의 제조·수입·판매를 업으로 한 자
2. 제7조제1항부터 제3항까지의 규정에 따른 영업정지명령을 받고도 영업을 한 자
3. 삭제
4. 거짓이나 그 밖의 부정한 방법으로 제3조제1항 전단, 제2항 전단, 제8조제1항, 제8조의2제1항 전단, 제16조제1항, 제17조제1항 또는 제17조의2제1항에 따른 등록을 하거나 제3조의2제1항 전단에 따른 신고를 한 자
5. 제14조제1항 또는 제2항(제8조의2제1항 후단, 제16조제4항, 제17조제3항 또는 제17조의2제4항에 따라 준용되는 경우를 포함한다)에 따른 처분을 위반하여 품목을 제조·수출입 또는 공급하거나 회수·폐기명령을 이행하지 아니한 자
5의2. 제14조제3항 후단(제14조의2제2항에 따라 준용되는 경우를 포함한다) 또는 제24조제6항 후단에 따른 그 비용을 부담하지 아니한 자
5의3. 제14조의2제1항에 따른 회수·폐기 명령을 이행하지 아니한 자

6. 제15조제1항제1호·제2호에 따른 금지·제한 또는 준수사항을 위반하여 농약이나 원제를 수출입한 자
6의2. 거짓이나 그 밖의 부정한 방법으로 제17조의4제1항에 따른 시험연구기관의 지정을 받은 자
7. 제20조제1항 또는 제2항에 따른 농약등 또는 원제의 표시를 하지 아니하거나 거짓으로 표시한 자
8. 제21조제1항 또는 제2항을 위반하여 농약등 또는 원제를 제조·생산·수입·보관·진열 또는 판매한 자
9. 제23조의2제3항을 위반하여 거짓이나 그 밖의 부정한 방법으로 개인정보를 요구한 제조업자·수입업자·판매업자 또는 수출입식물방제업자등
10. 제24조제5항에 따른 농약등 또는 원제등의 수거 또는 폐기의 명령을 위반한 자
11. 제27조제2항을 위반하여 제출 자료를 외부에 공개한 사람

제33조(벌칙)

다음 각 호의 어느 하나에 해당하는 자는 1년 이하의 징역 또는 1천만원 이하의 벌금에 처한다.

1. 제3조제1항 후단 또는 제2항 후단을 위반하여 제조업등의 변경등록을 하지 아니하고 등록한 사항을 변경한 자
1의2. 고의 또는 중대한 과실로 제17조의5제1항제2호 각 목의 서류를 사실과 다르게 발급한 자
1의3. 제21조제3항을 위반하여 통신판매 또는 전화권유판매의 방법으로 농약등 또는 원제를 판매한 자
1의4. 제21조제4항을 위반하여 청소년에게 농약등 또는 원제를 판매한 자
1의5. 제22조를 위반하여 허위광고나 과대광고를 한 자
2. 제24조제1항에 따른 검사나 시료 또는 시험용 제품의 수거를 거부·방해 또는 기피한 자
3. 제24조제2항을 위반하여 농약등을 출하한 제조업자·수입업자와 거짓으로 자체검사성적서를 작성한 검사책임자

제34조(벌칙)

제조업자·수입업자 또는 판매업자가 제23조제1항을 위반하여 농약등을 취급한 경우에는 300만원 이하의 벌금에 처한다.

제35조(벌칙)

다음 각 호의 어느 하나에 해당하는 자는 200만원 이하의 벌금에 처한다.

1. 제13조제2항(제8조의2제1항 후단, 제16조제4항, 제17조제3항 또는 제17조의2제4항에 따라 준용되는 경우를 포함한다)에 따른 신고를 하지 아니하거나 거짓으로 신고한 자
2. 제23조제1항에 따른 농약등의 안전사용기준 또는 취급제한기준을 위반하여 농약등을 사용하거나 취급한 방제업자
3. 제23조의7제4항제3호·제4호에 따른 조정위원회의 위원의 출입·조사·열람 또는 복사를 정당한 이유 없이 거부 또는 기피하거나 방해하는 행위를 한 자
4. 제25조제1항에 따른 농약등 또는 원제의 관리에 관한 사항에 대한 보고를 하지 아니하거나 거짓으로 보고한 자
5. 제25조제2항에 따른 시설 등의 보완명령을 위반한 자

제36조 삭제

제37조 삭제

제38조(양벌규정)

법인의 대표자나 법인 또는 개인의 대리인, 사용인, 그 밖의 종업원이 그 법인 또는 개인의 업무에 관하여 제31조의3, 제32조부터 제35조까지의 어느 하나에 해당하는 위반행위를 하면 그 행위자를 벌하는 외에 그 법인 또는 개인에게도 해당 조문의 벌금형을 과(科)한다. 다만, 법인 또는 개인이 그 위반행위를 방지하기 위하여 해당 업무에 관하여 상당한 주의와 감독을 게을리하지 아니한 경우에는 그러하지 아니하다.

제39조(몰수)

제32조에 따라 처벌을 받은 자가 소유·소지하는 농약등과 그 사실을 알면서도 제3자가 취득한 농약등은 그 전부를 몰수한다. 다만, 그 농약등을 몰수할 수 없을 때에는 그 가액(價額)을 추징한다.

제40조(과태료)

① 다음 각 호의 어느 하나에 해당하는 자에게는 500만원 이하의 과태료를 부과한다.
   1. 제3조의2제1항 전단을 위반하여 신고를 하지 아니하고 수출입식물방제업을 한 자
   2. 제3조의2제1항 후단을 위반하여 수출입식물방제업의 변경신고를 하지 아니하고 신고한 사항을 변경한 자
   3. 제23조제4항을 위반하여 안전사용기준과 다르게 농약등을 사용하도록 추천하거나 추천하

여 판매한 자
　4. 제23조제5항을 위반하여 등록되지 아니한 농약등을 사용한 자
② 다음 각 호의 어느 하나에 해당하는 자에게는 100만원 이하의 과태료를 부과한다.
　1. 제5조제3항(제12조, 제16조제4항, 제17조제3항 또는 제17조의2제4항에 따라 준용되는 경우를 포함한다)을 위반하여 지위승계의 신고를 하지 아니한 자
　2. 제6조제1항을 위반하여 폐업의 신고를 하지 아니한 자
　3. 제6조제2항을 위반하여 농약등 또는 원제의 폐기·반품 등의 적절한 조치를 취하지 아니한 자
　3의2. 제20조제3항을 위반하여 농약등의 가격을 표시하지 아니하거나 거짓으로 표시한 자
　4. 제23조제1항에 따른 안전사용기준을 위반하여 농약등을 사용한 방제업자 외의 농약등의 사용자
　5. 제23조제3항을 위반하여 교육을 받게 하지 아니한 제조업자·수입업자 또는 판매업자
　5의2. 제23조제6항을 위반하여 개인보호장구 및 응급조치에 필요한 장비 등을 갖추지 아니한 제조업자등 또는 방제업자
　6. 제23조의2제1항을 위반하여 농약 구매자의 정보를 기록하여 보존하지 아니한 제조업자·수입업자·판매업자 또는 수출입식물방제업자
　7. 제23조의2제2항을 위반하여 정보를 제공하지 아니하거나 거짓이나 그 밖의 부정한 방법으로 정보를 제공한 제조업자·수입업자·판매업자 또는 수출입식물방제업자
③ 제1항과 제2항에 따른 과태료는 대통령령으로 정하는 바에 따라 농촌진흥청장, 국립식물검역기관의 장 또는 시장·군수·구청장이 부과·징수한다.

부칙

제1조(시행일)

이 법은 공포 후 3개월이 경과한 날부터 시행한다. 다만, 부칙 제3조 중 법률 제18256호 농약관리법 일부개정법률 제31조제2항, 제4항, 제5항 및 제31조의2제3호의 개정규정에 관한 사항은 2023년 1월 1일부터 시행한다.

제2조 생략

제3조(다른 법률의 개정)

농약관리법 일부를 다음과 같이 개정한다.

제31조제2항 및 제31조의2 중 "농업기술실용화재단"을 각각 "한국농업기술진흥원"으로 한다.
법률 제18256호 농약관리법 일부개정법률 제31조제2항, 제4항, 제5항 및 제31조의2제3호 중 "농업기술실용화재단"을 각각 "한국농업기술진흥원"으로 한다.
제4조 생략

농약관리법 시행령

제1조(목적)
이 영은 「농약관리법」에서 위임된 사항과 그 시행에 필요한 사항을 규정함을 목적으로 한다.

제2조(국립식물검역기관)
「농약관리법」(이하 "법"이라 한다) 제3조의2제1항에서 "대통령령으로 정하는 국립식물검역기관"이란 농림축산검역본부을 말한다.

제3조(수출입식물방제업의 영업범위)
법 제3조의2제1항에 따른 수출입식물방제업(이하 "수출입식물방제업"이라 한다)의 영업범위는 수출입식물검역과정에서 행하는 방제업으로 한다.

제4조삭제

제5조(시험 등의 기준 및 방법)
법 제8조제2항에 따른 농약, 법 제16조제2항에 따른 원제 및 법 제17조의2제2항에 따른 농약활용기자재에 대한 시험 등의 기준 및 방법은 농촌진흥청장이 정하여 고시하여야 한다.

제6조(시험성적서 등의 제출 면제 대상 품목 등)
① 법 제8조제2항 각 호 외의 부분 단서 또는 제17조의2제2항 각 호 외의 부분 단서에 따라 시험성적서 또는 이화학적 분석 등을 적은 서류의 전부 또는 일부의 제출을 면제할 수 있는 품목 또는 제품은 다음 각 호의 어느 하나에 해당하는 품목 또는 제품으로 한다. 다만, 법 제14조제2항 각 호의 어느 하나에 해당하거나 그 밖에 이에 준하는 사유로 농촌진흥청장이 일정기간을 정하여 재평가를 할 필요성이 있다고 인정하는 품목 또는 제품은 제외한다.
  1. 삭제
  2. 최초 등록 후 10년이 경과된 품목 또는 제품
  3. 기등록자의 시험성적서 또는 이화학적 분석 등을 적은 서류(같은 품목 또는 제품에 관하여 기등록자가 2명 이상인 경우에는 그 중 1명의 시험성적서 또는 이화학적 분석 등을 적은 서류를 말한다)의 사용동의가 있는 품목 또는 제품

4. 국제적으로 잔류성에 관한 시험의 생략이 인정되는 품목 또는 제품
5. 식용으로 하지 아니하는 농작물(사료용 농작물과 담배는 제외한다)에 사용하는 품목 또는 제품
6. 농촌진흥청장이 정하여 고시하는 안전성기준에 적합한 농약활용기자재

② 제1항 단서에 따라 농촌진흥청장이 재평가중이거나 재평가를 할 필요성이 있다고 인정하는 품목 또는 제품에 대해서는 미리 그 사유를 밝혀서 해당 품목 또는 제품의 제조업자등에게 통보하여야 한다.

제7조(농업과학기술에 관한 업무를 관장하는 행정기관)

법 제9조제1항에 따른 농업과학기술에 관한 업무를 관장하는 행정기관은 농촌진흥청 국립농업과학원으로 한다.

제8조(직권에 의한 품목등록변경관련 약해시험등)

① 농촌진흥청장은 법 제14조제2항에 따라 해당 품목의 등록사항을 변경하거나 그 품목의 등록을 취소하기 위하여 확인이 필요한 경우와 법 제14조제6항에 따라 병해충 방제나 농작물의 생리기능 증진·억제를 위하여 등록사항을 변경하기 위한 확인이 필요한 경우에는 직권으로 약해(藥害) 또는 적용대상 병해충의 범위 등에 관한 시험을 실시할 수 있다.

② 산림청장·농림축산검역본부장 또는 농촌진흥청 소속기관의 장은 수목 또는 수출입식물이나 재배면적이 적은 농작물에 대한 병해충의 방제를 위하여 필요한 경우에는 농촌진흥청장에게 제1항의 규정에 의한 적용병해충 범위등에 관한 시험을 요청할 수 있다.

제8조의2(품목등록취소 등에 관한 심의)

농촌진흥청장은 법 제14조제2항의 규정에 따라 품목의 등록사항의 변경 또는 등록의 취소를 하거나 그 제조·수출입 또는 공급을 제한하는 처분을 하고자 하는 때에는 제11조의 규정에 의한 농약안전성심의위원회의 심의를 거쳐야 한다.

제9조(이화학적 분석 등을 적은 서류의 제출 면제 대상 원제)

① 법 제16조제2항 각 호 외의 부분 단서에 따라 이화학적 분석 및 독성 시험성적을 적은 서류의 전부 또는 일부의 제출을 면제할 수 있는 원제는 다음 각 호의 어느 하나에 해당하는 원제로 한다. 다만, 법 제14조제2항 각 호의 어느 하나에 해당하거나 그 밖에 이에 준하는 사유로 농촌진흥청장이 일정기간을 정하여 재평가를 할 필요성이 있다고 인정하는 원제는 제외한다.

1. 최초 등록 후 10년이 경과된 원제
1의2. 최초 등록 후 10년이 경과된 품목 또는 제품의 유효성분으로 사용된 원제
2. 기등록자의 서류(같은 원제에 관하여 기등록자가 2명 이상인 경우에는 그 중 1명의 서류를 말한다)의 사용동의가 있는 원제
3. 농촌진흥청장이 정하여 고시하는 안전성기준에 적합한 천연식물보호제의 원제
② 제1항 각 호 외의 부분 단서에 따른 재평가에 관하여는 제6조제2항을 준용한다.

제10조삭제

제11조(농약안전성심의위원회의 설치)
① 농약 또는 농약활용기자재(이하 "농약등"이라 한다)의 안전관리에 필요한 사항을 심의하기 위하여 농촌진흥청에 농약안전성심의위원회(이하 "위원회"라 한다)를 둔다.
② 위원회의 업무를 효율적으로 수행하기 위하여 위원회에 분야별 전문위원회를 둘 수 있다.

제12조(위원회의 기능)
위원회는 다음 각 호의 사항을 심의한다.
1. 농약등의 안전성에 대한 조사·연구 및 평가에 관한 사항
2. 농약의 안전사용 및 취급제한에 관한 사항
3. 농약등의 안전성 시험의 기준 및 방법에 관한 사항
4. 그 밖에 농약등의 안전관리를 위하여 농촌진흥청장이 회의에 부치는 사항

제13조(위원회의 구성)
① 위원회는 위원장 및 부위원장 각 1명을 포함한 20명 이내의 위원으로 구성한다.
② 위원장은 농촌진흥청차장이 되고 부위원장은 농촌진흥청 연구정책국장이 되며, 위원은 다음 각 호의 사람이 된다. 이 경우 제2호 및 제3호의 위원은 농촌진흥청장이 위촉한다.
1. 농림축산식품부·환경부·식품의약품안전처 및 농촌진흥청의 3급 공무원 또는 고위공무원단에 속하는 일반직공무원 중 해당 기관의 장이 지정하는 직위에 있는 사람 각 1명
2. 농약등 및 환경보호에 관한 기술 및 학식과 경험이 풍부한 사람 중 10명이내
3. 농약등의 제조업자·사용자 또는 소비자단체의 임원 중 4명 이내
③ 제2항제2호 및 제3호의 위원의 임기는 3년으로 한다.

제14조(위원장의 직무등)
① 위원장은 위원회를 대표하며, 위원회의 업무를 총괄한다.
② 부위원장은 위원장을 보좌하며, 위원장이 부득이한 사유로 직무를 수행할 수 없는 때에는 그 직무를 대행한다.

제15조(회의)
① 위원회의 회의는 위원장이 소집하며, 위원장이 그 의장이 된다.
② 위원회의 회의는 재적위원 과반수의 출석으로 개의하고, 출석위원 과반수의 찬성으로 의결한다.

제16조(간사)
위원회의 사무를 처리하기 위하여 간사 1명을 두되, 간사는 농촌진흥청 소속공무원중에서 위원장이 임명한다.

제17조(수당)
회의에 출석한 위원에 대하여는 예산의 범위안에서 수당을 지급할 수 있다. 다만, 공무원인 위원이 그 소관업무와 직접적으로 관련되어 출석하는 경우에는 그러하지 아니하다.

제18조(운영세칙)
이 영에 규정된 것외에 위원회의 운영 및 전문위원회의 구성·운영 등에 관하여 필요한 사항은 위원회의 의결을 거쳐 위원장이 정한다.

제19조(농약등의 안전사용기준)
① 법 제23조제1항에 따른 농약등의 안전사용기준은 다음 각 호와 같다.
　1. 적용대상 농작물에만 사용할 것
　2. 적용대상 병해충에만 사용할 것
　3. 적용대상 농작물과 병해충별로 정해진 사용방법·사용량을 지켜 사용할 것
　4. 적용대상 농작물에 대하여 사용시기 및 사용가능횟수가 정해진 농약등은 그 사용시기 및 사용가능횟수를 지켜 사용할 것
　5. 사용대상자가 정해진 농약등은 사용대상자 외의 사람이 사용하지 말 것
　6. 사용지역이 제한되는 농약등은 사용제한지역에서 사용하지 말 것
② 농촌진흥청장은 농약등의 품목별 또는 제품별로 적용대상 농작물 및 병해충, 사용시기,

사용가능횟수, 사용대상자 또는 사용제한지역 등 제1항에 따른 안전사용기준의 세부기준을 정하여 고시할 수 있다.
③ 농촌진흥청장은 제1항 및 제2항에도 불구하고 적용대상 농작물,적용대상 병해충 및 사용방법·사용량 등이 정해지지 아니한 농약에 대하여 인체 및 환경에 미치는 영향을 고려한 별도의 안전사용기준을 정하여 고시할 수 있다.

제20조(농약등의 취급제한기준)
① 법 제23조제1항에 따른 농약등의 취급제한기준은 다음 각 호와 같다.
  1. 농약등은 식료품·사료·의약품 또는 인화물질과 함께 수송하거나 과적하여 수송하지 말 것
  1의2. 농약등 제조업자나 수입업자는 자신이 제조(다른 제조업자에게 자신이 등록한 품목 또는 제품을 위탁하여 제조하는 경우를 포함한다) 또는 수입한 농약등을 판매할 때에는 잘못된 사용으로 인한 사고를 방지하기 위하여 안전용기·포장을 사용할 것. 다만, 제조업자가 다른제조업자에게 판매하거나 수입업자가 다른 수입업자에게 판매하는 경우에는 그러하지 아니하다.
  2. 공급대상자가 정하여진 농약등은 공급대상자 외의 자에게 공급하지 말 것
  3. 삭제
  4. 삭제
  5. 고독성농약은 안전장치를 갖춘 시설에 저장·보관할 것
  6. 그 밖에 독성의 정도에 따라 취급이 제한되는 농약등은 그 취급기준에 따라 제한사항을 준수할 것
② 농촌진흥청장은 농약등의 품목별 또는 제품별로 혼합적재 금지대상물건, 안전용기·포장의 사용, 공급대상자, 저장, 보관, 운반 또는 독성정도별 취급기준등 제1항에 따른 취급제한기준의 세부기준을 정하여 고시할 수 있다.③제1항에 따른 농약등의 취급제한기준 및 제2항에 따른 취급제한기준의 세부기준은 원제에 관하여 이를 준용한다. 다만, 원제의 취급제한기준의 세부기준은 환경부장관과 협의하여 따로 정하여 고시할 수 있다.
④ 제1항 및 제2항에 따른 농약등의 취급제한기준과 관련된 농약등의 독성 및 잔류성 정도별 구분과 제3항에 따른 원제의 취급제한기준과 관련된 원제의 독성정도에 따른 구분은 농림축산식품부령으로 정한다.
⑤ 삭제

제21조(농약등의 안전사용기준 등에 대한 교육)
① 농림축산검역본부장은 법 제23조제2항에 따라 수출입식물방제업자에게 농약등의 안전사용기준과 취급제한기준에 대한 교육을 매년 실시하여야 한다.
② 농촌진흥청장 및 특별자치도지사・시장・군수・구청장(자치구의 구청장을 말한다. 이하 같다)은 법 제23조제2항에 따라 수출입식물방제업자 외의 농약등의 사용자에게 농약등의 안전사용기준에 대한 교육을 매년 실시하여야 한다.
③ 제조업자, 수입업자 또는 판매업자는 법 제23조제3항에 따라 해당 판매관리인으로 하여금 교육을 매년 받게 하여야 한다.
④ 제1항부터 제3항까지의 규정에 따른 교육을 실시하는 데에 필요한 세부사항은 농림축산검역본부장 및 농촌진흥청장이 정하여 고시한다.

제21조의2(관계 행정기관의 범위 등)
① 농촌진흥청장이 법 제23조의3제6항에 따라 농약 안전관리 등에 관한 정보의 제공을 요청할 수 있는 관계 행정기관(이하 "관계 행정기관"이라 한다)의 범위는 다음 각 호와 같다. 이 경우 제2항에 따른 정보의 관리에 관한 권한・업무를 위임・위탁받은 자를 포함한다.
  1. 행정안전부・농림축산식품부・환경부・식품의약품안전처
  2. 지방자치단체
② 농촌진흥청장이 법 제23조의3제6항에 따라 관계 행정기관의 장에게 요청할 수 있는 농약 안전관리 등에 관한 정보의 범위는 다음 각 호와 같다.
  1. 농약 판매업의 등록 및 수출입식물방제업의 신고 정보
  2. 판매업자 또는 수출입식물방제업자에 대한 관계 행정기관의 행정처분에 관한 정보
  3. 농약 및 그 원제의 성분의 안전성과 위해성에 관한 정보
  4. 농산물 안전성에 관한 정보
  5. 그 밖에 농약의 안전관리와 관련하여 농촌진흥청장이 법 제23조의3제1항에 따른 농약안전정보시스템의 구축・운영을 위하여 필요하다고 인정하는 정보

제21조의3(신고포상금의 지급액 등)
① 법 제27조의2제1항에 따라 지급할 수 있는 포상금은 200만원 이내로 한다.
② 제1항에 따라 지급하는 포상금 지급의 기준・방법과 절차 등에 관하여는 농촌진흥청장이 정하여 고시한다.

제22조(권한의 위임·위탁)
① 농촌진흥청장은 법 제31조제2항에 따라 법 제22조에 따른 농약등의 광고에 관련된 표준광고 용어권장안의 작성 업무를 농촌진흥청장이 지정하는 제조업자·원제업자 또는 수입업자로 구성된 단체의 장에게 위탁한다.
② 삭제
③ 농촌진흥청장은 법 제31조제2항에 따라 다음 각 호의 업무를 「농촌진흥법」 제33조에 따라 설립된 한국농업기술진흥원에 위탁한다.
  1. 법 제24조제3항에 따른 농약등의 검사
  2. 법 제24조제4항에 따른 농약등의 검사 중 유효성분 등에 관한 분석
  3. 법 제28조제2항에 따른 검사료의 수납

제22조의2(민감정보 및 고유식별정보의 처리)
① 농촌진흥청장 및 특별자치도지사·시장·군수·구청장(해당 권한이 위임·위탁된 경우에는 그 권한을 위임·위탁받은 자를 포함한다)은 법 제3조에 따른 영업의 등록에 관한 사무를 수행하기 위하여 불가피한 경우 「개인정보 보호법 시행령」 제18조제2호에 따른 범죄경력자료에 해당하는 정보나 같은 영 제19조제1호 또는 제4호에 따른 주민등록번호 또는 외국인등록번호가 포함된 자료를 처리할 수 있다.
② 농촌진흥청장(법 제31조제2항에 따라 농촌진흥청장의 업무를 위탁받은 자를 포함한다)은 법 제23조의3에 따른 농약안전정보시스템의 구축·운영 등에 관한 사무를 수행하기 위하여 불가피한 경우 「개인정보 보호법 시행령」 제19조제1호 또는 제4호에 따른 주민등록번호 또는 외국인등록번호가 포함된 자료를 처리할 수 있다.

제22조의3삭제
제23조(과태료의 부과기준)
법 제40조제1항 및 제2항에 따른 과태료의 부과기준은 별표 3과 같다.

부칙

제1조(시행일)

이 영은 2022년 3월 1일부터 시행한다.

제2조(다른 법령의 개정)

① 및 ② 생략

③ 농약관리법 시행령 일부를 다음과 같이 개정한다.

제22조제3항 각 호 외의 부분 중 "농업기술실용화재단"을 "한국농업기술진흥원"으로 한다.

④부터 ⑧까지 생략

3 농약관리법 시행규칙

제1조(목적)
이 규칙은 「농약관리법」 및 같은 법 시행령에서 위임된 사항과 그 시행에 필요한 사항을 규정함을 목적으로 한다.

제2조(동·식물 및 약제의 범위)
① 「농약관리법」 (이하 "법"이라 한다) 제2조제1호가목에서 "농림축산식품부령으로 정하는 동식물"이란 다음 각 호의 동식물을 말한다.
  1. 동물 : 달팽이·조류 또는 야생동물
  2. 식물 : 이끼류 또는 잡목
② 법 제2조제1호다목에서 "농림축산식품부령으로 정하는 약제"란 다음 각 호의 약제를 말한다.
  1. 기피제
  2. 유인제
  3. 전착제
  4. 삭제

제3조(제조업·원제업 또는 수입업의 등록신청등)
① 법 제3조제1항에 따라 제조업·원제업 또는 수입업의 등록을 하려는 자는 별지 제1호서식의 등록(변경등록) 신청서에 다음 각 호의 서류를 첨부하여 제조장의 소재지(수입업의 경우에는 재포장시설 또는 보관시설의 소재지를 말한다)를 관할하는 특별시장·광역시장·도지사 또는 특별자치도지사(이하 "시·도지사"라 한다)를 거쳐 농촌진흥청장에게 제출(정보통신망에 의한 제출을 포함한다)하여야 한다. 이 경우 시·도지사는 제조장의 소재지가 「산업집적활성화 및 공장설립에 관한 법률」 제8조에 따른 공장입지의 기준에 적합한지를 확인하여야 한다.
  1. 사업계획서
  2. 대표자와 임원의 성명·주민등록번호 및 주소를 적은 서류(법인만 해당한다)
  3. 시설 및 장비의 명세서와 시설능력을 표시하는 서류
  4. 대지 및 건물의 소유권 또는 사용권을 증명할 수 있는 서류
  5. 자체검사책임자의 자격을 증명할 수 있는 서류

6. 판매관리인의 자격을 증명할 수 있는 서류 (제조업 및 수입업만 해당한다)

② 농촌진흥청장은 제1항에 따른 신청이 있는 때에는 별표 1의 등록기준에 적합한지의 여부를 검토한 후 이에 적합하다고 인정될 때에는 별지 제2호서식의 등록증을 신청인에게 발급(정보통신망에 의한 발급을 포함한다)하고, 그 사실을 별지 제3호서식의 등록대장에 기재하여야 한다.

③ 제2항의 등록대장은 전자적 처리가 불가능한 특별한 사유가 있는 경우를 제외하고는 전자적 방법에 의하여 작성·관리하여야 한다.

④ 농촌진흥청장은 제2항에 따라 등록대장을 전자적 방법에 의하여 작성·관리하기 위하여 정보시스템을 구축 운영할 수 있다.

제3조의2(제조업·원제업 또는 수입업의 변경등록)

① 법 제3조제1항 후단에서 "농림축산식품부령으로 정하는 중요한 사항"이란 다음 각 호의 사항을 말한다.
 1. 법인명(상호명)
 2. 사업장의 소재지
 3. 대표자와 임원의 성명(법인만 해당한다)
 4. 자체검사책임자 성명
 5. 제조장의 소재지(수입업의 경우 재포장시설이 있는 경우 그 소재지)
 6. 실험실의 소재지
 7. 보관창고의 소재지
 8. 제제 형태별 생산능력(제조업 및 수입업만 해당한다)
 9. 판매관리인의 성명(제조업 및 수입업만 해당한다)

② 법 제3조제1항 후단에 따라 변경등록을 하려는 자는 별지 제1호서식의 등록(변경등록) 신청서에 다음 각 호의 서류를 첨부하여 농촌진흥청장에게 제출(정보통신망에 의한 제출을 포함한다)하여야 한다.
 1. 등록증
 2. 등록사항의 변경을 증명하는 서류

③ 농촌진흥청장은 제2항에 따른 변경등록신청이 있는 때에는 변경된 사항이 별표 1의 등록기준에 적합한지의 여부를 검토(제1항제5호에 해당되는 경우에는 시·도지사로 하여금 제조장의 소재지가 「산업집적활성화 및 공장설립에 관한 법률」 제8조에 따른 공장입지의 기준에 적합한지를 확인하게 하여야 한다)한 후 이에 적합하다고 인정되거나 등록증의 기재사항에 해당될 때에는 별지 제2호서식의 등록증을 신청인에게 재발급(정보통신망에 의한 재발급을

포함한다)하고, 그 사실을 별지 제3호서식의 등록대장에 기록하여야 한다.
④ 제3항에 따른 등록대장의 작성·관리 등에 관하여는 제3조제3항 및 제4항을 준용한다.

제4조(판매업의 등록신청등)
① 법 제3조제2항에 따라 판매업의 등록을 하려는 자는 별지 제4호서식의 신청서에 다음 각 호의 서류를 첨부하여 업소마다 판매관리인을 지정하여 그 소재지를 관할하는 특별자치도지사·시장·군수 또는 자치구의 구청장(이하 "시장·군수·구청장"이라 한다)에게 제출(정보통신망에 의한 제출을 포함한다)하여야 한다.
  1. 대표자와 임원의 성명·주민등록번호 및 주소를 적은 서류(법인만 해당한다)
  2. 시설의 명세서
  3. 건물의 소유권 또는 사용권을 증명할 수 있는 서류
  4. 판매관리인의 자격을 증명할 수 있는 서류
② 시장·군수·구청장은 제1항에 따른 신청이 있는 때에는 별표 1의 등록기준에 적합한지의 여부를 검토한 후 이에 적합하다고 인정될 때에는 별지 제5호서식의 등록증을 신청인에게 발급(정보통신망에 의한 발급을 포함한다)하고, 그 사실을 별지 제6호서식의 등록대장에 기재하여야 한다.
③ 제2항의 등록대장은 전자적 처리가 불가능한 특별한 사유가 있는 경우를 제외하고는 전자적 방법에 의하여 작성·관리하여야 한다.

제4조의2(판매업의 변경등록)
① 법 제3조제2항 후단에서 "농림축산식품부령으로 정하는 중요한 사항"이란 다음 각 호의 사항을 말한다.
  1. 법인명(상호명)
  2. 사업장의 소재지
  3. 대표자와 임원의 성명
  4. 보관창고의 소재지
  5. 판매관리인의 성명
② 법 제3조제2항 후단에 따라 변경등록을 하려는 자는 별지 제4호서식의 등록(변경등록) 신청서에 다음 각 호의 서류를 첨부하여 업소마다 그 소재지를 관할하는 시장·군수·구청장에게 제출(정보통신망에 의한 제출을 포함한다)하여야 한다.
  1. 등록증
  2. 등록사항의 변경을 증명하는 서류

③ 시장·군수·구청장은 제2항에 따른 신청이 있는 때에는 변경된 사항이 별표 1의 등록기준에 적합한지의 여부를 검토한 후 이에 적합하다고 인정되거나 등록증의 기재사항에 해당될 때에는 별지 제5호서식의 등록증을 신청인에게 재발급(정보통신망에 의한 재발급을 포함한다)하고, 그 사실을 별지 제6호서식의 등록대장에 적어야 한다.

제5조(수출입식물방제업의 신고)
① 법 제3조의2에 따라 수출입식물방제업의 신고를 하려는 자는 별지 제7호서식의 신고서에 다음 각 호의 서류를 첨부하여 소재지를 관할하는 농림축산검역본부 지역본부장을 거쳐 농림축산검역본부장(이하 "검역본부장"이라 한다)에게 제출(정보통신망에 의한 제출을 포함한다)하여야 한다.
  1. 시설 및 장비의 명세서
  2. 건물의 소유권 또는 사용권을 증명할 수 있는 서류
  3. 방제기술자의 자격을 증명할 수 있는 서류
② 검역본부장은 제1항에 따른 신고가 있는 때에는 별표 1의2의 신고기준에 적합한지의 여부를 검토한 후 이에 적합하다고 인정될 때에는 별지 제8호서식의 신고증을 신고인에게 발급(정보통신망에 의한 발급을 포함한다)하고, 그 사실을 별지 제9호서식의 신고대장에 기재하여야 한다.
③ 제2항의 신고대장은 전자적 처리가 불가능한 특별한 사유가 있는 경우를 제외하고는 전자적 방법에 의하여 작성·관리하여야 한다.

제5조의2(수출입식물방제업의 변경신고)
① 법 제3조의2제1항 후단에서 "농림축산식품부령으로 정하는 중요한 사항"이란 다음 각 호의 사항을 말한다.
  1. 법인명(상호명)
  2. 사업장의 소재지
  3. 대표자의 성명
  4. 방제기술자의 성명
  5. 약제창고의 소재지
② 법 제3조의2제1항 후단에 따라 변경신고를 하려는 자는 별지 제7호서식의 신고서(변경신고서)에 다음 각 호의 서류를 첨부하여 소재지를 관할하는 농림축산검역본부 지역본부장을 거쳐 검역본부장에게 제출(정보통신망에 의한 제출을 포함한다)하여야 한다.
  1. 수출입식물방제업 신고증

2. 신고사항의 변경을 증명하는 서류
③ 검역본부장은 제2항에 따른 변경신고가 있는 때에는 별표 1의2의 신고기준에 적합한지의 여부를 검토한 후 이에 적합하다고 인정될 때에는 별지 제8호서식의 신고증을 신청인에게 재발급(정보통신망에 의한 재발급을 포함한다)하고, 그 사실을 별지 제9호서식의 신고대장에 적어야 한다.

제6조(제조업등의 인력·시설 및 장비 등의 기준)
법 제3조제5항에 따른 제조업·원제업·수입업 및 판매업의 인력·시설 및 장비 등의 기준은 별표 1과 같다.

제6조의2(수출입식물방제업의 인력·시설·장비 등의 기준)
법 제3조의2제4항에 따른 수출입식물방제업의 인력·시설·장비 등의 기준은 별표 1의2와 같다.

제7조(제조업자 등의 지위승계 신고)
① 법 제5조제1항에 따라 제조업자·원제업자·수입업자 및 판매업자(이하 "제조업자등"이라 한다) 또는 수출입식물방제업자의 지위를 승계한 자는 법 제5조제3항에 따라 그 승계한 날부터 1개월 이내에 별지 제10호서식의 지위승계신고서에 등록증(수출입식물방제업의 경우에는 신고증을 말한다)과 다음 각 호의 해당 서류를 첨부하여 농촌진흥청장, 시장·군수·구청장 또는 검역본부장에게 제출하여야 한다.
  1. 상속의 경우: 상속인임을 증명할 수 있는 서류
  2. 영업을 양수한 경우: 양수하였음을 증명하는 서류
  3. 합병한 경우: 합병 후 존속하는 법인이나 합병에 따라 설립되는 법인임을 증명하는 서류
② 농촌진흥청장, 시장·군수·구청장 또는 검역본부장은 제1항의 신고가 있는 때에는 신고인이 법 제5조제1항 각 호 외의 부분 단서에 따른 승계제외 사유에 해당되는지의 여부를 확인한 후 이에 해당되지 아니하면 등록증 또는 신고증을 발급하여야 한다.

제8조삭제
제9조(폐업의 신고)
① 제조업자등 또는 수출입식물방제업자는 법 제6조제1항에 따라 그 영업을 폐업하려면 별지 제12호서식의 폐업신고서에 다음 각 호의 서류를 첨부하여 농촌진흥청장, 시장·군수·구청장 또는 검역본부장에 제출하여야 한다.

1. 등록증 또는 신고증
2. 해당 사업장 및 약제 보관창고 등에 있는 농약, 농약활용기자재(이하 "농약등"이라 한다) 또는 원제의 폐기·반품 등의 적절한 조치를 취했음을 증명하는 서류

② 농촌진흥청장, 시장·군수·구청장 또는 검역본부장은 제1항의 신고가 있는 때에는 신고인이 법 제6조제2항에 따라 적절한 조치를 취하였는지를 확인하여야 한다.

제10조(등록증의 재발급)

다음 각 호의 어느 하나에 해당하는 사유로 제조업등록증·원제업등록증·수입업등록증·판매업등록증·품목등록증·원제등록증 또는 제품등록증을 재발급받으려는 자는 별지 제13호서식의 신청서에 해당 서류를 첨부하여 농촌진흥청장 또는 시장·군수·구청장에게 재발급신청을 하여야 한다.
1. 삭제
2. 등록증을 잃어버린 경우: 분실사유서
3. 등록증이 헐어 못쓰게 된 경우: 못쓰게 된 등록증
4. 삭제

제10조의2(신고증의 재발급)

수출입식물방제업신고증의 재발급에 관하여 제10조제2호·제3호를 준용한다.

제10조의3 삭제

제11조(행정처분의 기준)

법 제7조제4항의 규정에 의한 행정처분의 세부기준은 별표 2와 같다.

제12조(국내제조품목의 등록신청등)

① 법 제8조제1항에 따라 국내제조품목을 등록하려는 제조업자는 별지 제14호서식의 신청서에 다음 각호의 서류를 첨부하여 농촌진흥청장에게 제출하여야 한다.
1. 이화학적 분석성적서(천연식물보호제의 경우에는 유효성분에 관한 분석성적서와 유효성분의 기원, 특성, 분류에 관한 자료를 말한다. 이하 같다)와 그 분석방법에 관한 자료
2. 이화학적 성질·상태에 관한 자료(시간의 경과에 따른 당해 성질·상태의 변화자료를 포함한다)
3. 약효 및 약해 시험성적서
4. 독성시험성적서

5. 작물잔류성·토양잔류성 및 수질오염성 시험성적서(이하 "잔류성시험성적서"라 한다)
6. 환경 및 동·식물에 대한 영향시험성적서
7. 농약의 이화학적 분석과 독성 및 잔류성 등에 대한 시험의 실시자·방법 및 결과 등을 정리한 요약서

② 농촌진흥청장은 제1항의 규정에 의한 신청이 있는 때에는 법 제9조제2항의 규정에 의한 제출서류와 농약시료의 검사기준에 적합한지의 여부를 국립농업과학원장으로 하여금 검토하게 한 후 이에 적합하다고 인정될 때에는 별지 제16호서식의 품목등록증을 신청인에게 교부하고, 그 사실을 별지 제17호서식의 등록대장에 기재하여야 한다.
③ 법 제8조제2항의 규정에 의하여 품목등록신청을 할 때에 제출하여야 할 농약시료의 양은 별표 3과 같다.
④ 농촌진흥청장은 제3조제4항에 따른 정보시스템과 연계하여 등록대장을 작성·관리할 수 있다.

제13조삭제

제14조(시험성적서 등의 제출 면제의 범위)

법 제8조제2항 각 호 외의 부분 단서, 제17조의2제2항 각 호 외의 부분 단서 및 영 제6조에 따라 그 제출이 면제되는 품목별 시험성적서 또는 제품별 서류는 다음 각 호와 같다.

1. 삭제
1의2. 영 제6조제1항제2호에 해당하는 품목 또는 제품의 경우에는 다음 각 목에 해당되는 시험성적서. 다만, 등록·재등록·변경등록 또는 안전성 재평가를 위하여 해당 시험성적서가 제출된 지 10년이 경과되지 아니한 시험성적서는 제외한다.
   가. 등록된 품목 또는 제품과 제조처방(원제와 그 밖의 성분의 종류와 각각의 투입비율을 적은 서류를 말한다. 이하 같다)이 같은 경우: 농촌진흥청장이 정하여 고시하는 안전성 기준에 해당하는 약효·약해·독성·잔류성 시험성적서 및 환경 및 동·식물에 대한 영향시험성적서
   나. 등록된 품목 또는 제품과 제조처방이 다른 경우: 잔류성시험성적서
2. 영 제6조제1항제3호에 해당하는 품목 또는 제품의 경우에는 이미 등록한 자가 사용에 동의한 다음 각 목의 해당 시험성적서
   가. 등록된 품목 또는 제품과 제조처방이 같은 경우: 농촌진흥청장이 정하여 고시하는 안전성 기준에 해당하는 약효·약해·독성·잔류성 시험성적서 및 환경 및 동·식물에 대한 영향시험성적서
   나. 등록된 품목 또는 제품과 제조처방이 다른 경우: 잔류성시험성적서

3. 영 제6조제1항제4호에 해당하는 품목 또는 제품의 경우에는 잔류성시험성적서
4. 영 제6조제1항제5호에 해당하는 품목 또는 제품의 경우에는 잔류성시험성적서중 작물잔류성시험성적서
5. 농약활용기자재의 경우에는 영 제6조제1항제6호에 따라 농촌진흥청장이 정하여 고시하는 안전성기준에 해당하는 사항에 관한 시험성적서
6. 천연식물보호제의 경우에는 농촌진흥청장이 정하여 고시하는 안전성기준에 해당하는 사항에 관한 시험성적서

제15조(제조품목등록신청서의 기타 기재사항)
법 제8조제2항제13호에서 "농림축산식품부령으로 정하는 제조품목의 등록에 필요한 사항"이란 다음 각 호의 사항을 말한다.
1. 품목의 제조처방
2. 원제공급처
3. 상표명

제16조(품목의 재등록신청 등)
① 법 제11조제2항에 따라 등록의 유효기간이 만료되는 품목을 재등록하려는 제조업자는 그 유효기간이 만료되기 6개월 전까지 별지 제14호서식의 신청서에 다음 각 호의 서류를 첨부하여 농약의 시료와 함께 농촌진흥청장에게 제출해야 한다. 다만, 이화학적 분석성적서 또는 자체검사성적서를 제출하는 경우에는 시료를 제출하지 않을 수 있다.
1. 이화학적 분석성적서 또는 자체검사성적서
2. 삭제
3. 약효 및 약해 시험성적서
4. 독성시험성적서
5. 잔류성시험성적서
6. 환경 및 동·식물에 대한 영향시험성적서
7. 농약의 이화학적 분석과 독성, 약효 및 약해, 잔류성, 환경 및 동·식물에 대한 영향 등에 대한 시험의 실시자·방법 및 결과 등을 정리한 요약서
② 법 제11조제3항에 따라 품목의 재등록을 신청하는 경우 제출이 면제되는 품목별 시험성적서는 다음 각 호와 같다.
1. 최초 등록 시 이미 제출한 약효·약해·독성·잔류성 시험성적서 및 환경 및 동·식물에 대한 영향시험성적서

2. 재등록 시 이미 제출한 약효·약해·독성·잔류성 시험성적서 및 환경 및 동·식물에 대한 영향시험성적서(최초 재등록의 경우는 제외한다)
3. 변경등록 시 이미 제출한 약효·약해·독성·잔류성 시험성적서 및 환경 및 동·식물에 대한 영향시험성적서
4. 영 제6조제1항 단서에 따른 재평가를 위하여 이미 제출한 약효·약해·독성·잔류성 시험성적서 및 환경 및 동·식물에 대한 영향시험성적서

③ 제1항에 따른 품목 재등록의 신청에 관한 검토, 품목등록증의 재발급 및 제출하여야 할 시료의 양에 관하여는 제12조제2항 및 제3항을 준용한다.

제16조의2(품목등록자의 지위승계 신고)
법 제12조에 따른 품목등록자의 지위승계 신고와 품목등록증의 재발급에 관하여는 제7조를 준용한다. 이 경우 제7조 중 "법 제5조제1항"은 "법 제12조"로 본다.

제17조(품목의 변경등록등)
① 법 제13조제1항에서 "농림축산식품부령으로 정하는 중요한 사항"이란 다음 각 호의 사항을 말한다.
  1. 적용 대상 병해충 및 농작물의 범위, 농약의 사용방법 및 사용량
  2. 품목의 제조처방
② 법 제13조제1항에서 "농림축산식품부령으로 정하는 사항"이란 다음 각 호의 사항을 말한다.
  1. 신청인의 성명(법인인 경우에는 그 명칭과 대표자의 성명을 말한다) 및 주소
  2. 업종 및 영업등록번호
  3. 품목명·품목등록일 및 품목등록번호
  4. 적용병해충 및 농작물의 범위등 변경내용
③ 법 제13조제1항에 따라 변경등록을 하려는 자는 별지 제19호서식의 변경등록신청서에 다음 각 호의 서류를 첨부하여 농약의 시료와 함께 농촌진흥청장에게 제출해야 한다. 다만, 이화학적 분석성적서 또는 자체검사성적서를 제출하는 경우에는 시료를 제출하지 않을 수 있다.
  1. 적용 대상 병해충 및 농작물의 범위, 농약의 사용방법 및 사용량을 변경하려는 경우
     가. 품목등록증 또는 제품등록증
     나. 이화학적 분석성적서 또는 자체검사성적서
     다. 약효 및 약해 시험성적서
     라. 잔류성시험성적서
     마. 환경 및 동·식물에 대한 영향시험성적서(적용대상 농작물에 벼를 추가하는 경우에

　　　　한한다)
　　바. 그 밖에 변경내용을 증명할 수 있는 시험성적서(해당 변경사항이 있는 경우에만 제출한다)
2. 품목의 제조처방을 변경하려는 경우
　　가. 시간의 경과에 따른 해당 성질·상태의 변화 자료
　　나. 등록된 각각의 농작물에 대해 실시한 약효·약해 시험성적서(원제 이외의 그 밖의 성분의 종류 또는 투입비율을 변경하려는 경우에만 제출한다)
　　다. 그 밖의 성분에 대한 물질안전보건자료(원제 이외의 그 밖의 성분의 종류를 변경하려는 경우에만 제출한다)
　　라. 사람과 가축에 대한 독성, 환경 및 동·식물에 대한 영향시험성적서(독성이 높아질 우려가 있는 경우에만 제출한다)
④ 법 제13조제1항의 규정에 의하여 변경등록신청을 할 때에 제출하여야 할 농약시료의 양은 별표 3과 같다.
⑤ 법 제13조에 따른 품목 변경등록의 신청에 관한 검토 및 품목등록증의 재발급에 관하여는 제12조제2항을 준용한다.

제18조(품목등록사항의 변경신고등)
① 법 제13조제2항 전단에서 "농림축산식품부령으로 정하는 사항"이란 다음 각 호의 사항을 말한다.
1. 신청인의 성명(법인인 경우에는 그 명칭과 대표자의 성명을 말한다. 이하 같다), 주소
2. 품목의 제조 과정
3. 용기 또는 포장의 종류·재질
4. 약효의 보증기간
5. 제조장의 소재지
6. 원제공급처
7. 상표명
② 법 제13조제2항 전단에 따라 등록사항의 변경신고를 하려는 자는 그 사항을 변경한 날부터 30일이내에 별지 제20호서식의 변경신고서에 변경내용을 증명할 수 있는 자료를 첨부하여 농촌진흥청장에게 제출(정보통신망에 의한 제출을 포함한다. 이하 이 항에서 같다)해야 한다. 이 경우 변경된 사항이 품목등록증의 기재사항에 해당되어 품목등록증의 재발급을 받으려는 경우에는 법 제13조제2항 후단에 따라 별지 제20호서식의 재발급신청서에 농약품목등록증을 함께 첨부하여 제출해야 한다.

제19조(품목등록의 취소등)
① 농촌진흥청장은 법 제14조제2항의 규정에 의하여 당해 품목의 등록사항의 변경 또는 등록의 취소를 하거나 그 제조·수출입 또는 공급을 제한하는 처분을 하고자 할 때에는 미리 그 품목의 제조업자 또는 수입업자에게 필요한 소명자료를 제출할 기회를 주어야 한다.
② 농촌진흥청장은 제1항의 규정에 의한 자료의 제출이 있는 때에는 그 자료를 검토한 후 법 제14조제2항 각호의 1에 해당하지 아니한다고 인정될 때에는 당해 품목의 등록사항을 변경하거나 품목의 등록을 취소하여서는 아니된다.

제19조의2(직권으로 인한 품목등록 취소 농약의 폐기 및 보상)
① 농촌진흥청장은 법 제14조제1항 후단 및 제2항 후단에 따라 농약의 제조업자·수입업자 또는 판매업자에게 농약을 회수하여 폐기하도록 명하는 경우 해당 농약의 품목등록을 취소한 날부터 2개월 이내에 회수하여 폐기하도록 명하여야 한다.
② 농약의 제조업자·수입업자 또는 판매업자는 법 제14조제5항에 따라 농약 구매자에게 보상을 하는 경우 다음 각 호의 구분에 따라 보상하여야 한다.
  1. 법 제14조제1항에 따라 회수한 농약: 해당 농약의 구입대금을 보상
  2. 법 제14조제2항에 따라 회수한 농약: 사용하지 아니한 농약에 한정하여 해당 농약의 구입대금을 보상
③ 제2항에 따른 보상 기한은 제1항에 따른 기한으로 한다.

제19조의3(직권 이외의 사유로 인한 품목등록 취소 등의 농약등의 폐기 및 보상)
① 농촌진흥청장은 법 제14조의2제1항에 따라 농약등의 제조업자·수입업자 또는 판매업자에게 농약등을 회수하여 폐기하도록 명하는 경우 다음 각 호의 구분에 따른 기한까지 회수하여 폐기하도록 명하여야 한다.
  1. 별표 3의5 제1호의 구분에 따른 I급(맹독성) 또는 II급(고독성) 농약등: 법 제14조의2제1항 각 호에 따른 사유가 발생한 날부터 2개월 이내
  2. 별표 3의5 제1호의 구분에 따른 III급(보통독성) 또는 IV급(저독성) 농약등: 법 제14조의2제1항 각 호에 따른 사유가 발생한 날부터 그 사유가 발생한 날이 속하는 해의 다음 해 12월 31일까지
② 농약등의 제조업자·수입업자 또는 판매업자가 법 제14조의2제2항에 따라 준용되는 법 제14조제5항에 따라 농약등의 구매자에게 보상을 하는 경우 회수 농약등 중 사용하지 아니한 농약등에 한정하여 해당 농약등의 구입대금을 보상하여야 한다.
③ 제2항에 따른 보상 기한은 제1항 각 호에 따른 기한으로 한다.

제20조(원제의 등록신청등)
① 법 제16조제1항에 따라 원제를 등록하려는 원제업자는 별지 제21호서식의 신청서에 다음 각호의 서류를 첨부하여 농촌진흥청장에게 제출하여야 한다.
  1. 이화학적 분석성적서
  2. 독성시험성적서
  3. 그 밖의 성분의 종류와 그 함유량
  4. 주요성분과 그 밖의 성분의 분석에 필요한 자료
  5. 원제의 이화학적 분석성적서와 독성시험성적서 등 제1호부터 제4호까지의 내용을 정리한 요약서
② 법 제16조제2항 각 호 외의 부분 단서 및 영 제9조에 따라 그 제출이 면제되는 원제별 서류는 다음 각 호와 같다.
  1. 영 제9조제1항제1호 또는 제1호의2에 해당하는 원제의 경우에는 독성시험성적서
  2. 영 제9조제1항제2호에 해당하는 원제의 경우에는 기등록자가 사용에 동의한 시험성적서
  3. 천연식물보호제의 원제의 경우에는 영 제9조제1항제3호의 규정에 의하여 농촌진흥청장이 정하여 고시하는 안전성기준에 해당하는 사항에 관한 시험성적서
③ 농촌진흥청장은 제1항의 규정에 의한 신청이 있는 때에는 법 제16조제3항의 규정에 의한 원제등록기준에 적합한지의 여부를 국립농업과학원장으로 하여금 검토하게 한 후 이에 적합하다고 인정될 때에는 별지 제22호서식의 원제등록증을 신청인에게 교부하고, 그 사실을 별지 제23호서식의 등록대장에 기재하여야 한다.
④ 법 제16조제2항의 규정에 의하여 원제등록신청을 할 때에 제출하여야 할 원제시료의 양은 별표 3과 같다.
⑤ 삭제
⑥ 제3항에 따라 원제를 등록한 농촌진흥청장은 해당 원제가 국내에 최초로 등록된 원제에 해당될 경우에는 환경부장관·고용노동부장관 및 식품의약품안전처장에게 그 내용을 알려야 한다.

제20조의2(원제등록자의 지위승계 신고)
법 제16조제4항에 따른 원제등록자의 지위승계 신고와 원제등록증의 재발급에 관하여는 제7조를 준용한다. 이 경우 제7조 중 "법 제5조제1항"은 "법 제16조제4항"으로 본다.

제20조의3(원제의 변경등록 등)
① 법 제16조제4항에 따라 준용되는 법 제13조제1항에서 "농림축산식품부령으로 정하는 중요한 사항"이란 다음 각 호의 사항을 말한다.
  1. 원제의 명칭
  2. 주요성분과 그 밖의 성분의 종류와 각각의 함유량
  3. 제조장의 소재지
② 제1항에 따라 변경등록을 하려는 자는 별지 제19호서식의 변경등록신청서에 원제등록증과 변경내용을 증명할 수 있는 자료를 첨부하여 농촌진흥청장에게 제출하여야 한다.
③ 제2항에 따른 원제 변경등록에 관련된 원제등록 신청서류 등의 검토, 원제등록증의 재발급 및 제출하여야 할 시료의 양에 관하여는 제20조제3항 및 제4항을 준용한다.

제20조의4(원제의 변경신고)
① 법 제16조제4항에 따라 준용되는 법 제13조제2항 전단에서 "농림축산식품부령으로 정하는 사항"이란 다음 각 호의 사항을 말한다.
  1. 신청인의 성명(법인인 경우 그 명칭과 대표장의 성명)
  2. 주소
② 제1항에 따라 변경신고를 하려는 자는 그 사항을 변경한 날부터 30일 이내에 별지 제20호서식의 변경신고서에 변경내용을 증명할 수 있는 자료를 첨부하여 농촌진흥청장에게 제출하여야 한다.
③ 제1항 및 제2항에 따른 원제 변경신고에 관련된 원제변경 신고서류 등의 검토 및 원제등록증의 재발급에 관하여는 제20조제3항을 준용한다.

제21조(수입농약 등의 등록신청등)
① 법 제17조제1항의 규정에 의하여 수입하는 농약의 품목 또는 원제의 등록을 하고자 하는 수입업자는 별지 제14호서식 또는 별지 제21호서식의 신청서를 농촌진흥청장에게 제출하여야 한다.
② 제12조부터 제20조까지 및 제20조의2부터 제20조의4까지의 규정은 제1항의 수입농약의 품목 또는 수입원제의 등록에 관하여 각각 이를 준용한다. 다만, 제12조제1항 각 호의 서류와 제20조제1항 각 호의 서류외에 해당 농약 또는 원제의 공급이 가능하다는 것을 증명할 수 있는 서류를 함께 제출하여야 한다.

제21조의2(수입농약 등의 허가신청 등)

① 법 제17조제4항에 따라 등록하지 아니한 농약 또는 원제를 수입하여 판매하려는 수입업자는 별지 제24호의2서식의 수입허가신청서에 다음 각 호의 구분에 따라 해당되는 서류를 첨부하여 시료와 함께 농촌진흥청장에게 제출하여야 한다.

1. 법 제17조제4항제1호에 해당되는 경우
   가. 해당 농약 또는 원제의 사용 대상자, 수입·판매량 등 수입·판매 계획
   나. 물질안전보건자료
   다. 제조 국가의 허가 또는 등록 등을 거쳐 적법하게 제조되었음을 입증하는 자료(개발중인 경우에는 제외한다)
   라. 삭제

2. 법 제17조제4항제2호·제3호에 해당되는 경우
   가. 이화학적 분석성적서와 그 분석방법에 관한 자료
   나. 제1호 각 목의 서류
   다. 긴급히 사용할 필요성에 관한 설명자료
   라. 제조 국가에서 해당 농약의 공급이 가능하다는 것을 증명할 수 있는 서류

② 농촌진흥청장은 제1항에 따른 신청이 있으면 신청서류 및 시료를 국립농업과학원장으로 하여금 검토하게 하여야 한다. 다만, 제1항제1호에 해당되는 경우에는 그러하지 아니할 수 있다.

③ 국립농업과학원장은 제2항에 따른 신청서류 및 시료가 별표 3의2의 허가기준에 적합한지를 검토한 후 그 결과를 농촌진흥청장에게 제출하여야 한다.

④ 농촌진흥청장은 제3항에 따라 국립농업과학원장으로부터 검토결과를 제출받은 경우에는 영 제11조에 따른 농약안전성심의위원회의 심의절차를 거쳐(제1항제1호에 해당하는 경우에는 그러하지 아니하다) 허가기준에 적합하다고 판단되면 별지 제24호의4서식의 수입허가증을 신청인에게 발급하여야 한다.

⑤ 제4항에 따라 허가를 받은 수입업자는 법 제17조제4항 후단에 따라 다음 각 호의 조건을 준수하여야 한다.
1. 허가증에 적힌 수량을 초과하여 수입하거나 판매하지 말 것
2. 허가증에 적힌 기간 이외에는 수입하거나 판매하지 말 것
3. 허가증에 적힌 판매대상자 이외에는 판매하지 말 것
4. 허가 받은 내용대로 수입하여 판매한 실적을 농촌진흥청장이 정하는 바에 따라 제출할 것
5. 그 밖에 농약 또는 원제의 안전관리를 위하여 농촌진흥청장이 정하는 사항

제22조삭제

제22조의2(농약활용기자재 제품의 등록신청 등)

① 법 제17조의2제1항에 따라 농약활용기자재 제품의 등록을 하려는 제조업자 또는 수입업자는 별지 제14호서식의 신청서에 다음 각 호의 서류를 첨부하여 농촌진흥청장에게 제출하여야 한다.

　1. 이화학적 분석성적서와 그 분석방법에 관한 자료
　2. 이화학적 성질·상태에 관한 자료(시간의 경과에 따른 해당 성질·상태의 변화자료를 포함한다)
　3. 약효 및 약해 시험성적서
　4. 독성시험성적서
　5. 작물잔류성·토양잔류성 및 수질오염성 시험성적서
　6. 환경 및 동·식물에 대한 영향시험성적서
　7. 기구 또는 장치를 활용하는 경우에는 해당 기구 또는 장치에 대한 규격서
　8. 농약활용기자재의 이화학적 분석과 독성 및 잔류성 등에 대한 시험의 실시자, 방법 및 결과 등을 정리한 요약서

② 법 제17조의2제2항제10호에서 "농림축산식품부령으로 정하는 제품등록에 필요한 사항"이란 다음 각 호의 사항을 말한다.

　1. 제품의 제조처방
　2. 원제 또는 원료의 공급처
　3. 상표명

③ 농촌진흥청장은 제1항에 따른 신청을 받으면 법 제17조의2제3항에 따른 등록기준에 적합한지를 국립농업과학원장으로 하여금 검토하게 한 후 이에 적합하다고 인정되면 별지 제16호서식의 제품등록증을 신청인에게 발급하고, 그 사실을 별지 제17호서식의 등록대장에 적어야 한다.

④ 법 제17조의2제2항에 따라 제품의 등록신청을 할 때에 제출하여야 할 농약활용기자재 시험용 제품의 양은 별표 3과 같다.

⑤ 농약활용기자재 제품의 재등록, 지위승계, 변경등록, 등록사항의 변경신고, 등록의 취소 등에 관하여는 제16조부터 제19조까지 및 제19조의2를 준용한다.

제22조의3(시험연구기관의 지정신청 등)

① 법 제17조의4제1항에 따른 시험연구기관의 지정기준은 별표 제3의3과 같다.
② 법 제17조의4제2항의 전단에 따라 시험연구기관의 지정을 신청하려는 자는 별지 제24호의5

서식의 지정신청서에 다음 각 호의 서류를 첨부하여 농촌진흥청장에게 제출하여야 한다.
1. 운영현황 내역서
2. 시설현황 내역서
3. 시험수행 능력을 입증할 수 있는 자료
③ 농촌진흥청장은 제2항에 따른 지정 신청이 있으면 별표 3의3의 지정기준에 적합한지의 여부를 검토한 후 이에 적합하다고 인정될 때에는 별지 제24호의6서식의 지정서를 신청인에게 내주어야 한다.

제22조의4(시험연구기관의 변경지정 신청)
① 법 제17조의4제2항 후단에서 "농림축산식품부령으로 정하는 중요한 사항"이란 다음 각 호의 사항을 말한다.
1. 대표자의 성명
2. 운영책임자 및 시험책임자의 성명
3. 시험기관의 명칭 및 소재지
4. 시험의 분야
5. 시험시설
② 제1항에 따른 변경지정을 신청하려면 변경사유가 발생한 날부터 30일 이내에 별지 제24호의5 서식의 신청서에 지정서와 변경내용을 증명할 수 있는 서류를 첨부하여 농촌진흥청장에게 제출하여야 한다.
③ 제2항에 따른 변경지정신청에 관한 검토와 지정서의 재발급에 관하여는 제22조의3제2항을 준용한다.

제22조의5(시험연구기관의 재지정)
① 법 제17조의4제4항에 따라 지정의 유효기간이 만료된 후에도 계속하여 해당 업무를 하려는 자는 유효기간이 만료되기 3개월 전까지 별지 제24호의5서식의 신청서에 지정서와 다음 각 호의 서류를 첨부하여 농촌진흥청장에게 제출하여야 한다.
1. 운영현황 내역서
2. 시설현황 내역서
② 제1항에 따른 재지정 신청에 관한 검토와 지정서의 재발급에 관하여는 제22조의3제2항을 준용한다.

제22조의6(시험연구기관 행정처분의 세부기준)
법 제17조의5제3항에 따른 시험연구기관의 행정처분의 세부적인 기준은 별표 3의4와 같다.

제23조(농약등·원제의 표시사항 및 가격 표시방법)
① 법 제20조제1항 및 제2항에 따른 농약등 또는 원제의 표시사항은 다음 각 호와 같다.
 1. 품목등록번호 또는 제품등록번호
 2. 농약등 또는 원제의 명칭 및 제제형태
 3. 유효성분의 일반명 및 함유량과 기타성분의 함유량
 4. 포장단위
 5. 농작물별 적용병해충(제초제·생장조정제나 약효를 증진시키는 자재의 경우에는 적용대상토지의 지목이나 해당 용도를 말한다) 및 사용량
 6. 사용방법과 사용에 적합한 시기
 7. 안전사용기준 및 취급제한기준(그 기준이 설정된 농약에 한한다)
 8. 다음 각 목의 어느 하나에 해당하는 표시사항
  가. 맹독성·고독성·작물잔류성·토양잔류성·수질오염성 및 어독성 농약등의 경우에는 그 문자와 경고 또는 주의사항
  나. 사람 및 가축에 위해한 농약등 또는 원제의 경우에는 그 요지 및 해독방법
  다. 수서생물에 위해한 농약등 또는 원제의 경우에는 그 요지
  라. 인화 또는 폭발 등의 위험성이 있는 농약등 또는 원제의 경우에는 그 요지 및 특별취급방법
 9. 저장·보관 및 사용상의 주의사항
 10. 상호 및 소재지(수입하는 농약등 또는 원제의 경우에는 수입업자의 상호 및 소재지와 제조국가 및 제조자의 상호를 말한다)
 11. 농약등 또는 원제 제조 시 제품의 균일성이 인정되도록 구성한 모집단의 일련번호
 12. 약효보증기간
 13. 법 위반에 따른 과태료 적용 등 주의사항
② 법 제20조제3항에 따른 농약등의 가격 표시방법은 다음 각 호와 같다.
 1. 소비자가 쉽게 알아볼 수 있는 방법으로 선명하고 명확하게 표시할 것
 2. 개별 제품별로 가격을 표시하되, 개별 제품에 가격을 표시하는 것이 곤란한 경우에는 소비자가 쉽게 알아볼 수 있는 방법으로 판매업소 내에 표시하거나 게시할 것
 3. 가격이 변경되었거나 할인하여 판매하려는 경우에는 기존에 표시한 가격이 보이지 아니하게 하거나 기존에 표시한 가격을 붉은색 이중실선으로 긋고 현재의 가격을 표시할 것

③ 제1항에 따른 농약등 또는 원제의 표시에 관한 세부사항 및 제2항에 따른 농약등의 가격표시에 관한 세부기준은 농촌진흥청장이 정하여 고시한다. 이 경우 원제의 표시에 관한 세부사항은 환경부장관과 협의하여 고시하여야 한다.

제23조의2(통신 또는 전화권유의 방법으로 판매할 수 있는 농약)
법 제21조제3항에서 "농림축산식품부령으로 정하는 농약"이란 다음 각 호의 어느 하나에 해당하는 농약으로서 농촌진흥청장이 고시하는 농약을 말한다.
1. 법 제8조 및 제17조에 따라 등록된 천연식물보호제
2. 희석하지 아니하고 원액 그대로 사용할 수 있도록 등록된 직접살포형 농약

제24조(광고의 방법과 과대광고의 범위)
① 법 제22조제2항에 따른 농약등의 광고에 관한 방법은 다음 각 호와 같다.
   1. 농약등의 광고를 할 때에는 다음 각 목의 사항을 그 광고의 내용에 포함시켜야 한다. 다만, 라디오 및 텔레비전광고의 경우에는 나목의 사항을 생략할 수 있다.
      가. 농약등의 명칭
      나. 안전사용기준의 준수를 촉구하는 내용
   2. 광고에 농약등의 품질·제조방법 또는 약효에 관한 문헌을 이용할 때에는 농업관련학회나 법 제17조의4의 시험연구기관에서 발행한 문헌을 이용하여야 한다.
② 법 제22조제2항에 따른 과대광고의 범위는 다음 각호와 같다.
   1. 농약등의 명칭 또는 효과에 관하여 오해를 가져올 수 있는 광고
   2. 농약등의 사용에 있어서 이를 오용 또는 남용하게 할 우려가 있는 표현의 광고
   3. 농촌진흥청, 법 제17조의4의 시험연구기관 기타 농업관련기관 또는 단체에서 이를 추천·지도 또는 사용하고 있다는 뜻을 표현하는 광고
   4. 농약등에 관하여 구입량 및 구입기간등을 구체적으로 명시하지 아니하고 막연히 구입 또는 주문이 쇄도한다는 등의 뜻을 표현하는 광고
   5. 농약등에 관하여 저속한 표현이나 혐오감을 주는 표현의 광고
   6. 다른 농약등을 비방하는 광고
   7. 법 제8조제2항제6호의 내용과 다르게 표현한 광고

제24조의2(농약등의 독성 및 잔류성 정도별 구분 등)
① 영 제20조제1항 및 제2항에 따른 농약등의 취급제한기준과 관련된 농약등의 독성 및 잔류성 정도별 구분은 별표 3의5와 같다.

② 영 제20조제3항에 따른 원제의 취급제한기준과 관련된 원제의 독성정도에 따른 구분은 별표 3의6과 같다.

제24조의3(판매·구매 정보의 기록 및 보존 등)
① 법 제23조의2제1항에 따라 제조업자·수입업자·판매업자 및 수출입식물방제업자가 기록·보존해야 하는 판매·구매 정보는 별표 3의7과 같다.
② 법 제23조의2제2항에 따라 제조업자·수입업자·판매업자 및 수출입식물방제업자가 농촌진흥청장에게 제공해야 하는 정보는 별표 3의8과 같다.
③ 제조업자·수입업자·판매업자 및 수출입식물방제업자는 제1항에 따른 농약등의 판매·구매 정보의 기록을 3년 간 보존해야 하며, 판매업자의 판매 정보 기록 장부는 별지 제24호의3서식과 같다. 다만, 전자화된 장부를 이용할 경우 별지 제24호의3서식을 따르지 않을 수 있다.
④ 제조업자, 수입업자, 판매업자 및 수출입식물방제업자는 법 제23조의3제1항에 따른 농약안전정보시스템(이하 "농약안전정보시스템"이라 한다)을 활용하거나 농약안전정보시스템과 연계된 별도의 전산시스템을 이용해 농약등의 판매·구매 정보를 기록하거나 농촌진흥청장에게 정보를 제공해야 한다.
⑤ 제1항부터 제4항까지에서 규정한 사항 외에 농약등의 판매·구매 정보의 기록·보존과 정보 제공 방법에 관한 세부사항은 농촌진흥청장이 정하여 고시한다. 이 경우 수출입식물방제업자에 관한 사항은 검역본부장과 협의하여 정한다.

제24조의4(농약안전정보시스템의 구축·운영에 관한 세부사항)
① 법 제23조의3제1항제6호에서 "농림축산식품부령으로 정하는 업무"란 다음 각 호의 업무를 말한다.
  1. 법 제7조에 따른 등록 취소, 영업소 폐쇄 또는 영업정지 처분에 관한 정보 관리
  2. 법 제14조(법 제16조제4항·제17조제3항 및 제17조의2제4항에서 준용하는 경우를 포함한다) 및 법 제14조의2에 따른 품목등록 취소, 제조·수출입 또는 공급의 제한, 회수·폐기 등에 관한 정보 관리
  3. 법 제23조의2제2항에 따른 정보 제공에 필요한 전산시스템의 개발·보급 등 정보화의 지원
② 농촌진흥청장은 농약안전정보시스템을 구축·운영하기 위하여 다음 각 호의 사항에 대한 표준을 정할 수 있다.
  1. 농약등의 분류 체계에 관한 사항
  2. 품목별 바코드 체계

3. 그 밖에 농촌진흥청장이 농약안전정보시스템의 구축·운영을 위하여 표준화가 필요하다고 인정하는 사항

③ 농촌진흥청장은 매년 농약안전정보시스템 운영 결과를 분석하여 다음 연도 2월 말까지 농림축산식품부장관에게 보고해야 한다.

④ 제1항부터 제3항까지에서 규정한 사항 외에 농약안전정보시스템의 구축·운영에 필요한 사항은 농촌진흥청장이 정하여 고시한다.

제25조(자체검사증명서 등)
① 법 제24조제2항에 따른 자체검사증명서는 별표 4와 같다.
② 법 제24조제2항의 규정에 의한 자체검사성적서는 별지 제25호서식과 같다.
③ 제조업자나 수입업자는 제2항에 따른 자체검사성적서를 전자적인 방법으로 농촌진흥청장에게 제출할 수 있다.

제26조(신청검사의 의뢰)
법 제24조제3항에 따라 출하전에 농약등에 대한 검사를 의뢰하고자 하는 제조업자 또는 수입업자는 별지 제26호서식의 의뢰서를 「농촌진흥법」 제33조에 따라 설립된 한국농업기술진흥원(이하 "한국농업기술진흥원"이라 한다)에 제출하여야 한다.

제27조(유통 농약등 또는 원제의 검사계획수립 등)
① 농촌진흥청장 또는 시·도지사는 법 제24조제1항에 따른 유통 농약등 또는 원제의 검사에 관하여 필요한 계획을 수립하고, 이에 따라 검사를 하여야 한다. 이 경우, 농촌진흥청장 또는 시·도지사는 검사대상자에게 검사의 목적, 범위 및 기간을 알려주어야 한다.
② 법 제24조제1항에 따라 시설·장비 등의 검사를 할 수 있는 경우는 다음과 같다.
   1. 안전사고가 발생할 우려가 있다고 판단되는 경우. 이 경우 검사공무원은 검사대상자에게 안전사고의 발생가능성이 있다고 판단한 이유를 제시하여야 한다.
   2. 삭제
   3. 제조업자가 다른 제조업자의 등록된 시설을 이용하여 농약등의 품목 또는 제품을 위탁·제조하는 경우
   4. 제제별 생산능력의 변경을 초래하는 시설의 변경이 있는 경우(원제업에 한한다)
③ 법 제24조제5항에 따라 법 또는 법에 의한 명령에 위반하여 관계공무원이 봉인한 농약등이나 원제(이하 "부정·불량농약등"이라 한다)는 해당 위반자가 농촌진흥청장이 정하여 고시하는 부정·불량농약등 처리요령에 따라 수거하여 재가공하거나 폐기하여야 한다.

제28조(검사의 기준)
법 제24조제6항에 따른 농약등 또는 원제의 검사기준은 별표 5와 같다.

제29조(검사공무원의 증표)
법 제24조제7항의 규정에 의한 검사공무원의 증표는 별지 제27호서식과 같다.

제30조 삭제

제31조(수수료)
① 법 제28조제1항에 따른 수수료는 별표 7과 같다.
② 제1항에 따른 수수료는 수입인지나 수입증지로 납부하거나 정보통신망을 이용하여 전자화폐나 전자결재 등의 방법으로 납부하여야 한다. 다만, 영 제22조에 따른 위탁사무에 관련된 수수료는 해당 사무를 수탁한 기관의 장이 위탁한 자의 승인을 얻어 결정·공고하는 방법에 따라 납부하여야 한다.
③ 법 제28조제2항에 따른 검사료는 해당 신청검사농약의 모집단별 평가액의 1천분의 1로 한다.
④ 제3항에 따른 평가액은 전년도 결산상의 평균판매가격(부가가치세를 제외한다)을 기준으로 산정하되, 판매실적이 없는 경우에는 해당 연도 평균판매가격 또는 평균판매예정가격을 기준으로 산정한다.
⑤ 제3항 및 제4항에 따른 검사료의 징수에 관한 세부사항은 농촌진흥청장이 따로 정한다.

제32조(규제의 재검토)
농림축산식품부장관은 다음 각 호의 사항에 대하여 다음 각 호의 기준일을 기준으로 3년마다(매 3년이 되는 해의 기준일과 같은 날 전까지를 말한다) 그 타당성을 검토하여 개선 등의 조치를 하여야 한다.
1. 제3조에 따른 제조업·원제업 또는 수입업의 등록 절차: 2017년 1월 1일
2. 제3조의2에 따른 제조업·원제업 또는 수입업의 변경등록 대상 및 절차: 2017년 1월 1일
3. 제4조에 따른 판매업의 등록 절차: 2017년 1월 1일
4. 삭제
5. 제6조 및 별표 1에 따른 제조업등의 인력·시설 및 장비 등의 기준: 2017년 1월 1일
6. 삭제
7. 제11조 및 별표 2에 따른 행정처분의 기준: 2017년 1월 1일
8. 삭제

9. 제18조에 따른 품목등록사항의 변경신고 대상 및 절차: 2017년 1월 1일
10. 삭제
11. 삭제
12. 삭제
13. 제23조제1항에 따른 농약등 및 원제의 표시사항: 2017년 1월 1일
14. 제24조에 따른 광고의 방법 및 과대광고의 범위: 2017년 1월 1일
15. 제24조의3에 따른 구매자 정보의 기록: 2017년 1월 1일
16. 삭제
17. 제28조 및 별표 5에 따른 농약등 또는 원제의 검사기준: 2017년 1월 1일
18. 삭제

부칙

제1조(시행일)
이 규칙은 2022년 3월 1일부터 시행한다.

제2조(다른 법령의 개정)
① 생략
② 농약관리법 시행규칙 일부를 다음과 같이 개정한다.
제26조 중 "농업기술실용화재단"을 각각 "한국농업기술진흥원"으로 한다.
별표 5 제1호다목(2), 같은 표 제2호다목(1) 전단·후단 및 같은 호 마목 제목 외의 부분 후단 중 "농업기술실용화재단"을 각각 "한국농업기술진흥원"으로 한다.
별지 제26호서식 중 "농업기술실용화재단"을 각각 "한국농업기술진흥원"으로 한다.
③부터 ⑤까지 생략

■ 농약관리법 시행규칙 [별표 3]

제출시료의 양(제12조제3항, 제17조제4항, 제20조제4항 및 제22조의2제4항 관련)

제제 형태	시료량[mL(g)]
유제(油劑: 물에 녹지 않는 액체 제제), 액제(液劑, 물약 제제)	200
유탁제(乳濁劑: 용매에 잘 녹지 않는 물질을 용매에 잘 분산시키기 위해 넣는 용액), 미탁제(微濁製: 용매에 잘 녹지 않는 물질을 용매에 잘 분산시키기 위해 넣는 미세한 형태의 용액)	
분산성액제(分散性液劑: 흩어지는 성질의 물약 제제)	
수면전개제(水面展開劑: 이동형 액체 제제)	
수용제	
종자처리수화제(水和劑)(액상의 제재를 포함한다)	
수화제(액상, 입상 포함)	
입제(粒劑)[수면부상성(水面浮上性: 물 표면에 떠오르는 성질)이 있는 제재를 포함한다], 대립제(大粒劑: 굵은 알갱이 형태 제제)	
캡슐현탁액	
분제(粉劑)(저비산의 제재를 포함한다), 분의제(粉衣劑: 종자에 가루 약제를 입혀 만든 제제)	
미분제(微粉劑)(수화성의 제재를 포함한다), 미립제(微粒劑: 아주 작은 알갱이 제제), 세립제(細粒劑: 가루 제제의 대체형으로 매우 잔 알갱이 제제)	
고밀도 멀칭제(덮는 형태 제제)	
그 밖의 새로운 제제 형태 또는 특수농약	보관 및 검사 가능량
농약활용기자재 제품	
원제	50

[비고]

1. 주성분이 두 종류 이상의 합제(合劑)인 경우에는 제재 형태별 시료량 외에 100㎖(g)를 추가하여 제출해야 한다.
2. 신규물질의 시료를 제출할 때에는 분석에 필요한 표준품을 함께 제출해야 한다.
3. 원제가 고활성농약(유효성분이 3% 이하인 제제를 말한다)인 경우에는 감량해 제출할 수 있다.

■ 농약관리법 시행규칙 [별표 3의5]

농약등의 독성 및 잔류성정도별 구분(제24조의2제1항 관련)

1. 급성독성정도에 따른 농약등의 구분

구분	시험동물의 반수를 죽일 수 있는 양(mg/kg 체중)			
	급성경구		급성경피	
	고체	액체	고체	액체
I급(맹독성)	5 미만	20 미만	10 미만	40 미만
II급(고독성)	5 이상 50 미만	20 이상 200 미만	10 이상 100 미만	40 이상 400 미만
III급(보통독성)	50 이상 500 미만	200 이상 2,000 미만	100 이상 1,000 미만	400 이상 4,000 미만
IV급(저독성)	500 이상	2,000 이상	1,000 이상	4,000 이상

[비고]

가. 고체 및 액체의 분류는 농약등의 물리적 상태에 의한다.

나. 해당 농약등이 휘발성이 높거나 중요 장기에 위해성이 있는 등 사람에 특히 위해한 것으로 명백히 밝혀진 농약등은 위 표에 해당되는 등급보다 더 높은 등급으로 구분할 수 있다.

다. 급성독성시험의 수행이 곤란한 경우 등의 사유로 독성을 구분하기 어려운 경우에는 제형의 형태, 원제의 독성, 독성학적 영향 등을 종합적으로 평가하여 구분할 수 있다.

2. 어류에 대한 독성정도에 따른 농약등의 구분

가. 농약등의 어류에 대한 독성(이하 "어독성"이라 한다)의 구분은 제품농약등이 어류의 반수를 죽일 수 있는 농도(유효성분)를 기준으로 하여 다음 표에 의하여 구분하되, 벼재배용 농약등의 경우에는 어류에 대한 어독성이 II급 또는 III급에 속하는 농약등으로서 미꾸라지에 대한 어독성이 I급에 속하는 농약등은 I급 다음의 IIs급으로 구분한다.

구분	반수를 죽일 수 있는 농도(mg/l, 48시간)
I급	0.5 미만
II급	0.5 이상 2 미만
III급	2 이상

나. 사용량을 고려한 벼재배용 농약등의 어독성 구분

1) 어독성이 II급 또는 III급에 속하는 농약등으로서 10a당 평균사용량이 유효성분으로 0.1kg을 초과하는 경우 어류의 반수를 죽일 수 있는 농도(mg/l)를 10a당 농약등 사용량에 대한 유효성분량(kg)으로 나눈 값이 5 미만인 농약등은 I급으로 구분할 수 있다.

2) 어독성이 I급으로 분류되는 농약등중 10a당 평균사용량이 유효성분으로 0.01kg 미만인

농약등의 경우에는 다음과 같이 위험도 평가 후 어독성을 구분할 수 있다.
- 위험도 Z=Y/X

  X : 농약등의 어류 LC_{50}(mg/l)

  Y : 농약등의 논물중 기대농도치(mg/l, 수심 5cm)
- 어독성구분 Z〉 5 : I급

  0.1 < Z < 5 : II급

  Z < 0.1 : III급

다. 급성어독성시험의 수행이 곤란한 훈증제, 훈연제, 연무제등은 농약등에 대한 어독성시험성적서 제출을 생략하는 대신 원제의 어독성을 고려하여 어독성을 구분·평가할 수 있다.

3. 잔류성에 의한 농약등의 구분

가. 작물잔류성농약등

농약등의 성분이 수확물 중에 잔류하여 식품의약품안전처장이 농촌진흥청장와 협의하여 정하는 기준에 해당할 우려가 있는 농약등

나. 토양잔류성농약등

토양 중 농약등의 반감기간이 180일 이상인 농약등으로서 사용결과 농약등을 사용하는 토양(경지를 말한다)에 그 성분이 잔류되어 후작물에 잔류되는 농약등

다. 수질오염성농약등

수서생물에 피해를 일으킬 우려가 있거나 「수질 및 수생태계 보전에 관한 법률」에 따른 공공수역의 수질을 오염시켜 그 물을 이용하는 사람과 가축 등에 피해를 줄 우려가 있는 농약등

■ 농약관리법 시행규칙 [별표 3의6]

원제의 독성정도에 따른 구분(제24조의2제2항 관련)

1. 원제의 사람과 동물에 대한 독성 : 다음 각 목에 따라 분류한다.

가. "급성독성 물질"은 입이나 피부를 통하여 1회 또는 24시간 이내에 수 회로 나누어 투여하거나 4시간 동안 흡입노출시켰을 때 유해한 영향을 일으키는 물질을 말하며, 입이나 피부를 통한 투여 또는 흡입 노출에 대해 각각 4가지로 구분하여 분류한다.

나. "피부 부식성 또는 자극성 물질"은 최대 4시간 동안 접촉시켰을 때 비가역적(非可逆的)인 피부손상을 일으키는 물질(피부 부식성 물질) 또는 회복 가능한 피부손상을 일으키는 물질(피부 자극성 물질)을 말하며, 각각 2가지로 구분하여 분류한다.

다. "심한 눈 손상 또는 눈 자극성 물질"은 눈 앞쪽 표면에 접촉시켰을 때 21일 이내에 완전히 회복되지 아니하는 눈 조직 손상을 일으키거나 심한 물리적 시력감퇴를 일으키는 물질(심한 눈 손상 물질) 또는 21일 이내에 완전히 회복 가능한 어떤 변화를 눈에 일으키는 물질(눈 자극성 물질)을 말하며, 각각 2가지로 구분하여 분류한다.

라. "호흡기 또는 피부 과민성 물질"은 호흡을 통하여 노출되어 기도에 과민 반응을 일으키거나 피부 접촉을 통하여 알레르기 반응을 일으키는 물질을 말하며, 호흡기 또는 피부 노출에 대해 각각 1가지로 구분하여 분류한다.

마. "생식세포 변이원성(變異原性) 물질"은 자손에게 유전될 수 있는 사람의 생식세포에 돌연변이를 일으킬 수 있는 물질을 말하며, 각각 2가지로 구분하여 분류한다.

바. "발암성 물질"은 암을 일으키거나 암의 발생을 증가시키는 물질을 말하며, 각각 2가지로 구분하여 분류한다.

사. "생식독성 물질"은 생식 기능, 생식 능력 또는 태아 발육에 유해한 영향을 일으키는 물질을 말하며, 1가지와 추가 구분(수유에 대한 또는 수유를 통한)으로 분류한다.

아. "특정 표적장기(標的臟器) 독성 물질(1회 노출)"은 1회 노출에 의하여 특이한 비치사적(죽음에 이르지 않는 정도) 특정 표적장기 독성을 일으키는 물질을 말하며, 각각 3가지로 구분하여 분류한다.

자. "특정 표적장기(標的臟器) 독성 물질(반복 노출)"은 반복 노출에 의하여 특정 표적장기 독성을 일으키는 물질을 말하며, 각각 2가지로 구분하여 분류한다.

차. "흡인 유해성 물질"은 액체나 고체 화학물질이 입이나 코를 통하여 직접적으로 또는 구토로 인하여 간접적으로 기관(氣管) 및 더 깊은 호흡기관(呼吸器官)으로 유입되어 화학폐렴, 다양한 폐 손상이나 사망과 같은 심각한 급성 영향을 일으키는 물질을 말하며, 각각 2가지로 구분하여 분류한다.

카. 농약원제 중 가목부터 차목에 해당되지 않는 원제는 구분하지 않는다.

2. 원제의 수서생물에 대한 독성 : 다음 각 목에 따라 분류한다.

가. "급성 수생환경 유해성 물질"은 단기간 노출에 의하여 물 속에 사는 수서생물과 수서생태계에 유해한 영향을 일으키는 물질을 말하며, 1가지의 급성 구분으로 분류한다.

나. "만성 수생환경 유해성 물질"은 장기간 노출에 의하여 물 속에 사는 수서생물과 수서생태계에 유해한 영향을 일으키는 물질을 말하며, 4가지의 만성 구분으로 분류한다.

다. 농약원제 중 가목 및 나목에 해당되지 않는 원제는 구분하지 않는다.

3. 제1호 및 제2호에 규정한 사항 외에 그 밖의 세부사항은 농촌진흥청장이 정하여 고시한다.

■ 농약관리법 시행규칙 [별표 5]

농약등 또는 원제의 검사기준(제28조관련)

1. 자체검사 및 신청검사

가. 모집단 형성

제조 또는 수입한 농약등은 모집단(제품의 균일성을 인정할 수 있는 단위)별로 모집단을 형성하고 모집단 번호를 구분하여 표기한다. 다만, 제조농약의 모집단은 당해 회사의 1일 제조능력(8시간 기준)을 초과할 수 없으며, 다음의 제제형태별 최대수량을 초과할 수 없다.

제제형태별	최대모집단 수량
분제 또는 입제	50톤
분제 및 입제를 제외한 기타 제제형태	10톤

나. 시료발취 및 외관검사

(1) 모집단별로 완전임의추출법에 의하여 다음과 같이 시료를 뽑아낸다. 다만, 신청검사를 할 때에는 그 모집단을 뽑아낸 후 봉인한다.

모집단의 소포장 수량	발취개체 수량
5,000개 이하	50개
5,000개 초과 7,500개 이하	75개
7,500개 초과	100개

(2) 뽑아낸 시료 전량에 대하여 다음 사항을 외관검사한다.

(가) 포장 및 표시상태: 견고하게 포장되었는지와 농약등의 표시사항이 표시되었는지의 여부

(나) 자체검사증명서의 부착 및 표시상태: 견고하고 정확하게 부착되었는지와 표시가 선명한지의 여부

(다) 용량 및 중량의 정상여부: 상온에서 표시 내용량 이상인지의 여부

(3) 외관검사 결과, 결격사유가 없을 때에는 뽑아낸 시료중 1개의 검사시료를 추출하여 시료봉투에 넣고 관계인의 참관하에 봉인한다. 다만, 자체검사를 할 때에는 제조과정중 모집단별로 1개 이상의 분석시료를 뽑아낼 수 있다.

다. 이화학적검사 및 역가검사

(1) 농촌진흥청장이 고시한 검사방법에 의한 검사를 실시하고 그 결과가 농촌진흥청장이 고시한 판정기준에 적합할 경우 이를 합격으로 판정한다. 다만, 자체검사의 경우 합격된

모집단별로 출하하고, 그 결과를 제조일을 기준으로 매 다음달 30일까지 농촌진흥청장에게 제출하여야 한다.
  (2) 한국농업기술진흥원은 신청검사한 결과 불합격 판정을 하였을 때에는 해당 업체에 통보하여 이를 다시 제조하도록 하고, 그 내용을 농업진흥청장에게 보고하여야 한다.
  (3) 신청검사하여 합격된 농약등은 직권검사를 생략할 수 있다.

2. 직권검사
가. 직권검사계획의 수립
  농촌진흥청장은 농약등 또는 원제의 품질관리를 위하여 매년 농약등 또는 원제의 직권검사계획을 수립하고 이에 따라 검사를 하여야 한다.

나. 시료발취 및 외관검사
  (1) 검사공무원은 직권검사계획에 따라 농약등 또는 원제의 제조업체, 원제업체, 수입업체 또는 판매업체에서 농약등 또는 원제의 시료를 뽑아내기 전에 법 제8조제1항, 제16조제1항, 제17조제1항, 제17조의2제1항, 제20조, 제21조 및 제22조에 적합한 농약등 또는 원제인지와 제1호나목(2)의 기준에 적합한 농약등인지를 검사한다.
  (2) 시료의 발취는 관계인의 참관하에 완전임의추출법에 의하여 포장상태의 농약등 또는 원제 중에서 별표 3에 따른 제제형태별 시료의 양을 뽑아내어 검사용과 보관용으로 나누어 각각 시료봉투에 넣고 검사공무원 및 관계인의 연명으로 봉인한다.

다. 이화학적 검사 및 역가검사
  (1) 농촌진흥청장은 발취한 시료의 분석검사가 필요한 경우에는 한국농업기술진흥원에 검사를 의뢰할 수 있다. 이 경우 한국농업기술진흥원은 농촌진흥청장이 고시한 검사방법에 따라 분석검사를 실시하고 그 결과를 농촌진흥청장에게 보고하여야 한다.
  (2) (1)에 의한 보고를 받은 농촌진흥청장은 농촌진흥청장이 고시한 판정기준에 적합한 경우에는 합격으로 판정한다. 다만, 마목에 따라 재검사한 경우에는 재검사 결과가 농촌진흥청장이 고시한 판정기준에 적합한 경우에는 합격으로 판정한다.

라. 생물학적 검사
  농촌진흥청장은 품질관리를 위하여 필요하다고 인정할 경우에는 농촌진흥청장이 정한 시험의 기준 및 방법에 의하여 약효.약해검사를 실시할 수 있다.

마. 재검사
  이화학적 검사 및 역가검사결과 불합격으로 판정될 경우 제조업자.원제업자 또는 수입업자가 이의가 있을 때에는 검사결과 통보일부터 15일 이내에 이의를 제기하여 재검사를 실시할 수 있다. 이 경우 재검사는 한국농업기술진흥원에서 보관중인 시료로 실시한다.

바. 직권검사결과 불합격 농약등 또는 원제의 처리
  (1) 불합격 내용 및 출하지역의 통보
    (가) 농촌진흥청장은 직권검사결과 불합격 판정시 각 시.도지사, 해당 제조업자・원제업자・수입업자, 농협중앙회, 한국작물보호협회 및 작물보호제판매협회에 불합격 내용을 통보하여야 한다.
    (나) 통보를 받은 불합격 농약등 또는 원제의 제조업자・원제업자・수입업자는 불합격 모집단의 출하지역 및 출하량 등 출하상황을 지체없이 농촌진흥청장에게 보고하여야 한다.
  (2) 불합격 모집단의 봉인
    (가) 농촌진흥청장은 해당 제조업자・원제업자・수입업자로부터 불합격 모집단의 출하상황을 통보받은 때에는 지체없이 불합격 내용과 출하상황을 시.도지사에게 통보하여 동 모집단을 봉인하도록 조치하여야 한다.
    (나) 통보를 받은 시.도지사는 소속검사공무원으로 하여금 봉인조치를 하게 하고 그 결과를 농촌진흥청장 및 해당 제조업자・원제업자・수입업자에게 통보하여야 한다.
  (3) 불합격 모집단의 수거
    (가) 농촌진흥청장은 불합격 내용을 통보한 날부터 15일 이내에 해당 제조업자・원제업자・수입업자로부터 이의제기가 없을 때에는 해당 제조업자・원제업자・수입업자에게 봉인된 농약등 또는 원제의 수거를 지시하여야 하고, 시.도지사 및 관계기관 등에 수거협조를 요청할 수 있다.
    (나) 해당 제조업자・원제업자・수입업자는 시.도지사로부터 봉인결과를 통보받고 농촌진흥청장으로부터 수거지시를 받은 때에는 1월 이내에 봉인된 농약등 또는 원제의 전량을 수거하고 그 결과를 농촌진흥청장에게 보고하여야 한다.
  (4) 불합격 농약등 또는 원제의 제조업자 등에 대한 행정처분
    농촌진흥청장 등은 별표 2의 행정처분 기준에 따라 불합격 농약등 또는 원제의 제조업자 등에 대한 행정처분을 하여야 한다.
  (5) 불합격 농약등 또는 원제에 대한 사후관리
    농촌진흥청장은 불합격된 농약등 또는 원제의 모집단의 앞뒤의 모집단에 대하여 추가로 시료를 수거하여 품질을 확인할 수 있다.

3. 농촌진흥청장은 농약등 또는 원제의 제제형태별.품목별로 검사(검토)사항.검사방법 및 판정기준 및 표준품 관리요령 등을 정한 농약등 또는 원제의 검사방법을 정하여 고시하여야 한다.

PART 3

필답 연습문제

PART 03 > 필답 연습문제 1회

01 아래 설명을 보고 적합한 해충을 고르시오.

◎ 학명은 *Lymantria dispar* 이다.
◎ 수컷의 날개는 대체로 암갈색 또는 흑갈색을 띤다.
◎ 암컷의 몸과 날개는 유백색을 띠고 있으며 희미하게 물결모양의 갈색 무늬가 나타난다.

(배추벼룩잎벌레 / 매미나방 / 먹노린재)

해답
매미나방

02 아래 설명을 보고 적합한 식물병을 적으시오.

◎ 학명은 *Phyllactinia corylea* 이다.
◎ 잎에 작고 흰 반점 모양의 균총이 나타난다.
◎ 차후 잎 전체에 밀가루를 뿌려 놓은 것처럼 보이며 가을에 잎의 균총 위에 작고 둥근 노란색의 알갱이가 다수 나타난다.

해답
흰가루병

03 아래 약제의 종류가 해당되는 분류를 고르시오.

< 디캄바 >
(살균제 / 살충제 / 제초제)

해답
제초제

04 다음 농약의 희석에 관한 내용이다. 아래의 표를 보고 농약량을 계산하시오(소수점 셋째자리 반올림).

	농약 희석액 500ml 제조
농약 희석물 20L 당 30ml 사용	< 계산 과정 >

해답

- $500 \times \dfrac{30}{20,000} = 0.75\,ml$
- 답 : 0.75 ml

05 식물방역법에 의거 병해충이 발생하였거나 발생할 우려가 있다고 인정되는 경우 그 병해충의 예방 및 확산방지 등을 위하여 수행하는 역학조사 활동 2가지를 적으시오.

해답
- 병해충의 감염원 추적을 위한 활동
- 병해충의 유입경로 규명을 위한 활동

06 토양관리에서 토양 입단의 형성에 도움을 주는 방법 3가지를 적으시오.

해답
- 유기물과 석회를 시용한다.
- 콩과작물을 재배한다.
- 토양을 피복한다.
- 토양개량제를 시용한다.

07 포장동화능력을 구하기 위한 필요한 인자 3가지를 적으시오.

해답
총엽면적, 수광능률, 평균동화능력

08 광관리에서 소모도장효과에 대해 설명하시오.

해답
일조의 건물생산효과에 대한 온도의 호흡증대효과의 비를 소모도장효과라 한다.

09 다음은 광관리에 대한 내용이다. 빈칸을 채우시오.

> 보상점이 낮아서 그늘에 적응하고 광을 강하게 받으면 도리어 해를 받는 식물을 (㉠)이라 하고 보상점이 높아 그늘에 적응하지 못하고 햇볕에 있는 곳에서만 잘 자라는 식물을 (㉡)이라 한다.

해답
㉠ 음생식물
㉡ 양생식물

10 토양관리에서 토양공기에 영향을 주인 요인 5가지를 적으시오.

해답
토성, 토양의 구조, 토양수분, 유기물, 식생, 경운 작업

11 교호작에 대해 설명하시오.

해답
교호작은 생육기간이 비슷한 2가지 이상의 작물을 일정 이랑씩 번갈아 가면서 재배하는 방법이다.

12 동상해의 대책 3가지를 적으시오.

해답
· 방풍림을 조성한다.
· 저습지대의 경우 배수구를 설치한다.
· 내동성에 강한 품종을 선택한다.
· 유기질비료, 인산, 칼륨 비료를 공급한다.
· 이랑을 세워 뿌림골을 깊게 한다.

13 작물의 수해에 관여하는 작물적 요인 3가지를 적으시오.

> **해답**

작물의 종류, 품종, 생육단계

14 작물에 발생하는 도복현상의 대책 3가지를 적으시오.

> **해답**

- 품종의 선택시 키가 크기보다 대가 튼튼한 것을 선택한다.
- 질소질 비료의 과용을 삼가한다.
- 병해충을 방제한다.
- 밀도 조절을 통해 통풍과 수광태세를 개선한다.

15 아래 보기에서 설명하는 진단법의 종류를 적으시오.

온실에서 생육한 감자의 눈에 나타난 병징으로 바이러스 감염 여부를 판정한다.

> **해답**

괴경지표법

16 생물학적 방제법에서 교차보호에 대해 설명하시오.

> **해답**

병원성이 약화된 식물바이러스가 침입한 기주에서 병원성이 더욱 강한 바이러스에 의해 병의 확산이 억제되는 현상을 교차보호라 한다.

17 아래는 광과 작물의 생리작용에 대한 내용이다. 옳은 것을 고르시오

광합성에 가장 효과가 큰 광파장은 (녹색광 / 주황색광 / 적색광)이며, 굴광현상에 가장 큰 영향을 주는 파장은 (340 ~ 380nm / 440 ~ 480nm / 540 ~ 580nm)이다.

> **해답**

적색광, 440 ~ 480nm

18 논토양의 유형 중에서 사질논에 대해 설명하시오

해답
모래가 많은 논을 사질논이라 한다.

19 대기 중 이산화탄소 농도에 영향을 주는 요인 3가지를 적으시오

해답
계절, 지면과의 거리, 식생, 바람

20 잡초의 유용성 3가지를 적으시오

해답
- 토양에 유기물을 공급하여 토질을 개선시킨다.
- 잡초를 먹이로 하는 야생동물에게 먹이와 서식처를 제공한다.
- 토양의 유실을 방지한다.
- 자연경관을 아름답게 하는 조경의 기능이 있다.
- 오염된 수질 및 토양의 정화를 돕는다.

PART 03 > 필답 연습문제 2회

01 온도계수의 정의를 적으시오

해답

온도계수는 온도가 10°C 상승할 경우 작물의 생리작용, 이화학적 반응 등이 높아지는 정도를 나타내는 것으로 Q_{10} 이라고 표시하기도 한다.

02 식물에 나타나는 냉해의 종류 3가지를 적으시오

해답
- 지연형 냉해
- 장해형 냉해
- 병해형 냉해

03 식물에 고온의 피해가 발생 시 나타나는 현상 3가지를 적으시오

해답
- 유기물의 소모가 많아진다.
- 암모니아 성분이 많아진다.
- 증산작용이 활발해진다.
- 심할 경우 위조현상이 나타난다.

04 혼파의 장점 3가지를 적으시오

해답
- 기상에 대한 적응력이 높아진다.
- 병해충에 대한 위험성이 낮아진다.
- 공간의 이용이 효율적이다.
- 재배의 안전성이 높아진다.

05 피복재료를 이용하여 토양의 멀칭작업을 할 경우 나타나는 효과 3가지를 적으시오

해답
- 토양의 침식을 방지한다.
- 토양의 수분조절이 용이하다.
- 잡초의 발생을 방지한다.
- 유익 박테리아의 증식에 도움이 된다.

06 다음 설명을 보고 관련 대기오염물질의 명칭을 적으시오

◎ 질소산화물과 탄화수소가 광화학반응에 의해 생성되는 2차 오염물질로 식물의 세포막이나 소기관을 파괴하여 기능을 상실시키며 광합성을 저하시킨다.

해답
질산과산화 아세틸

07 병징의 정의를 적으시오

해답
병징은 식물의 외형 혹은 조직의 변화, 빛깔 등에 이상이 나타나는 현상을 의미한다.

08 아래 설명을 보고 적합한 식물병을 고르시오

◎ 학명은 *Lophodermium pinastri* 이다.
◎ 잎이 갈색으로 변하면서 떨어지다가 수세가 약해진다.
◎ 병든 낙엽과 갈색으로 변한 잎에 1mm 정도의 타원형의 검은색 돌기가 형성된다.

(소나무 잎떨림병 / 소나무 잎마름병 / 소나무 잎녹병)

해답
소나무 잎떨림병

09 아래 설명을 보고 적합한 해충을 고르시오

◎ 학명은 *Endoclyta excrescens* 이다.
◎ 암갈색을 띠고 있으며 더듬이는 짧다.
◎ 몸과 날개는 갈색에 몸이 가늘며 앞날개의 중실 아래와 끝에 황백색의 반문이 있다.
◎ 뒷날개는 암갈색이며 그 뒷면의 회갈색이다.

(멸강나방 / 배추좀나방 / 박쥐나방)

해답
박쥐나방

10 아래 약제의 종류가 해당되는 분류를 고르시오

< 카보설판 >
(살균제 / 살충제 / 제초제)

해답
살충제

11 다음 농약의 희석에 관한 내용이다. 아래의 표를 보고 농약량을 계산하시오(소수점 셋째자리 반올림)

	농약 희석액 500ml 제조
농약 희석물 20L 당 40ml 사용	< 계산 과정 >

해답

· $500 \times \dfrac{40}{20{,}000} = 1\,ml$

· 답 : 1 ml

12 식물방역법에서 격리재배대상식물 중 묘목을 수입하려할 때 꼬리표에 기재되어야할 사항 3가지를 적으시오

> **해답**
> - 품목명
> - 수입일
> - 수입자 및 원산지

13 농약의 조제시 유의사항 3가지를 적으시오

> **해답**
> - 조제시 약액이 인체에 묻지 않게 주의 한다.
> - 오염된 물이나 알칼리성이 강한 물은 조제시 사용하지 않도록 한다.
> - 유제는 소량의 물에 희석하고 이후 소요량의 물을 부어 골고루 혼합한다.

14 논 담수 관개시 나타나는 효과 5가지를 적으시오

> **해답**
> - 생리적으로 필요한 수분을 공급한다.
> - 담수의 온도 조절 작용을 한다.
> - 비료 성분을 공급할 수 있다.
> - 유해물질을 제거한다.
> - 잡초를 억제한다.

15 토양관리에서 토양입단이 파괴되는 원인 3가지를 적으시오

> **해답**
> - 경운
> - 입단의 팽창과 수축의 반복
> - 나트륨이온의 첨가
> - 비와 바람과 같은 외부 환경

16 다음은 식물의 동사 기구에 대한 내용이다 빈칸을 채우시오.

> 저온으로 식물조직이 동결될 때에는 세포간극에 먼저 결빙이 생기는데 이를 (㉠) 이라 하고 원형질 내부로 침입하여 세포 원형질 내부에 결빙을 유발하는 경우 (㉡)이라 한다.

해답
㉠ 세포외결빙
㉡ 세포내결빙

17 영양번식 방법 중 접목에 대해 설명하시오.

해답
접목은 두 가지 식물의 형성층 부위를 밀착시켜 접합하도록 하는 방법으로 정부가 되는 부분을 접수, 기부가 되는 부분을 대목이라 한다.

18 윤작에 대해 설명하시오.

해답
윤작은 동일 임지에서 작물을 연이어 재배하지 않고 다른 종류의 작물을 순차적으로 재배하는 것을 의미한다.

19 해충방제에서 말하는 '경제적 피해수준'에 대해 설명하시오.

해답
경제적 피해가 나타나는 최소밀도로 해충에 의한 피해비용과 방제비용이 같은 수준의 밀도를 말한다.

20 작물의 요수량에 대해 설명하시오.

해답
건물 1g을 생산하는데 소요되는 수분량을 말한다.

PART 03 필답 연습문제 3회

01 아래 설명을 보고 적합한 것을 고르시오

◎ 학명은 *Mycosphaerella cerasella* 이다.
◎ 잎에 자그마한 자갈색 반점이 나타나고 점차 확대되다가 둥근 갈색 반점이 된다.
◎ 병반과 건전부 경계에 이층이 생겨 병반이 떨어져 나가면서 구멍이 생긴다.

(갈색무늬구멍병 / 탄저병 / 역병)

해답
갈색무늬구멍병

02 아래 설명을 보고 적합한 해충의 명칭을 적으시오

◎ 학명은 *Phthorimaea operculella* 이다
◎ 몸은 연한 회갈색이며 흑갈색의 비늘이 섞여 있다
◎ 앞날개는 회갈색 바탕에 뒷날개는 흑갈색이다
◎ 머리, 가슴, 등쪽은 검고 다른 부분은 연한 황백색이며 분홍색을 띠는 것도 있다

해답
감자나방

03 아래 약제의 종류가 해당되는 분류를 고르시오

< 피라클로스트로빈 >
(살균제 / 살충제 / 제초제)

해답
살균제

04 다음 농약의 희석에 관한 내용이다. 아래의 표를 보고 농약량을 계산하시오(소수점 셋째자리 반올림)

농약 희석물 20L 당 30ml 사용	농약 희석액 500ml 제조
	< 계산 과정 >

해답

· $500 \times \dfrac{30}{20,000} = 0.75\,ml$

· 답 : 0.75 ml

05 식물방역법에서 말하는 '규제병해충'의 정의를 적으시오
해답
소독·폐기 등의 조치를 취하지 아니할 경우 식물에 해를 끼치는 정도가 크다고 인정되는 것으로서 검역병해충 및 규제비검역병해충을 말한다.

06 작물에 침수가 발생했을 경우 대책 3가지를 적으시오
해답
· 배수에 노력하여 관수기간을 짧게 한다.
· 물이 빠질 때 잎의 흙 앙금을 씻어준다.
· 키가 큰 작물은 서로 결속하여 유수에 의한 도복을 방지한다.

07 다음은 한해에 대한 내용이다. 아래의 설명을 보고 빈칸을 채우시오

( ) : 휴작기에 비가 올 때마다 땅을 갈아 빗물을 지하에 잘 저장하고 작기에 토양을 잘 진압하여 지하수의 모관상승을 좋게 하여 한발적응성을 높이는 농법이다.

해답
드라이파밍

08 온도관리 중 적산온도에 대해 설명하시오

해답
작물이 일생을 마치는 데 소요되는 총온량을 표시한 것을 적산온도라 한다.

09 간척지의 염분제거법 3가지를 적으시오

해답
담수법, 명거법, 여과법

10 아래의 작물들을 연작의 피해가 큰 순서대로 나열하시오

(감자 / 옥수수 / 토마토 / 인삼)

해답
인삼, 토마토, 감자, 옥수수

11 식물바이러스에 의해 나타나는 외부병징의 종류 3가지를 적으시오

해답
변색, 위축, 괴저, 기형, 돌기

12 작물에 발생하는 냉해의 대책 3가지를 적으시오

해답
- 냉해에 저항성이 있는 품종을 선택한다.
- 방풍림을 조성한다.
- 질소질 비료의 과용을 피한다.

13 식물병 중에서 벼 도열병이 잘 발생할 수 있는 환경 조건을 고르시오

◎ 온도가 (낮을 / 높을) 경우 벼 도열병이 잘 발생한다.
◎ 습도가 (낮을 / 높을) 경우 벼 도열병이 잘 발생한다.
◎ 토양수분이 (적을 / 많을) 경우 벼 도열병이 잘 발생한다.

해답
벼 도열병은 비가 자주 내리거나 온도가 낮고 습도가 높을 경우, 바람이 강하게 불 경우, 토양온도가 낮을 경우, 토양수분이 적을 경우, 질소질 비료가 과할 경우, 모내기가 늦을 경우에 발병한다.

14 해충의 분류에서 돌발해충에 대해 설명하시오

해답
평소 문제가 되지 않다고 환경의 변화나 먹이사슬의 변화등으로 인해 갑작스럽게 다량 발생하는 경우를 말한다.

15 다음은 광관리에서 포장동화능력에 산출하기 위한 공식이다. 빈칸을 채우시오

포장동화능력 = (   ) × 수광능률 × 평균동화능력

해답
총엽면적

16 영양번식 방법 중 삽목에 대해 설명하시오

해답
모체에서 분리한 영양체의 일부를 삽상에 심어 뿌리를 내리게 하여 독립개체로 번식시키는 방법이다.

17 이식의 종류 중에서 난식에 대해 설명하시오

해답
난식은 일정한 질서 없이 점점이 이식하는 방법이다.

18 파종 방법 중에서 점파에 대해 설명하시오

해답
일정 간격으로 종자를 수 개씩 파종하는 방법이다.

19 식물병의 생물학적 방제법에서 길항미생물에 대해 설명하시오

해답
병원균의 생육을 억제하거나 저지시키는 능력을 가진 미생물을 길항미생물이라 한다.

20 다음은 농약의 살포법에 대한 내용이다. 내용을 보고 적합한 것을 고르시오

◎ 살분법은 분무법과 비교하여 작업이 ㉠ (간단하다 / 복잡하다)
◎ 미스티법은 분무법과 비교하여 농도가 ㉡ (낮고 / 높고) 입자가 ㉢ (작다 / 크다)

해답
㉠ 간단하다.
㉡ 높고
㉢ 작다.

PART 03 > 필답 연습문제 4회

01 습해 발생 시 식물에 나타나는 현상 3가지를 적으시오

해답
- 환원성 물질이 다량 발생한다.
- 증산 작용이 저해된다.
- 광합성 작용이 저해된다.
- 뿌리 호흡이 불량하다.
- 수분 및 무기양분의 흡수가 불량해진다.

02 내건성 작물의 세포적 특성 3가지를 적으시오

해답
- 세포가 작아서 수분이 감소해도 원형질의 변형이 적다.
- 세포 중 원형질이나 저장양분이 차지하는 비율이 높다.
- 원형질의 점성이 높고 세포액의 삼투압이 높다.
- 탈수될 때 원형질의 응집이 덜하다.
- 원형질막의 수분, 요소 등에 대한 투과성이 크다.

03 농약의 살포법 중 '분의법'에 대해 설명하시오

해답
종자를 소독하기 위하여 분제로 된 약제를 종자에 피복시켜 병해충을 사멸시키는 방법이다.

04 동상해의 응급대책 3가지를 적으시오

해답
관개법, 발연법, 송풍법, 피복법, 연소법, 살수결빙법

05 다음은 광관리에 대한 내용이다. 빈칸을 채우시오

◎ 특정한 몇 개의 잎이나 한 개체가 고립되어 있는 경우와 같이 실험대상이 되는 각각의 잎이 직사광을 받는 경우를 (　　) 라 한다.

해답
고립상태

06 영양번식의 장점 3가지를 적으시오

해답
- 우량한 상태의 유전형질을 유지할 수 있다.
- 채종이 곤란한 작물에 적용하면 유리하다.
- 종자번식보다 생육이 왕성하다.
- 병해충에 대한 저항력이 증가한다.

07 윤작의 효과 3가지를 적으시오

해답
- 지력이 유지된다.
- 토양이 보호된다.
- 병해충이 경감된다.
- 노동의 합리적 분배가 가능하다.
- 경영의 안정화에 도움이 된다.

08 아래의 설명을 보고 관련된 대기오염물질의 명칭을 적으시오

◎ NO_2 가 자외선 하에서 광산화되어 생성된다.
◎ 0.15ppm 의 농도에서 1시간이면 피해가 발생한다.
◎ 어린잎보다는 자란 잎에서 피해가 더 크며 피해를 줄이기 위해 저항성 작물 및 품종을 선택한다.
◎ 식물 엽록소의 감소 및 광합성의 저하가 발생한다.

해답
오존

09 식물병 방제 방법 중 경종적 방제법 종류 2가지를 적으시오

해답
윤작, 파종시기 조절, 포장위생

10 농약 보조제의 종류 3가지를 적으시오

해답
용제, 계면활성제, 증량제, 전착제

11 곤충의 유효적산온도 공식을 적으시오

해답
유효적산온도 = (측정온도 − 발육영점온도) × 측정온도에서의 발육일수

12 중경의 효과 3가지를 적으시오

해답
- 발아가 조장된다.
- 토양의 통기성이 증진된다.
- 토양의 수분증발이 억제된다.
- 비효증진효과가 있다.

13 제초제의 효과에서 상승작용에 대해 설명하시오

해답
2종류 이상의 약제를 동시에 작용할 경우 개개의 작용이 합친 것보다 더 높은 효과를 발휘하는 경우를 말한다.

14 농약 분류에서 살균제의 용도에 따른 분류 5가지를 적으시오

해답
보호살균제, 직접살균제, 종자소독제, 토양소독제, 과실방부제

15 토양관리에서 압입법에 대해 설명하시오

해답

압입법은 뿌리가 깊은 과수 주변에 구멍을 뚫고 물을 주입하거나 기계적으로 압입하는 방법이다.

16 식물방역법에서 말하는 '식물검역대상물품' 의 정의를 적으시오

해답

식물과 그 식물을 넣거나 싸는 용기·포장, 병해충 및 농림축산식품부령으로 정하는 흙을 말한다.

17 다음 농약의 희석에 관한 내용이다. 아래의 표를 보고 농약량을 계산하시오(소수점 셋째자리 반올림)

	농약 희석액 500ml 제조
농약 희석물 20L 당 35ml 사용	< 계산 과정 >

해답

- $500 \times \dfrac{35}{20,000} = 0.875\,ml$
- 답 : 0.88 ml

18 아래 약제의 종류가 해당되는 분류를 고르시오

< 디에토펜카브 >
(살균제 / 살충제 / 제초제)

해답

살균제

19 아래 설명을 보고 적합한 것을 고르시오

◎ 학명은 *Stagonospora* sp 이다.
◎ 처음 잎에 작은 갈색 반점이 나타나고 둥근 병반이 된다.
◎ 잎 뒷면에 병반은 회갈색을 띤다.

(둥근별무늬병 / 회색무늬병 / 잎마름병)

해답
회색무늬병

20 아래 설명을 보고 적합한 해충을 고르시오

◎ 학명은 *Semanotus bifasciatus* 이다
◎ 몸은 검고 머리와 가슴에 긴 털이 있다
◎ 날개는 담황색이며 중앙과 끝에 흑색의 넓은 띠가 있고 기부에는 황갈색의 띠가 있다

(파밤나방 / 향나무하늘소 / 호두나무잎벌레)

해답
향나무하늘소

PART 03 > 필답 연습문제 5회

01 아래 설명을 보고 적합한 식물병을 고르시오

◎ 학명은 *Glomerella cingulata* 이다.
◎ 과실의 표면에 갈색 작은 반점이 발생하고 점차 확대되면서 병반 중앙부가 움푹해진다.
◎ 다습시 병반위 담홍색의 점액이 분비된다.

(사과탄저병 / 균핵병 / 배나무붉은별무늬병)

해답
사과탄저병

02 아래 설명을 보고 적합한 것을 고르시오

◎ 학명은 *Papilio xuthus* 이다.
◎ 앞날개의 제4경맥, 제5경맥은 대개 같은 자루를 이룬다.
◎ 맥을 따라 검은 줄무늬 무늬를 가지고 있으며 암컷이 수컷보다 더 넓은 날개를 가진다.

(모시나비 / 꼬리명주나비 / 호랑나비)

해답
호랑나비

03 아래 약제의 종류가 해당되는 분류를 고르시오

< 알루미늄포스파이드 >
(살균제 / 살충제 / 제초제)

해답
살충제

04 다음 농약의 희석에 관한 내용이다. 아래의 표를 보고 농약량을 계산하시오(소수점 셋째자리 반올림)

	농약 희석액 500ml 제조
농약 희석 물 20L 당 20ml 사용	< 계산 과정 >

해답

· $500 \times \dfrac{20}{20,000} = 0.50 ml$

· 답 : 0.50 ml

05 아래 내용에 관련된 법의 명칭을 적으시오

◎ 이 법은 농약의 제조·수입·판매 및 사용에 관한 사항을 규정함으로써 농약의 품질향상, 유통질서의 확립 및 농약의 안전한 사용을 도모하고 농업생산과 생활환경 보전에 이바지함을 목적으로 한다.

해답

농약관리법

06 아래 내용을 보고 빈칸을 채우시오

◎ (㉠) : 분제 농약을 살포하는 방법으로 다공 호스를 이용한 파이프더스터(Pipe duster)법이 주로 이용된다.
◎ (㉡) : 약제를 안개와 같이 미세하게 뿌려 작물에 부착하게 하는 것으로 고착성이 좋아 비산에 의한 손실이 적은 편이다.

해답

㉠ 살분법
㉡ 분무법

07 연작에 의해 발생되는 기지의 대책 3가지를 적으시오

해답
- 윤작을 실시한다.
- 담수를 한다.
- 토양을 소독한다.
- 토양의 유독물질을 알코올, 계면활성제 등을 이용하여 흘려보낸다.
- 객토 및 환토를 한다.
- 접목을 실시한다.

08 내건성 작물의 형태적 특성 3가지를 적으시오

해답
- 표면적/체적 의 비가 작다.
- 뿌리가 깊고 지상부보다 근군의 발달이 좋다.
- 잎조직이 치밀하고 엽맥과 울타리 조직이 발달하였다.
- 표피에는 각피가 잘 발달되어 있고 기공이 작거나 적다.

09 작부방법 중에서 주위작에 대해 설명하시오

해답
포장의 주위에 포장내의 작물과는 다른 작물을 재배하는 방식으로 주위에 빈 공간을 이용하는 것이다.

10 아래의 설명을 보고 관련된 대기오염물질의 명칭을 적으시오

◎ 가성소다 제조공장, 펄프공장, 화학공장 등에서 발생한다.
◎ 세포 내 유기물질들을 산화상태로 만들어 세포가 괴사하고 세포 내 엽록소가 파괴된다.
◎ 회백색의 작은 반점이 잎 표면에 다수 나타나고 접촉 시 햇볕이 강하면 피해가 더 크게 나타난다.

해답
염소계가스

11 공정육묘에 대해 설명하시오

해답
자동화 육묘시설을 이용한 육묘방법으로 상토준비 및 혼입, 파종, 재배관리 작업 등이 자동으로 이루어진다.

12 진단법에서 생물학적 진단방법 3가지를 적으시오

해답
지표식물, 최아법, 즙액접종법

13 식물병을 진단하는 방법 중 해부학적 진단법의 종류 2가지를 적으시오

해답
그람염색법, 침지법, 초박절편법, 면역전자현미경법

14 다음 보기에서 산성토양에 저항성이 강한 작물을 모두 고르시오

< 보기 >
벼, 양파, 고추, 감자

해답
벼, 감자

15 바람 중 연풍이 식물에 주는 이점 3가지를 적으시오

해답
- 증산작용이 촉진된다.
- 양분의 흡수를 촉진한다.
- 병해가 줄어든다.
- 광합성이 촉진된다.
- 수정 및 결실이 촉진된다.

16 해충을 방제하는데 있어 생물학적 방제법의 단점 2가지를 적으시오

해답
- 대량 사육이 어렵다.
- 해충밀도가 높을 경우 효과가 낮다.
- 시간 및 경비가 많이 요구된다.

17 개량 3포식 농법에 대해 설명하시오

해답
1/3의 휴한 지역을 토지 이용상 불리하다고 판단될 경우 휴한 대신 클로버나 콩과 작물을 재배하여 질소고정을 통해 지력의 증진을 유도하는 방식이다.

18 토양관리에서 살수관개의 종류 3가지를 적으시오

해답
다공관관개, 스프링클러관개, 물방울관개

19 재배관리에서 엽면시비에 대해 설명하시오

해답
엽면으로 양분을 공급하는 시비법을 엽면시비라 한다.

20 냉해의 종류 중 지연형 냉해에 대해 설명하시오

해답
생육 초기에서 출수기까지 여러 시기에 냉온을 만나 등숙이 지연되어 후기의 냉온에 의해 등숙불량이 나타나는 현상이 발생한다.

PART 4

과년도 복원문제

PLANT PROTECTION

2023년 1회 식물보호기사 실기 복원문제

01 다음은 대기오염물질에 관한 내용이다. 아래 설명에 관련된 대기오염물질의 명칭을 빈칸에 적으시오.

(㉠) : NO_2 가 자외선을 받아 광산화에 의해 발생한다.
세포막의 구조와 투과성에 영향을 끼치며 세포 내 주요 대사과정을 저해한다.
엽록체를 파괴하고 미토콘드리아에 피해를 준다.

(㉡) : 독성이 강하고 낮은 농도에서도 피해가 발생한다.
농도 10ppb에서 10~20시간 정도 식물에 노출시 큰 피해를 준다.
피해를 줄이기 위해 소석회액, 요소 등을 활용한다.
인산비료, 알루미늄 등 각종 중금속 제조공정에 발생한다.

해답
㉠ 오존
㉡ 불화수소

02 아래 사진 및 설명을 보고 적합한 것을 고르시오.

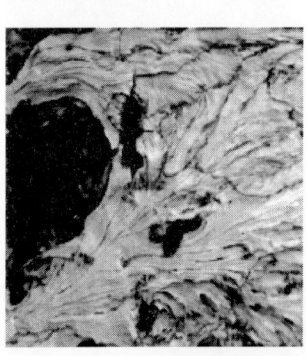

· 학명은 *Armillaria spp* 이다.
· 피해 발생시 지제부에 송진이 흐르며 수피를 벗기면 버섯 냄새가 나는 흰색 균사층이 형성된다.

(아밀라리아뿌리썩음병 / 겹둥근무늬병 / 잎마름병)

해답
아밀라리아뿌리썩음병

03 아래 사진 및 설명을 보고 적합한 것을 고르시오.

- 학명은 *Gastrolina depressa* 이다.
- 더듬이와 다리가 흑색이다.
- 앞가슴등판과 앞날개가 자청색이다.

(호두나무잎벌레 / 왕바구미 / 홍비단노린재)

해답
호두나무잎벌레

04 다음 중 볕뎀에 대한 피해가 적은 수종을 모두 고르시오.

(오동나무 / 참나무 / 소나무 / 벚나무)

해답
참나무, 소나무

05 토양의 통기성 촉진을 위한 재배적 방법 3가지를 적으시오.

해답
- 중경작업을 실시한다.
- 경운작업을 실시한다.
- 윤작을 실시한다.
- 토양개량제를 공급한다.

06 아래 작휴법에 대한 용어의 정의를 적으시오.

◎ 성휴법 :
◎ 휴립휴파법 :

해답
- 성휴법 : 이랑을 보통보다 넓고 크게 하는 방법이다.
- 휴립휴파법 : 이랑을 세우고 이랑에 파종하는 방법이다.

07 작물의 동해의 피해를 막기 위한 대책 5가지를 적으시오.

해답
- 동해에 대한 저항력이 있는 품종을 선택한다.
- 시비관리를 해준다.
- 배수시설을 관리하거나 설치한다.
- 주위에 방풍림을 조성한다.
- 동해의 피해를 받기 쉬운 주간이나 주지에 백색페인트 혹은 짚으로 피복한다.

08 수분관리를 위한 개거법 및 암거법에 대해 설명하시오.

해답
- 개거법 : 개방된 토수로에 투수하고 이것이 침투하여 모관상승을 통해 근권에 공급하는 방법
- 암거법 : 지하에 토관, 목관, 콘크리트관, 플라스틱관 등을 배치하여 통수하고 이를 통해 간극으로 스며 오르게 하는 방법

09 온도관리에서 온도계수에 대해 설명하시오.

해답
온도가 10℃ 상승하는데 따른 이화학적 반응 및 생리작용의 증가배수를 온도계수라 한다.

10 내습성 작물의 특징 2가지를 적으시오.

해답
- 통기조직이 잘 발달되어 있다.
- 부정근의 발근력이 크다.
- 신근의 발근력이 크다.
- 환원성 유해물질의 저항성이 크다.
- 근계가 얕게 발달한다.

11 광관리에서 작물의 고립상태와 군락상태의 정의를 적으시오.

해답
- 고립상태 : 특정 몇 개의 잎 혹은 한 개체가 고립되어 있는 상태
- 군락상태 : 포장에서 작물이 밀생하고 크게 자라며 잎이 서로 포개져서 많은 수의 잎이 직사광선을 받지 못하고 그늘이 있는 상태

12 아래 약제의 종류가 해당되는 분류를 고르시오.

< 카두사포스 >
(살균제 / 살충제 / 제초제)

해답
살충제

13 아래 병징에 관련된 용어의 정의를 적으시오.

◎ 퇴색
◎ 분열조직활성화
◎ 이층형성

해답
- 퇴색 : 잎의 엽록소의 일부 혹은 전체가 파괴되면서 색이 옅어지는 현상을 말한다.
- 분열조직활성화 : 세포가 비정상적으로 분열하여 변형조직이 생성된다.
- 이층형성 : 조기 낙엽의 원인이 되는 현상으로 잎자루와 가지 사이에 세포들을 분리되기 쉽게 만든다.

14 다음은 작물의 내동성에 관한 내용이다. 빈칸을 채우시오.

◎ 원형질의 수분투과성이 (㉠) 해야 세포 결빙이 적고 내동성이 증가한다.
◎ 지류 함량이 (㉡) 해야 내동성이 크다.

해답
㉠ 증가
㉡ 증가

15 다음 농약의 희석에 관한 내용이다. 아래의 표를 보고 농약량을 계산하시오.

	농약 희석액 500ml 제조
농약 희석물 20L 당 30ml 사용	< 계산 과정 >

해답

$$500 \times \frac{30}{20,000} = 0.75\,ml$$

16 아래 작물 방제에 관한 내용에 빈칸을 채우시오

◎ 곤충 바이러스 중 미생물방제에 주로 이용되는 것은 (㉠)과 과립병 바이러스이다. 이들은 기주의 세포핵안에서 복제하는 (㉡)에 속한다.

해답
㉠ 핵다각체병 바이러스
㉡ 베큘로바이러스

17 노후답 개량 방법 3가지를 적으시오

해답
· 객토를 실시한다.
· 심경을 실시한다.
· 비료를 공급한다.

18 농약 분류에서 살충제의 종류 5가지를 적으시오

해답
접촉제, 훈증제, 기피제, 유인제, 불임제, 점착제, 독제

19 아래 내용에 관련된 법의 명칭을 적으시오

◎ 이 법은 농약의 제조·수입·판매 및 사용에 관한 사항을 규정함으로써 농약의 품질향상, 유통질서의 확립 및 농약의 안전한 사용을 도모하고 농업생산과 생활환경 보전에 이바지함을 목적으로 한다.

해답
농약관리법

20 다음 표는 토양 염류직접의 분류이다. 빈칸에 기준이 되는 토양 명칭을 적으시오

	EC	ESP	SAR	PH
(㉠)	<4.0	<15	<13	<8.5
(㉡)	>4.0	<15	<13	<8.5
나트륨성 토양	<4.0	>15	>13	>8.5
염류나트륨성토양	>4.0	>15	>13	<8.5

해답
㉠ 정상토양
㉡ 염류토양

2023 1회 식물보호산업기사 실기 복원문제

01 윤작에 의해 나타나는 이점 5가지를 적으시오

해답
- 토양 전염성 병해가 방지된다.
- 지력의 유지 및 증진에 도움이 된다.
- 잡초가 경감된다.
- 기지가 경감된다.
- 작물 수량이 증대된다.
- 토양이 보호된다.
- 해충이 경감된다.

02 농약 분류에서 살충제의 종류 5가지를 적으시오

해답
접촉제, 훈증제, 기피제, 유인제, 점착제, 침투성살충제

03 냉해의 종류 3가지를 적으시오

해답
- 지연형 냉해
- 장해형 냉해
- 병해형 냉해

04 토양 수분조절 중에서 드라이파밍에 대해 설명하시오

해답
인위적 관개시설에 의존하지 않고 자연적인 강수량에 의존하여 재배하는 방법으로 휴작기에 비가 올 때 땅을 갈라 빗물을 지하에 저장하고 작기에 토양을 진압하여 지하수의 모관상승을 좋게 한다.

05 대기환경에서 이산화탄소의 농도에 관여하는 요인 3가지를 적으시오

해답

계절, 식생, 바람, 지면과의 거리

06 풍해로 인하여 발생되는 작물의 생리적장해 3가지를 적으시오

해답

- 도복현상이 발생할 수 있다.
- 작물에 상처가 발생할 수 있다.
- 호흡이 증가하여 저장양분의 소모가 증가한다.
- 상처 발생 후 건조하게 되면 광산화반응에 의해 고사한다.

07 토양의 입단형성 방법 3가지를 적으시오

해답

- 점토 및 유기물 등 입단구조를 형성하는 물질을 공급한다.
- 콩과 녹비작물을 재배한다.
- 토양의 피복 혹은 윤작 등 작부체계를 개선한다.
- 인공토양개량제를 공급한다.

08 아래의 단어의 정의를 적으시오

◎ 병징 :
◎ 표징 :

해답

- 병징 : 병원체의 감염 후 식물체의 외부에 외형이나 생육의 이상, 빛깔의 이상이 나타나는 반응을 말한다.
- 표징 : 기생성병의 병환부에 병원체 자체가 나타나는 것을 말한다.

09 광 관리에서 최적엽면적의 정의를 적으시오

해답

최적엽면적 : 건물생산이 최대로 되는 단위 면적당의 군락엽면적을 말한다

10 아래의 식물 중에서 내한성 식물을 모두 고르시오

(자작나무 / 소나무 / 배롱나무 / 자목련)

해답
소나무, 자작나무

11 다음 농약이 속하는 종류를 고르시오

클로르피리포스
(살충제 / 살균제 / 제초제)

해답
살충제

12 적산온도의 정의를 적으시오

해답
작물이 생존하는 기간동안 소요되는 총온량으로 작물의 발아로부터 성숙하는데 까지의 0°C 이상의 일평균기온을 합산한 것을 말한다.

13 다음 단어의 정의를 적으시오

◎ 포식성 천적 :
◎ 기생성 천적 :

해답
- 포식성 천적 : 살아있는 곤충을 잡아 먹는 천적
- 기생성 천적 : 다른 곤충에 기생생활을 하는 천적

14 식물병 진단법 중에서 생물학적 진단법 2가지를 적으시오

해답
지표식물법, 즙액접종법, 최아법, 박테리오파지법

15 습해를 방지하기 위한 대책 3가지를 적으시오

해답
- 배수시설을 정비하거나 설치하도록 한다.
- 세사를 객토하거나 토양개량제를 사용한다.
- 질소질비료의 과용을 피하고 칼륨 및 인산질비료를 충분히 공급한다.
- 내습성 작물 및 품종을 선택한다.

16 농약의 잔류성에 관여하는 요인 3가지를 적으시오

해답
- 작물 표면의 형태
- 작물의 성장속도
- 전착제의 첨가 여부
- 농약의 잔류 부위
- 농약의 안전성

17 아래의 사진 및 내용을 참고하여 식물병을 고르시오

- 학명은 *Elsinoe ampelina* 이다.
- 열매는 작고 둥근 무늬가 생기며 병반이 약간 움푹 들어간다.
- 잎은 작은 반점이 흑색 반점으로 확대된다.

(새눈무늬병 / 겹무늬썩음병 / 잎녹병)

해답
새눈무늬병

18 아래 사진 및 내용을 참고하여 해충을 고르시오

- 학명은 *Sipalinus gigas gigas* 이다
- 몸은 검고 회갈색의 가루로 덮혀 있다
- 앞가슴등판 중앙에 세로줄이 있으며 작은 돌기가 많이 있다

(왕바구미 / 돈나무이 / 털두꺼비하늘소)

해답

왕바구미

19 식물병을 일으키는 병원균의 종류 3가지를 적으시오

해답

세균, 바이러스, 바이로이드, 진균 등

20 아래의 농약량을 계산하시오

	농약 희석액 500ml 제조
농약 희석물 20L 당 10ml 사용	< 계산 과정 >

해답

$$500 \times \frac{10}{20{,}000} = 0.25ml$$

2023 2회 식물보호기사 실기 복원문제

01 다음은 동상해의 응급대책에 대한 내용이다. 아래 내용을 참고하여 빈칸을 채우시오

◎ (㉠) : 불을 피우고 그 위에 청초나 젖은 가마니를 덮어서 수증기를 많이 함유한 연기를 발산시키면 열이 보태지고 수증기가 지열의 발산을 경감시킨다.
◎ (㉡) : 거적, 비닐, 폴리에틸렌 등을 덮는다.

해답
㉠ 발연법
㉡ 피복법

02 아래 약제의 종류가 해당되는 분류를 고르시오

< 메틸브로마이드 >
(살균제 / 살충제 / 제초제)

해답
살충제

03 광합성의 정의를 적으시오

해답
녹색식물이 광에너지를 받아 대기의 이산화탄소와 뿌리가 흡수한 물을 이용하여 탄수화물을 합성하는 물질대사 과정을 말한다.

04 아래 사진 및 설명을 보고 적합한 것을 고르시오

- 학명은 *Mycosphaerella cerasella* 이다
- 잎에 자그마한 자갈색 반점이 나타나고 점차 확대되다가 둥근 갈색 반점이 된다.
- 병반과 건전부 경계에 이층이 생겨 병반이 떨어져 나가면서 구멍이 생긴다.

(갈색무늬구멍병 / 탄저병 / 역병)

해답

갈색무늬구멍병

05 토양수분에서 결합수와 모관수의 정의를 적으시오

해답

- 결합수 : 점토광물에 결합되어 있어 분리시킬수 없는 수분을 말한다.
- 모관수 : 표면장력 때문에 토양공극 내에서 중력에 저항하여 유지되는 수분으로 작물이 주로 이용하는 수분이다.

06 박과채소의 접목시 단점 3가지를 적으시오

해답

- 질소 과다흡수의 우려가 있다.
- 기형과가 많이 발생한다.
- 당도가 떨어진다.
- 흰가루병에 약하다.

07 냉해의 종류 중에서 장해형냉해와 지연형냉해에 대해 설명하시오

해답

- 장해형 냉해 : 유수형성기에서 개화기까지 화분이나 배낭의 생식기관이 정상적으로 형성되지 못하거나 수정장해가 유발되는 등의 현상이 발생한다.
- 지연형 냉해 : 생육 초기에서 출수기까지 여러 시기에 냉온을 만나 등숙이 지연되어 후기의 냉온에 의해 등숙불량이 나타나는 현상이 발생한다.

08 아래 사진 및 설명을 보고 적합한 것을 고르시오

- 학명은 *Lymantria dispar* 이다
- 수컷의 몸과 날개는 암갈색이나 흑갈색을 띠고 있으며 개체에 따라 날개의 중앙부에 연한 담색을 띤다.
- 암컷의 몸과 날개는 유백색을 띤다.

(꽃매미 / 돈나무이 / 매미나방)

해답
매미나방

09 재배시 수분관리를 위한 개거법 및 다공관관개법에 대해 설명하시오

해답
- 개거법 : 개방된 토수로에 투수하고 이것이 침투하여 모관상승을 통해 근권에 공급하는 방법
- 다공관관개법 : 파이프에 직접 작은 구멍을 내어 살수하는 방법이다.

10 다음 농약의 희석에 관한 내용이다. 아래의 표를 보고 농약량을 계산하시오(소수점 셋째자리 반올림)

	농약 희석액 500ml 제조
농약 희석물 20L 당 27ml 사용	< 계산 과정 >

해답

$500 \times \dfrac{27}{20,000} = 0.675 \, ml$

답 0.68 ml

11 작물의 유효온도, 최저온도, 최대온도에 대해 설명하시오

해답
- 유효온도 : 작물이 생육이 가능한 범위의 온도
- 최저온도 : 작물의 생육이 가능한 가장 낮은 온도
- 최대온도 : 작물의 생육이 가능한 가장 높은 온도

12 내건성이 강한 작물의 형태적 특징 3가지를 적으시오

해답
- 잎이 왜소하고 작다.
- 울타리조직이 발달해 있다.
- 잎의 기공이 작거나 적다.

13 직접살포제형 농약에 대한 내용이다. 내용을 보고 빈칸을 채우시오

◎ (㉠) : 규사, 탄산석회, 모래 등 비흡유성의 입상 담체 표면에 액상의 원제를 피복시켜 제재하는 것을 말한다.
◎ (㉡) : 원제를 증량제와 물리적 개량제 분해 방지제 등과 균일하게 혼합하고 분쇄하여 제제한 것을 말한다.

해답
㉠ 입제
㉡ 분제

14 다음은 농약살포법에 대한 내용이다. 빈칸을 채우시오

◎ (㉠) : 일반 분무법을 개선하여 살포액의 입자크기를 더 작게 하여 노동력을 절감하고 살포의 균일성을 향상시킨 방법이다
◎ (㉡) : 토양내 서식하는 병원균이나 해충의 방제하기 위하여 약제를 농작물의 뿌리 근처의 토양에 주입하는데 토양전면 30~60cm 간격으로 약제를 주입하고 흙으로 덮는다.

해답
㉠ 미스트법
㉡ 토양처리법

15 아래는 해충의 기계적 방제에 대한 내용이다. 아래 설명을 보고 빈칸을 채우시오.

◎ (㉠) : 목재의 수피를 제거하여 목재산란 해충의 산란을 저지하고 수피아래 서식하는 해충을 방제한다.
◎ (㉡) : 해충이 들어 있는 목재를 땅속에 묻어서 죽이거나 성충이 우화하더라도 탈출하지 못하게 하는 방법이다.

해답

㉠ 박피법
㉡ 매몰법

16 다음은 농약관리법에 대한 내용이다. 빈칸에 적합한 말을 채우시오

◎ 농약활용기자재는 (   )로서 농촌진흥청장이 지정한다.

해답

· "농약활용기자재"란 다음 각 목의 어느 하나에 해당하는 것으로서 농촌진흥청장이 지정하는 것을 말한다.
· 농약을 원료나 재료로 하여 농작물 병해충의 방제 및 농산물의 품질관리에 이용하는 자재
· 살균·살충·제초·생장조절 효과를 나타내는 물질이 발생하는 기구 또는 장치

17 다음은 대기조성의 비율을 나타낸 것이다. 빈칸에 적합한 대기성분을 적으시오.

◎ (㉠) : 78 %
◎ (㉡) : 21 %
◎ 이산화탄소 : 0.03 %

해답

㉠ 질소
㉡ 산소

18 수피상처 원인에는 인위적 원인, 기상적 원인, 생물적 원인 등이 있다. 이중에서 기상적 원인 3가지를 적으시오

> **해답**
> · 강풍에 의해 가지가 부러지면서 수피에 상처가 발생하는 경우
> · 적설에 의해 가지가 부러지면서 수피에 상처가 발생하는 경우
> · 피소 현상으로 수피에 상처가 발생하는 경우

19 해충발생예찰에서 표본조사와 축차조사에 대해 설명하시오

> **해답**
> · 표본조사 : 일부를 조사하여 통계분석을 통해 전체 집단을 유추하는 방법으로 다양한 수종과 환경보다는 단일재배작물이 광범위할 경우 효과적인 방법이다.
> · 축차조사 : 해충의 밀도조사를 순차적으로 누적하면서 방제여부를 결정하는 방법으로 표본의 크기가 정해져 있지 않고 관측치의 합계가 미리 구분된 계급에 속할 때까지 표본추출을 계속하는 방법이다.

20 다음은 병해 발생 진단 방법에 대한 설명이다. 다음 설명에 해당하는 방법을 빈칸에 적으시오

◎ (㉠) : 병든 식물에서 분리한 병원균에 대한 항혈청을 만들어 이것을 진단하려는 식물즙액이나 분리한 병원체와 반응시켜 이미 알고 있는 병원체와 같은 것인지 조사하는 방법이다.
◎ (㉡) : 병든 식물체에서 병원균을 분리하여 DNA를 추출한 후에 PCR를 이용하여 병원균의 특정 유전자 또는 DNA 부위를 증폭한다.

> **해답**
> ㉠ 면역학적 진단
> ㉡ 분자생물학적 진단

2023 2회 식물보호산업기사 실기 복원문제

01 광보상점과 광포화점의 정의를 적으시오.

해답
- 보상점은 광도 곡선 상에서 광합성 속도가 호흡 속도와 같아지는 지점에서의 빛의 세기를 말한다.
- 광포화점은 광도가 높아짐에 따라 광합성이 증가하다가 어느 한계점에 이후 더 이상 광합성이 증대되지 않는 점을 말한다.

02 내습성 작물의 특징 2가지를 적으시오.

해답
- 통기조직이 잘 발달되어 있다.
- 부정근의 발근력이 크다.
- 신근의 발근력이 크다.
- 환원성 유해물질의 저항성이 크다.
- 근계가 얕게 발달한다.

03 점적관개와 압입법에 대해 설명하시오.

해답
- 점적관개 : 전체 토양표면을 적시지 않고 식물 근권에 적정량의 물을 공급하기 위해 관개 호스에 일정 간격 구멍을 뚫어 구멍으로 물방울이 떨어지게 하여 천천히 물을 공급하는 방법이다.
- 압입법 뿌리가 깊은 과수 주변에 구멍을 뚫고 물을 주입하거나 기계적으로 압입하는 방법이다.

04 윤작과 개량3포식 농법의 정의를 적으시오.

해답
- 윤작 : 윤작은 동일 임지에서 작물을 연이어 재배하지 않고 다른 종류의 작물을 순차적으로 재배하는 것을 말한다.
- 개량3포식 : 개량 3포식 농법은 1/3 의 휴한 지역을 토지 이용상 불리하다고 판단될 경우 휴한 대신 클로버나 콩과 작물을 재배하여 질소고정을 통해 지력의 증진을 유도하는 방식이다.

05 풍해로 인하여 발생하는 피해를 줄이기 위한 대책 3가지를 적으시오.

해답
- 방풍림을 조성한다.
- 비배관리를 철저히 한다.
- 풍향의 직각방향으로 이랑을 만든다.

06 열해의 피해를 줄이기 위한 대책 3가지를 적으시오.

해답
- 관개시설을 만들어 준다.
- 피복작업을 해준다.
- 토양개량제를 공급한다.

07 다음 농약의 희석에 관한 내용이다. 아래의 표를 보고 농약량을 계산하시오(소수점 셋째자리 반올림).

	농약 희석액 500ml 제조
농약 희석 물 20L 당 13ml 사용	< 계산 과정 >

해답

$$500 \times \frac{13}{20,000} = 0.325 ml$$

답 0.33ml

08 아래는 수간주사의 주입 방법에 대한 설명이다. 해당 설명에 해당하는 방법을 적으시오.

(㉠) : 수세가 약한 수목에 다량의 약제를 주입하여 빠른 수세 회복을 원할 때 적용한다.
(㉡) : 많은 용량의 처리가 어려우며 유입구가 커서 상처의 크기가 크다

해답
㉠ 중력식
㉡ 유입식

09 아래 약제의 종류가 해당되는 분류를 고르시오.

< 사이퍼메트린 >
(살균제 / 살충제 / 제초제)

해답
살충제

10 아래 사진 및 설명을 보고 적합한 것을 고르시오.

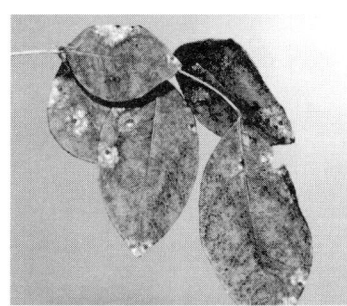

- 학명은 *Stagonospora sp* 이다
- 처음 잎에 작은 갈색 반점이 나타나고 둥근 병반이 된다.
- 잎 뒷면에 병반은 회갈색을 띤다.

(둥근별무늬병 / 회색무늬병 / 잎마름병)

해답
회색무늬병

11 아래 사진 및 설명을 보고 적합한 것을 고르시오

- 학명은 *Papilio xuthus* 이다
- 앞날개의 제4경맥, 제5경맥은 대개 같은 자루를 이룬다.
- 맥을 따라 검은 줄무늬 무늬를 가지고 있으며 암컷이 수컷보다 더 넓은 날개를 가진다.

(모시나비 / 꼬리명주나비 / 호랑나비)

해답
호랑나비

12 아래 내용을 보고 빈칸을 채우시오

> 월동작물이 5°C 이하의 기온에 계속 처하게 되면 내동성이 증대되는데 이것을 (㉠)라고 한다. 이것을 다시 높은 온도에 처리하면 내동성이 약해지는데 이것을 (㉡)이라고 한다.

해답
㉠ 경화(hardening)
㉡ 내동성 상실(디하드닝, dehardening)

13 다음은 식물병 진단법에 대한 설명이다. 설명을 보고 빈칸에 진단법의 종류를 적으시오

> ◎ (㉠) : 현미경을 이용하여 병원체의 유무, 병원균의 종류 및 형태 등을 조사하여 진단하는 방법이다.
> ◎ (㉡) : 감자 바이러스병을 진단하기 위한 방법으로 미리 감자의 눈을 발아시켜 발병의 유무를 검정하는 방법이다.

해답
㉠ 해부학적 진단법
㉡ 생물학적 진단법

14 입목형의 정지 중에서 배상형에 대해 설명하시오

해답
배상형은 짧은 원줄기 상에 3~4개의 원가지를 발달시켜 수형이 술잔모양으로 되게 하는 정지법이다

15 다음 용어의 정의를 적으시오

> ◎ 내부기생성
> ◎ 외부기생성

해답
· 내부기생성 : 긴 산란관으로 기주의 체내에 알을 낳고 부화한 유충이 기주의 체내에서 기생한다.
· 외부기생성 : 기주의 체외에서 영양을 섭취하여 기생하는 곤충이다.

16 다음은 대기조성의 비율을 나타낸 것이다. 빈칸에 적합한 대기성분을 적으시오.

◎ 질소 : 약 78 %
◎ (㉠) : 약 21 %
◎ (㉡) : 약 0.03 %

해답
㉠ 산소
㉡ 이산화탄소

17 해충의 방제법 중에서 물리적 방제법 3가지를 적으시오.

해답
· 방사선을 이용한다.
· 고주파를 이용한다.
· 온도 및 습도를 조절한다.

18 비기생성 식물병 중 환경스트레스에 해당하는 종류 3가지를 적으시오.

해답
대기오염물질, 온도, 습도

19 토양침식에 대해 설명하시오.

해답
강우로 표토가 유실되거나 바람에 의하여 표토가 비산되어 지력이 저하되는 현상을 말한다.

20 아래 최저온도, 최적온도 최고온도의 기준에 해당하는 작물을 보기에서 고르시오.

< 보기 >
호밀 / 귀리 / 벼

◎ 최저온도 : 10 ~ 12
◎ 최적온도 : 30 ~ 32
◎ 최고온도 : 36 ~ 38

해답
벼

2023 3회 식물보호기사 실기 복원문제

01 해충발생예찰에서 표본조사와 축차조사에 대해 설명하시오

해답
- 표본조사 : 일부를 조사하여 통계분석을 통해 전체 집단을 유추하는 방법으로 다양한 수종과 환경보다는 단일재배작물이 광범위할 경우 효과적인 방법이다.
- 축차조사 : 해충의 밀도조사를 순차적으로 누적하면서 방제여부를 결정하는 방법으로 표본의 크기가 정해져 있지 않고 관측치의 합계가 미리 구분된 계급에 속할 때까지 표본추출을 계속하는 방법이다.

02 아래 내용을 보고 적합한 것을 고르시오

◎ 원형질의 친수성 콜로이드가 (① 많으면 / 적으면) 세포내의 결합수가 많아지고 자유수가 (② 많아져서 / 적어져서) 원형질의 탈수저항성이 커지고 세포의 결빙이 경감되므로 내동성이 커진다.

해답
① 많으면
② 적어져서

03 풍해의 대책 5가지를 적으시오

해답
- 방풍림을 조성한다.
- 내풍성 수종을 선택한다.
- 비배관리를 철저히 한다.
- 풍향의 직각방향으로 이랑을 만들어 준다.
- 낙과방지제를 살포한다.

04 이산화탄소포화점에 대해 설명하시오

해답
이산화탄소농도가 어느 한계까지 높아지면 그 이상 높아져도 광합성속도는 그 이상 증대하지 않는 상태에 도달하게 되는데 이 한계점의 이산화탄소 농도를 이산화탄소포화점이라 한다.

05 아래 설명에 적절한 것을 고르시오

> ◎ 굴광현상에 효과적인 광은 (① 적색광 / 청색광)이며 착색에 관여하는 안토시안의 생성은 (② 자외선 / 적외선)이 촉진한다.

해답
① 청색광
② 자외선

06 다음 농약의 희석에 관한 내용이다. 아래의 표를 보고 농약량을 계산하시오(소수점 셋째자리 반올림)

	농약 희석액 500ml 제조
농약 희석물 20L 당 30ml 사용	< 계산 과정 >

해답

$$500 \times \frac{30}{20,000} = 0.75\,ml$$

답 0.75 ml

07 아래 사진 및 설명을 보고 적합한 것을 고르시오

- 학명은 *Gastrolina depressa* 이다.
- 더듬이와 다리가 흑색이다.
- 앞가슴등판과 앞날개가 자청색이다.

(호두나무잎벌레 / 왕바구미 / 홍비단노린재)

해답

호두나무잎벌레

08 아래 사진 및 설명을 보고 적합한 것을 고르시오

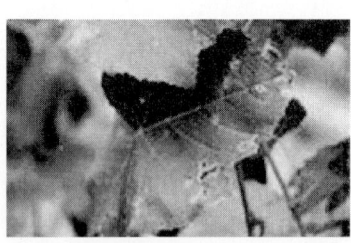

- 학명은 *Elsinoe ampelina* 이다.
- 원형, 흑갈색의 작은 반점이 생겨 점차 확대되어 타원형으로 약간 함몰된 병반이 형성된다.
- 병반 중앙은 회백 내지 갈색으로 주변은 흑갈색이다.

(복숭아나무 잎오갈병 / 포도나무 새눈무늬병 / 푸사리움 가지마름병)

해답

포도나무 새눈무늬병

09 다음 작부법에 대해 설명하시오

◎ 대전법
◎ 답전윤환

해답

- 대전법 : 대전법은 개간한 토지에서 몇 해 동안 작물을 연속적으로 재배하고 그 후 지력이 소모되고 잡초발생이 증가하면 경지를 떠나 다른 토지를 개간하여 작물을 재배하는 경작방법이다.
- 답전윤환 : 답전윤환은 논상태와 밭상태로 몇 해씩 돌려가면서 벼와 작물을 재배하는 방식을 말한다.

10 식물방역법의 목적을 적으시오

해답
수출입 식물 등과 국내 식물을 검역하고 식물에 해를 끼치는 병해충을 방제(防除)하기 위하여 필요한 사항을 규정함으로써 농림업 생산의 안전과 증진에 이바지하고 자연환경을 보호하는 것을 목적으로 한다.

11 수간주사의 정의를 적고 수간주사 처리시 유의해야할 사항 1가지를 적으시오

해답
- 정의 : 수간주사는 나무의 줄기에 구멍을 뚫고 약액을 직접 주입하는 것을 말한다.
- 유의사항 : 주입공을 작게 뚫어야 한다.

12 토양의 구조 중에서 판상구조와 각주상구조에 대해 설명하시오

해답
- 판상구조 : 접시와 같은 모양이거나 수평배열의 토괴로 구성된 구조이다.
- 각주상구조 : 단위구조의 수직길이가 수평길이보다 긴 기둥모양으로 수평면이 평탄하고 각진 모서리를 가진 구조이다.

13 아래 보기에서 강산성토양의 조건에서 결핍되는 무기원소를 모두 고르시오

<보기>
Cu, P, Ca, Fe

해답
P, Ca

14 아래 병징에 관련된 용어의 정의를 적으시오

◎ 퇴색
◎ 상편생장

> 해답
> • 퇴색 : 잎의 엽록소가 일부 또는 전체적으로 파괴되어 녹색이 열어지는 것
> • 상편생장 : 잎자루나 잎맥의 윗부분이 아랫부분보다 더 많이 자라게 하여 잎이 아래 쪽으로 처지거나 쭈글쭈글하게 오그라드는 현상

15 아래 약제의 종류가 해당되는 분류를 고르시오

< 사이퍼메트린 >
(살균제 / 살충제 / 제초제)

> 해답
> 살충제

16 C3 식물과 C4 식물의 광합성산물의 전류속도 차이에 대해 설명하시오

> 해답
> C3 식물의 광합성산물 전류속도가 느리고 C4 식물은 상대적으로 빠르다.

17 관개방법 중 고랑관개와 다공관관개에 대해 설명하시오.

> 해답
> • 고랑관개 : 포장에 이랑을 세우고 고랑에 물을 흘려 대는 방법이다.
> • 다공관관개 : 파이프에 직접 작은 구멍을 내어 살수하는 방법이다.

18 동상해의 사후대책 5가지를 적으시오.

> **해답**
> - 인공수분을 한다.
> - 적과를 늦춘다.
> - 영양상태의 회복을 꾀한다.
> - 병충해를 방제한다.
> - 심하면 대작을 한다.

19 농약처리 방법 중 도포법에 대해 설명하시오.

> **해답**
> 나무 줄기에 환상으로 약액을 처리하여 이동하는 해충을 잡는 방법과 상처 부위를 병균이 침입하지 못하도록 약제를 처리하는 방법이다.

20 아래는 곤충병원성 곰팡이에 관련된 내용이다. 빈칸을 채우시오.

> ◎ 곤충병원성 곰팡이는 분생포자의 발아를 위해 (㉠)% 이상의 높은 습도가 요구된다.
> ◎ (㉡)은 흰색을 띠는 포자와 균사로 뒤덮인 후 점차 초록색을 띠며 굳어 폐사한다.

> **해답**
> ㉠ 90   ㉡ 녹강균

2023년 4회 식물보호산업기사 실기 복원문제

01 아래 약제의 종류가 해당되는 분류를 고르시오.

< 가스가마이신 >
(살균제 / 살충제 / 제초제)

해답
살균제

02 풍해와 연풍의 정의를 적으시오.

해답
- 풍해 : 바람에 의해 발생되는 피해를 말한다.
- 연풍 : 연풍은 바람의 세기가 풍속 4~6km/h 정도의 작물에 이로운 영향을 주는 것을 말한다.

03 다음은 식물병 진단법에 대한 설명이다. 설명을 보고 빈칸에 진단법의 종류를 적으시오.

◎ (㉠) : 병든 식물체에서 병원균을 분리하여 DNA를 추출한 후에 PCR를 이용하여 병원균의 특정 유전자 또는 DNA 부위를 증폭한다.
◎ (㉡) : 병든 식물에서 분리한 병원균에 대한 항혈청을 만들어 이것을 진단하려는 식물즙액이나 분리한 병원체와 반응시켜 이미 알고 있는 병원체와 같은 것인지 조사하는 방법이다.

해답
㉠ 분자생물학적 진단
㉡ 면역학적 진단

04 아래 내용을 보고 빈칸을 채우시오.

◎ 곤충은 ㉠(변온 / 감온)동물이다.
◎ (㉡) : 손이나 간단한 기구를 이용하여 해충의 알, 유충, 번데기, 성충을 직접 잡아 죽이는 방법이다.

해답

㉠ 변온
㉡ 포살법

05 아래 내용을 보고 빈칸을 채우시오.

◎ (㉠) : 주로 산림지역에서 위성영상이나 유무인항공기를 촬영한 항공사진 등을 이용하여 해충의 발생과 피해를 평가하는 방법이다.
◎ (㉡) : 주광성이 있고 활동성이 높은 성충을 대상으로 야간에 광원을 사용해서 해충을 유인하는 채집방법이다.

해답

㉠ 원격탐사
㉡ 유아등

06 다음은 작물의 내건성에 대한 내용이다. 빈칸에 적합한 것을 고르시오.

◎ 내건성이 강한 것은 원형질의 점성이 ㉠(높고 / 낮고), 세포액의 삼투압이 높아서 수분보류력이 강하다.
◎ 내건성이 강한 것은 탈수될 때 원형질의 응집이 ㉡(덜하다 / 잘된다)

해답

㉠ 높고
㉡ 덜하다

07 아래 내용을 보고 빈칸을 채우시오.

◎ 곰팡이는 (㉠)에 속하는 생물을 총칭하는 용어이다. 진균 중 효모를 제외한 (㉡)을 의미하기도 한다.

해답
㉠ 균계
㉡ 사상균

08 아래 사진 및 설명을 보고 적합한 것을 고르시오.

· 학명은 *colletotrichum spp* 이다
· 환부에 둥글게 움푹 들어간 암색의 병반을 생긴다.
· 표면에 분홍색 점물질이 발생한다.

(무사마귀병 / 탄저병 / 역병)

해답
탄저병

09 아래 사진 및 설명을 보고 적합한 것을 고르시오.

· 학명은 *Lymantria dispar* 이다.
· 수컷의 몸과 날개는 암갈색이나 흑갈색을 띠고 있으며 개체에 따라 날개의 중앙부에 연한 담색을 띤다.
· 암컷의 몸과 날개는 유백색을 띤다.

(꽃매미 / 돈나무이 / 매미나방)

해답
매미나방

10 다음 농약의 희석에 관한 내용이다. 아래의 표를 보고 농약량을 계산하시오(소수점 셋째자리 반올림)

	농약 희석액 500ml 제조
농약 희석물 20L 당 32ml 사용	< 계산 과정 >

해답

$500 \times \dfrac{32}{20,000} = 0.80\,ml$

답 0.80 ml

---

11 병충해에 있어 생물학적 방제법의 정의를 적으시오.

해답

농작물을 가해하는 해충을 포식하거나 또는 해충에 기생하는 곤충이나 미생물들을 천적이라 하고 이러한 천적을 이용하는 방제법을 생물학적 방제법이라 한다.

---

12 토양수분에서 중력수와 모관수의 정의를 적으시오.

해답

- 중력수 : 중력에 의하여 비모관공극에 스며 흘러내리는 물을 말한다.
- 모관수 : 표면장력 때문에 토양공극 내에서 중력에 저항하여 유지되는 수분으로 작물이 주로 이용하는 수분이다.

---

13 논 담수관개의 효과 5가지를 적으시오.

해답

- 생리적으로 필요한 수분을 공급한다.
- 담수의 온도 조절 작용을 한다.
- 비료 성분을 공급할 수 있다.
- 유해물질을 제거한다.
- 잡초를 억제한다.

14 유효고온한계온도와 유효적산온도의 정의를 적으시오.

해답
- 유효고온한계온도 : 어떤 온도 이상으로 올라가도 생육효과가 나타나지 않는 온도를 말한다.
- 유효적산온도 : 유효온도를 작물의 발아 이후 일정한 생육단계까지 적산한 것을 말한다.

15 양생식물과 음생식물의 정의를 적으시오.

해답
- 양생식물 : 보상점이 높아 그늘에 적응하지 못하고 햇볕 쪼이는 곳에서 잘 자라는 식물
- 음생식물 : 보상점이 낮아 그늘에 적응하고 광을 강하게 받으면 도리어 해를 받는 식물

16 중성식물과 정일성식물의 정의를 적으시오.

해답
- 중성식물 : 일정한 한계일장이 없고 넓은 범위의 일장에서 화성이 유도된다.
- 정일성식물 : 좁은 범위의 특정 일장에서만 화성이 유도된다.

17 작부체계의 정의를 적으시오.

해답
일정한 포장에서 몇 종류의 작물을 해마다 바꾸어 재배하거나 또는 같은 해 여러 작물을 조합, 배열하여 함께 재배하는 방식을 말한다.

18 이산화탄소시비의 정의를 적으시오.

해답
시설재배에서 시설 내 이산화탄소 농도를 인위적으로 높여주는 것을 이산화탄소시비라 한다.

19 다음은 작물의 내동성에 대한 내용이다. 빈칸에 적합한 것을 고르시오.

◎ 당분함량이 ㉠(많으면 / 적으면) 내동성이 크다.
◎ 원형질의 점도가 ㉡(낮을 경우 / 높을 경우) 내동성이 크다.

해답
㉠ 많으면
㉡ 낮을 경우

20 다음은 농약의 물리적 성질에 대한 내용이다. 내용을 보고 빈칸을 채우시오.

◎ (㉠) : 분제를 살분할 때 분제의 미립자가 공기 중 균일하게 분산하는 성질을 말한다.
◎ (㉡) : 분제의 입자가 살분기의 분출구로 잘 미끄러져 가는 성질을 말한다.
◎ (㉢) : 물과의 친화도를 나타내는 성질이다.

해답
㉠ 분산성
㉡ 토분성
㉢ 수화성

2024 1회 식물보호기사 실기 복원문제

01 농약관리법에서 말하는 수입업의 정의를 적으시오.

해답
'수입업'이란 농약 등 또는 원제를 수입하여 판매하는 업을 말한다.

02 광관리에서 포장동화능력에 대한 정의를 적고 아래 포장동화능력을 산출하는 공식에 빈칸을 채우시오.

◎ 포장동화능력 = 총엽면적 × (㉠) × (㉡)

해답
· 포장동화능력 정의 : 포장동화능력은 포장군락의 단위면적당 광합성의 능력을 말한다.
㉠ 수광능률
㉡ 평균동화능력

03 아래 사진 및 설명을 보고 적합한 식물병을 적으시오.

· 학명은 *Glomerella cingulata* 이다
· 자낭은 곤봉형으로 크기는 51~71×8~12㎛ 이다
· 자낭포자는 무색의 단포이고 타원형이다

해답
탄저병

04 관개방법 중 일류관개와 보더관개에 대해 설명하시오.

해답
- 일류관개 : 등고선에 따라 수로를 내어 임의의 장소로부터 월류하도록 하는 방법이다.
- 보더관개 : 완경사의 포장을 알맞게 구획하여 상단의 수로로부터 전체 표면에 물을 흘려 대는 방법이다.

05 아래 식물 병해충의 피해상황을 조사하는 조사법에 대해 설명하시오.

◎ 전수조사
◎ 원격탐사

해답
- 전수조사 : 대상지 내 서식하는 해충이나 해충의 흔적을 전부 조사하는 방법이다.
- 원격탐사 : 주로 산림지역에서 위성영상이나 유무인항공기를 촬영한 항공사진 등을 이용하여 해충의 발생과 피해를 평가하는 방법이다.

06 다음 농약의 희석에 관한 내용이다. 아래의 표를 보고 농약량을 계산하시오(소수점 셋째자리 반올림)

	농약 희석액 500ml 제조
농약 희석물 20L 당 12.7ml 사용	< 계산 과정 >

해답

$$500 \times \frac{12.7}{20,000} = 0.3175\,ml$$

답 0.32 ml

07 다음은 대기오염물질에 관한 내용이다. 아래 설명에 관련된 대기오염물질의 명칭을 빈칸에 적으시오.

> ◎ (㉠) : 햇빛이 있는 조건에서 피해가 발생한다.
>   질소산화물과 탄화수소가 광화학반응에 의해 생성되는 2차 오염물질이다.
>   식물의 세포막, 소기관 등을 파괴하여 광합성을 저해시킨다.
> ◎ (㉡) : 대기 중 SO_2, NO_2, HF, HCl가스 등에 의해 pH 가 5.5 이하의 강우를 말한다.
>   식물체의 엽록소가 파괴되고 양분이 일탈하며 개화 및 결실 장해가 발생한다.
>   광합성 저하나 식물의 저항성 감소 현상도 나타난다.

해답
㉠ 질산과산화 아세틸(PAN)
㉡ 산성비

08 아래 약제의 종류가 해당되는 분류를 고르시오.

> < 이프로디온 >
> (살균제 / 살충제 / 제초제)

해답
살균제

09 다음은 작물의 내동성에 관한 내용이다. 빈칸에 적합한 것을 고르시오.

> ◎ 작물은 당분 함량이 ㉠(많을수록 / 적을수록) 내동성이 증가한다.
> ◎ 작물은 전분 함량이 ㉡(많을수록 / 적을수록) 내동성이 증가한다.

해답
㉠ 많을수록
㉡ 적을수록

10 풍해의 대책 3가지를 적으시오.

해답
· 방풍림을 조성한다.
· 내풍성 수종을 선택한다.
· 비배관리를 철저히 한다.

11 아래 병징에 관련된 설명을 보고 관련 용어를 적으시오.

◎ (㉠) : 부분적인 색소의 파괴 또는 결핍으로 인하여 군데군데에 색깔이 변하여 나타나는 것
◎ (㉡) : 광량의 부족으로 과다 신장을 하여 누런색으로 가늘고 연약한 상태로 길게 자라는 것

해답
㉠ 얼룩
㉡ 웃자람

12 아래 작휴법에 대한 정의를 적으시오.

◎ 평휴법
◎ 휴립구파법

해답
· 평휴법 : 이랑을 평평하게 하여 이랑과 고랑 높이를 같게 하는 방법이다.
· 휴립구파법 : 이랑을 세우고 낮은 골에 파종하는 방법이다.

13 동상해의 응급대책 3가지를 적으시오.

해답
관개법, 송풍법, 발연법

14 곤충에 기생해서 번식하는 곤충병원성 곰팡이에 대한 설명이다. 아래의 설명을 보고 각각의 곰팡이 이름을 적으시오.

◎ (㉠) : 해충의 전 생육단계에 걸쳐 침입하여 감염된 해충이 흰색의 가루 같은 분생포자에 덮여 굳어서 죽는다.
◎ (㉡) : 초기에는 해충의 몸 전체가 흰색을 띠는 포자와 균사로 뒤덮인 후 점차 초록색을 띠며 굳는다.

해답
㉠ 백강균
㉡ 녹강균

15 아래 표를 보고 빈칸에 적합한 것을 고르시오.

특성	C3식물	C4식물	CAM식물
21% O₂에 의한 광합성 억제	㉠ (있음 / 없음)	㉡ (있음 / 없음)	㉢ (있음 / 없음)

해답

㉠ 있음
㉡ 없음
㉢ 있음

16 다음은 밭과 논에서의 각 원소의 존재 형태를 표현한 것이다. 빈칸에 적합한 것을 적으시오.

	밭토양(산화)	논토양(환원)
C	㉠	CH_4
Fe	Fe^{3+}	㉡

해답

㉠ CO_2
㉡ Fe^{2+}

17 다음은 질화균에 의한 질화작용의 과정이다. 빈칸에 적합한 것을 적으시오.

$$NH_4^+ \rightarrow (㉠) \rightarrow (㉡)$$

해답

㉠ NO_2^-
㉡ NO_3^-

18 아래 해충의 사진 및 특징을 참고하여 해충의 명칭을 적으시오.

- 학명은 *Rhynchaenus sanguinipes* 이다
- 성충은 2mm 정도의 황적갈색이다
- 뒷다리가 발달되어 있어 벼룩처럼 잘 뛴다.

해답
느티나무 벼룩바구미

19 아래 보기는 농약의 작용단계이다. 보기의 단계들을 순서대로 나열하시오.

< 보기 >
작용점으로의 이행 / 침투 / 작용점으로의 작용 / 접촉

해답
접촉, 침투, 작용점으로의 이행, 작용점으로의 작용

20 다음은 가지치기에 대한 설명이다. 아래 내용을 보고 빈칸을 채우시오.

◎ 가지치기는 나무가 (㉠)일 때 하는 것이 좋다.
◎ 활엽수, 침엽수를 막론하고 모든 가지는 줄기와 가지의 결합부위 및 가지와 가지의 결합부위에서 자르며, 가지의 (㉡) 사이에서 자르면 안된다.

해답
㉠ 휴면상태
㉡ 마디

2024 1회 식물보호산업기사 실기 복원문제

01 아래 내용을 보고 적합한 것을 고르시오.

> ㉠ 자외선 같은 단파장의 광은 신장을 (억제한다 / 촉진한다)
> ㉡ 외견상광합성속도가 0 이 되는 조사광량을 (보상점 / 광포화점)이라고 한다.

해답
㉠ 억제한다.
㉡ 보상점

02 아래 약제의 종류가 해당되는 분류를 고르시오.

> < 코퍼설페이트베이식 >
> (살균제 / 살충제 / 제초제)

해답
살균제

03 다음 단어의 정의를 적으시오.

> ◎ 포식성 천적 :
> ◎ 기생성 천적 :

해답
- 포식성 천적 : 살아있는 곤충을 잡아먹는 천적
- 기생성 천적 : 다른 곤충에 기생생활을 하는 천적

04 다음 농약의 희석에 관한 내용이다. 아래의 표를 보고 농약량을 계산하시오(소수점 셋째자리 반올림)

농약 희석물 20L 당 10.5ml 사용	농약 희석액 500ml 제조
	< 계산 과정 >

해답

$$500 \times \frac{10.5}{20,000} = 0.2625\,ml$$

답 0.26 ml

05 다음은 대기조성의 비율을 나타낸 것이다. 빈칸에 적합한 대기성분을 적으시오.

◎ (㉠) : 약 79 %
◎ (㉡) : 약 21 %
◎ 이산화탄소 : 0.03 %

해답

㉠ 질소
㉡ 산소

06 다음은 풍해의 생리적 장해에 대한 내용이다. 빈칸을 채우시오.

◎ 상처가 나면 호흡이 (㉠) 체내 양분의 소모가 증가하고, 풍속이 강해지면 (㉡)이 닫혀 이산화탄소의 흡수가 감소되므로 광합성이 감퇴한다.

해답

㉠ 증대하여
㉡ 기공

07 아래 사진 및 설명을 보고 적합한 것을 고르시오.

- 붉나무에 발생되는 식물병으로 학명은 *Septocylindrium rhois Sawada* 이다.
- 병반은 잎에 약 2mm 정도의 갈색의 모난 반점이 흩어지거나 모여서 나타난다.
- 반점이 형성된 잎의 표면과 뒷면에는 쥐색의 털과 같은 분생포자가 형성된다.

(겹무늬병 / 개화병 / 모무늬병)

해답

모무늬병

08 아래 사진 및 설명을 보고 적합한 것을 고르시오.

- 학명은 *Glyphodes perspectalis* 이다
- 성충의 앞날개는 은백색이며 뒷날개의 외연부는 회흑색이다.
- 머리는 회백색이며 가슴과 배는 은백색이다

(회양목명나방 / 밤바구미 / 호랑나비)

해답

회양목명나방

09 다음은 토양반응에 관련된 용어이다. 아래 용어의 정의를 적으시오.

◎ 활산성
◎ 잠산성

해답

- 활산성 : 토양용액에 들어 있는 H^+에 따른 것을 활산성이라 한다.
- 잠산성 : 토양교질물에 흡착된 H^+ 과 Al 이온에 따라 나타나는 것을 잠산성이라 한다.

10 작물생육에 대한 수분의 기본역할 5가지를 적으시오.

> **해답**
> - 식물체 구성물질의 성분이 된다.
> - 원형질의 생활상태를 유지한다.
> - 필요물질을 흡수할 때 용매가 된다.
> - 식물체 내의 물질분포를 고르게 하는 매개체가 된다.
> - 필요물질의 합성, 분해의 매개체가 된다.

11 춘화처리의 정의를 적으시오.

> **해답**
> 춘화처리라고도 하는 버널리제이션은 식물에 인위적인 저온 처리를 통해 화성을 유도하는 것을 의미한다.

12 윤작에 의해 나타나는 이점 5가지를 적으시오.

> **해답**
> - 토양 전염성 병해가 방지된다.
> - 지력의 유지 및 증진에 도움이 된다.
> - 잡초가 경감된다.
> - 기지가 경감된다.
> - 작물 수량이 증대된다.
> - 토양이 보호된다.
> - 해충이 경감된다.

13 다음은 맥류에서 형태와 내동성 간에 관계에 대한 내용이다. 아래 내용을 보고 빈칸에 적합한 것을 고르시오.

> ㉠ 포복성인 것이 직립성인 것보다 내동성이 (강하다 / 약하다)
> ㉡ 파종을 깊이 하였거나 중경이 신장되지 않아서 생장점이 깊게 놓이면 내동성이 (강하다 / 약하다)

> **해답**
> ㉠ 강하다.
> ㉡ 강하다.

14 다음은 식물의 동사의 기구에 대한 내용이다. 빈칸에 적합한 것을 적으시오.

> ◎ 저온으로 식물조직이 동결될 때에는 세포간극에 먼저 결빙이 생기는데 이를 (㉠)이라고 한다. 세포 내 수분이 세포간극으로 이동, 탈수되면서 (㉠)이 커지고, (㉡)은 생기지 않는다.

해답
㉠ 세포외결빙
㉡ 세포내결빙

15 다음은 작물의 내습성에 대한 내용이다. 빈칸에 적합한 것을 적으시오.

> ◎ 뿌리의 피층세포가 직렬로 되어 있는 것은 사열로 되어 있는 것보다 세포의 간극이 (㉠) 뿌리에 산소를 공급하는 능력이 크기 때문에 내습성이 강하다.
> ◎ 목화한 것은 (㉡) 유해물질의 침입을 막아서 내습성을 강하게 한다.

해답
㉠ 커서
㉡ 환원성

16 다음은 식물병 진단법에 대한 설명이다. 설명을 보고 빈칸에 진단법의 종류를 적으시오.

> ◎ (㉠) : 현미경을 이용하여 병원체의 유무, 병원균의 종류 및 형태 등을 조사하여 진단하는 방법이다.
> ◎ (㉡) : 병든 식물에서 분리한 병원균에 대한 항혈청을 만들어 이것을 진단하려는 식물즙액이나 분리한 병원체와 반응시켜 이미 알고 있는 병원체와 같은 것인지 조사하는 방법이다.

해답
㉠ 해부학적 진단법
㉡ 면역학적 진단

17 다음은 해충의 방제에 관련된 내용이다. 빈칸에 적합한 것을 선택하시오.

> ◎ ㉠(물리적 방제 / 화학적 방제 / 생물적 방제)는 온도의 고저와 습도의 과부에 따라 곤충의 행동 및 생리장애가 유발된다.
> ◎ 밤에 주로 활동하는 곤충은 빛에 유인되는 성질인 ㉡(주광성 / 주화성 / 주열성)을 이용하여 처리할 수 있다.

해답
㉠ 물리적 방제
㉡ 주광성

18 다음 조사법에 관련된 용어에 대한 정의를 적으시오.

> ◎ 타락법
> ◎ 쿼드라트법

해답
- 타락법 : 천이나 접시, 넓은 판 등을 깔고 작물을 흔들거나 막대기로 쳐서 떨어진 곤충을 조사하는 방법
- 쿼드라트법 : 일정 면적의 구획을 정하고 그 안의 생물 종 및 개체수를 조사하는 방법

19 농약에서 계면 활성제의 특성 5가지를 적으시오.

해답
- 습윤 작용
- 침투 작용
- 흡착 작용
- 분산 작용
- 보호 작용
- 기포 작용

2024 2회 식물보호기사 실기 복원문제

01 다음 농약의 희석에 관한 내용이다. 아래의 표를 보고 농약량을 계산하시오.
(소수점 셋째자리 반올림)

	농약 희석액 500ml 제조
농약 희석 물 20L 당 30ml 사용	< 계산 과정 >

해답

$$500 \times \frac{30}{20,000} = 0.75\,ml$$

답 0.75 ml

02 아래 약제의 종류가 해당되는 분류를 고르시오.

< 플루톨라닐 >
(살균제 / 살충제 / 제초제)

해답
살균제

03 아래 해충의 사진 및 특징을 참고하여 해충의 명칭을 적으시오

- 학명은 *Lymantria dispar* 이다
- 수컷의 몸과 날개는 암갈색이나 흑갈색을 띠고 있으며 개체에 따라 날개의 중앙부에 연한 담색을 띤다.
- 암컷의 몸과 날개는 유백색을 띤다.

해답
매미나방

04 아래 사진 및 설명을 보고 적합한 식물병을 고르시오.

- 학명은 *Seiridium canker* 이다.
- 병반조직 수피 아래 육안으로 식별 가능한 분생포 자층을 형성한다.
- 분생포자는 방추형으로 6개의 세포로 나누어져 있으며 양 끝의 세포는 무색이다.

(가지마름병 / 갈색반점병 / 가지끝마름병)

> **해답**

가지마름병

05 아래 병징에 관련된 용어의 정의를 적으시오

◎ 퇴색
◎ 잎맥투명화

> **해답**

- 퇴색 : 잎의 엽록소의 일부 혹은 전체가 파괴되면서 색이 옅어지는 현상을 말한다.
- 잎맥투명화 : 잎맥이 물에 젖은 듯 투명하게 보이는 것으로서, 주로 바이러스의 감염 시에 나타난다.

06 아래는 해충발생예찰에 대한 내용이다. 설명을 보고 빈칸을 채우시오

◎ (㉠) : 일부를 조사하여 통계분석을 통해 전체 집단을 유추하는 방법으로 다양한 수종과 환경보다는 단일재배작물이 광범위할 경우 효과적인 방법이다.
◎ (㉡) : 물이 들어 있는 황색 수반에 날아드는 해충을 채집하여 조사하는 방법이다.

> **해답**

㉠ 표본조사
㉡ 황색수반트랩

07 다음 용어에 대한 정의를 적으시오

◎ 포장동화능력
◎ 엽면적지수

해답
- 포장동화능력 : 포장군락의 단위면적당 광합성의 능력
- 엽면적지수 : 군락의 엽면적을 토지면적에 대한 배수치로 표현한 것

08 양생식물과 음생식물의 정의를 적으시오

해답
- 양생식물 : 보상점이 높아 그늘에 적응하지 못하고 햇볕 쪼이는 곳에서 잘 자라는 식물
- 음생식물 : 보상점이 낮아 그늘에 적응하고 광을 강하게 받으면 도리어 해를 받는 식물

09 완전변태와 무변태에 대해 설명하시오

해답
- 완전변태 : 유충이 번데기를 거쳐 완전한 성충이 되는 과정을 완전변태라 한다.
- 무변태 : 무시아강 곤충에서 관찰되며 탈피를 하지만 탈피를 하면서 겉모습에 변화가 없고 크기만 커진다.

10 수목에서 지륭과 지피융기선의 정의를 적으시오

해답
- 지피융기선 : 줄기와 가지의 분기점에 있는 주름살 모양의 융기된 부분
- 지륭 : 가지를 지탱하기 위해 가지 아래 생긴 볼록한 조직

11 관개방법의 일류관개와 수분관리의 암거법에 대해 설명하시오

해답
- 일류관개 : 등고선에 따라 수로를 내어 임의의 장소로부터 월류하도록 하는 방법이다
- 암거법 : 지하에 토관, 목관, 콘크리트관, 플라스틱관 등을 배치하여 통수하고 이를 통해 간극으로 스며 오르게 하는 방법

12 다음 작부체계에 관련된 용어에 대해 설명하시오

◎ 휴한농법
◎ 기지

해답
- 휴한농법 : 휴한농법은 곡식작물을 연작 하면 지력이 감퇴되기에 지력 회복을 위해 쉬었다가 작물을 재배하는 방법이다.
- 기지 : 연작을 할 경우 작물이 선호하는 양분의 선택적 이용으로 토양에 특정 양분이 부족하게 되어 작물이 제대로 자라지 못하는데 이때 발생되는 피해를 기지라고 한다.

13 점오염원의 정의를 적으시오

해답
생활하수, 산업폐수, 축산폐수 등 오염의 발생원을 특정할 수 있는 경우를 말한다.

14 풍해의 재배적 대책 3가지를 적으시오

해답
- 내풍성 작물을 선택한다.
- 내도복성 품종을 선택한다.
- 작기를 이동하거나 조기재배한다.
- 담수를 실시한다.
- 질소질 비료의 과용을 피한다.

15 다음은 작물의 내동성에 관한 내용이다. 빈칸에 적합한 것을 고르시오

㉠ 원형 단백질 중에 -SS 기 보다 -SH 기가 많은 것이 내동성 (증가한다 / 감소한다)
㉡ 원형질의 수분투과성이 증가해야 세포 결빙이 적고 내동성이 (증가한다 / 감소한다)

해답
㉠ 증가한다.
㉡ 증가한다.

16 아래 내용을 보고 빈칸을 채우고 단립구조의 정의를 적으시오

> ◎ (㉠) : 여러 입자들이 하나의 단체를 만들고 단체끼리 모여 입단을 만드는 구조로 통기성이 좋고 적정량의 수분을 보유한다.
> ◎ 단립구조 : ㉡

해답
㉠ 입단구조
㉡ 단립구조 : 토양에서 각각 독립적으로 존재하는 구조로서 큰 공극이 많아 수분 및 비료의 함량이 적은 편이다.

17 식물방역법에서 말하는 '규제비검역병해충'에 대해 적으시오

해답
검역병해충이 아닌 병해충 중에서 재식용 식물에 대하여 경제적으로 수용할 수 없는 정도의 해를 끼쳐 국내에서 규제되는 병해충으로서 농림축산식품부령으로 정하는 것을 말한다.

18 아래 내용을 보고 빈칸을 채우시오.

> ◎ 작물의 조직세포가 동결되어 받는 피해를 (㉠)라 하고 저온에 의하여 작물의 조직 내에 결빙이 생겨서 받는 피해를 (㉡)라 한다.

해답
㉠ 서리해
㉡ 동해

19 다음은 살포법 중 연무법에 대한 내용이다. 적합한 것을 선택하시오.

> ◎ 미스트보다 ㉠(큰 / 작은) 입자로 살포하며 상대적으로 비산성이 ㉡(크다 / 작다)

해답
㉠ 작은
㉡ 크다

20 다음은 식물바이러스의 전염에 대한 용어이다. 아래 용어에 대해 설명하시오.

◎ 즙액전염
◎ 종자 및 꽃가루에 의한 전염

해답

- 즙액전염 : 바이러스를 함유한 식물즙액이 직접 건전 식물의 상처를 통해 들어가 감염을 일으키는 것을 즙액전염이라 한다.
- 종자 및 꽃가루에 의한 전염 : 바이러스에 감염된 어미식물의 종자를 통해 차대 식물에 바이러스가 전반되는 것을 종자전염이라 한다. 수분을 할 때 바이러스를 지닌 꽃가루가 배에 들어가는 것을 꽃가루 전염이라 한다.

2024년 2회 식물보호산업기사 실기 복원문제

01 농약의 살포법 중에서 살분법과 관주법에 대해 설명하시오.

해답
- 살분법 : 분제 농약을 살포하는 방법으로 다공 호스를 이용한 파이프더스터(Pipe duster)법이 주로 이용된다.
- 관주법 : 토양내에 있는 병해충을 방제하기 위하여 땅 속에 약액을 주입하는 방법이다.

02 식물의 요수량과 증산능률의 정의를 적으시오.

해답
- 요수량 : 건물 1g 을 생산하는데 소요되는 수분량
- 증산능률 : 일정량의 수분이 증산하여 축적된 건물량

03 굴광성의 정의를 적고 광이 조사된 쪽의 옥신농도 변화를 적으시오.

해답
- 굴광성 : 빛에 영향을 받아 줄기가 빛이 오는 방향으로 굽거나 반대방향으로 굽는 성질을 말한다.
- 식물에 광이 조사된 쪽은 옥신 농도가 낮아진다.

04 수간주사의 정의를 적고 수간주사의 장점 2가지를 적으시오.

해답
- 정의 : 수간주사는 나무의 줄기에 구멍을 뚫고 약액을 직접 주입하는 것을 말한다.
- 장점
  - 주입된 약액이 수체 내부로만 전달되어 주변에 환경오염을 일으키지 않는다.
  - 소량 주입으로 수개월 이상의 높은 방제효과가 지속된다.

05 다음은 대기조성의 비율을 나타낸 것이다. 빈칸에 적합한 대기농도를 적으시오.

◎ 질소 : 약 (㉠) %
◎ 산소 : 약 21 %
◎ 이산화탄소 : 약 (㉡) %

해답

㉠ 78
㉡ 0.03

06 풍해의 재배적 대책 2가지를 적으시오.

해답
- 내풍성 작물을 선택한다.
- 내도복성 품종을 선택한다.
- 작기를 이동하거나 조기재배한다.

07 아래 해충의 조사 방법에 대해 설명하시오.

◎ 흡충기
◎ 먹이트랩

해답
- 흡충기 : 공기 흡입력을 이용하여 해충을 빨아들이는 방법이다.
- 먹이트랩 : 미끼를 이용하여 해충을 유인 채집하는 방법이다.

08 아래 사진 및 설명을 보고 적합한 것을 고르시오.

- 학명은 *Papilio xuthus* 이다.
- 앞날개의 제4경맥, 제5경맥은 대개 같은 자루를 이룬다.
- 맥을 따라 검은 줄무늬 무늬를 가지고 있으며 암컷이 수컷보다 더 넓은 날개를 가진다.

(모시나비 / 꼬리명주나비 / 호랑나비)

해답
호랑나비

09 아래 사진 및 설명을 보고 적합한 것을 고르시오.

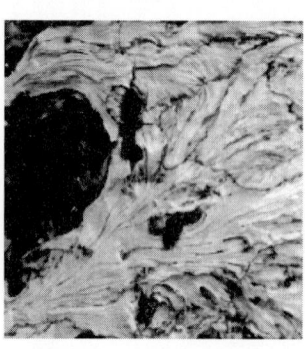

- 학명은 *Armillaria spp* 이다.
- 피해 발생시 지제부에 송진이 흐르며 수피를 벗기면 버섯 냄새가 나는 흰색 균사층이 형성된다.

(아밀라리아뿌리썩음병 / 겹둥근무늬병 / 잎마름병)

해답
아밀라리아뿌리썩음병

10 아래 약제의 종류가 해당되는 분류를 고르시오.

> < 플루톨라닐 >
> (살균제 / 살충제 / 제초제)

해답
살균제

11 내습성 작물의 특징 2가지를 적으시오.

해답
- 통기조직이 잘 발달되어 있다.
- 부정근의 발근력이 크다.
- 신근의 발근력이 크다.
- 환원성 유해물질의 저항성이 크다.
- 근계가 얕게 발달한다.

12 다음은 식물의 일장에 관련된 용어이다. 각각의 용어에 대해 설명하시오.

> ◎ 중성식물
> ◎ 정일성식물

해답
- 중성식물 : 일장에 관계 없이 화아하는 식물
- 정일성식물 : 단일, 장일에서 개화하지 않고 특정한 일장에서만 개화하는 식물

13 병해충에 대한 생물적 방제 방법 2가지를 적으시오.

해답
- 기생성 혹은 포식성 천적을 이용한다.
- 곤충병원성 미생물을 이용한다.

14 다음은 동생해의 응급대책에 대한 내용이다. 아래 내용을 참고하여 빈칸을 채우시오.

> ◎ (㉠) : 불을 피워 알맞게 열을 공급하면 동상해를 막을 수 있다. 낡은 타이어, 중유, 나뭇가지 등에 석유를 부은 것 등을 연소시킨다.
> ◎ (㉡) : 거적, 비닐, 폴리에틸렌 등을 덮는다.

해답
㉠ 연소법
㉡ 피복법

15 다음은 수목병해에 관련된 내용이다. 빈칸을 채우시오.

> ◎ 병원체가 기주 수목과 접촉하게 되는 것을 (㉠) 이라 하며 수목에 도달하거나 수목과 접촉한 상태의 병원체 자체 또는 수목을 감염시킬 수 있는 병원체의 특정 세포를 (㉡) 이라 한다.

해답
㉠ 접종
㉡ 전염원

16 아래는 해충의 기계적 방제에 대한 내용이다. 아래 설명을 보고 빈칸을 채우시오.

> ◎ (㉠) : 목재의 수피를 제거하여 목재산란 해충의 산란을 저지하고 수피아래 서식하는 해충을 방제한다.
> ◎ (㉡) : 해충이 들어 있는 목재를 땅속에 묻어서 죽이거나 성충이 우화하더라도 탈출하지 못하게 하는 방법이다.

해답
㉠ 박피법
㉡ 매몰법

17 다음 농약의 희석에 관한 내용이다. 아래의 표를 보고 농약량을 계산하시오.
(소수점 셋째자리 반올림)

	농약 희석액 500ml 제조
농약 희석 물 20L 당 34ml 사용	< 계산 과정 >

해답

$500 \times \dfrac{34}{20,000} = 0.85 \, ml$

답 0.85 ml

18 아래 내용을 보고 빈칸을 채우시오.

> 감염식물의 몸 전체에 (㉠) 가 퍼지는 경우를 전신병징이라 한다. 특정 바이러스를 검정식물에 잎에 접종하였을 때 바이러스가 다른 곳으로 이동하지 않고 접종엽의 병반부에만 나타나는 병징을 (㉡) 이라 한다.

해답
- ㉠ 바이러스
- ㉡ 국부병징

19 작물의 적산온도와 유효온도의 정의를 적으시오.

해답
- 적산온도 : 작물이 생존하는 기간동안 소요되는 총온량으로 작물의 발아로부터 성숙하는데 까지의 0℃ 이상의 일평균기온을 합산한 것을 말한다.
- 유효온도 : 작물이 생육이 가능한 범위의 온도

20 토양에서 최소용기량과 토양용기량의 정의를 적으시오.

해답
- 최소용기량 : 토양수분 함량이 최대용수량에 달했을 때의 용기량
- 토양용기량 : 토양 중에서 공기로 차 있는 공극량

2024 3회 식물보호기사 실기 복원문제

01 풍해의 재배적 대책 3가지를 적으시오

> **해답**
> - 내풍성 작물을 선택한다.
> - 내도복성 품종을 선택한다.
> - 작기를 이동하거나 조기재배한다.
> - 담수를 실시한다.
> - 질소질 비료의 과용을 피한다.

02 다음 농약의 희석에 관한 내용이다. 아래의 표를 보고 농약량을 계산하시오(소수점 셋째자리 반올림)

	농약 희석액 500mL 제조
농약 희석물 20L 당 34ml 사용	< 계산 과정 >

> **해답**
>
> $500 \times \dfrac{34}{20,000} = 0.85\,ml$
>
> **답** 0.85 ml

03 재배시 수분관리를 위한 보더관개 및 다공관관개법에 대해 설명하시오

> **해답**
> - 다공관관개법 : 파이프에 직접 작은 구멍을 내어 살수하는 방법이다.
> - 보더관개 : 완경사의 포장을 알맞게 구획하여 상단의 수로로부터 전체 표면에 물을 흘려 대는 방법이다.

04 다음은 살분법에 대한 내용이다. 빈칸을 채우시오

◎ 살분법은 (㉠)를 살포하는 방법으로 분무법과 비교하여 작업은 (㉡).

해답
㉠ 분제
㉡ 간단하다

05 다음 작부법에 대해 설명하시오

◎ 윤작
◎ 답전윤환

해답
- 윤작 : 윤작은 동일 임지에서 작물을 연이어 재배하지 않고 다른 종류의 작물을 순차적으로 재배하는 것을 말한다.
- 답전윤환 : 답전윤환은 논상태와 밭상태로 몇 해씩 돌려가면서 벼와 작물을 재배하는 방식을 말한다.

06 무변태의 정의를 적고 번데기의 형태 3가지를 적으시오

◎ 무변태 :
◎ 번데기의 형태 : (　), (　), (　)

해답
- 무변태 : 무시아강 곤충에서 관찰되며 탈피를 하지만 탈피를 하면서 겉모습에 변화가 없고 크기만 커진다.
- 번데기의 형태 : 나용, 피용, 위용

07 식물방역법에서 말하는 역학조사의 정의를 적고 관련 활동 2가지를 적으시오

해답
"역학조사"란 병해충이 발생하였거나 발생할 우려가 있다고 인정되는 경우에 그 병해충의 예방 및 확산방지 등을 위하여 수행하는 다음 각 목의 활동을 말한다.
가. 병해충의 감염원 추적을 위한 활동
나. 병해충의 유입경로 규명을 위한 활동

08 다음은 작물의 내동성에 대한 내용이다. 빈칸에 적합한 것을 고르시오

◎ 원형질의 친수성 콜로이드가 많으면 내동성이 ㉠(크다 / 작다)
◎ 원형질의 점도가 낮을 경우 내동성이 ㉡(크다 / 작다)

해답
㉠ 크다
㉡ 크다

09 아래 해충의 사진 및 특징을 참고하여 해충의 명칭을 적으시오

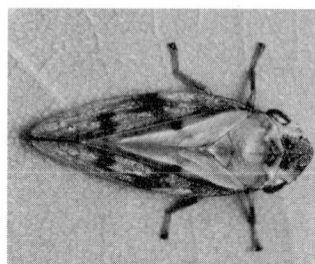

· 학명은 *Aphrophora flavipes* 이다
· 몸의 등면이 검은 빛을 띤 갈색으로 얼룩져 있다
· 머리 및 앞가슴등판의 종주선을 따라 검은색의 무늬가 발달한다.
· 유충은 체장 4mm 정도이며 머리와 가슴은 암갈색 배쪽은 등황색을 띤다.

해답
솔거품벌레

10 아래 내용을 보고 빈칸을 채우시오

◎ (㉠) : 주로 산림지역에서 위성영상이나 무인항공기를 촬영한 항공사진 등을 이용하여 해충의 발생과 피해를 평가하는 방법이다
◎ (㉡) : 주광성이 있고 활동성이 높은 성충을 대상으로 야간에 광원을 사용해서 해충을 유인하는 채집방법이다

해답
㉠ 원격탐사
㉡ 유아등

11 아래 사진 및 설명을 보고 적합한 것을 고르시오

- 학명은 *Mycosphaerella cerasella* 이다.
- 잎에 자그마한 자갈색 반점이 나타나고 점차 확대 되다가 둥근 갈색 반점이 된다.
- 병반과 건전부 경계에 이층이 생겨 병반이 떨어져 나가면서 구멍이 생긴다.

(갈색무늬구멍병 / 사마귀병 / 역병)

해답

갈색무늬구멍병

12 식물의 광 생리에서 음엽과 양엽의 정의를 적으시오

해답

- 음엽 : 그늘에서 잎이 전개되는 식물의 잎
- 양엽 : 햇볕에서 잎이 전개되는 식물의 잎

13 광 관리에서 군락상태, 최적엽면적의 정의를 적으시오

해답

- 최적엽면적 : 건물생산이 최대로 되는 단위 면적당의 군락엽면적을 말한다
- 군락상태 : 포장에서 작물이 밀생하고 크게 자라며 잎이 서로 포개져서 많은 수의 잎이 직사광선을 받지 못하고 그늘이 있는 상태

14 토양수분에서 모관수와 중력수의 정의를 적으시오

해답

- 모관수 : 표면장력 때문에 토양공극 내에서 중력에 저항하여 유지되는 수분으로 작물이 주로 이용하는 수분이다
- 중력수 : 중력에 의하여 비모관공극에 스며 흘러내리는 물을 말한다

15. 아래 병징에 관련된 내용을 보고 빈칸을 채우시오

◎ (㉠) : 잎자루나 잎맥의 윗부분이 아랫부분보다 더 많이 자라게 하여 잎이 아래 쪽으로 처지거나 쭈글쭈글하게 오그라드는 현상이다.
◎ (㉡) : 세포가 비정상적으로 분열하여 변형조직이 생성된다.

해답
㉠ 상편생장
㉡ 분열조직활성화

16. 아래 약제의 종류가 해당되는 분류를 고르시오

< 벤퓨러세이트 비페녹스 입제 >
(살균제 / 살충제 / 제초제)

해답
제초제

17. 아래 진단법에 대한 내용을 보고 빈칸을 채우시오

◎ DN 법은 바이러스 병으로 의심되는 증상이 나타난 (㉠)의 작은 조직 절편을 면도칼로 절단해서 그 절단면에서 스며 나오는 즙액을 1~2% (㉡) 용액으로 염색하여 전자현미경으로 바이러스 입자의 존재 여부를 검사하는 방법이다.

해답
㉠ 잎
㉡ 인산텅스텐산

18. 다음은 저온 피해에 대한 내용이다. 아래 빈칸에 적합한 것을 선택하고 적으시오

◎ 초본식물은 저온 순화하는 동안 내부 ABA의 양이 ㉠(감소한다 / 증가한다)
◎ 온도가 0°C 가까이 떨어지면 우선 (㉡)의 물이 얼기 시작한다.

해답
㉠ 증가한다.
㉡ 세포간극

19. 다음은 가지치기에 대한 내용이다. 빈칸을 채우시오

◎ 자연 표적 가지치기는 (㉠)을 표적으로 해서 가지나 줄기를 절단하는 가지치기이다.
◎ 가지치기의 적기는 수목이 (㉡)상태에 있는 늦겨울이다.

해답
㉠ 지피융기선과 지륭
㉡ 휴면

20. 대기오염물질에서 확산형 오염 물질에 대해 설명하시오

해답
확산형 오염물질은 대기 중에서 햇빛에 의한 산화환원반응의 결과 생겨나며 대기 중 광범위한 면적에서 발생하기 때문에 광화학적 산화제라고도 한다.

2024 3회 식물보호산업기사 실기 복원문제

01 아래 사진 및 설명을 보고 적합한 것을 고르시오.

- 학명은 *Gastrolina depressa* 이다.
- 더듬이와 다리가 흑색이다.
- 앞가슴등판과 앞날개가 자청색이다.

(호두나무잎벌레 / 파밤나방 / 톱사슴벌레)

해답

호두나무잎벌레

02 아래의 식물 중에서 내한성 식물을 모두 고르시오.

(사시나무 / 곰솔 / 벽오동 / 자작나무)

해답

사시나무, 자작나무

03 관개방법 중 일류관개와 고랑관개에 대해 설명하시오.

해답

- 일류관개 : 등고선에 따라 수로를 내어 임의의 장소로부터 월류하도록 하는 방법이다.
- 고랑관개 : 포장에 이랑을 세우고 고랑에 물을 흘려 대는 방법이다.

04 해충의 발생예찰 목적을 적으시오.

해답

해충의 효과적인 방제를 위해서는 매년 변화하는 발생량을 예측하여 효율적인 방제 방법을 세워야 한다. 이를 위해 특정 지역에 어느정도 발생하였는지를 조사하는 행위를 발생예찰이라 한다.

05 광과 작물에 관련하여 진정광합성 및 광포화점의 정의를 적으시오.

해답

- 진정광합성은 호흡을 무시하고 본 절대적인 광합성을 말한다.
- 광포화점은 광도가 높아짐에 따라 광합성이 증가하다가 어느 한계점에 이후 더 이상 광합성이 증대되지 않는 점을 말한다.

06 아래 해충의 조사 방법에 대해 설명하시오.

◎ 흡충기
◎ 먹이트랩

해답

- 흡충기 : 공기 흡입력을 이용하여 해충을 빨아들이는 방법이다.
- 먹이트랩 : 미끼를 이용하여 해충을 유인 채집하는 방법이다.

07 다음은 식물의 일장에 관련된 용어이다. 각각의 용어에 대해 설명하시오.

◎ 장일식물
◎ 정일성식물

해답

- 장일식물 : 낮이 길게 되어 화아가 유발되는 식물
- 정일성식물 : 단일, 장일에서 개화하지 않고 특정한 일장에서만 개화하는 식물

08 다음 농약의 희석에 관한 내용이다. 아래의 표를 보고 농약량을 계산하시오.(소수점 셋째자리 반올림)

농약 희석 물 20L 당 34mL 사용	농약 희석액 500ml 제조
	< 계산 과정 >

해답

$$500 \times \frac{34}{20,000} = 0.85\,ml$$

답 0.85 ml

09 다음 중 볕뎀에 대한 피해가 적은 수종을 모두 고르시오

(오동나무 / 참나무 / 소나무 / 벚나무)

해답
참나무, 소나무

10 다음은 가지치기에 대한 설명이다. 아래 내용을 보고 빈칸을 채우시오

◎ 나무는 대부분 지름 안에 가지보호대라는 화학적 방어층을 갖고 있다. 보호대는 가지를 잘랐을 때 외부에서 부후균이 줄기 내로 침입하는 것을 억제하는 화학물질을 함유하고 있는데 활엽수는 (㉠)을 주체로 한 물질로, 침엽수는 테르펜을 주체로 한 물질로 조성되어 있다.
◎ 활엽수, 침엽수를 막론하고 모든 가지는 줄기와 가지의 결합부위 및 가지와 가지의 결합부위에서 자르며, 가지의 (㉡) 사이에서 자르면 안된다.

해답
㉠ 페놀(phenol)
㉡ 마디

11 다음은 대기오염 피해 발생 양상에 대한 내용이다. 빈칸에 적합한 것을 고르시오.

◎ 일반적으로 대기 및 토양 습도가 높을 때 피해 ㉠ (크다 / 작다)
◎ 바람이 없고 상대습도가 높은 날 피해가 ㉡ (크다 / 작다)

해답
㉠ 크다
㉡ 크다

12 풍해의 기계적 장해 종류 2가지를 적으시오.

해답
- 벼, 맥류에서 도복, 수발아, 부패립 등이 발생한다.
- 벼에서 수분, 수정이 저해되고 불임립이 발생한다.
- 상처 발생시 도열병 및 식물병이 발생한다.
- 과수에서는 절손, 열상, 낙과 등이 발생한다.

13 다음 농약이 속하는 종류를 고르시오.

글리포세이트
(살충제 / 살균제 / 제초제)

해답
제초제

14 아래 사진 및 설명을 보고 적합한 식물병을 적으시오.

- 학명은 *Monostichella coryli* (Desmazieres) *Hohnel* 이다.
- 분생포자는 방추형~장타원형으로 곧으나 약간 굽은 것도 있다.
- 무색이며 단포로서 크기는 12~15×6.0~6.5㎛이다.

(이삭도열병 / 개암나무탄저병 / 줄무늬병)

해답
개암나무탄저병

15 다음은 농약살포법에 대한 내용이다. 빈칸을 채우시오.

> ◎ (㉠) : 살포 입자는 30~60um 정도로 살포액의 입자크기를 매우 작게 하여 노동력을 절감하고 살포의 균일성을 향상 시킨 방법이다.
> ◎ (㉡) : 입자의 크기는 100~200um 정도의 크기로 약제를 안개와 같이 미세하게 뿌려 작물에 부착하게 하는 것으로 고착성이 좋아 비산에 의한 손실이 적은 편이다.

해답
㉠ 미스트법
㉡ 분무법

16 다음은 병삼각형 및 병환에 대한 순서이다. 빈칸을 채우시오.

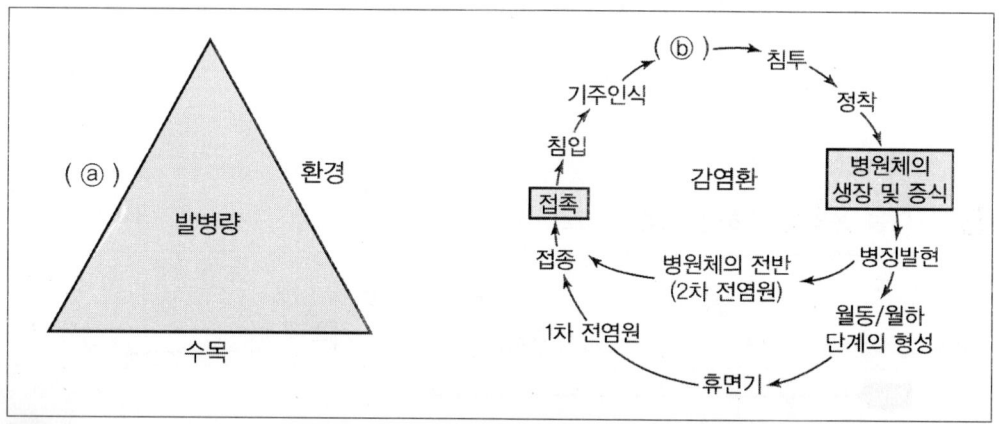

해답
ⓐ 병원체
ⓑ 감염

17 아래는 해충의 기계적 방제에 대한 내용이다. 아래 설명을 보고 빈칸을 채우시오.

> (㉠) : 해충이 들어 있는 목재를 땅속에 묻어서 죽이거나 성충이 우화하더라도 탈출하지 못하게 하는 방법이다.

해답
㉠ 매몰법

18
다음 단어의 정의를 적으시오.

◎ 단식성 해충
◎ 천공성 해충

해답
- 단식성 해충 : 한 종의 수목만 가해하거나 같은 속의 일부 종만 기주로 하는 해충이다.
- 천공성 해충 : 수목의 줄기나 가지에 산란된 알에서 부화한 유충이 수목의 목질부를 가해하거나 성충이 줄기나 가지에 구멍을 뚫고 들어가 가해하는 해충이다.

19
다음은 토양수분에 관련된 용어이다. 용어의 정의를 적으시오.

◎ 지하수
◎ 초기위조점

해답
- 지하수 : 지하에 정체하여 모관수의 근원이 되는 물을 말한다.
- 초기위조점 : 생육이 정지하고 하엽이 위조하기 시작하는 토양의 수분 상태를 말하며 pF 약 3.9 정도이다.

20
다음은 식물의 내습성에 대한 내용이다. 빈칸에 적합한 것을 고르시오.

◎ 부정근의 발생력이 큰 것은 내습성이 ㉠(크다 / 작다).
◎ 황화수소에 대한 저항성이 크면 내습성이 ㉡(크다 / 작다).

해답
㉠ 크다
㉡ 크다

2025 1회 식물보호기사 실기 복원문제

01 아래 약제의 종류가 해당 되는 분류를 고르시오

> < 사이퍼메트린 >
> (살균제 / 살충제 / 제초제)

해답
살충제

02 식물방역법의 목적을 적으시오

해답
수출입 식물 등과 국내 식물을 검역하고 식물에 해를 끼치는 병해충을 방제하기 위하여 필요한 사항을 규정함으로써 농림업 생산의 안전과 증진에 이바지하고 자연환경을 보호하는 것을 목적으로 한다.

03 관개방법 중 고랑관개와 수반법에 대해 설명하시오

해답
- 고랑관개 : 포장에 이랑을 세우고 고랑에 물을 흘려 대는 방법이다.
- 수반법 : 포장을 수평으로 구획하고 관개 하는 방법이다.

04 수피이식을 통해 상처를 치료할 수 있는 수목상태를 적으시오

해답
수피가 수평방향으로 많이 벗겨지고 그 간격이 좁다면 수피이식을 통해 상처를 치료할 수 있다.

05 광 관리에서 최적엽면적 및 포장동화능력의 정의를 적으시오

해답
- 최적엽면적 : 건물생산이 최대로 되는 단위 면적당의 군락엽면적을 말한다.
- 포장동화능력 정의 : 포장동화능력은 포장군락의 단위면적당 광합성의 능력을 말한다.

06 다음은 작물의 내동성에 관한 내용이다. 빈칸을 채우시오

◎ 작물에 지류 함량이 높을수록 내동성이 ㉠ (크다 / 작다)
◎ 작물에 자유수가 많을수록 내동성이 ㉡ (크다 / 작다)

해답
㉠ 크다.
㉡ 작다.

07 아래 사진 및 설명을 보고 관련 해충의 학명을 적으시오

- 호두나무잎벌레로 더듬이와 다리가 흑색이다
- 앞가슴등판과 앞날개가 자청색이다

해답
Gastrolina depressa

08 아래 용어의 정의를 적으시오

◎ 이산화탄소 보상점
◎ 이산화탄소 포화점

해답
- 이산화탄소 보상점 : 광합성에 의한 유기물의 생성 속도와 호흡에 의한 유기물의 소모 속도가 같아지는 이산화탄소 농도를 이산화탄소 보상점이라 한다.
- 이산화탄소 포화점 : 이산화탄소 농도가 어느 한계까지 높아지면 그 이상 높아져도 광합성속도는 그 이상 증대하지 않는 상태에 도달하게 되는데 이 한계점의 이산화탄소 농도를 이산화탄소포화점이라 한다.

09 풍해로 인하여 발생되는 작물의 생리적 장해 3가지를 적으시오

해답
- 도복 현상이 발생할 수 있다.
- 작물에 상처가 발생할 수 있다.
- 호흡이 증가하여 저장양분의 소모가 증가한다.
- 상처 발생 후 건조하게 되면 광산화 반응 때문에 고사한다.

10 아래의 농약량을 계산하시오(단, 결과값은 소수점셋째자리에서 반올림)

농약 희석물 20L 당 23ml 사용	농약 희석액 500ml 제조
	< 계산 과정 >

해답

$$500 \times \frac{23}{20,000} = 0.575 ml$$

답 0.58 mL

11 토양수분에서 중력수와 결합수의 정의를 적으시오

해답
- 중력수 : 중력에 의하여 비모관공극에 스며 흘러내리는 물을 말한다.
- 결합수 : 점토광물에 결합 되어 있어 분리시킬 수 없는 수분을 말한다.

12 아래 사진 및 설명을 보고 관련 식물병의 학명을 적으시오

- 다음은 포도나무새눈무늬병의 사진이다.
- 원형, 흑갈색의 작은 반점이 생겨 점차 확대되어 타원형으로 약간 함몰된 병반이 형성된다.
- 병반 중앙은 회백 내지 갈색으로 주변은 흑갈색이다.

해답

Elsinoe amelina

13 아래 내용을 보고 빈칸을 채우시오

◎ (㉠) : 주로 산림지역에서 위성영상이나 유무인항공기를 촬영한 항공사진 등을 이용하여 해충의 발생과 피해를 평가하는 방법이다.
◎ (㉡) : 주광성이 있고 활동성이 높은 성충을 대상으로 야간에 광원을 사용해서 해충을 유인하는 채집방법이다.

해답
㉠ 원격탐사
㉡ 유아등

14 다음은 C3식물, C4식물의 내건성을 비교한 것이다. 빈칸에 적합한 것을 고르시오

특성	C3식물	C4식물
내건성	㉠ (약함 / 강함)	㉡ (약함 / 강함)

해답
㉠ 약함
㉡ 강함

15 아래 식물의 생육장해에 관련된 용어의 정의를 적으시오

◎ (㉠) : 전체 식물의 크기가 작아지는 것
◎ (㉡) : 세포가 비정상적으로 분열하여 건전한 식물에서는 볼 수 없는 국부적인 융기 또는 암종이 형성되는 것

해답
㉠ 위축
㉡ 이상증식

16 다음 용어에 대해 설명하시오

◎ 간작 :
◎ 주위작 :

해답
- 간작 : 한가지 작물이 생육하고 있는 조간에 다른 작물을 재배하는 방법이다.
- 주위작 : 포장의 주위에 포장내의 작물과는 다른 작물을 재배하는 방식으로 주위에 빈공간을 이용하는 것이다.

17 다음 내용을 보고 빈칸을 채우시오

◎ 바이러스는 기주의 대사계에 의존해서 기주세포내에서만 증식하기 때문에 살아 있는 세포가 들어 있지 않은 인공배지에서는 배양되지 않는 (㉠)이다
◎ 세계 최초로 발견된 바이러스는 식물바이러스인 (㉡)로서 19세기 말 모자이크병에 걸린 담배 잎의 즙액에서 발견되었다

해답
㉠ 절대활물기생체
㉡ 담배모자이크바이러스

18 아래 보기 중 불완전변태를 하는 것을 모두 고르시오

< 보기 >
파리목 / 노린재목 / 벌목 / 메뚜기목

해답
노린재목, 메뚜기목

19 다음은 농약의 처리 방법 중 분무법에 대한 내용이다. 내용을 보고 적합한 것을 고르시오

◎ 분무법은 약액의 입자 상태를 ㉠(작게 / 크게) 하는 것이 중요하며 분무기의 노즐의 크기를 ㉡(좁게 / 넓게) 하는 것이 좋다.

해답
㉠ 작게
㉡ 좁게

20 다음은 추위에 관련된 용어이다. 아래 용어의 정의를 적으시오

◎ 동해(凍害)
◎ 한해(寒害)

해답
- 동해 : 저온에 의하여 작물의 조직 내에 결빙이 생겨 받는 피해
- 한해 : 월동 중 추위로 인해 작물이 받는 피해

2025 1회 식물보호산업기사 실기 복원문제

01 다음 농약의 희석에 관한 내용이다. 아래의 표를 보고 농약량을 계산하시오(소수점 셋째자리 반올림)

농약 희석액 500ml 제조	
농약 희석물 20L 당 40ml 사용	< 계산 과정 >

해답

$500 \times \dfrac{40}{20,000} = 1\,ml$

답 1 ml

02 아래 약제의 종류가 해당되는 분류를 고르시오

< 프레틸라클로르 >
(살균제 / 살충제 / 제초제)

해답
제초제

03 다음 보기는 king 의 종자 발아 5단계에 대한 내용이다. 단계에 맞게 순서대로 나열하시오

< 보기 >
㉠ 종근 및 유아 신장　　㉡ 발생 후 이유기 단계
㉢ 유아 출현　　㉣ 세포 분열 및 신장 대사
㉤ 물의 흡수 및 전분의 가수분해

해답
㉤ - ㉣ - ㉠ - ㉢ - ㉡

04 동상해의 사후대책 3가지를 적으시오

해답
- 인공수분을 한다.
- 적과를 늦춘다.
- 영양상태의 회복을 꾀한다.

05 열해의 피해를 줄이기 위한 대책 3가지를 적으시오

해답
- 관개시설을 만들어 준다.
- 피복작업을 해준다.
- 토양개량제를 공급한다.

06 토양 오염에 원인이 되는 중금속의 종류 3가지를 적으시오

해답
비소, 카드뮴, 수은

[참고]
토양오염에 영향을 주는 무기원소로 비소(As), 카드뮴(Cd), 코발트(Co), 크롬(Cr), 구리(Cu), 수은(Hg), 납(Pb), 망간(Mn) 등이 있다.

07 보호살균제와 직접살균제의 사용 목적을 각각 적으시오

해답
- 보호살균제 : 병원균의 포자가 발아하여 식물체 내에 침입하는 것을 방지하기 위해 병이 발생하기 전에 식물체에 살포하는 약제로 병을 예방할 목적으로 사용한다.
- 직접살균제 : 병원균의 발아와 침입을 방지하고 침입한 병원균을 살멸시키는 약제로 발병 전의 예방과 발병 후의 치료에 모두 사용된다.

08 내습성 작물이 가진 특징 2가지를 적으시오

해답
- 통기조직이 잘 발달되어 있다.
- 부정근의 발근력이 크다.

09 유도저항성의 정의를 적으시오

해답

어떤 미생물을 식물에 접종하였을 때 그 자극에 의하여 식물의 저항성이 강화되어 나중에 침입한 병원체에 대한 저항성을 나타내는 것을 말한다.

10 한해의 대책에서 토양수분의 보류력 증대와 증발을 억제하는 방법 2가지를 적으시오

해답
- 토양의 입단을 조성한다.
- 드라이파밍을 실시한다.
- 토양 피복을 실시한다.
- 중경제초를 실시한다.

11 아래 사진 및 설명을 보고 곤충의 적합한 학명을 고르시오.

- 앞날개의 제4경맥, 제5경맥은 대개 같은 자루를 이룬다.
- 맥을 따라 검은 줄무늬 무늬를 가지고 있으며 암컷이 수컷보다 더 넓은 날개를 가진다.

(Papilio / Gastrolina) xuthus

해답

Papilio

12 아래 사진 및 설명을 보고 식물병의 적합한 학명을 고르시오.

- 붉나무에 발생되는 식물병이다.
- 병반은 잎에 약 2mm 정도의 갈색의 모난 반점이 흩어지거나 모여서 나타난다.
- 반점이 형성된 잎의 표면과 뒷면에는 쥐색의 털과 같은 분생포자가 형성된다.

(Septocylindrium / Stagonospora) rhois Sawada

해답

Septocylindrium

---

13 다음 설명을 보고 적합한 곤충의 목을 고르시오

< 보기 >

대벌레목 / 사마귀목 / 매미목

◎ Phasmatodea 목으로 나뭇가지처럼 생겼으며 대부분 날개가 없다.
◎ 애벌레는 다리가 떨어져도 재생능력이 있어 다리가 다시 생긴다.
◎ 연 1회 발생하며 7월부터 늦가을까지 땅 위에 산란을 하고 알 상태로 겨울을 보내고 봄에 부화한다.

해답

대벌레목

---

14 토양에 부식을 공급하면 나타나는 효과 2가지를 적으시오

해답

- 토양의 입단구조를 형성한다.
- 토양에 양분을 공급한다.

15 다음 보기 중에서 식물이 흡수 이용 가능한 수분의 종류 2가지를 고르시오

> < 보기 >
> 결합수 / 모관수 / 흡습수 / 중력수

해답
모관수, 중력수

16 아래 설명을 보고 빈칸에 적합한 방제법을 적으시오

> ◎ (㉠) : 페로몬을 이용하여 해충을 유인하여 방제하는 방법이다.
> ◎ (㉡) : 주광성이 강한 해충 중에서 나방류와 같이 날개가 있어 이동력이 있는 성충을 유인하여 죽이는 방법이다.

해답
㉠ 페로몬유살법
㉡ 등화유살법

17 뿌리병해의 종류 중 병원균 우점병에 대해 설명하시오

해답
병원균 우점병의 병원균은 주로 미성숙한 조직을 침입하므로 수목이 어릴 때 병을 일으키거나 생육 후기에 잠복해 있던 병원균이 활동을 시작하여 뿌리의 노화를 촉진하고 수목을 조기에 말라죽게 한다.

18 다음 내용에 빈칸을 채우시오

> ◎ 소나무재선충은 기주, (㉠), 환경 세 가지 발병요인의 상호 작용에 의해 발생한다. 소나무재선충에 의해 소나무의 송진 분비가 멈추고 알코올, 테르펜과 같은 (㉡) 물질이 분비된다.

해답
㉠ 병원체
㉡ 휘발성

19 다음은 풍해에 대한 내용이다. 내용을 보고 적합한 것을 선택하시오

> ◎ 풍해가 발생하면 식물의 증산이 ㉠(증가하여 / 감소하여) 식물체가 건조해진다. 이를 방지하기 위한 방법 중 ㉡(조기재배 / 만기재배)를 통해 위험한 태풍기를 피할 수 있다.

해답
㉠ 증가하여
㉡ 조기재배

20 식물병원세균의 구조에서 편모의 위치에 따른 종류 3가지를 적으시오

해답
단극모, 양극모, 주모, 무모

2025 2회 식물보호기사 실기 복원문제

01 풍해의 재배적 대책 2가지를 적으시오

> 해답
> - 내풍성 작물을 선택한다.
> - 내도복성 품종을 선택한다.
> - 작기를 이동하거나 조기재배한다.

02 아래 사진 및 설명을 보고 관련 식물병의 학명을 적으시오

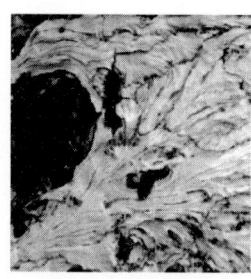

- 다음은 아밀라리아뿌리썩음병의 사진이다.
- 피해 발생시 지제부에 송진이 흐르며 수피를 벗기면 버섯 냄새가 나는 흰색 균사층이 형성된다.

> 해답
> Armillaria

03 아래 사진 및 설명을 보고 관련 해충의 학명을 적으시오

- 느티나무 벼룩바구미의 성충은 2mm 정도의 황적갈색이다
- 뒷다리가 발달되어 있어 벼룩처럼 잘 뛴다

> 해답
> Rhynchaenus sanguinipes

04 토양관리에서 토양공기에 영향을 주인 요인 5가지를 적으시오

해답

토성, 토양의 구조, 토양수분, 유기물, 식생, 경운 작업

05 다음 농약의 희석에 관한 내용이다. 아래의 표를 보고 농약량을 계산하시오(단, 소수점 셋째자리에서 반올림하여 표기할 것)

농약 희석물 20L 당 35ml 사용	농약 희석액 500ml 제조
	< 계산 과정 >

해답

$500 \times \dfrac{35}{20,000} = 0.875\,ml$

답 0.88 ml

06 재해 중 수해가 발생시 사전대책, 수해 시 대책, 사후 대책을 각각 2가지씩 적으시오

해답

- 사전대책
  - 경사지와 경작지의 토양을 보호한다.
  - 질소질 비료의 과용을 피한다.
- 수해 시 대책
  - 물이 빠질 때 잎의 흙 앙금을 씻어준다.
  - 키가 큰 작물은 서로 결속하여 유수에 의한 도복을 방지한다.
- 사후대책
  - 침수 후 병충해 발생이 많아지므로 방제에 노력을 한다.
  - 표토가 많이 씻겨 내렸을 때 새 뿌리의 발생 후 덧거름을 준다.

07 다음 설명을 보고 해당되는 다량원소를 적으시오

◎ (㉠) : 결핍 시 아래잎부터 변하여 잎맥까지 노랗게 변한다. 단백질 및 효소의 주요 성분이다.
◎ (㉡) : 결핍 시 과일의 당도가 떨어지게 된다.

해답
㉠ 질소
㉡ 인

08 다음 용어의 정의를 적으시오

◎ 최대용수량
◎ 포장용수량

해답
• 최대용수량 : 토양내에 모든 공극에 물이 찬 상태의 수분함량을 말한다.
• 포장용수량 : 최대용수량에 중력수가 제거 되고 모세관의 수분 함량 기준을 말한다.

09 분산성 액제의 정의를 적으시오

해답
물에 쉽게 녹지 않는 원제를 계면활성제를 이용하여 만든 제형을 분산성 액제라 한다.

10 아래 작물 방제에 관한 내용에 빈칸을 채우시오

◎ 곤충 바이러스는 여러 종류가 있으나 해충방제에 주로 이용되는 핵다각체병바이러스와 (㉠)는 기주의 세포핵 안에서 복제하는 (㉡)에 속한다. (㉠)는 주로 나비목 유충을 기주로 하여 경구 또는 경란 감염을 통해 침입하며 지방조직이나 장관피막 등에서 증식한다.

해답
㉠ 과립병바이러스
㉡ 베큘로바이러스

11 식물방역법에서 말하는 '규제병해충'의 정의를 적으시오

해답
"규제병해충"이란 소독·폐기 등의 조치를 취하지 아니할 경우 식물에 해를 끼치는 정도가 크다고 인정되는 것으로서 검역병해충 및 규제비검역병해충을 말한다.

12 아래 약제의 종류가 해당되는 분류를 고르시오

< 플루톨라닐 >

(살균제 / 살충제 / 제초제)

해답
살균제

13 다음 용어의 정의를 적으시오

◎ 축차조사 :
◎ 유아등 :

해답
- 축차조사 : 해충의 밀도조사를 순차적으로 누적하면서 방제여부를 결정하는 방법으로 표본의 크기가 정해져 있지 않고 관측치의 합계가 미리 구분된 계급에 속할 때까지 표본추출을 계속하는 방법이다.
- 유아등 : 주광성이 있고 활동성이 높은 성충을 대상으로 야간에 광원을 사용해서 해충을 유인하는 채집방법이다

14 한해의 응급대책 3가지를 적으시오

해답
관개법, 송풍법, 발연법

15 곤충의 후각을 이용한 해충 방제법에 해당되는 것을 아래 보기에서 모두 고르시오

< 보기 >
페로몬 / 카이로몬 / 알로몬 / 음파

해답
페로몬, 카이로몬, 알로몬

16 다음은 가지치기에 대한 설명이다. 아래 내용을 보고 빈칸을 채우시오

◎ 가지치기는 나무가 (㉠)일 때 하는 것이 좋다.
◎ 활엽수, 침엽수를 막론하고 모든 가지는 줄기와 가지의 결합부위 및 가지와 가지의 결합부위에서 자르며, 가지의 (㉡) 사이에서 자르면 안된다.

해답
㉠ 휴면상태
㉡ 마디

17 토양의 구조 중 입단구조, 단립구조, 이상구조의 정의를 적으시오

해답
- 입단구조 : 여러 입자들이 하나의 단체를 만들고 단체끼리 모여 입단을 만드는 구조로 통기성이 좋고 적정량의 수분을 보유한다
- 단립구조 : 토양에서 각각 독립적으로 존재하는 구조로서 큰공극이 많아 수분 및 비료의 함량이 적은 편이다
- 이상구조 : 미세한 토양입자가 단일상태로 집합된 구조이나 건조하면 각 입자가 서로 결합하여 부정형의 흙덩이를 형성한다. 과습한 식질토양에서 많이 보이며 소공극이 많으나 대공극이 적어 토양통기가 불량하다

18 다음 설명을 보고 적합한 방제법의 명칭을 적으시오

> ◎ (㉠) : 온도, 습도, 전기 등을 이용하여 해충을 직접적으로 없애거나 유인, 기피하는 방제 방법이다.
> ◎ (㉡) : 곤충병원성 미생물이나 포식성 천적, 기생성 천적과 같은 생물적 요인을 이용하는 방제 방법이다.
> ◎ (㉢) : 화학물질을 사용하여 해충을 방제하는 방법이다.

해답
㉠ 물리적 방제법
㉡ 생물적 방제법
㉢ 화학적 방제법

19 다음은 식물병 진단법에 대한 설명이다. 설명을 보고 빈칸에 진단법의 종류를 적으시오

> ◎ (㉠) : 병든 식물체에서 병원균을 분리하여 DNA를 추출한 후에 PCR를 이용하여 병원균의 특정 유전자 또는 DNA 부위를 증폭한다.
> ◎ (㉡) : 병든 식물에서 분리한 병원균에 대한 항혈청을 만들어 이것을 진단하려는 식물즙액이나 분리한 병원체와 반응시켜 이미 알고 있는 병원체와 같은 것인지 조사하는 방법이다.

해답
㉠ 분자생물학적 진단
㉡ 면역학적 진단

20 습해를 방지하기 위한 대책 3가지를 적으시오

해답
· 배수시설을 정비하거나 설치하도록 한다.
· 세사를 객토하거나 토양개량제를 사용한다.
· 질소질비료의 과용을 피하고 칼륨 및 인산질비료를 충분히 공급한다.
· 내습성 작물 및 품종을 선택한다.

2025 2회 식물보호산업기사 실기 복원문제

01. 내습성 작물의 특징 2가지를 적으시오

해답
- 통기조직이 잘 발달되어 있다.
- 부정근의 발근력이 크다.
- 신근의 발근력이 크다.
- 환원성 유해물질의 저항성이 크다.
- 근계가 얕게 발달한다.

02. 아래 보기 중에서 필수원소 5개와 비필수원소 2개를 적으시오

< 보기 >

질소 / 인 / 칼륨 / 칼슘 / 규소 / 마그네슘 / 나트륨

◎ 필수원소 :
◎ 비필수원소 :

해답
- 필수원소 : 질소, 인, 칼륨, 칼슘, 마그네슘
- 비필수원소 : 규소, 나트륨

03. 풍해의 재배적 대책 3가지를 적으시오

해답
- 내풍성 작물을 선택한다.
- 내도복성 품종을 선택한다.
- 작기를 이동하거나 조기재배한다.
- 담수를 실시한다.
- 질소질 비료의 과용을 피한다.

04 아래 사진 및 설명을 보고 적합한 것을 고르시오

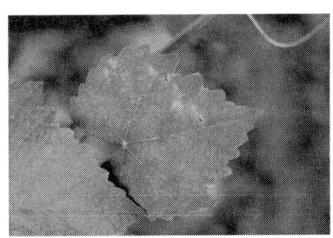

- 학명은 Elsinoe amelina 이다
- 원형, 흑갈색의 작은 반점이 생겨 점차 확대되어 타원형으로 약간 함몰된 병반이 형성된다
- 병반 중앙은 회백 내지 갈색으로 주변은 흑갈색이다

(복숭아나무 잎오갈병 / 포도나무 새눈무늬병 / 푸사리움 가지마름병)

해답
포도나무 새눈무늬병

05 아래 약제의 종류가 해당되는 분류를 고르시오

< 가스가마이신 >

(살균제 / 살충제 / 제초제)

해답
살균제

06 다음 농약의 희석에 관한 내용이다. 아래의 표를 보고 농약량을 계산하시오(소수점 셋째자리 반올림)

	농약 희석액 500ml 제조
농약 희석 물 20L 당 55ml 사용	< 계산 과정 >

해답

$500 \times \dfrac{55}{20,000} = 1.375\,ml$

답 1.38 ml

07 아래의 단어의 정의를 적으시오

◎ 병징 :
◎ 표징 :

해답
- 병징 : 병원체의 감염 후 식물체의 외부에 외형이나 생육의 이상, 빛깔의 이상이 나타나는 반응을 말한다.
- 표징 : 기생성병의 병환부에 병원체 자체가 나타나는 것을 말한다

08 아래 사진 및 설명을 보고 곤충의 적합한 학명을 고르시오.

- 성충의 앞날개는 20~25mm 정도로 머리는 회백색에 가슴과 배는 은백색이다
- 앞날개는 은백색으로 외연부는 넓게 회흑색이고 뒷날개의 외연부는 회흑색이다.

(Glyphodes / Gastrolina) perspectalis

해답
Glyphodes

09 곰팡이 병원균이 수목으로 침입하는 자연개구 3가지를 적으시오

해답
기공, 피목, 수공, 밀선

10 윤작에 의해 나타나는 이점 5가지를 적으시오

해답
- 토양 전염성 병해가 방지된다.
- 지력의 유지 및 증진에 도움이 된다.
- 잡초가 경감된다.
- 기지가 경감된다.
- 작물 수량이 증대된다.
- 토양이 보호된다.
- 해충이 경감된다.

11 아래의 식물 중에서 내한성 식물을 모두 고르시오

(자작나무 / 소나무 / 배롱나무 / 자목련)

해답
소나무, 자작나무

12 토양수분에서 결합수와 모관수의 정의를 적으시오

해답
- 결합수 : 점토광물에 결합되어 있어 분리시킬수 없는 수분을 말한다.
- 모관수 : 표면장력 때문에 토양공극 내에서 중력에 저항하여 유지되는 수분으로 작물이 주로 이용하는 수분이다.

13 미생물병원체의 종류 3가지를 적으시오

해답
진균, 세균, 바이러스

14 살충제와 같은 약제의 교차저항성의 정의를 적으시오

해답
어떤 해충이 특정 살충제에 저항성을 가지면 다른 작용기작을 가진 살충제에도 저항성을 가지는 것을 교차저항성이라 한다.

15 느릅나무 시들음병의 매개충 1가지를 적으시오

해답
느릅나무줄무늬하늘소

16 습해의 정의를 적으시오

해답
토양의 과습상태가 지속되어 토양산소가 부족할 때에는 뿌리가 상하거나 위조, 고사하는 피해가 나타나는 경우 습해라 한다.

17 식물의 광합성에서 진정광합성과 외견상광합성의 정의를 적으시오

해답
- 진정광합성 : 호흡을 무시하고 본 절대적인 광합성을 진정광합성이라 한다
- 외견상광합성 : 호흡으로 소모된 유기물을 빼고 외견상으로 나타난 광합성을 외견상광합성이라 한다.

18 식물병에서 말하는 균근의 정의를 적으시오

해답
곰팡이의 균사체가 고등식물의 작은 뿌리와 상호 공생적인 관계를 형성한 결과로 생성되는 구조체를 말한다.

19 다음은 냉해에 대한 내용이다. 빈칸을 채우시오

◎ (㉠) : 유수형성기에서 개화기까지 화분이나 배낭의 생식기관이 정상적으로 형성되지 못하거나 수정장해가 유발되는 등의 현상이 발생한다.
◎ (㉡) : 생육 초기에서 출수기까지 여러 시기에 냉온을 만나 등숙이 지연되어 후기의 냉온에 의해 등숙불량이 나타나는 현상이 발생한다.
◎ (㉢) : 냉온 조건에서 증산작용이 감퇴되어 규산과 같은 양분 흡수가 저해되어 표면의 규질화 불량 등으로 병해충의 침입이 쉬워진다.

해답
㉠ 장해형 냉해
㉡ 지연형 냉해
㉢ 병해형 냉해

20 살충제와 같은 약제의 저항성을 줄이기 위한 사용법 2가지를 적으시오

해답
- 약제의 규정 농도를 지켜 사용한다.
- 같은 약제를 연속으로 사용하지 않고 다른 약제로 바꾸어 번갈아 사용한다.
- 약제 살포를 매년 같은 시기에 정기적으로 살포하지 않는다.

2025 3회 식물보호기사 실기 복원문제

01 식물에 관련된 요수량의 정의를 적으시오

> **해답**
> 요수량 : 건물 1g 을 생산하는데 소요되는 수분량

02 해충발생예찰에서 표본조사와 축차조사에 대해 설명하시오

> **해답**
> - 표본조사 : 일부를 조사하여 통계분석을 통해 전체 집단을 유추하는 방법으로 다양한 수종과 환경보다는 단일재배작물이 광범위할 경우 효과적인 방법이다.
> - 축차조사 : 해충의 밀도조사를 순차적으로 누적하면서 방제여부를 결정하는 방법으로 표본의 크기가 정해져 있지 않고 관측치의 합계가 미리 구분된 계급에 속할 때까지 표본추출을 계속하는 방법이다.

03 열해의 정의를 적으시오

> **해답**
> 주위의 온도가 작물이 생육할수 있는 온도 범위를 넘어 고온의 피해가 발생되는 경우 열해라고 한다.

04 광보상점과 광포화점의 정의를 적으시오

> **해답**
> - 보상점은 광도 곡선 상에서 광합성 속도가 호흡 속도와 같아지는 지점에서의 빛의 세기를 말한다.
> - 광포화점은 광도가 높아짐에 따라 광합성이 증가하다가 어느 한계점에 이후 더 이상 광합성이 증대되지 않는 점을 말한다.

05 직접살포제형 농약에 대한 내용이다. 내용을 보고 빈칸을 채우시오

◎ (㉠) : 규사, 탄산석회, 모래 등 비흡유성의 입상 담체 표면에 액상의 원제를 피복시켜 제재하는 것을 말한다.
◎ (㉡) : 원제를 증량제와 물리적 개량제 분해 방지제 등과 균일하게 혼합하고 분쇄하여 제제한 것을 말한다.

해답
㉠ 입제
㉡ 분제

06 냉해의 종류 중에서 장해형냉해와 지연형냉해에 대해 설명하시오

해답
- 장해형 냉해 : 유수형성기에서 개화기까지 화분이나 배낭의 생식기관이 정상적으로 형성되지 못하거나 수정장해가 유발되는 등의 현상이 발생한다.
- 지연형 냉해 : 생육 초기에서 출수기까지 여러 시기에 냉온을 만나 등숙이 지연되어 후기의 냉온에 의해 등숙불량이 나타나는 현상이 발생한다.

07 노후답의 재배대책 3가지를 적으시오

해답
- 저항성 품종을 심는다.
- 조기재배를 실시한다.
- 엽면시비를 실시한다.

08 아래 설명을 보고 적합한 해충을 적으시오

◎ 학명은 *Gastrolina depressa* 이다.
◎ 더듬이와 다리가 흑색이다.
◎ 앞가슴등판과 앞날개가 자청색이다.

해답
호두나무잎벌레

09 아래의 농약량을 계산하시오

농약 희석 물 20L 당 500ml 사용	농약 희석액 500ml 제조
	< 계산 과정 >

> **해답**

$500 \times \dfrac{50}{20,000} = 1.25ml$

답 1.25ml

10 다음 농약이 속하는 종류를 고르시오

디캄바액제
(살충제 / 살균제 / 제초제)

> **해답**

제초제

11 다음 보기의 원소 중에서 토양에서 뿌리로 흡수되는 것 중 음이온 형태로 흡수되는 미량원소 2가지를 고르시오.

< 보기 >
염소 / 질소 / 인 / 몰리브덴 / 칼슘 / 철

> **해답**

염소, 몰리브덴

> **참고**

미량원소에는 염소, 철, 망간, 붕소, 아연, 구리, 몰리브덴이 있으며 염소와 몰리브덴이 음이온으로 철, 망간, 아연, 구리 등은 양이온으로 흡수된다.

12 한해(旱害)에 대한 논과 밭의 재배적 대책을 각각 1가지씩 적으시오

◎ 논 대책 :
◎ 밭 대책 :

해답
- 논 대책 : 뿌림골을 낮게 한다.
- 밭 대책 : 질소질 비료의 과용을 피한다.

13 풍식의 대책 3가지를 적으시오

해답
- 방풍림을 설치한다.
- 피복작물을 재배한다.
- 관개를 한다.

14 출아 후 어린 묘의 모잘록병 병징을 적으시오

해답
출아 후 어린 묘의 모잘록병 병징은 땅 위로 나온 어린 묘의 줄기부분이 잘록해지며 쓰러진다.

15 아래 사진 및 설명을 보고 빈칸에 적합한 식물병해 학명을 적으시오.

- 다음 식물병은 갈색무늬구멍병 사진이다.
- 잎에 자그마한 자갈색 반점이 나타나고 점차 확대되다가 둥근 갈색 반점이 된다.
- 병반과 건전부 경계에 이층이 생겨 병반이 떨어져 나가면서 구멍이 생긴다.

(　　　　　) cerasella

해답
Mycosphaerella

16 농약관리법에서 말하는 '방제업'의 정의를 적으시오

해답
'방제업'이란 농약을 사용하여 병해충을 방제하거나 농작물의 생리기능을 증진하거나 억제하는 업을 말한다.

17 다음 진단법에 관련된 용어의 정의를 적으시오

◎ 진단
◎ 동정

해답
- 진단 : 진단은 발병조건, 식물의 품종, 환경 등을 조사하고 병의 원인을 밝혀 병명을 결정하는 것이다.
- 동정 : 동정은 전염성이 있는 병을 분리, 배양하여 정확한 병명을 파악하는 것이다.

18 박테리오파지의 정의를 적으시오

해답
박테리오파지는 세균에 기생하여 증식하는 바이러스이다.

19 식물의 엽면 흡수가 잘되는 조건 3가지를 적으시오

해답
- 살포액의 pH는 미산성인 것이 흡수가 잘된다.
- 피해가 나타나지 않는 범위 내에서 살포액의 농도가 높을 경우 흡수가 빠르다.
- 늙은 잎보다 젊은잎이 흡수가 잘된다.

20 뿔잠자리, 명주잠자리가 속하는 곤충의 목을 적으시오

해답
풀잠자리목

2025 3회 식물보호산업기사 실기 복원문제

01 아래 약제의 종류가 해당되는 분류를 고르시오

< 사이퍼메트린 >
(살균제 / 살충제 / 제초제)

해답
살충제

02 점적관개와 압입법에 대해 설명하시오

해답
- 점적관개 : 전체 토양표면을 적시지 않고 식물 근권에 적정량의 물을 공급하기 위해 관개 호스에 일정 간격 구멍을 뚫어 구멍으로 물방울이 떨어지게 하여 천천히 물을 공급하는 방법이다.
- 압입법 : 뿌리가 깊은 과수 주변에 구멍을 뚫고 물을 주입하거나 기계적으로 압입하는 방법이다.

03 보상점 및 진정광합성의 정의를 적으시오

해답
- 보상점 : 광도 곡선 상에서 광합성 속도가 호흡 속도와 같아지는 지점에서의 빛의 세기를 말한다.
- 진정광합성 : 호흡을 무시하고 본 절대적인 광합성을 진정광합성이라 한다.

04 아래 사진 및 설명을 보고 적합한 것을 고르시오

- 학명은 *Mycosphaerella cerasella* 이다.
- 잎에 자그마한 자갈색 반점이 나타나고 점차 확대되다가 둥근 갈색 반점이 된다.
- 병반과 건전부 경계에 이층이 생겨 병반이 떨어져 나가면서 구멍이 생긴다.

(갈색무늬구멍병 / 사마귀병 / 역병)

해답

갈색무늬구멍병

05 가지치기의 목적 및 자연표적 가지치기의 방법에 대해 적으시오

해답

- 가지치기 목적 : 가지치기는 나무의 건강, 미관, 안전을 유지하기 위해 실시한다.
- 자연표적 가지치기 방법 : 자연 표적 가지치기는 지피융기선과 지륭을 표적으로 해서 가지나 줄기를 절단하는 가지치기이다.

06 다음 용어의 정의를 적으시오

◎ 모관수
◎ 포장용수량

해답

- 모관수 : 표면장력 때문에 토양공극 내에서 중력에 저항하여 유지되는 수분으로 작물이 주로 이용하는 수분이다.
- 포장용수량 : 최대용수량에 중력수가 제거되고 모세관의 수분 함량 기준을 말한다.

07

다음 농약의 희석에 관한 내용이다. 아래의 표를 보고 농약량을 계산하시오(단, 소수점 셋째자리에서 반올림하여 표기할 것)

농약 희석물 20L 당 26ml 사용	농약 희석액 500ml 제조
	< 계산 과정 >

해답

$500 \times \dfrac{26}{20,000} = 0.65\,ml$

답 0.65 ml

08

식물방역법의 목적을 적으시오

해답

수출입 식물 등과 국내 식물을 검역하고 식물에 해를 끼치는 병해충을 방제하기 위하여 필요한 사항을 규정함으로써 농림업 생산의 안전과 증진에 이바지하고 자연환경을 보호하는 것을 목적으로 한다.

09

다음은 식물의 동사의 기구에 대한 내용이다. 빈칸에 적합한 것을 적으시오

◎ 저온으로 식물조직이 동결될 때에는 (㉠)에 먼저 결빙이 생긴다.
◎ (㉡) 내부로 침입하여 결빙을 유발하는 경우 세포내 결빙이라 한다.

해답
㉠ 세포간극
㉡ 원형질

10

다음 풍해로 인하여 발생되는 작물의 생리적 장해에 대한 내용이다. 빈칸에 적합한 것을 적으시오

◎ 풍해로 인하여 작물에 상처 발생 후 건조하면 (㉠)반응에 의해 고사한다.
◎ 풍속이 강해지면 기공이 닫혀 이산화탄소 흡수가 감소되어 광합성이 (㉡).

해답
㉠ 광산화
㉡ 감퇴한다.

11 다음은 작물의 내습성에 대한 내용이다. 빈칸에 적합한 것을 적으시오

◎ 뿌리의 피층세포가 직렬로 되어 있는 것은 사열로 되어 있는 것보다 세포의 간극이 (㉠) 뿌리에 산소를 공급하는 능력이 크기 때문에 내습성이 강하다.
◎ 목화한 것은 (㉡) 유해물질의 침입을 막아서 내습성을 강하게 한다.

해답
㉠ 커서
㉡ 환원성

12 다음은 수목병해에 관련된 용어이다. 용어의 정의를 적으시오

◎ 접종
◎ 전염원

해답
· 접종 : 병원체가 기주 수목과 접촉하게 되는 것을 접종이라 한다.
· 전염원 : 수목에 도달하거나 수목과 접촉한 상태의 병원체 자체 또는 수목을 감염시킬 수 있는 병원체의 특정 세포를 전염원 이라 한다.

13 다음은 해충의 방제법 중 기계적 방제법에 대한 내용이다. 빈칸에 적합한 것을 적으시오

◎ (㉠)은 곤충의 습성이나 주성 등을 이용하여 해충을 방제하는 방법이다.
◎ (㉡)은 곤충의 이동 습성을 이용하여 방제하는 방법이다.

해답
㉠ 유살법
㉡ 차단법

14 다음 해충 조사 방법에 관련된 용어이다. 용어의 정의를 적으시오

◎ 페로몬트랩
◎ 털어잡기

해답
- 페로몬트랩 : 동종 간 발산되는 화학물질을 인위적으로 합성하여 해충을 유인 채집하는 방법이다.
- 털어잡기 : 지면에 일정 크기의 천이나 끈끈이판을 두고 수목을 쳐서 떨어지는 해충을 조사하는 방법이다.

15 다음은 대기오염에 의한 수목피해에 대한 내용이다. 빈칸에 적합한 것을 적으시오

◎ 아황산가스 피해는 (㉠) 11시에, 불화수소 피해는 오후 2시에 가장 심하다.
◎ 대기오염의 피해는 일반적으로 봄부터 (㉡)까지 많이 나타난다.

해답
㉠ 오전
㉡ 여름

16 다음 용어의 정의를 적으시오

◎ 이온화 에너지
◎ 기생성 천적

해답
- 이온화 에너지 : 감마선이나 x선, 전자빔과 같은 이온화에너지를 일정량 이상 조사하면 해충을 죽이거나 불임화시킬 수 있다.
- 기생성 천적 : 다른 곤충에 기생생활을 하는 천적이다.

17 비기생성 식물병에 관련된 것 중 '볕댐'에 대해 설명하시오

해답
수피가 얇은 수종은 기온이 높은 한여름에 햇볕에 노출된 줄기 부위가 상처를 입은 듯이 수피가 들고 일어나며 떨어지기도 하는 등 비정상적인 증상을 보이는 경우를 볕댐(피소)라고 한다.

18 아래 사진 및 설명을 보고 곤충의 적합한 학명을 고르시오.

- 몸길이는 19~25mm이다. 몸 등은 흑갈색을 띠며 거무튀튀한 모습인데, 몸 아래에 붉은 무늬가 나타난다.
- 앞가슴등판은 양옆으로 가시돌기가 나 있으며, 딱지날개에 검은 털 뭉치가 있으며, 유별나게 큰 2부분이 있다.

(Moechotypa / Gastrolina) diphysis

해답

Moechotypa

19 다음 용어의 정의를 적으시오

◎ 한계일장
◎ 일장유도

해답

- 한계일장 : 유도일장과 비유도일장의 경계가 되는 일장으로 화성유도의 한계가 되는 일장을 말한다.
- 일장유도 : 식물의 화성을 유도할 수 있는 일장을 말한다.

20 다음은 농약처리 방법에 관련된 용어이다. 용어의 정의를 적으시오

◎ 미량살포법
◎ 토양혼화법

해답

- 미량살포법 : 농도가 높은 미량살포제를 소량 살포하는 방법
- 토양혼화법 : 입제 농약을 토양에 투입하고 경운하는 방법

 **이러닝 강의 및 교재내용 문의**

올배움 홈페이지 www.kisa.co.kr 에
방문하시면 본 교재의 저자직강 강의를 통하여
자격증 단기합격을 할 수 있습니다.
또한 본 교재의 정오표는
올배움 홈페이지를 통해 확인이 가능하며
그 밖의 다른 의견 및 오탈자를 제보해주시면
더 좋은 강의와 교재로 보답하겠습니다.

www.kisa.co.kr

1544-8509 카톡ID : kisa

올배움BOOK
홈페이지
바로가기 >

식물보호기사 · 산업기사 실기

1판1쇄 발행 2025년 01월 10일   2판1쇄 발행 2026년 01월 10일

지 은 이 • 권 현 준
펴 낸 이 • 이 정 훈
펴 낸 곳 •
주   소 • 서울시 금천구 가산디지털1로 168 B동 B105(가산동, 우림라이온스밸리)
전   화 • 1544-8509 / FAX 0505-909-0777
홈페이지 • www.kisa.co.kr

법인등록번호 • 110111-5784750
I S B N • 979-11-6517-201-5 (13520)

정가 25,000원

이 책에서 내용의 일부 또는 도해를 다음과 같은 행위자들이 사전 승인없이 인용할 경우에는
저작권법 제93조 「손해배상청구권」에 적용 받습니다.
① 단순히 공부할 목적으로 부분 또는 전체를 복제하여 사용하는 학생 또는 복사업자
② 공공기관 및 사설교육기관(학원, 인정직업학교), 단체 등에서 영리를 목적으로 복제·배포
   하는 대표, 또는 당해 교육자
③ 디스크 복사 및 기타 정보 재생 시스템을 이용하여 사용하는 자

※ 파본은 구입하신 서점에서 교환해 드립니다.